ΣBEST シグマベスト

必修整理ノート

生物

文英堂

本書の特長と構成

1 見やすくわかりやすい整理の方法を提示

本書では,「生物」の全内容について図や表を生かした最も適切な整理の方法を示し，それによって内容を系統的に理解できるようにしました。

---

2 書き込み・反復で重要事項を完全にマスター

本書では，学習上の重要事項を空欄で示しています。空欄に入れる語句や数字を考え，それを書き込むという作業を反復することで，これらの重要点を完全にマスターすることができます。

---

3 特に重要な内容をわかりやすく明示

出る テストによく出題される範囲です。

重要 最低限覚えておかなければならない重要事項です。

---

4 重要実験もしっかりカバー

重要実験 テストに出そうな重要な実験のコーナーを設け，操作の手順や注意点，実験の結果とそれに対する考察などを，わかりやすくまとめました。

---

5 精選された例題・問題で実力アップ

ミニテスト 学習内容の理解度をすぐに確認できるように，各項目ごとに設けました。

例題研究 必要に応じて本文に設け，模範的な問題の解き方を示しました。

練習問題 章ごとに設けています。定期テストに頻出の問題を精選し，実戦への応用力が身につくようにしました。

定期テスト対策問題 編ごとに設けています。実際のテスト形式にしてあるので，しっかりとした実力が身についたかどうか，ここで確認できます。

目次

1編　生物の進化

2編　生命現象と物質

1章　細胞と物質

2章　代謝

3編　遺伝情報の発現と発生

1章　遺伝情報とその発現

2章　発生と遺伝子発現

4編　生物の環境応答

1章　動物の反応と行動

2章　植物の環境応答

5編　生態系と環境

1章　生態系と環境

1章 生物の起源と進化

1 生命の誕生

[解答] 別冊p.2

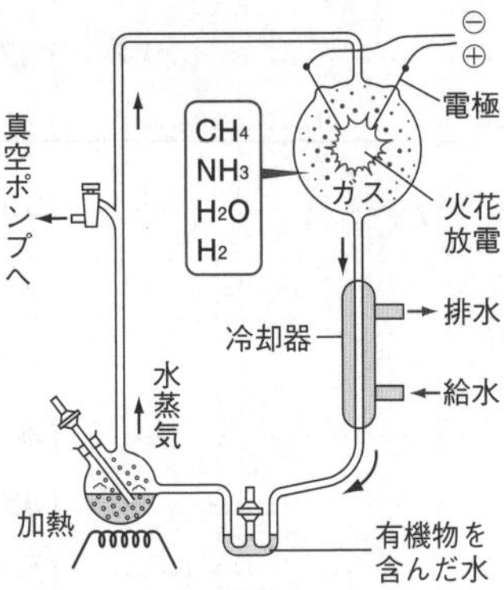

ミラーの実験装置

A. 化学進化と生命の起源 出る

1 原始地球とその環境

地球ができたのは約(❶)年前で，(❷)〔当初の大気〕は，二酸化炭素，二酸化硫黄，窒素，(❸)〔地球内部からのガスに由来〕などからなり，遊離(ゆうり)の(❹)〔現在の大気では2割を占める。〕はなかったと考えられている。

2 ミラーの実験

① 1950年代の初め頃，(❺)は無機物から有機物が人工的に生成されることを実験で確かめた。

② ❺は，原始大気の主成分をメタン(CH_4)，アンモニア(NH_3)，水素(H_2)，水蒸気と考え，これをガラス容器に封入して加熱・(❻)・冷却の操作を続け，その結果，(❼)などの有機物の生成を確認した。このことから，原始地球でも同様のことが起こって有機物ができたと考えた。[※1]

※1
ミラーが仮定した原始大気ではなく，現在，原始大気の成分と考えられている1で示した成分の混合気体でも有機物が生成することが確かめられている。

3 原始海洋中での化学進化

① 大気中のほか，海洋底にある(❽)付近で，熱水とともに噴出する(❾)(CH_4)・(❿)(H_2S)・水素・アンモニア(NH_3)などが，高温・高圧で反応して有機物ができたと考える説もある。

② 原始海洋中に蓄積したアミノ酸・糖・塩基などの有機物は，互いに反応して，より複雑な有機物である(⓫)・核酸・多糖類などへと変化した。

③ このような生命誕生への準備段階を(⓬ 進化)という。

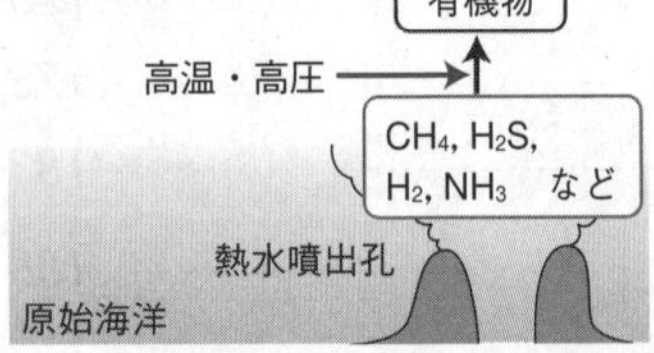

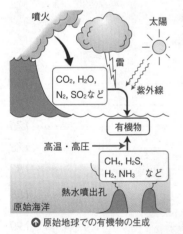

原始地球での有機物の生成

重要 [化学進化]

原始地球上の無機物質 CO_2, SO_2, N_2, H_2O ⇨ **簡単な有機物 アミノ酸など** ⇨ **タンパク質・核酸・多糖類など**

原因…熱・高圧・紫外線・空中放電など

B. 生命の誕生

① 化学進化によって地球上に生成・蓄積された有機物から**代謝や成長，分裂・自己増殖能力**をもった生命体が誕生するには，膜で内外を仕切られた**「まとまり」の形成**が必要であった。[◈2]

② 現生の生物の細胞膜はおもに（⑬　　　）の二重層からなるが，⑬の分子は水中で自然に集合して膜構造をつくることが知られている。初期の生命体は，このような比較的単純な膜で包まれた内部に酵素などのタンパク質や核酸が蓄積し，効率的な代謝が行われるようになり，分裂を行って増殖したり複雑化していったと考えられている。

◈2
生命体として必要な３つの条件
①膜（リン脂質の膜）の形成
（生命活動を行うには必要な物質を内部に取り入れて確保しておく必要がある）
②秩序ある代謝
③自己複製能力（自己複製系の確立）

C. 始原生物の進化

① **最初の生命物質**…**タンパク質**だという説と**核酸**だという説があった。

② **タンパク質**は**触媒**として作用し，構成成分である（⑭　　　）が無機物だけの環境でヌクレオチド（→核酸の構成成分）より合成されやすいことから，最初の生命物質だと考える説がある。ただし，タンパク質は自分自身を鋳型として（⑮　　　）できないという欠点がある（→この説では始原生物の遺伝が説明できていない。）。

③ 一方，核酸は自分のコピーをつくる**鋳型となれる**が，一般的に触媒機能がない。しかし，触媒作用をもつ（⑯　　　）が発見されたことから，⑯が**最初の生命物質**だと考えられるようになった。

④ その後，⑯より安定した2本鎖の（⑰　　　）に遺伝情報の保持，そしてタンパク質に触媒機能の役割が移行したと考えられている。⑯が遺伝物質と触媒の両方の役割を担っていた初期の世界を（⑱　　　**ワールド**），その後の現在のような世界を（⑲　　　**ワールド**）（DNA・タンパク質ワールド）という。

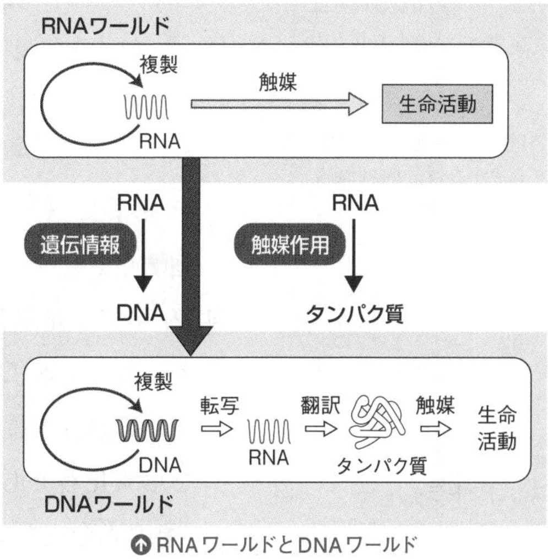

⬆ RNAワールドとDNAワールド

ミニテスト

［解答］別冊p.2

1 原始地球では大気中に含まれていなかったが，現在では多く含まれている気体は何か。（　　　）
2 生物の起源の研究上注目されている，深海底の高温・高圧の環境を何というか。（　　　）
3 生物が誕生する以前の，有機物が生成された過程のことを何というか。（　　　）
4 最初に生命物質として遺伝情報と触媒作用を担っていたと考えられている物質は何か。（　　　）

2 細胞の進化と生物界の変遷

［解答］別冊p.2

A. 始原生物から原核生物へ

1 最古の生命

① 約35億年前[◈1]のオーストラリアの地層から，原始的な（❶　　　生物）の微化石[◈2]が発見された。

② また，約40億～38億年前のカナダやグリーンランドの地層から，生物の存在を示す炭素の蓄積[◈3]が発見された。

③ ①と②より，今から約（❷　　　年前）には原始的な生命体が存在したと考えられる。

2 原核生物とその進化

① 始原生物は，細菌のような（❸　　　生物）で，ミトコンドリアや葉緑体などの（❹　　　）をもっていなかった。

② 当時，酸素（O_2）は存在しなかったので，始原生物は（❺　　　進化）で生成した海洋中の有機物を無酸素環境で分解する（❻　　　）の（❼　　　細菌）のような生物であったと考える説[◈4]がある。（栄養形式 ↵）

③ 海洋中の有機物が急速に消費され，栄養分が不足するようになると，細菌の一部に代謝系を発達させ，硫化水素などの無機物を酸化するときに生じる（❽　　　）エネルギーや太陽の（❾　　　）エネルギーを利用し，（❿　　　）を還元して有機物をつくる**化学合成細菌**や（⓫　　　細菌）などの**独立栄養生物**が出現した。

④ やがて，無尽蔵（むじんぞう）にある（⓬　　　）を分解して生じる水素（H）を使って二酸化炭素（CO_2）を還元し，光合成を行う（⓭　　　）という**独立栄養生物**が現れた。約27億年前の地層からこの生物の存在を示す化石である（⓮　　　[◈5]）が発見されている。

⑤ ⓭の光合成の結果，遊離の（⓯　　　）が放出され，海水中に多量にあった（⓰　　　イオン）と反応して海底に沈殿した[◈6]。それが終わると，海水中や大気中での酸素濃度が上昇していった。

⑥ やがて，ふえてきた酸素を使って有機物をCO_2とH_2Oに分解し，多量のエネルギーを得る（⓱　　　細菌）（**従属栄養生物**）が出現した。

> **重要**　［原核生物の進化］
> **嫌気性細菌⇨シアノバクテリア（酸素発生）⇨好気性細菌**

◈1 **化石や岩石の年代**
化石や岩石は，含まれる特定の**放射性同位体**が崩壊して変化する同位体の量の割合から年代を推定することができる。

◈2
肉眼では見えない微小な生物の化石。

◈3
自然界の炭素は低濃度で拡散しているので，生物による有機物の合成やその遺体の堆積などがなければ高濃度の蓄積はあり得ないと考えられる。

◈4
一方，当時の有機物の量は少なかったと考えられるので，嫌気的な環境で光エネルギーや化学エネルギーを利用して無機物から有機物を合成する独立栄養生物だったとする説もある。

◈5 **ストロマトライト**
層状に群生したシアノバクテリアによってつくられた独特の層状構造をもつ石灰岩。

◈6
25～20億年前の地層には，海中の鉄分が酸化されてできた**酸化鉄**が堆積した大規模な**鉄鉱層**（てっこうそう）（**縞状鉄鉱床**）が見られる。

B. 真核生物の出現 出る

1 細胞内共生説

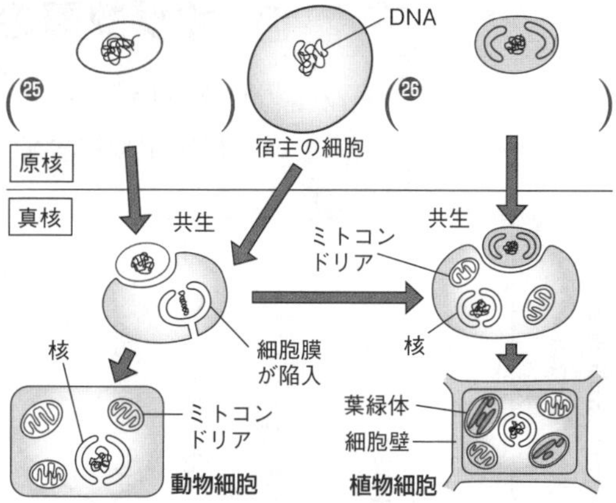

⬆ 細胞内共生説

① 化石などから，**真核生物**が出現したのは約21～15億年前と考えられている。

② 真核生物は（⑱　　　**膜**[7]），ミトコンドリア，葉緑体などの（⑲　　　　　　）をもつ[8]。

③ （⑳　　　　　**説**）では，宿主の細胞に**共生**（細胞内共生）した好気性細菌が現在の真核細胞の（㉑　　　　　　）となり，シアノバクテリアが共生して（㉒　　　　　）となった[9]と考えている。

④ この説の根拠に，ミトコンドリアや葉緑体が独自の（㉓　　　）をもち，細胞内で（㉔　　　　）して増殖することなどがあげられる。

2 動物細胞と植物細胞

① 好気性細菌だけが共生した細胞が（㉗　　　　**細胞**）になり，これにさらにシアノバクテリアが共生したものが（㉘　　　　**細胞**）になったと考えられている。

② 後者は，細胞膜の外側に（㉙　　　　　）をつくるようになった。

> **重要**
> ・**好気性細菌が細胞内共生➡ミトコンドリア**
> ・**シアノバクテリアが細胞内共生➡葉緑体**

※7
原核生物もDNAをもつが，ヒストンに巻き付いた構造をとらない。真核生物の特徴は「核膜で包まれた核をもち，クロマチン繊維からなる染色体をもつこと」である。

※8
真核生物は遺伝情報の保持や形質発現・代謝などを，細胞小器官ごとに分担することにより，効率よく反応を行うことができる。これにより，細胞の大形化が可能になった。

※9
共生の時期と核膜形成の時期の順は明らかではない。

C. 多細胞生物の出現

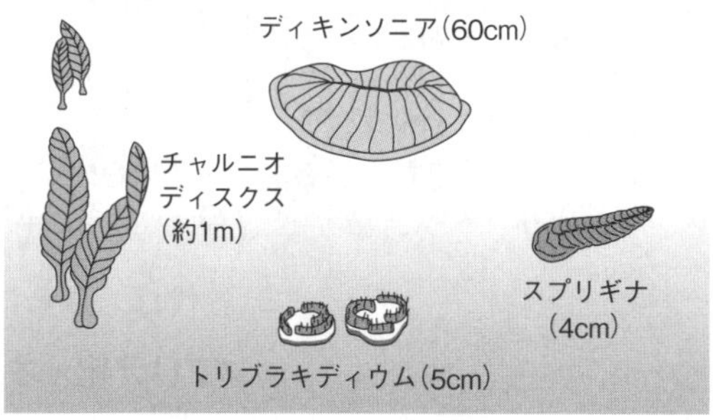

⬆ エディアカラ生物群

① 約10億年前には（㉚　　　　　**生物**）が出現し，各細胞が役割分担することで多様な機能をもつようになった。

② 約7億年前には，地球全体が厚い氷でおおわれる（㉛　　　　　）により，生物の大絶滅が起こった。

③ 生き延びた生物は多様化した。⇨約6.5億年前（→先カンブリア時代（→p.10）の末期）のオーストラリアの地層から（㉜　　　　　　**生物群**）が発見された。

> **重要**
> **多細胞生物の出現→生物がさらに多様化**
> **例 エディアカラ生物群**

D. オゾン層の形成と生物の陸上進出

① 約5億年前の(㉝　　　　紀)には，真核の多細胞生物である
└→紀については下で説明。
褐藻類や緑藻類などの**藻類**が繁栄し，光合成による酸素の放出がそれ
└→p.42
まで以上にさかんになった。その結果，大気中の二酸化炭素が減少するとともに酸素は大幅に増加した。

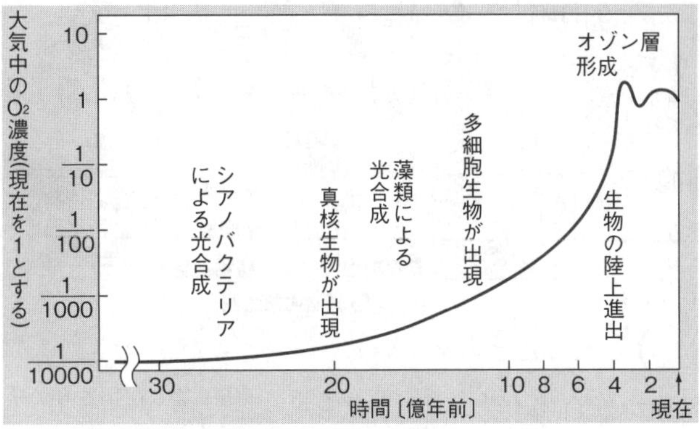

↑ 酸素濃度の変化と生物進化

② その結果，上空で(㉞　　　　)を受けた酸素は(㉟　　　　)に変化し，オルドビス紀になるころには(㊱　　　　層)を形成するようになった。
└→O_3

③ この気体の層は，生物にとって有害な(㊲　　　　)を遮(さえぎ)り，生物が陸上でも生活できる環境をしだいに形成していった。
└→細胞のDNAを破壊する。

> **重要** **光合成生物の放出する酸素で，上空にオゾン層ができ，有害な紫外線が減少して生物の陸上進出が可能になった。**

E. 地質時代と生物界の変遷

1 地質時代(地質年代)

① 地球上に最古の(㊳　　　　)がつくられてから現在に至るまでの時代を(㊴　　　　時代)という。この時代は(㊵　　　　年)前[10]を境に，それ以前を(㊶　　　　時代)，それ以降を，化石に見られる特徴から，順に(㊷　　　　代)・(㊸　　　　代)・(㊹　　　　代)の3つに分ける。

◈10
約5.4億年前には，多細胞生物が飛躍的に増加して地球は生物種に富んだ「生物の時代」に突入し，多種多量の化石が見つかるようになった。

② 各代は，さらにいくつかの**紀**に細分される。古生代は，古い順に，**カンブリア紀・オルドビス紀・シルル紀・**(㊺　　　　紀)**・石炭紀・ペルム紀**(**二畳紀**)に分けられる。

③ 中生代は**三畳紀**(トリアス紀)・(㊻　　　　紀)・**白亜紀**に分けられ，新生代は**古第三紀・新第三紀・**(㊼　　　　紀)に分けられる。

> **重要** ［地質時代］
> **先カンブリア時代➡古生代➡中生代➡新生代**

2 海生無脊椎動物の出現と繁栄

① 古生代のカンブリア紀には，海中の動物の種類がきわめて急速に増加した。これを「(㊽　　　　　　　　)」という。

② 北アメリカのロッキー山脈にあるバージェス峠の頁岩では，カンブリア紀中期(5億2千万年前ごろ)の(㊾　　　　　**動物群**)の化石が多数発見されている。また，中国南部のチェンジャン(澄江)でも同様な多数の化石が発見されており，**チェンジャン動物群**とよばれている。

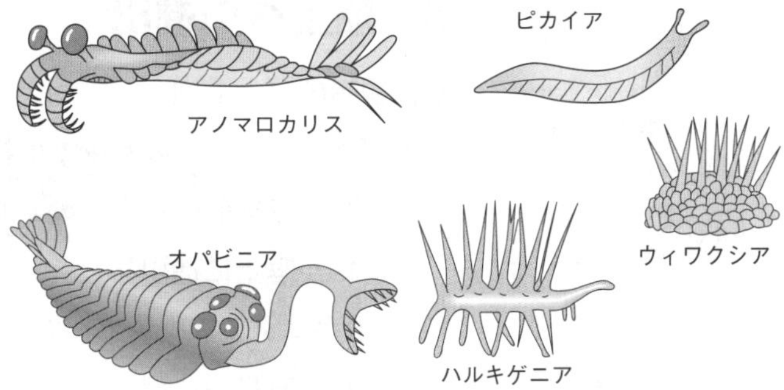

↑ バージェス動物群

③ このカンブリア紀には**捕食者**となる(㊿　　　　**性動物**)が出現した。この捕食者から身を守るため，炭酸カルシウムの(51　　　)をもつ無脊椎動物が出現して繁栄した。

例 三葉虫(節足動物)，オウムガイ(軟体動物)

④ バージェス動物群には，脊椎動物の祖先と考えられているナメクジウオに似た**原索動物**の**ピカイア**も見られる。

3 脊椎動物の出現と繁栄

① **カンブリア紀末期**には，硬い甲殻でからだがおおわれた甲冑魚類などの(52　　　**類**)が出現した[11]。これらはあご・胸びれ・腹びれをもたない**最初の脊椎動物**である。

② その後，あご[12]・ひれをもち，遊泳能力の高い(53　　　**魚類**)や，現生の多くの魚類が属する(54　　　**魚類**)が出現・繁栄した。

(サメ・エイなど ← 53)

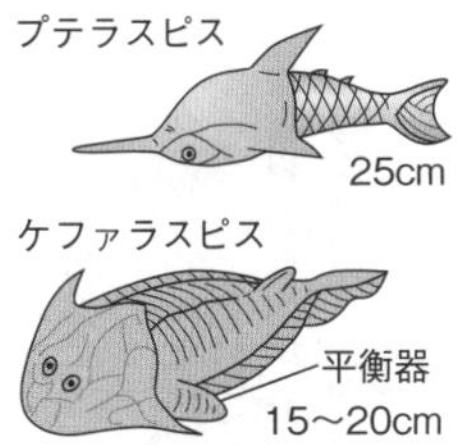

↑ 甲冑魚類

甲冑魚類の平衡器はひれとは異なる器官である。

◈11
最初の脊椎動物(無顎類)の出現については，オルドビス紀とする説もある。

◈12
あごは，えらを支える骨が変形したものと考えられている。

> **重要**
> ［カンブリア紀］
> **無脊椎動物の種類が激増…「カンブリア紀の大爆発」**
> **動物食性の捕食者が出現，末期には脊椎動物が出現。**

ミニテスト

［解答］別冊p.2

1 地球上に生命体が誕生したのは，約何億年前と考えられているか。（　　　）
2 シアノバクテリアの出現によって，地球環境はどのように変化したか。（　　　）
3 細胞内共生説とは何か。（　　　）
4 「カンブリア紀の大爆発」において爆発的に増加したものは何か。（　　　）
5 脊椎動物で最初に出現したものは何か。（　　　）

3 地質時代と生物の多様化

［解答］別冊p.3

A. 陸上への進出

1 植物の陸上進出

① (❶　　　　)の減少で生物が陸上に進出する条件が整った(→p.10)。

② 約4.3億年前の古生代のシルル紀には，**クックソニア**や**リニア**などの植物が[◆1]**陸上に進出**した。
（クックソニア：コケ植物とシダ植物の共通の祖先とされる。／リニア：維管束をもつ。）

③ 木生シダ類は維管束(いかんそく)をもつなど陸上生活に適応していたため急速に発展し，石炭紀には，**ロボク・リンボク・フウインボク**などのシダ植物が高さ数十mの**大森林を形成**した。

◆1
クックソニアは最古の植物化石。リニアは維管束や気孔をもつ初期の陸上植物とされている。

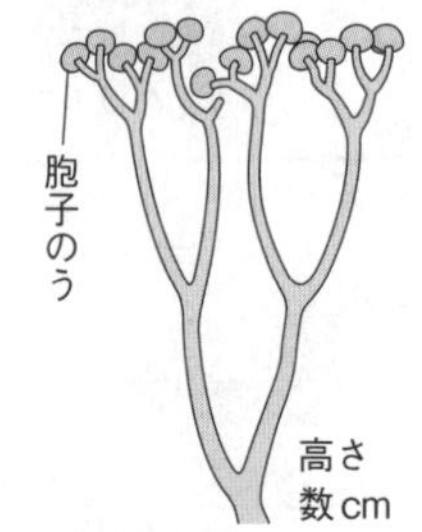

↑クックソニア

2 動物の陸上進出

① 植物の進出によって，それらを食物とする動物の進出が可能になり，古生代の**デボン紀**には，昆虫類などの(❷　　　　**動物**)が陸上に出現した。

② 古生代のデボン紀には，硬骨魚類から**イクチオステガ**のような(❸　　　　**類**)**が誕生し，陸上に進出**した。

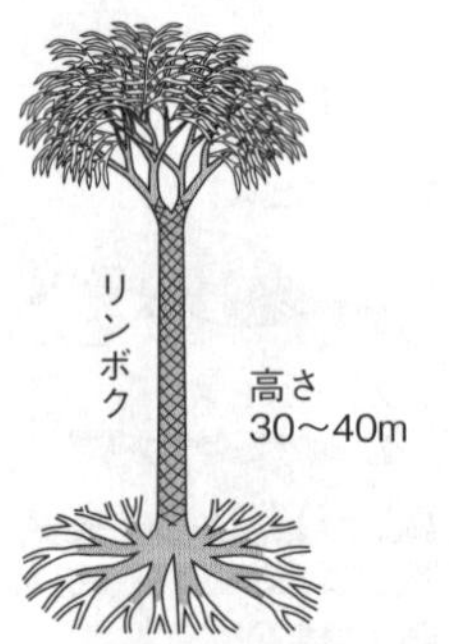

↑木生シダ

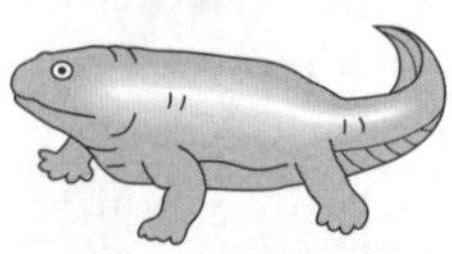

↑イクチオステガ

重要 **古生代は，シルル紀にコケ植物やシダ植物の祖先が陸上に進出し，デボン紀は両生類や昆虫類が陸上に進出。**

B. 陸上での生物の変遷

1 中生代(ハ虫類と裸子植物の時代)

① 受精の過程で外界の水を必要とせずに(❹　　　　)をつくるイチョウやソテツなどの(❺　　　　**植物**)が栄えた。

② 陸上動物としては(❻　　　　**類**)が繁栄した。❻は，体表が厚い(❼　　　　)でおおわれ，外界の水を必要としない(❽　　　　**受精**)を行い，卵や胚は卵殻や胚膜[◆2]で包まれて保護されている。海中では軟体動物の**アンモナイト**が繁栄した。

③ 中生代のジュラ紀には，(❾　　　　**類**)などの大形ハ虫類が全盛を極め，始祖鳥(しそちょう)などの(❿　　　　**類**)の祖先が出現した。

◆2
胚膜(はいまく)には**羊膜**(ようまく)・しょう膜・尿膜・卵黄のうの膜などがある。羊膜の中は**羊水**で満たされており，胚は水中で発生するのと同様の環境で発生することになる。

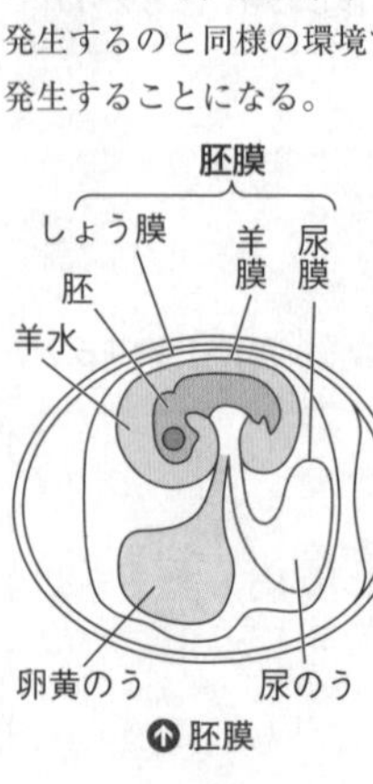

↑胚膜

2 新生代(哺乳類と被子植物の時代)

気候変動の激しい環境下でも，(⓫　　　　)でからだをおおい，胎生と(⓬　　　　)によって子孫を残すことができる(⓭　　　　**類**)が繁栄し，恐竜類の(⓮　　　　)を受け継いで急速に多様化した。
（⓮：生態系における立場(→p.176)）

重要 **中生代は，裸子植物と恐竜類などのハ虫類の時代。**
新生代は，被子植物と哺乳類の時代。

〔年表〕 地質時代と生物の変遷

地質時代（代）	地質時代（紀）	年代	動物界の変遷		植物界の変遷	
先カンブリア時代		約46億年前	〈地球の誕生〉			
		約40億年前			原始的な原核生物の出現	
		約27億年前			(⑮　　　)の出現	
		約21億年前			(⑯　　　)生物の出現（↳光合成を行いO_2を放出する。）	
		5.4億年前	エディアカラ生物群の出現	無脊椎動物時代	藻類の出現	藻類時代
古生代	カンブリア紀		バージェス動物群の出現 (⑰　　　)・腕足（わんそく）類の出現 脊椎動物(無顎（むがく）類)の出現	無脊椎動物時代	藻類の発達	藻類時代
		4.9億年前				
	オルドビス紀		三葉虫（さんようちゅう）の繁栄	無脊椎動物時代	(⑱　　　類)の繁栄 〈オゾン層の形成〉	藻類時代
		4.4億年前				
	シルル紀		(⑲　　　類)の出現 サンゴの繁栄	魚類時代	陸上植物(シダ植物)の出現	藻類時代
		4.2億年前				
	デボン紀		(⑳　　　類)が陸上に出現 (㉑　　　類)の出現	魚類時代	大形のシダ植物の出現 裸子植物の出現	シダ植物時代
		3.6億年前				
	石炭紀		フズリナの出現（↳紡錘虫ともよばれる。） 両生類の繁栄　ハ虫類の出現	両生類時代	(㉒木生　　　類)が大森林を形成して繁栄	シダ植物時代
		3.0億年前				
	ペルム(二畳)紀		フズリナの絶滅，三葉虫の絶滅	両生類時代	シダ植物の衰退	シダ植物時代
		2.5億年前				
中生代	三畳(トリアス)紀		ハ虫類の発達 (㉓　　　類)の出現	ハ虫類時代		裸子植物時代
		2.0億年前				
	ジュラ紀		(㉔　　　類)(ハ虫類)の繁栄 アンモナイト類の繁栄 (㉕　　　類)の出現（↳恐竜類から進化）	ハ虫類時代	(㉖　　　植物)の繁栄	裸子植物時代
		1.4億年前				
	白亜紀		恐竜類とアンモナイト類の絶滅	ハ虫類時代	被子植物の出現	裸子植物時代
		6600万年前				
新生代	古第三紀		哺乳類の多様化と繁栄	哺乳類時代	(㉘　　　植物)の繁栄	被子植物時代
		2300万年前				
	新第三紀		(㉗　　　)の出現	哺乳類時代		被子植物時代
		260万年前				
	第四紀		人類の発展	哺乳類時代	(㉙　　　)の拡大	被子植物時代

ミニテスト ［解答］別冊p.3

1 中生代を代表する植物や脊椎動物はそれぞれ何類か。　(　　　)(　　　)

2 新生代を代表する植物や脊椎動物はそれぞれ何類か。　(　　　)(　　　)

4 遺伝子の変化と多様性

[解答] 別冊p.3

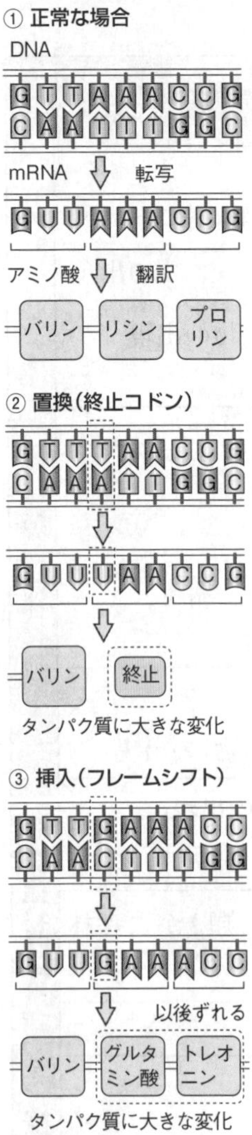

塩基配列変化の例

1 遺伝情報の変化

① (❶　　　　線)や化学物質の影響，または複製時の誤りによってDNAの塩基配列が変化することを，(❷　　　　　　)という。
└→生命活動に必須であるタンパク質に影響すると，致命的な場合もある。

② (❸　　　　)…1つの塩基が別の塩基に置き換わる場合。次のように，コドンの指定がどうなるかによって影響が異なる。

- ・コドンが同じアミノ酸を指定→形質変化は起こらない。
- ・コドンが異なるアミノ酸を指定→場合によって形質が変化する。
- ・コドンが終止コドンに変化→形質に大きく影響する。

③ (❹　　　　)と挿入…塩基が失われる**欠失**や余分の塩基が入る**挿入**が起こると，コドンの読み枠がずれる(❺　　　　　　　　)が起こる。→アミノ酸配列が大幅に変化→形質に大きく影響する。

> **重要** [DNAの塩基配列の変化と形質]
> **DNAの置換・欠失・挿入→アミノ酸配列の変化→形質の変化**

2 鎌状赤血球貧血症

① 突然変異の例として，ヒトの(❻　　　　　　　　　)が知られている。これは，赤血球の酸素との結合力が弱まったり，赤血球が酸素を放出すると鎌状(三日月状)に変形して壊れたり毛細血管を通りにくくなったりするために，酸素の運搬能力が著しく低下して貧血症状を起こす遺伝病である。

② ①は(❼　　　　　　　　)をつくるポリペプチド(β鎖)の6番目の
└→タンパク質の一種
アミノ酸が，正常なヒトの赤血球ではグルタミン酸であるのに対して，(❽　　　　)に置き換わっていることで起こる。

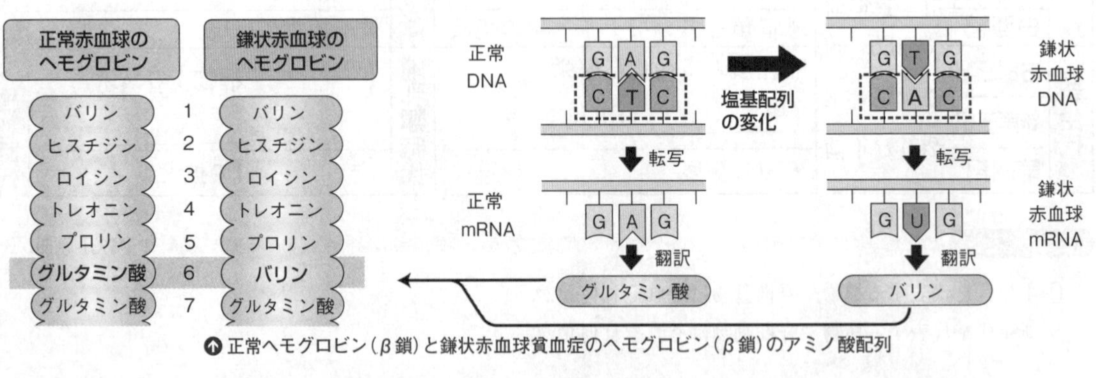

正常ヘモグロビン(β鎖)と鎌状赤血球貧血症のヘモグロビン(β鎖)のアミノ酸配列

重要 ［鎌状赤血球貧血症］

正常CTC→異常CACに変化→赤血球が鎌状に変形

3 ヒトの代謝異常

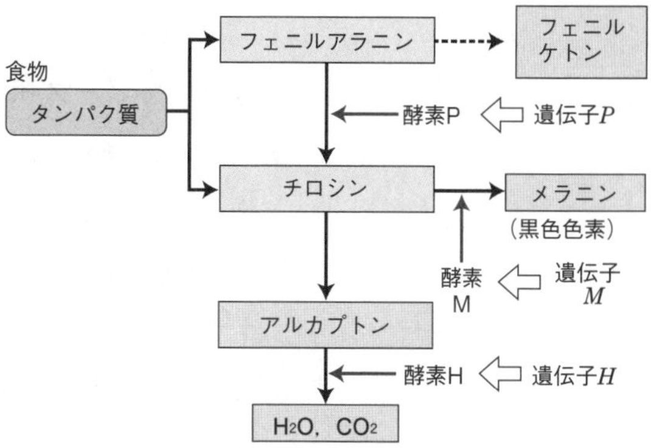

⬆フェニルアラニンが関係する代謝経路

① ヒトの代謝異常にはフェニルケトン尿症やアルカプトン尿症，アルビノなどがある。

② **フェニルケトン尿症**…右図の遺伝子*P*に異常が起こって酵素Pがはたらかなくなると，（❾　　　　　　）が体内に蓄積して，脳に障害を与え，**フェニルケトン**が尿中に排出されるフェニルケトン尿症となる。

③ **アルカプトン尿症**…右図の遺伝子*H*の異常により酵素Hが異常になると，（❿　　　　　　）が体内に蓄積して，尿中に排出される**アルカプトン尿症**となる。

④ 右図の遺伝子*M*の異常により酵素Mが異常になると，黒色色素である（⓫　　　　　　）が合成できなくなり，**アルビノ**（**白子**）となる。

4 一塩基多型とゲノムの多様性

① 同種の個体間で見られる塩基配列（⓬　　　　**個**）単位の違いを（⓭　　　　　　）（SNP（スニップ））という。ゲノム中に多く見られる。

↳ single nucleotide polymorphismの略

② ⓭は，置換などで塩基の1つが変化して生じるものである。これはアミノ酸を指定しない領域に多く，個体の生存に不利益を与えないことが多い。また，⓭は生物の（⓮　　　　　　）に多様性を与えていると考えられる。[1]

[1] **一塩基多型の利用**
薬に対する抵抗性や副作用などの個人差は一塩基多型によるものと考えられている。この解明が進めば，個人に最も適した**オーダーメイド医療**（→p.119）などが可能になると考えられている。

5 DNAの修復

DNAの塩基配列に異常が起こった場合，異常を起こした部分やその周辺の一部を除去した後，正常な塩基配列に修復するしくみが細胞には複数備わっている。

ミニテスト ［解答］別冊p.3

1 放射線や化学物質の影響，または複製時の誤りによって，DNAの塩基配列が変化することを何というか。
（　　　　　）

2 突然変異によって赤血球が鎌状（三日月状）に変形するようになり，酸素の運搬能力が著しく低下して貧血症状を起こす遺伝病を何というか。
（　　　　　）

5 減数分裂と染色体

［解答］別冊p.3

A. 染色体と遺伝子座

1 染色体の構造

① 真核細胞では，遺伝子の本体である（❶　　　　）はヒストン（タンパク質の一種）に巻き付いてビーズ状の（❷　　　　）を形成している。

② さらに，❷は規則的に折りたたまれて（❸　　　　）という構造をつくっている。

③ 細胞分裂のときには，❸がさらに何重にも折りたたまれて，太く短い（❹　　　　）の構造をつくる。

④ DNAは分裂前に複製され，分裂期の前期には，（❺　　　　）本の染色体が動原体で接着したトンボの羽のような構造の染色体となる。

（❻　　　　）　（❼　　　　）（❽　　　　）

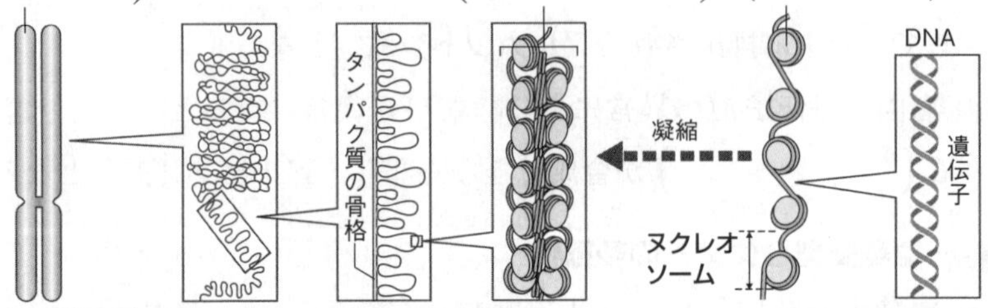

染色体の構造 ➔

2 相同染色体と遺伝子座

① 有性生殖をする生物では，父方の染色体が精子（精細胞）によってもたらされ，母方の染色体が卵（卵細胞）によってもたらされるため，体細胞（$2n$）[1]ではそれぞれ同形同大の（❾　　　　対）の染色体が存在している。このような染色体を（❿　　　　）という。

② どの染色体のどの位置にどの遺伝子があるかは，生物種によって決まっている。染色体上に占める遺伝子の位置[2]を（⓫　　　　）という。

③ 同じ⓫に存在する，異なる型の遺伝子を（⓬　　　　）という。

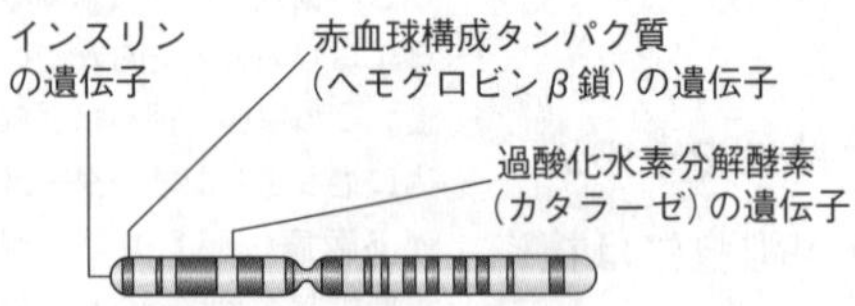

⬆ 遺伝子座の例（ヒトの第11染色体）

④ 同じ遺伝子が対になった状態（AAやaa）を（⓭　　　　接合体），異なる遺伝子が対になった状態（Aa）を（⓮　　　　接合体）という。

※1 受精の結果，父方と母方のn本ずつの染色体があわさり，$2n$本となる。

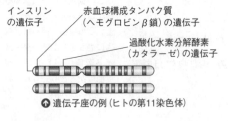

※2 1本の染色体上には多数の遺伝子座が存在する。同じ染色体上にある遺伝子は**連鎖**しているという（→p.24）。

重要 ［染色体と遺伝子座］
遺伝子は染色体上の決まった位置にある遺伝子座に存在する。

B. 性染色体

1 ヒトの性染色体

① ヒトの体細胞には，46本の染色体があり，（→ $2n=46$）そのうちの44本は男女に共通で，これを（⑮　　　　）という。

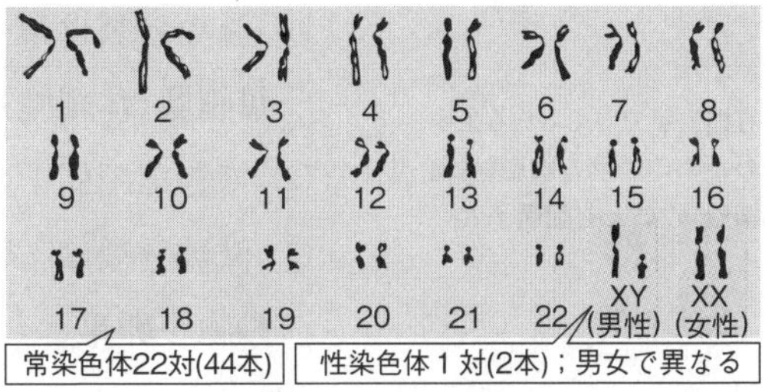

ヒトの染色体構成

② 残る2本は男女で異なる染色体で，これを（⑯　　　　）という。女性の性染色体は同形のホモ型であるが，男性は形が異なるヘテロ型である。

③ 性染色体のうち，男女に共通している染色体を（⑰　　　**染色体**），男性にのみ見られる小形の染色体を（⑱　　　**染色体**）という。◈3

◈3
ヒトのY染色体には，性決定に重要な役割をもつ*SRY*遺伝子の遺伝子座がある。*SRY*遺伝子は生殖腺を精巣に分化させ，その結果，精巣からは男性ホルモンが分泌されて雄へと分化する。*SRY*遺伝子がないと卵巣に分化して雌となる。

2 ヒトの性決定

性決定に関係しない常染色体22本のセットをAで示すと，ヒトの体細胞はこれを2セットもっているので，2Aで示される。そこで，ヒトの染色体構成は，女性は 2A +（⑲　　　　），男性は 2A +（⑳　　　　）で示される。

3 性染色体に存在する遺伝子の遺伝

① 雌雄に共通している性染色体にある遺伝子による遺伝を**伴性遺伝**といい，形質の現れ方が雌雄で異なる。

② ヒトではX染色体に赤と緑の色の識別にかかわる遺伝子（右図では*A*）があり，これに突然変異が起きた遺伝子（右図では*a*）が発現すると，赤と緑の色が識別しにくくなる。（← 本書ではこれを赤緑色覚多様性とよぶ（右図）。）これは潜性形質であるため，右図のように遺伝して，

・母親から（X染色体にある）遺伝子*a*を受け継ぎ，父親からY染色体を受け継いだ（㉑　　　**性**）

・母親からも父親からも（X染色体にある）遺伝子*a*を受け継いだ（㉒　　　**性**）

において発現する。そのため，その発現の割合は女性よりも男性で（㉓　　　　）なる。

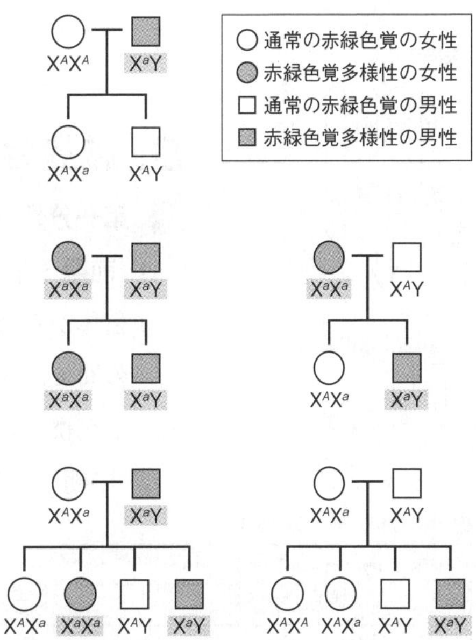

ヒトの赤緑色覚多様性の遺伝

> **重要**　［常染色体と性染色体］
> **常染色体は雌雄に共通，性染色体は雌雄で異なる染色体。**

C. 減数分裂

1 減数分裂の特徴

① 減数分裂は第一分裂と第二分裂の2回の分裂が続いて起こり，1個の母細胞(体細胞)から(㉔　　　個)の娘細胞(配偶子[◈4])ができる。

② できた配偶子のもつ染色体数は，体細胞の(㉕　　　　)となる。

③ 減数分裂は，特定の生殖器官で起こる。

動物…卵巣と(㉖　　　　)，被子植物…(㉗　　　　)と葯(やく)

◈4
有性生殖でつくられる生殖のための特別な細胞(生殖細胞)のことを**配偶子**という。

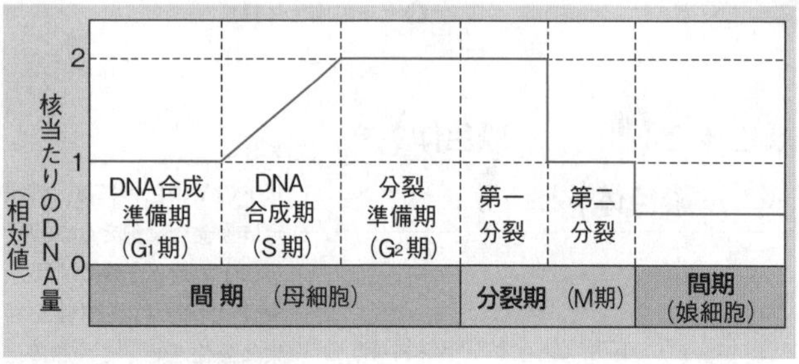

⬆ 減数分裂でのDNA量の変化

2 減数分裂とDNA量・染色体数

① 体細胞分裂でも減数分裂でも，分裂前にDNAは複製されるので，DNA量は(㉘　　　　)する。

② 体細胞分裂では，分裂によってできる娘細胞のDNA量は母細胞と同じ。

③ 減数分裂では，2回の分裂で4個の娘細胞ができ，DNA量は母細胞の(㉙　　　　)の量となる。染色体数も(㉚　　　　)となる。

> **重要** ［減数分裂の特徴］
> **2回の分裂で4個の配偶子ができる。染色体数が半減する。**

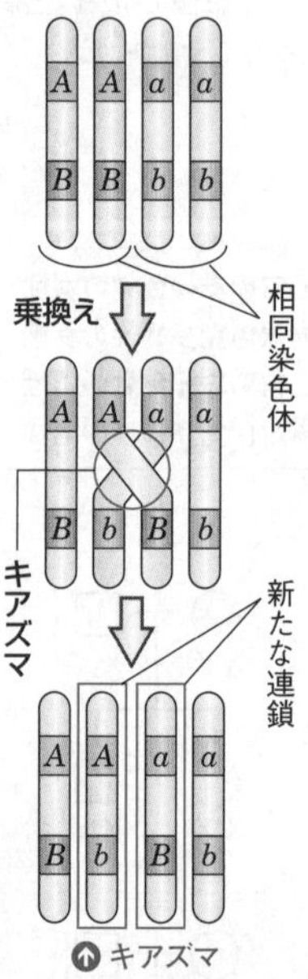

⬆ キアズマ

D. 減数分裂の過程 出る

1 第一分裂

① **前期**…**相同染色体**どうしが**対合**(たいごう)し，**動原体**の部分で接着して4本の染色体からなる(㉛　　　　　)を形成する。㉛をつくる相同染色体の間で，染色体の一部が交差して**キアズマ**が生じると，染色体の一部が交換される。これを(㉜　　　　)という。

② **中期**…二価染色体が(㉝　　　　)に並び，紡錘体(ぼうすいたい)が完成する。

⬇ 減数分裂の過程(動物細胞)

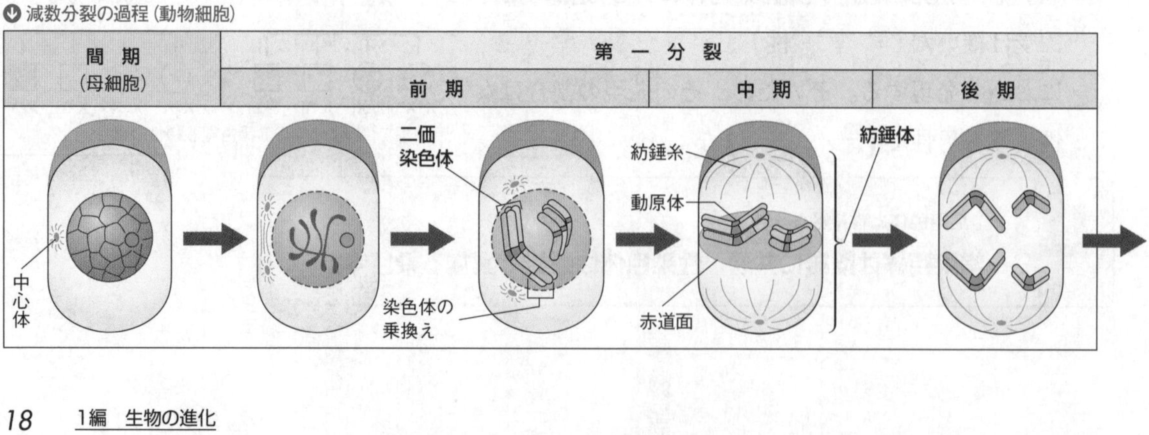

③（㉞　　　　）…二価染色体が対合面で離れ，相同染色体がそれぞれ紡錘糸に引かれて両極（細胞の両端）に移動する。

④（㉟　　　　）…細胞質が二分され，2個の細胞となる。この細胞ではDNAは複製されることなく，続いて第二分裂が始まる。

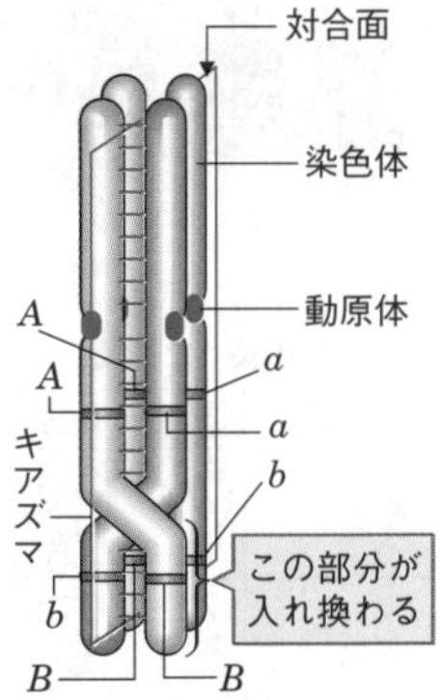

⬆ 染色体の乗換え

2 第二分裂

①（㊱　　　　）…染色体（もとの染色体と複製された染色体が接着した状態）が新しい細胞の赤道面に並んで紡錘体が形成される。

②（㊲　　　　）…紡錘糸に引かれて染色体が両極に移動する。ヒトでは23組の染色体のうちの1本ずつが娘細胞に引き継がれる。

③（㊳　　　　）…核膜が再現し，細胞質の分裂が行われる。染色体数が（㊴　　　　）となった娘細胞（配偶子）が4個[◆5]できる。

◆5
被子植物の場合にはこれを**花粉四分子**という（→p.146）。

> **重要** ［減数分裂の過程］
> **第一分裂で相同染色体が対合して二価染色体ができる。このとき染色体の乗換えが起こることがある。➡配偶子の多様性**

重要実験

減数分裂の観察

方法（操作）

(1) ねぎ坊主（ネギの花の集まり）を採取して，酢酸アルコールに浸して固定しておく。

(2) 2～3 mmの大きさのつぼみを取り，柄付き針とピンセットで葯だけをスライドガラスに取り出す。

(3) 酢酸オルセイン溶液を1滴落として5分程度おいてから，カバーガラスをかけて，その上にろ紙を置いて親指の腹の部分で上から押しつぶす。

(4) 顕微鏡で観察し，減数分裂の各段階の細胞を探してスケッチする。

結果と考察

① 花粉四分子や花粉ばかりが観察される場合，どうすればよいか。
→もっと（㊵　　　　）つぼみから葯を採取する。（↓大きさ）

② 酢酸オルセイン溶液は何を赤く染色するか。→おもに（㊶　　　　）や核を赤色に染色する。（↑構造名）

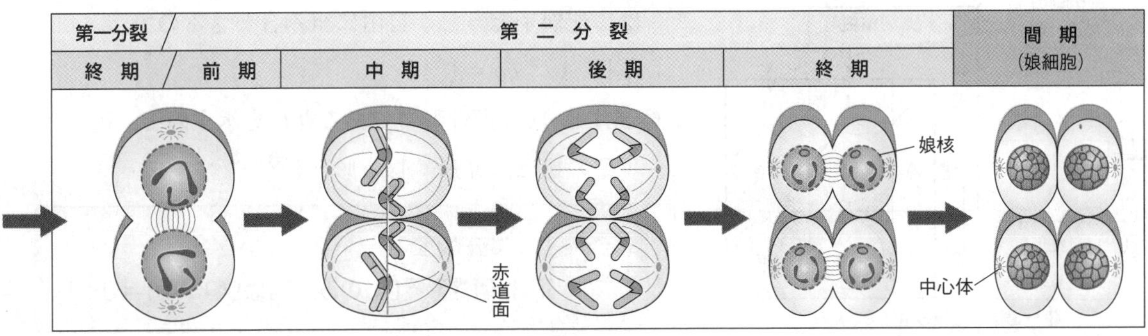

6 染色体と遺伝子

［解答］別冊p.4

◈1
メンデルの調べた形質

形質	顕性	潜性
種子の形	丸	しわ
子葉の色	黄色	緑色
花の位置	えき生	頂生
種皮の色	有色	無色
熟したさやの形	ふくれ	くびれ
未熟なさやの色	緑色	黄色
茎の高さ	高	低

▒…収穫時にわかる形質

A. メンデルの実験

① 19世紀，メンデルはエンドウを実験材料として，7種類の対立形質について交配実験を行った。[◈1] そして，結果を数量的に分析し，それぞれの対立形質には（❶　　　**形質**）と（❷　　　**形質**）があること，分離の法則，独立の法則があることを発表した。

② メンデルの主張は，発表当時は認められなかったが，20世紀に複数の研究者が別々に再発見したことで，評価されるようになった。

B. 一遺伝子雑種

1 一遺伝子雑種　1対の（❸　　　**形質**）に着目したとき，交雑によって得られる子を**一遺伝子雑種**という。

2 一遺伝子雑種の遺伝のしくみ

① エンドウの種子の形には，丸形としわ形がある。純系の丸形としわ形を**両親**(P)として**交雑**すると，その子である**雑種第一代**(F_1)はすべて丸形になった。⇨丸形が（❹　　　**形質**）である。
└→ 遺伝子型の異なる2個体間の交配のこと。

② Pの遺伝子型は，
丸形…（❺　　　），しわ形…（❻　　　）
└→ 表現型は〔A〕とも表記される。　└→ 表現型は〔a〕とも表記される。
Pのつくる配偶子は，
丸形…（❼　　　），しわ形…（❽　　　）

③ よって，F_1の遺伝子型はすべて（❾　　　）で，表現型は（❿　　　**形**）のみ。
└→〔A〕

④ F_1がつくる配偶子は，$A：a$ =（⓫　　：　　）
⇨（⓬　　　**の法則**）

⑤ F_1どうしの**自家受精**によってできる**雑種第二代**(F_2)は，配偶子どうしが自由に組み合わさるので，
$AA：Aa：aa$ =（⓭　　：　　：　　）

⑥ AAとAaは顕性形質である丸形を示すので，F_2の表現型の比は，丸形：しわ形 =（⓮　　：　　）
└→〔A〕　└→〔a〕

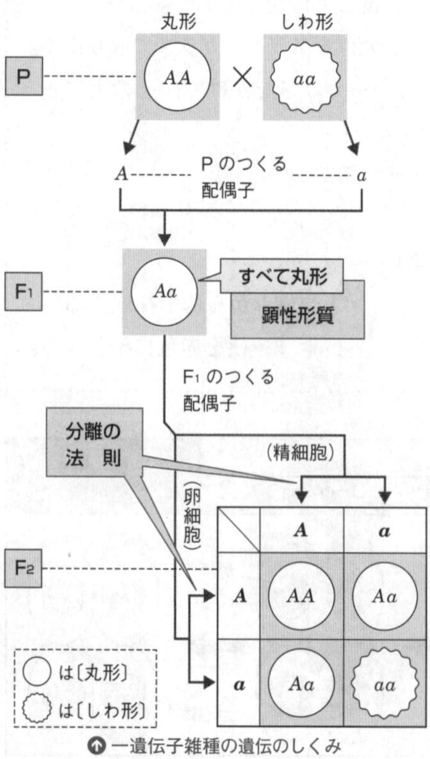

⬆ 一遺伝子雑種の遺伝のしくみ

> **重要**　［一遺伝子雑種］
> **F_1は顕性形質〔A〕のみ。F_2は〔A〕：〔a〕= 3：1**

C. 遺伝子と染色体

① その後の研究によって，遺伝子は細胞の（⑮　　　）の中の（⑯　　　上）にあることがわかった。

② また，遺伝子の本体は（⑰　　　）であることも明らかになった。

③ 一遺伝子雑種を遺伝子と染色体との関係で説明すると，右図のようになる。

④ 対立遺伝子Aとaは，相同染色体の同じ（⑱　　　座）に存在し，その染色体と行動を共にしている。

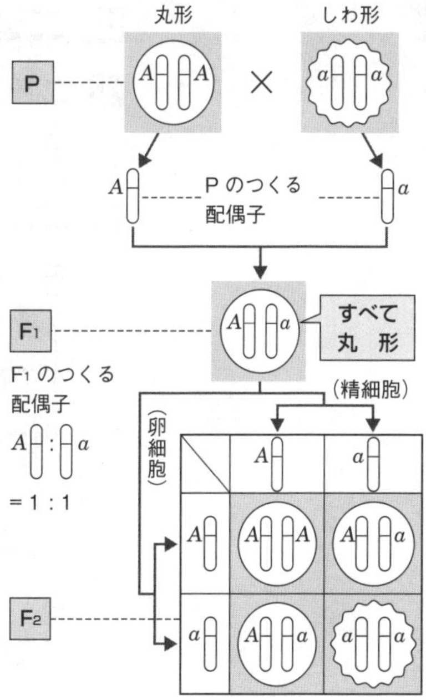

一遺伝子雑種での遺伝子と染色体

> **重要**　［遺伝子と染色体］
> **遺伝子(DNA)…核の中の染色体上に存在。**
> **対立遺伝子…相同染色体の同じ遺伝子座に存在。**

D. 検定交雑と遺伝子型の決定 出る

1 検定交雑

遺伝子型を調べるための（⑲　　　）形質の純系個体(ホモ接合体)との交雑を，（⑳　　　）という。この交雑の結果得られる子の表現型の比は，検定個体がつくる配偶子の（㉑　　　）の比と一致する。

└→ ⑲形質の純系個体と交雑した個体

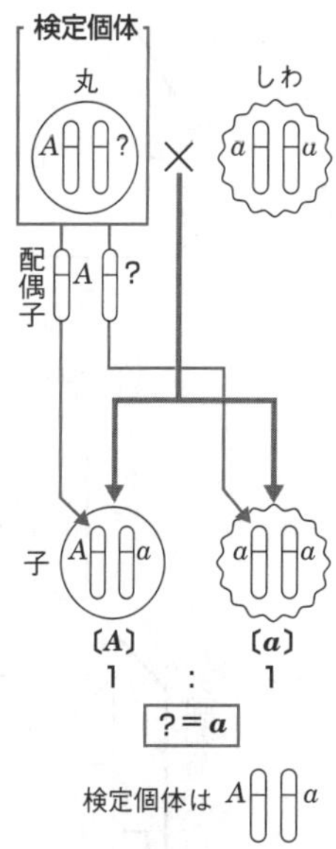

検定交雑

2 検定交雑による遺伝子型の決定

検定交雑の結果から，検定個体がつくる配偶子の（㉒　　　型）の比を次のように決定できる。

① 子の表現型がすべて潜性形質〔a〕
→検定個体の遺伝子型は（㉓　　　）

検定個体は潜性ホモなので，形質を確認すれば判定できる。

② 子の表現型がすべて顕性形質〔A〕
→検定個体の遺伝子型は（㉔　　　）

③ 子の表現型の比が顕性形質〔A〕：潜性形質〔a〕= 1：1
→検定個体の遺伝子型は（㉕　　　）

> **重要**　［検定交雑による遺伝子型の決定］
> **子がすべて潜性形質➡検定個体は潜性ホモ接合体(*aa*)**
> **子がすべて顕性形質➡検定個体は顕性ホモ接合体(*AA*)**
> **子が顕性：潜性＝1：1➡検定個体はヘテロ接合体(*Aa*)**

E. 二遺伝子雑種

1 二遺伝子雑種　2対の対立形質に着目したとき，交雑によって得られる子。

2 二遺伝子雑種の遺伝のしくみ

エンドウの2対の対立遺伝子に着目する。

種子の形：丸形(顕性)…A，しわ形(潜性)…a
子葉の色：黄色(顕性)…B，緑色(潜性)…b

遺伝子A (a)とB (b)は，異なる相同染色体上の遺伝子座にそれぞれある。

① 純系の丸形・黄色としわ形・緑色を両親(P)として交配する。Pの遺伝子型は次のようになる。

丸形・黄色…(㉖　　　　)，しわ形・緑色…(㉗　　　　)

② 減数分裂のとき，異なる染色体は別々に行動する(独立の法則)。よって，Pのつくる配偶子の遺伝子型は次のようになる。

丸形・黄色➡(㉘　　　　)のみ
しわ形・緑色➡(㉙　　　　)のみ

③ 子(F_1)は，両親から伝えられた染色体をもつので，遺伝子型は(㉚　　　　)，表現型は(㉛　　　　)である。
└➡ 雑種第一代では顕性形質のみ現れる。

④ F_1が減数分裂で配偶子をつくるとき，異なる染色体は別々に行動するので，F_1がつくる配偶子の遺伝子型の比は，

$AB:Ab:aB:ab=$(㉜　：　：　：　)

⑤ F_1の自家受精によって得られるF_2は左図のようになり，表現型の比は，

丸形・黄色：丸形・緑色：しわ形・黄色：しわ形・緑色

＝(㉝　：　：　：　)

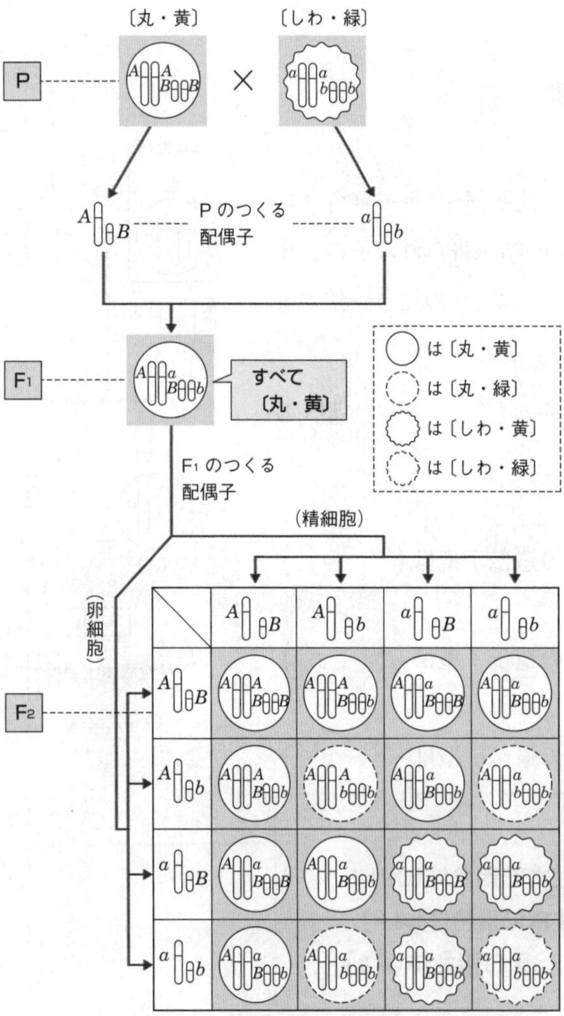

↑ 二遺伝子雑種の遺伝のしくみ

重要　［二遺伝子雑種］
F_1…顕性形質〔AB〕のみ。
F_2…〔AB〕：〔Ab〕：〔aB〕：〔ab〕
＝9：3：3：1

例題研究　二遺伝子雑種の遺伝

種子が丸形で子葉が緑色のエンドウとしわ形・黄色のエンドウを交雑すると，雑種第一代(F_1)はすべて丸形・黄色となった。種子の形の遺伝子を$A(a)$，子葉の色の遺伝子を$B(b)$として，次の各問いに答えよ。

(1) F_1の遺伝子型を答えよ。

(2) F_1を自家受精してF_2を得たとき，F_2の表現型の比を求めよ。

(3) (2)のF_2の丸形・黄色のある個体を検定交雑すると，得られた子の表現型は，丸形・黄色：丸形・緑色＝1：1であった。検定個体の遺伝子型を答えよ。

解き方

(1) F_1がすべて丸形・黄色なので，種子の形は丸形，子葉の色は黄色が顕性形質であり，それぞれ純系どうしの交雑であることがわかる。つまり，親のエンドウPの遺伝子型は，丸形・緑色が$AAbb$，しわ形・黄色が$aaBB$である。したがって，この交雑でできたF_1はヘテロ接合体であり，その遺伝子型は，
(㉞　　　　)である。

(2) F_1がつくる配偶子の遺伝子型の比は，$AB：Ab：aB：ab＝1：1：1：1$であるから，F_2を求めると右表のようになり，F_2の表現型の比は，
丸形・黄色：丸形・緑色：しわ形・黄色：しわ形・緑色＝(㉟　　：　　：　　：　　)

(3) 対立形質ごとに遺伝子型を考える。
丸形：しわ形＝1：0 →(㊱　　　　)
黄色：緑色＝1：1 →(㊲　　　　)
したがって，検定個体の遺伝子型は，
(㊳　　　　)である。

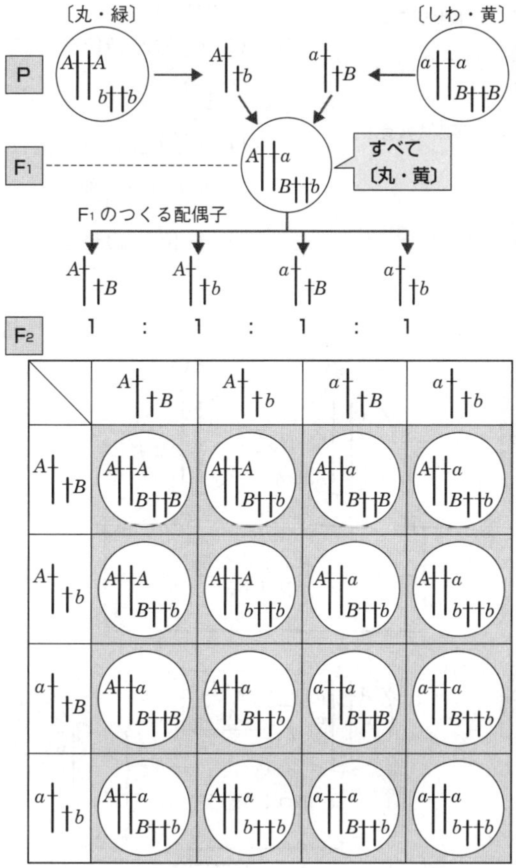

ミニテスト

[解答] 別冊p.4

1 遺伝子型Aaの個体を自家受精させたとき，子の表現型〔A〕：〔a〕の比を求めよ。　(　　　　)

2 検定交雑したとき〔A〕：〔a〕＝1：1となった。検定個体の遺伝子型を答えよ。　(　　　　)

3 $AaBb$の個体を自家受精させたとき，子の表現型〔AB〕：〔Ab〕：〔aB〕：〔ab〕の比を答えよ。
(　　　　)

4 3の中で〔AB〕の個体の遺伝子型とその割合を答えよ。　(　　　　)

5 遺伝子型Xの個体と遺伝子型が$AaBb$の個体を交配したところ，次代の表現型の比は下のようになった。Xの遺伝子型を答えよ。　(　　　　)

〔AB〕：〔Ab〕：〔aB〕：〔ab〕
$X×AaBb$＝ 3 ： 1 ： 3 ： 1

7 遺伝子の組み合わせの変化

［解答］別冊p.4

1 遺伝子の連鎖

① ヒトの染色体数は$2n=46$で示され，（❶　　　対）の常染色体と1対の（❷　　　）をもっている。
（ヒトの性染色体にはXとYがある（→p.17）。）

② ヒトの遺伝子数は約2万個であるので，単純計算でも，1本の染色体上に（❸　　　）個近い遺伝子が存在することになる。
（20500個や22000個とする説がある。）

③ 同一の染色体上の異なる遺伝子座にある遺伝子どうしは，互いに（❹　　　）している，という。◈1

④ 連鎖している遺伝子は，減数分裂のとき（→p.18），連鎖している遺伝子の間で染色体の（❺　　　）が起こらない限り，行動を共にする。

⑤ 染色体の乗換えが起こると，遺伝子の（❻　　　）が起こる。

◈1
遺伝子の連鎖の例

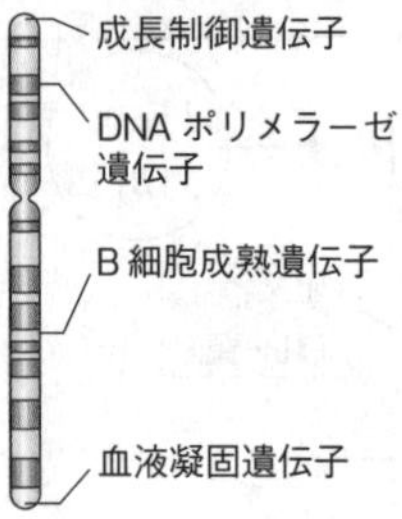

2 染色体の乗換えが起こらない場合

① AとC，aとcが同一染色体上で連鎖していても，染色体の乗換えが起こらない場合，$AACC$と$aacc$を両親(P)とすると，Pがつくる配偶子は，それぞれ（❼　　　）とacである。

② よって，その子(F_1)は（❽　　　）となる。

③ F_1がつくる配偶子の比は，
$AC : ac =$（❾　　：　　）

④ F_1の自家受精によってできたF_2の遺伝子型の比は，
$AACC : AaCc : aacc$（$AACC$→表現型〔AC〕，$AaCc$→表現型〔AC〕，$aacc$→表現型〔ac〕）
=（❿　　：　　：　　）

⑤ したがって，F_2の表現型の比は，
〔AC〕：〔Ac〕：〔aC〕：〔ac〕
=（⓫　　：　　：　　：　　）

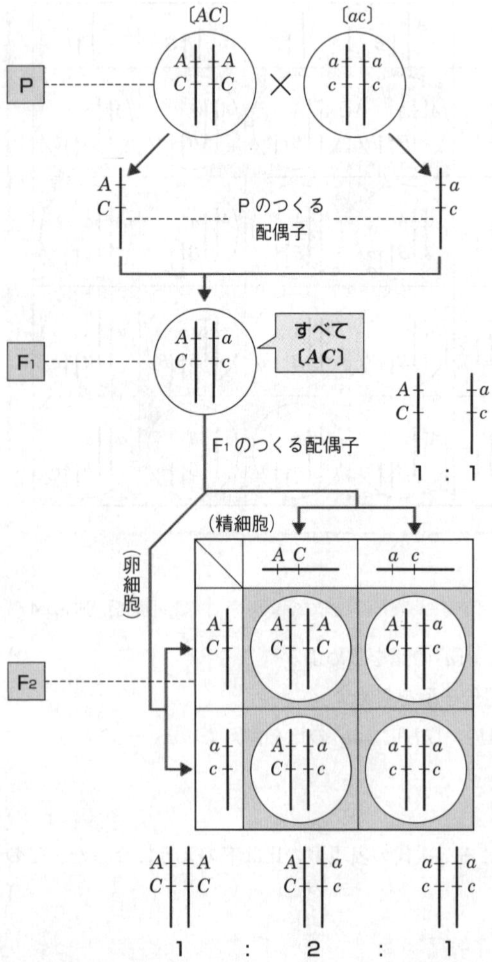

⬆ 連鎖していて染色体の乗換えが起こらない場合の遺伝

> **重要**　［染色体の乗換えが起こらない場合］
> **P　$AACC \times aacc$**
> **→F_1　$AaCc$**
> **→F_1の配偶子…$AC : ac = 1 : 1$**
> **→F_2の表現型…〔AC〕：〔ac〕$= 3 : 1$**

3 染色体の乗換えが起こる場合

① $AAEE$ と $aaee$ をPとしたとき，AE 間，ae 間で染色体の乗換えが起こっても，Pがつくる配偶子は（⓬　　　）と ae である。

② したがって，F_1 は（⓭　　　）となる。

③ F_1 が配偶子をつくるときには，染色体の乗換えによって遺伝子の（⓮　　　）が起こる。その結果，AE と ae 以外に，新たに Ae と（⓯　　　）の遺伝子の組み合わせをもつ配偶子もできる。

④ n：1の割合で染色体の乗換えが起こるとすると，F_1 がつくる配偶子の割合は，

$AE : Ae : aE : ae$

$=$（⓰　　：　　：　　：　　）

となる。

⑤ この場合のそれぞれの配偶子の組み合わせでできる F_2 の表現型は右下の表のようになるので，F_2 の表現型の比は，

〔AE〕：〔Ae〕：〔aE〕：〔ae〕

$=$（⓱　　　　）

：（⓲　　　　）

：（⓳　　　　）

：（⓴　　　）

となる。

重要　［染色体の乗換えが起こる場合］

P　$AAEE \times aaee$

→F_1　$AaEe$

→F_1 の配偶子の比は，

$AE : Ae : aE : ae$

$= n : 1 : 1 : n$

→F_2 の表現型の比は，

〔AE〕：〔Ae〕：〔aE〕：〔ae〕

$=(3n^2+4n+2) : (2n+1)$

$: (2n+1) : (n^2)$

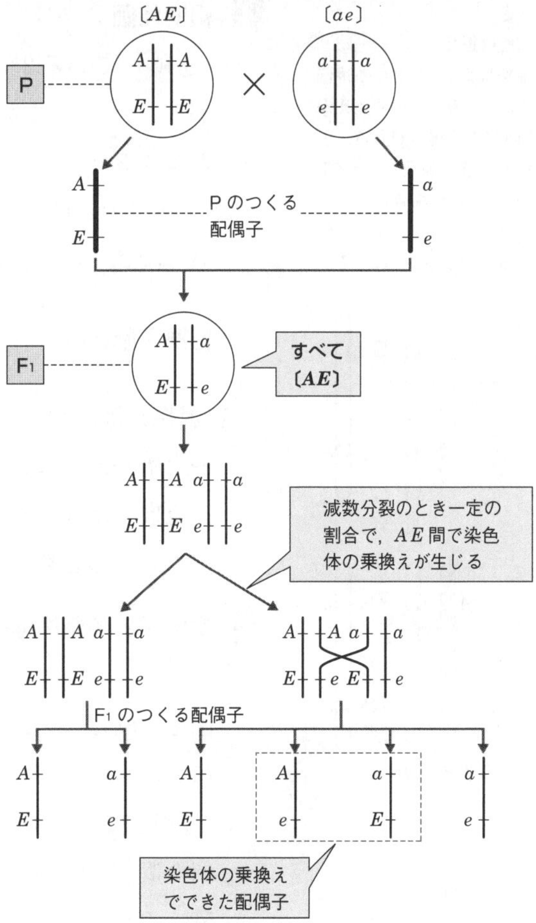

F_2

$AE : Ae : aE : ae = n : 1 : 1 : n$ とする

	nAE	Ae	aE	nae
nAE	n^2AAEE	$nAAEe$	$nAaEE$	n^2AaEe
Ae	$nAAEe$	$AAee$	$AaEe$	$nAaee$
aE	$nAaEE$	$AaEe$	$aaEE$	$naaEe$
nae	n^2AaEe	$nAaee$	$naaEe$	n^2aaee

〔AE〕：〔Ae〕：〔aE〕：〔ae〕

$=(3n^2+4n+2) : (2n+1) : (2n+1) : \quad n^2$

⬆ 組換えが起こる場合の遺伝

◈2
二重乗換え
確率は低いが，2つの遺伝子間で，染色体の乗換えが2回起こる場合がある。これを二重乗換えという（下図②）。この場合は，遺伝子は見かけ上，組換えが起こっていないようになる。

①
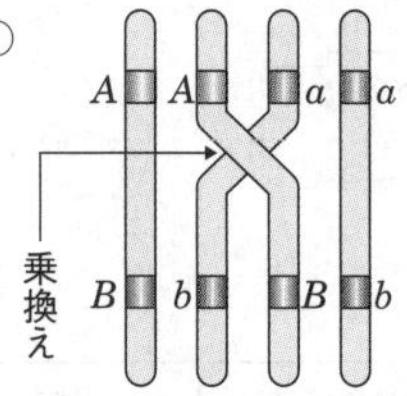

②
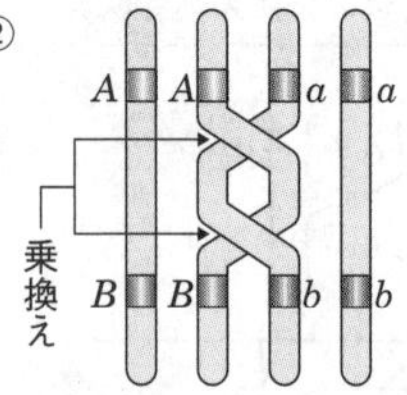

⬆ 遺伝子の乗換え

◈3
染色体の遺伝子座を蛍光色素などで染める方法で作成した染色体地図のことは，細胞学的地図という。

4 組換え価

① 連鎖している2つの遺伝子間では，ふつう一定の割合で染色体の（㉑　　　）が起こる。そしてその結果，遺伝子の（㉒　　　）が起こる。◈2

② 遺伝子の組換えを起こした配偶子の割合を（㉓　　　）といい，次式で示される。ただし，組換え価＜50%となる。

$$組換え価(\%) = \frac{(㉔\qquad 配偶子の数)}{(㉕\qquad 数)} \times 100$$

③ 組換えは，2つの遺伝子間の距離が近いほど起こりにくい。
→距離が近いほど，組換え価は（㉖　　　く）なる。
→組換え価は，遺伝子間の距離に（㉗　　　する）。
→この関係を利用→（㉘　　　地図）が作成される。

5 遺伝子と染色体地図

① （㉙　　　）らは，キイロショウジョウバエについて染色体地図を作成し，遺伝子が染色体上に（㉚　　　）していることを明らかにした。

② 連鎖している3つの遺伝子A，B，Cについて，$A-B$，$B-C$，$C-A$間の遺伝子間の組換え価がそれぞれ，4%，5%，9%であったとすると，その遺伝子の位置関係は右図のようになる。

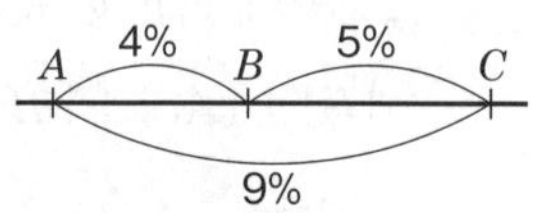

⬆ 三点交雑

③ このような方法によって，3つの遺伝子の染色体上の位置関係を求める方法を（㉛　　　）という。

④ このようにしてつくった**染色体地図**◈3を遺伝学的地図という。

> **重要** ［遺伝子の組換え価と染色体地図］
> **組換え価は遺伝子間の距離に比例する➡三点交雑**
> **➡染色体地図**

例題研究　組換え価

遺伝子型$AaBb$の個体に$aabb$を交雑して次代の表現型の比を求めたところ，〔AB〕：〔Ab〕：〔aB〕：〔ab〕＝7：1：1：7となった。$A-B$間の組換え価を求めよ。

解き方
出現個体数の少ない$A-b$，$a-B$が組換えによってできた個体である。

$$組換え価 = \frac{(㉜\qquad) + (㉝\qquad)}{7+1+1+7} \times 100 = 12.5〔\%〕$$ … 答

例題研究　組換え価と遺伝子座

2組の対立遺伝子A・aとB・bをヘテロ接合体としてもつF_1個体($AaBb$)を検定交雑したところ，次代の表現型の比〔AB〕:〔Ab〕:〔aB〕:〔ab〕が次の①～④のようになった。①～④のF_1個体の染色体と遺伝子座の関係を示した図として適当なものを，**ア～ク**からそれぞれ選べ。

① 1:1:1:1　② 3:1:1:3　③ 7:1:1:7　④ 1:3:3:1

ア
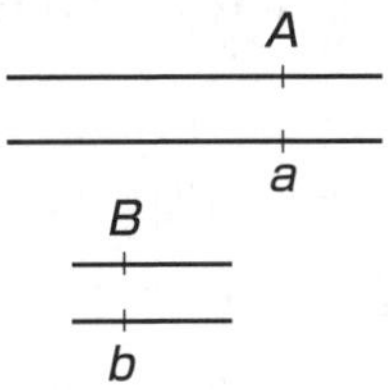

イ
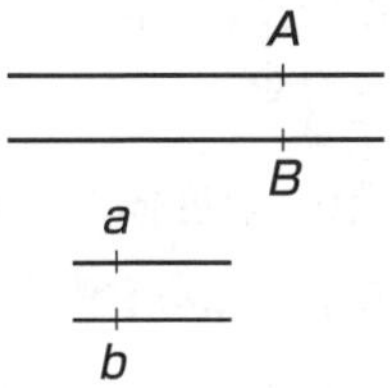

ウ
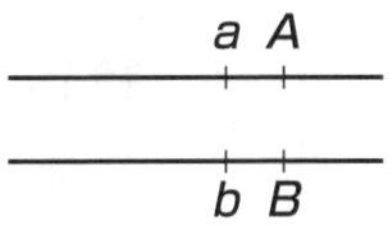

エ
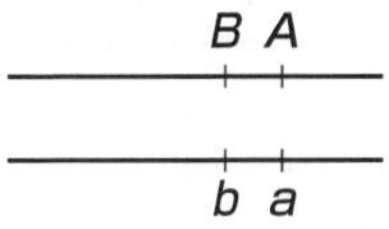

オ
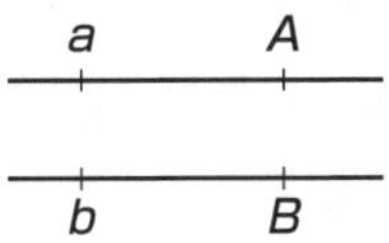

カ
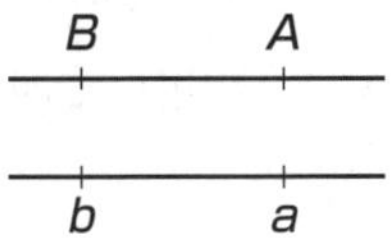

キ
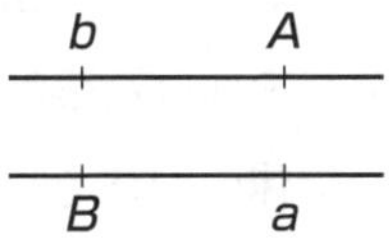

ク
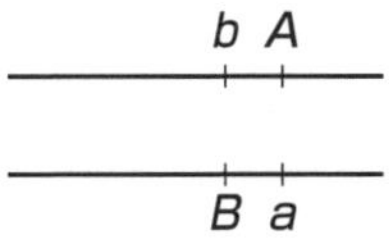

解き方

① F_1の表現型の比は遺伝子A (a)とB (b)がそれぞれ独立した染色体上に存在することを示しているので，該当する図は(㉞　　　)である。

② 検定交雑したところ，〔AB〕と〔ab〕が多いので，$A-B$，$a-b$が連鎖しており，組換えによって$A-b$，$a-B$ができたと考えられる。その組換え価は，

$$\frac{1+1}{3+1+1+3}\times 100 = 25\,〔\%〕$$

であり，③より遺伝子座の間の距離が遠い(㉟　　　)が答えとなる。

③ ②と同様に$A-B$，$a-b$が連鎖しており，数の少ない〔Ab〕と〔aB〕が組換えによってできたと考えられる。その組換え価は，

$$\frac{1+1}{7+1+1+7}\times 100 = 12.5\,〔\%〕$$

であり，②より2つの遺伝子座の間の距離が近い(㊱　　　)が答えとなる。

④ 数の少ない〔AB〕と〔ab〕が組換えによって生じた個体で，組換え価は②と同じなので，遺伝子座の距離は②と等しく，$A-b$，$a-B$が連鎖した(㊲　　　)が答えとなる。

ミニテスト

[解答] 別冊p.4

1 遺伝子Aとb，aとBが連鎖していて染色体の乗換えが起こらないとき，$AAbb$と$aaBB$を両親(P)として交雑すると，雑種第一代(F_1)の遺伝子型はどうなるか。　(　　　　)

2 1のF_1の自家受精で得られるF_2の表現型の比を求めよ。　(　　　　)

3 ある植物の紫花・長花粉($AABB$)と赤花・丸花粉($aabb$)をPとして得たF_1を検定交雑した結果，次代は，紫・長：紫・丸：赤・長：赤・丸＝4：1：1：4となった。組換え価を求めよ。　(　　　　)

8 染色体レベルの突然変異

[解答] 別冊p.5

A. 染色体レベルで起こる突然変異

1 染色体数の異常

① (❶　　　性) ($2n \pm a$)…染色体数(ゲノム[※1])が$2n$(→二倍体)より少し多いか少ないこと。❶を示す個体を(❷　　　体)という。

② (❸　　　性)…体細胞の染色体数が基本数n(→一倍体)と倍数関係($4n$, $6n$(→四倍体)など)にあること。❸を示す個体を(❹　　　体)という。

③ パンコムギは祖先となる植物(ゲノムが2セットある二倍体)が倍数化して(❺　　　倍体)になったものである。また，種なしスイカは減数分裂を妨げる薬品(コルヒチン)を用いて四倍体になった個体とふつうの二倍体の個体を交配してできた(❻　　　倍体)である。

※1 **ゲノム**
生命を維持するのに最少限必要とする染色体の1組をいい，ふつう生殖細胞の染色体数nに相当する。下のコムギの進化を示した図では，A, B, Dの1文字がそれぞれ1ゲノムに相当する。

異数体　ヒトのダウン症[※2]

染色体構成…21番の染色体が1本多い。

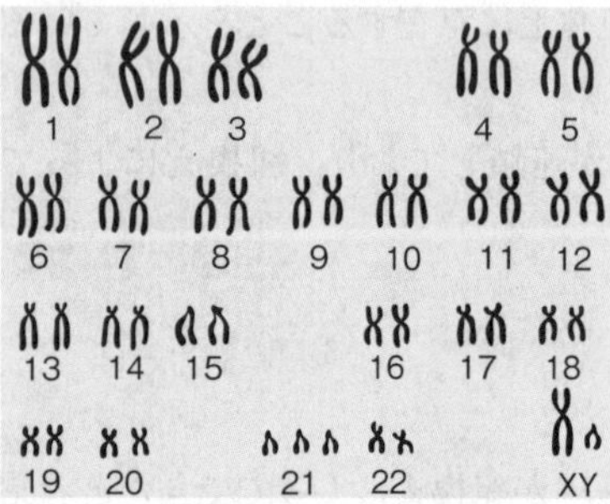

↑染色体突然変異の例

倍数体　コムギの倍数性

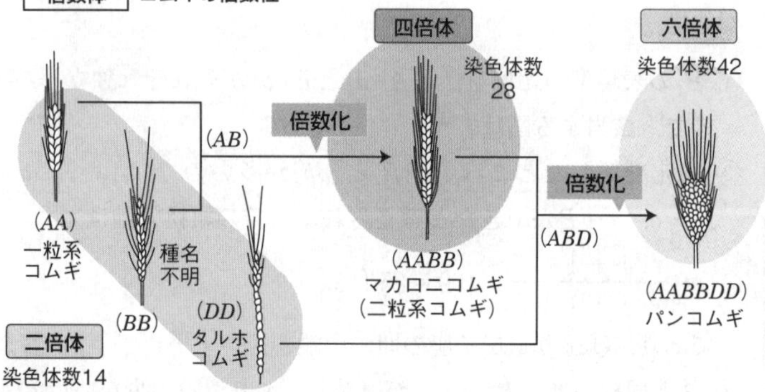

2 染色体の部分的異常

① **欠失**…一部が欠ける。

② **逆位**…一部が逆転する。

③ (❼　　　)…他から染色体の一部が移入。

④ (❽　　　)…染色体の一部がくり返す。

※2 **ダウン症(ダウン症候群)**
新生児の約700人に1人の割合で生じる先天的疾患。精神およびからだの発育が遅れ，数々の症状が出る。

> **重要** [染色体レベルの突然変異]
> **染色体数の変化………異数性，倍数性**
> **染色体の部分的異常…欠失，逆位，転座，重複**

B. 遺伝子重複

1 遺伝子重複

突然変異によって，同一の遺伝子や(❾　　　　)全体が重複して余分に存在するようになる現象を(❿　　　　)という。

① 減数分裂の第一分裂前期に相同染色体どうしがきちんと並ばずに乗換えが起こることを不等交差という。これが起こると，欠失と重複の染色体がそれぞれ生じる。

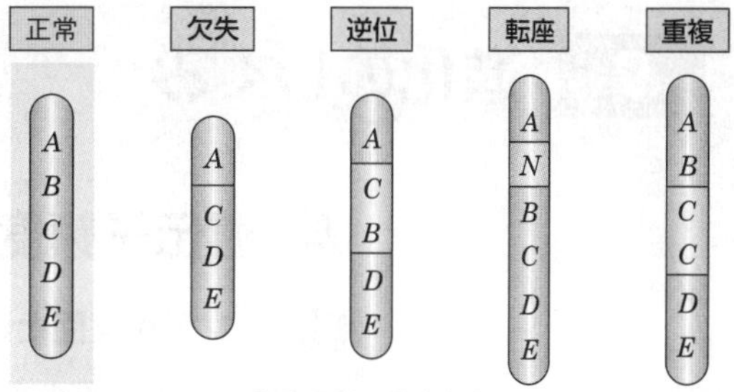

⬆ 染色体の構造変化

② 遺伝子を重複してもつ個体は，一方の遺伝子が突然変異で変化してももう一方が正常にはたらくことで生存できるため，遺伝子重複は新たな遺伝子が生じる大きな要因となる。

③ **ヘモグロビン**はα鎖とβ鎖の2種類の(⑪　　　　　　)(サブユニット)が組み合わさったタンパク質である(→p.61)が，これらは，1種類の⑪から遺伝子重複を経て生じたと考えられている。

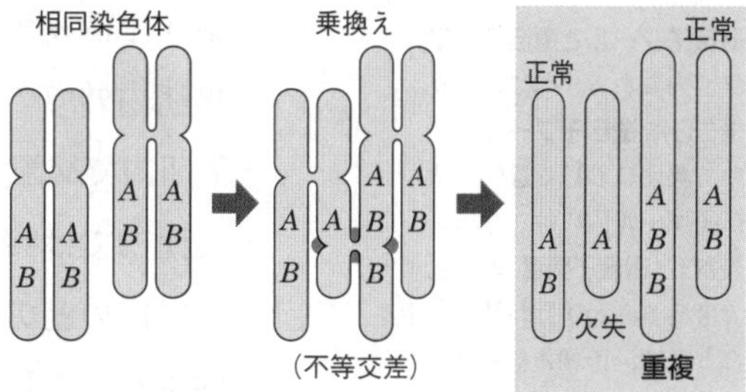

⬆ 不等交差による遺伝子重複

④ **遺伝子重複**は，重複した片方の遺伝子の機能をもったままもう一方の遺伝子に(⑫　　　　　　)が生じることで新たな形質を獲得できるため，新しい種を生み出す要因の1つと考えられている。

例 食虫植物(モウセンゴケなど)の進化
染色体が倍化→重複した遺伝子で突然変異
→消化酵素，誘引物質，捕獲器などの形質を新たに獲得。

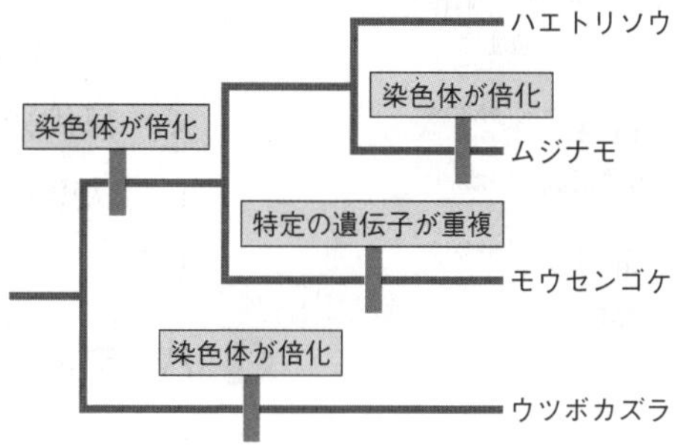

⬆ 食虫植物における遺伝子重複

2 トランスポゾン(転移因子)[*3]

ゲノム上のある塩基配列が切り出され，同じ細胞内のゲノム上の別の部位に挿入される場合がある。このようなゲノム上を移動するDNA配列を(⑬　　　　　　)という。

トランスポゾンは，進化にも関係している。たとえば，哺乳類の胎盤形成には，トランスポゾンに由来する*Peg*10と*Peg*11という2つの遺伝子が関係していると考えられている。

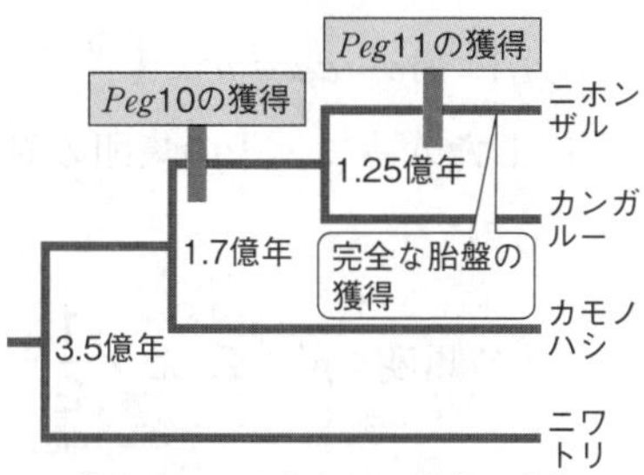

⬆ トランスポゾンによる胎盤の進化

*3 トランスポゾンは，DNAのままゲノム上を移動するが，RNAを介して移動するものをレトロトランスポゾンという。ヒトゲノムではトランスポゾンの45%以上をレトロトランスポゾンが占めている。

ミニテスト [解答] 別冊p.5

1 染色体の突然変異の中で，染色体数の変化により生じるものを2つあげよ。(　　　　　　)
2 染色体の突然変異の中で，染色体の構造の変化により生じるものを2つあげよ。(　　　　　　)

9 進化のしくみ

［解答］別冊p.5

A. 遺伝子頻度と進化 出る

1 メンデル集団と遺伝子頻度

① 次のような条件のあてはまる仮想の生物集団を**メンデル集団**という。

- 集団を構成する**個体の数は，十分に**（❶　　　い）。
- 集団内外での**個体の移出・移入が**（❷　　　　）。
- 集団内で交配して子孫を残す際に**自然選択が**（❸ 起こ　　　　）。（→p.31）
- 集団内では**突然変異は**（❹ 起こ　　　　）。
- 集団内の**どの個体も繁殖力・生存能力は同じ**で，自由な交配で有性生殖する集団である。

② このような条件下では，遺伝子頻度[◈1]を変える要因がはたらかないので，何代経ても**遺伝子頻度**は（❺ 変化　　　　）。このような安定した状態が保たれることを示した法則を（❻　　　　　　　　**の法則**）という。

2 ハーディ・ワインベルグの法則

ハーディ・ワインベルグの法則は，次のように表される。

① ある生物集団における対立遺伝子A，aの遺伝子頻度に注目し，それぞれをp，q（ただし$p+q=1$）とする。

② この集団の子の遺伝子頻度は次の式から求められる。

$(pA+qa)^2=$（❼　　）$AA+2$（❽　　）$Aa+$（❾　　）aa

③ すなわち，子の遺伝子型の分離比は，

$AA:Aa:aa=p^2:$（❿　　　）$:q^2$となる。

④ したがって，子の集団の対立遺伝子の頻度は（条件より$p+q=1$であるので），

Aの頻度：$p^2+2pq\times\frac{1}{2}=p^2+pq=p(p+q)=$（⓫　　）

（→$2pq$はAaの頻度なのでAはこのうちの半分）

aの頻度：$q^2+2pq\times\frac{1}{2}=q^2+pq=q(p+q)=$（⓬　　）

（→$2pq$はAaの頻度なのでaはこのうちの半分）

となり，親の代の遺伝子頻度と同じで，変化していないことがわかる。[◈2]

3 集団遺伝学

集団遺伝学　生物の集団を多数の**遺伝子の集団**とみなし，遺伝子構成の変化から進化を考える研究分野を集団遺伝学という。

◈1
遺伝子プールと遺伝子頻度
集団内にあるすべての対立遺伝子を**遺伝子プール**といい，集団における遺伝を遺伝子プール内の対立遺伝子の割合（**遺伝子頻度**）の変化で考えることが行われる。たとえば，10個体からなる集団で，AAが7個体，Aaが2個体，aaが1個体のとき，Aの遺伝子頻度は

$\frac{7}{10}+\frac{2}{10}\times\frac{1}{2}$ ➡ 80%

aの遺伝子頻度は

$\frac{1}{10}+\frac{2}{10}\times\frac{1}{2}$ ➡ 20%

となる。

◈2
上記の集団を例として考えると，この集団の子の代の遺伝子頻度は

♀＼♂	0.8 A	0.2 a
0.8 A	0.64 AA	0.16 Aa
0.2 a	0.16 Aa	0.04 aa

$(0.8A+0.2a)^2=$
$0.64AA+0.32Aa+0.04aa$
となり，表現型〔A〕は
0.64 + 0.32 ➡ 96%，
表現型〔a〕は
0.04 ➡ 4%
すなわち，表現型では，親の代の9：1から子は96：4の比率に変わるが，遺伝子頻度でみると，

$A\cdots0.64+0.32\times\frac{1}{2}=0.8$

$a\cdots0.04+0.32\times\frac{1}{2}=0.2$

となり，親の集団と子の集団で遺伝子頻度は変化していないことになる。

重要 **ハーディ・ワインベルグの法則が成立するとき，何代たっても遺伝子頻度は変化しない。➡進化が起こらない。**

B. 遺伝的浮動

① 偶然による遺伝子頻度の変化を（⓭　　　　　　）という。たとえば，親が多数つくった配偶子のうち，どれが子に受け継がれるかは偶然によって決まる。

② （⓮　　　　　　）が提唱した（⓯　　　　**説**）によると，突然変異の多くは生存に有利でも不利でもなく，**遺伝的浮動**によって新しく生じた変異は集団内に広まっていく。このような偶然による遺伝子頻度の変化による進化を（⓰　　　　　　）という。

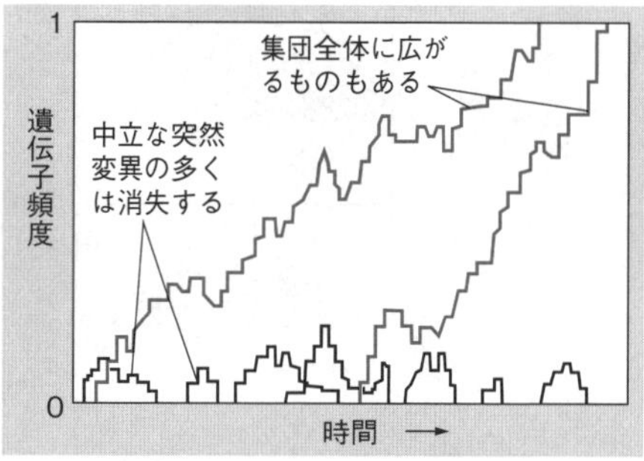

⬆ 中立説と遺伝子頻度の変化

C. 自然選択

1 自然選択

① （⓱　　　　　　）…同種個体間の（⓲　　　　　　）の結果[✽3]，生存や繁殖に有利な形質をもった個体が次の世代により多くの子を残していくこと。これにより生物の集団がもつ形質が変化していく。

② （⓳　　　　**進化**）…⓱の結果，生物の集団が環境に対して有利な形態，生理，行動の特徴をもつようになること。

✽3
自然選択を引き起こす要因を**選択圧**といい，食物などの資源をめぐる競争，捕食者，配偶相手の好みなどがある。

2 適応進化の例

① （⓴　　　　）…まわりの風景や他の生物とよく似た形態になること。　例 毒をもたないハナアブが毒針をもつミツバチとよく似た色彩・形をもつ。（→捕食者に襲われにくくなる。）

② オオシモフリエダシャク（→ガの一種）には**明色型**と突然変異による**暗色型**がある。工業化による環境汚染の結果，（㉑　　　　**型**）の比率が激増した。これを（㉒　　　　　　）という。

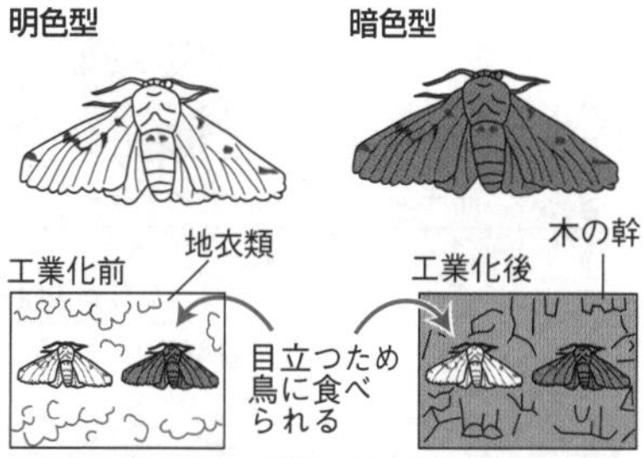

⬆ オオシモフリエダシャクの明色型と暗色型

③ （㉓　　　　　　）…配偶相手をめぐる同性間や異性間の相互作用による自然選択。（→p.168）　例 トドの雄の巨大化，クジャクの飾り羽の発達

④ （㉔　　　　　　）…異なる種が互いの相互作用によって，それぞれ進化していくこと。　例 熱帯のランの一種（→アングレカム・セスキペダレ）の距（きょ）（花の一部が袋状に伸びた構造）と，距の中の蜜を吸うスズメガ（→キサントパンスズメガ）の口器[✽4]

✽4
その他の例として，**ヤブツバキ**と**ツバキシギゾウムシ**の共進化がある。ツバキシギゾウムシは，ヤブツバキの果皮に穴を開けて中に産卵するために長い口器をもっている。ヤブツバキはそれを防ぐために分厚い果皮を進化させ，ツバキシギゾウムシはそれに対抗して口器をより長く進化させた。

重要 ［自然選択による適応進化の例］
擬態，工業暗化，性選択，共進化

3 自然選択による進化の過程

① (㉕　　　器官)…異なる形態やはたらきをもつが，発生過程や基本構造から起源が同じとみなせる器官。

例 鳥類のはね(前肢)とハ虫類の前肢，クジラの胸びれ，ヒトの腕(哺乳類の前肢)など

② (㉖　　　器官)…形態やはたらきは似ているが，基本的に異なる器官に起源があるとみなせる器官。

例 鳥類のはね(前肢)とチョウのはね(表皮から分化)

> **重要**　相同器官…器官の起源が同じ
> 相似器官…器官の起源が異なり，形が似ている

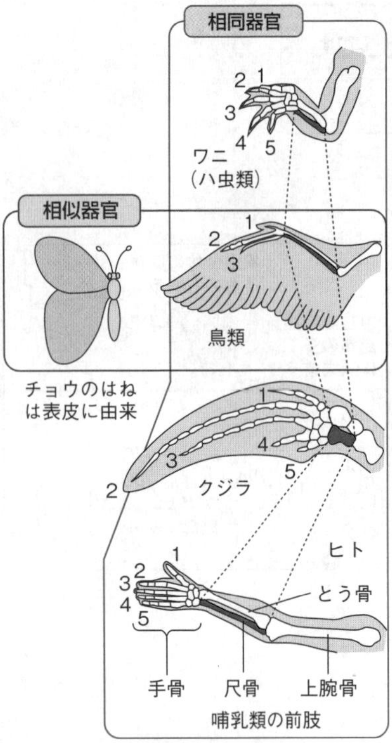

相同器官と相似器官

③ オーストラリア大陸の有袋(ゆうたい)類は，さまざまな生活様式に(㉗　　　)しながら進化して多様な形態を示している。このように，生物がさまざまな環境に㉗して多様化することを(㉘　　　)という。相同器官は，㉘によるものである。

└→胎盤をもたない。

④ 有袋類のフクロモモンガと真獣類の(㉙　　　)のように，生態的地位が同じで祖先の系統は異なる生物が個別に進化してよく似た形質になることを(㉚　　　)という。相似器官は，㉚によるものである。

└→胎盤をもつ。

└→p.176

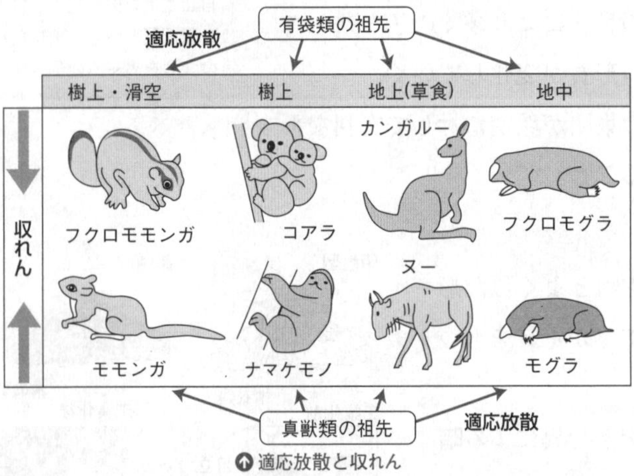

適応放散と収れん

⑤ 痕跡(こんせき)器官…近縁の生物と比べて退化し，痕跡的にしか残っていない器官。

例 ・クジラの後肢
・ヒトの虫垂(ちゅうすい)，尾骨，結膜半月ひだ，耳を動かす筋肉など

└→瞬膜(まぶたとは別の眼球を保護する膜)が変化したもの。

> **重要**　適応放散(生息環境により形態が異なってくる)
> 収れん(同じ環境下で種が異なっても形態が似てくる)

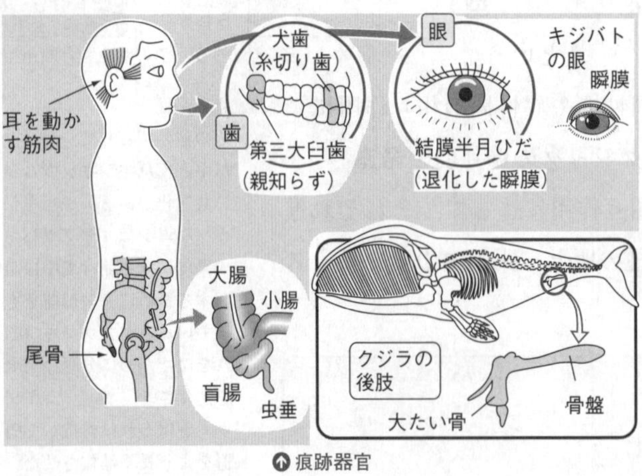

痕跡器官

D. 進化のしくみ

1 新しい遺伝子が集団内に広がる

① (㉛　　　　　) によって新たな形質をもつ個体が出現し，個体群の (㉜　　　　　) に変化が生じる。
└→ 遺伝子プールにおける対立遺伝子の割合

② 突然変異体がより環境に適した形質をもっていれば，(㉝　　　　　) によって，集団内での比率が増加する。

③ ㉝のほか，(㉞　　　　　) が提唱した (㉟　　　　説) によると，突然変異の多くは生存に有利でも不利でもなく，遺伝子頻度は偶然に支配される (㊱　　　　　) によって変化が増幅されることもある。

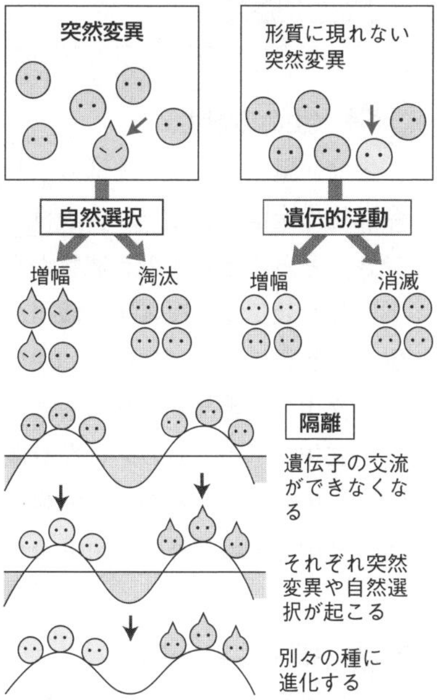

↑ 進化の要因

2 隔離と種分化

① 同種の生物の集団どうしが，異なる環境下に (㊲　　　　) されて**集団間で遺伝子の交流ができなくなる**と，それぞれ独自の突然変異と自然選択が起こり，各集団に新しい (㊳　　) が形成される。これを (㊴　　　　　) という。◆5

② (㊵　　　　**種分化**) …1つの生物集団が空間的に分断される (㊶　　　　**隔離**) の結果，集団間での遺伝的差異が大きくなり，再び同じ場所に生息しても交配できなくなる (㊷　　　　**隔離**) が成立する種分化。

③ (㊸　　　　**種分化**) …㊶が起こらず空間的に交配が可能でも，食べ物の選択性や染色体の変化などから㊷が成立する種分化。

◆5
新しい種が生じるレベル以上の進化を**大進化**，種の形成に至らないような進化を**小進化**という。

> **重要** ［進化のしくみ］
> **突然変異が起こる**
> **➡自然選択・遺伝的浮動・隔離などで遺伝子頻度が変化**
> **➡種分化**

ミニテスト

［解答］別冊p.5

1 遺伝子頻度が変化する要因のない仮想的な生物の集団において，遺伝子頻度がどの世代でも同じになる法則を何というか。 (　　　　　　　　)

2 ある生物の集団の遺伝子プールにおいて，遺伝子頻度が偶然に増減することを何というか。 (　　　　　　　　)

3 特定の植物の花の蜜を吸うのに適した昆虫とその植物のように，異なる種が相互作用しあって進化することを何というか。 (　　　　　　　　)

4 突然変異で生じた変異が種分化に至る進化の大きな要因を2つあげよ。 (　　　　　　)(　　　　　　)

練習問題　1章　生物の起源と進化

［解答］別冊p.20

1 〈生命の誕生〉

▶わからないとき→p.6～7

生命が誕生した頃の地球のa)原始大気は現在の地球とは異なっていた。生命誕生の過程として，まずb)海洋中や大気中の無機物質から簡単な有機物ができ，さらにそれらの有機物からタンパク質などの複雑な有機物ができる化学進化が起こり，複雑な有機物がc)原始生命に進化したと考えられている。生命の起源に関してはいくつかの説がある。次の各問いに答えよ。

(1)　文中の下線部aの原始大気の成分を3つあげよ。
(2)　文中の下線部bの簡単な有機物とは何か。おもなものを3つあげよ。
(3)　文中の下線部bが海中で起こる，高温・高圧の場所を何というか。
(4)　文中の下線部cの原始生命がもつ重要な特徴を1つあげよ。

1
(1) ＿＿＿＿
＿＿＿＿
＿＿＿＿
(2) ＿＿＿＿
＿＿＿＿
＿＿＿＿
(3) ＿＿＿＿
(4) ＿＿＿＿

2 〈原始生物の進化〉

▶わからないとき→p.8～11

原始海洋で誕生した原始生命は，核や細胞小器官をもたず，化学進化でできたa)有機物を利用する生物であったと考えられる。これらの生物の増加によって海洋中の有機物が減少すると，b)太陽の光エネルギーと硫化水素を利用して光合成をする(①)や，海洋中の無機物を酸化したときに生じる化学エネルギーを利用する(②)などの生物が出現した。やがて硫化水素などよりもはるかに多量に存在する水を利用して光合成をする(③)が出現した。(③)の光合成によって放出された(④)は，しだいに海洋から大気中にも含まれるようになり，c)これを利用する生物の誕生や，生物にとって有害な(⑤)を減少させる(⑥)層を上空に形成して，生物の陸上進出を可能にした。次の各問いに答えよ。

(1)　文中の空欄①～⑥に適当な語句を記入せよ。
(2)　文中の下線部aのような栄養形式の生物を何というか。
(3)　文中の下線部bのような栄養形式の生物を何というか。
(4)　文中の下線部cの④の利用とは何か。

2
(1) ① ＿＿＿＿
② ＿＿＿＿
③ ＿＿＿＿
④ ＿＿＿＿
⑤ ＿＿＿＿
⑥ ＿＿＿＿
(2) ＿＿＿＿
(3) ＿＿＿＿
(4) ＿＿＿＿

3 〈地質時代と生物の多様化〉

▶わからないとき→p.12～13

最古の岩石がつくられ始めてから現代までの時代を(①)時代といい，(②)時代，古生代，中生代，新生代に分けられる。また，各代はいくつかの(③)に細分され，各代や各(③)にはそれぞれ固有の特徴的な化石が発見されている。次の各問いに答えよ。

(1)　文中の空欄①～③の空欄に適当な語句をそれぞれ記入せよ。
(2)　文中の下線部の化石として，i)古生代，ii)中生代，iii)新生代に代表的な化石をそれぞれ下からすべて選び，記号で答えよ。

a　アンモナイト　　b　三葉虫　　c　フズリナ　　d　始祖鳥
e　マンモス　　f　ティラノサウルス

3
(1) ① ＿＿＿＿
② ＿＿＿＿
③ ＿＿＿＿
(2) i) ＿＿＿＿
ii) ＿＿＿＿
iii) ＿＿＿＿

4 〈減数分裂〉

▶わからないとき→p.16～19

下の図は，ある動物の減数分裂の各時期を模式的に示したものである。これについて，あとの各問いに答えよ。

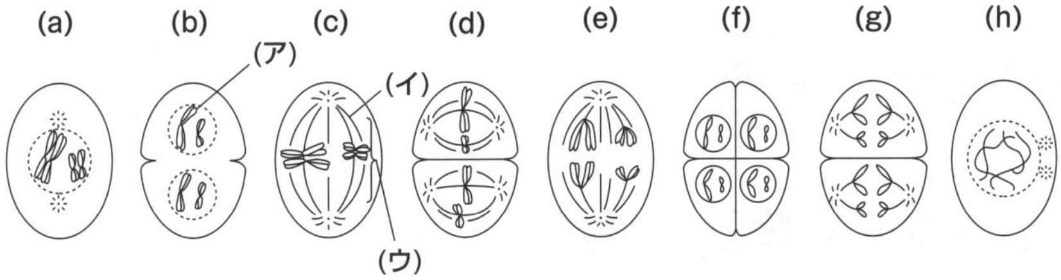

(1)　(a)～(h)の図を，正しい減数分裂の順に並べかえよ。

(2)　図中の(ア)～(ウ)の各部の名称を記せ。

(3)　(a)，(d)，(e)，(g)の各時期の名称を答えよ。

(4)　この動物の体細胞の染色体数を「$n=$」を使って示せ。

(5)　右図は，同じ動物の体細胞分裂中の染色体像である。

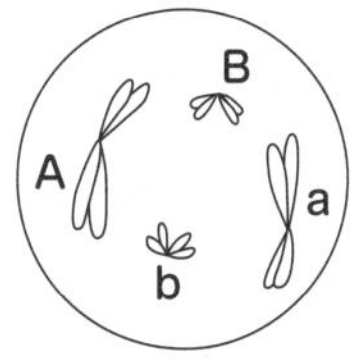

① *A*－*a*，*B*－*b*のような関係の染色体を何というか。

② この動物の減数分裂の結果できる生殖細胞がもつ染色体の組み合わせはどうなるか。考えられるものをすべて記せ。（例　*A*－*B*）

ヒント　(4)(5)　減数分裂では，第一分裂後期に相同染色体が両極へと分かれていくため，娘細胞は相同染色体の片方しかもたず，染色体の数が体細胞の半数(n)となる。

4

(1)

(2) (ア)

(イ)

(ウ)

(3) (a)

(d)

(e)

(g)

(4)

(5) ①

②

5 〈染色体と遺伝子〉

▶わからないとき→p.20～23

エンドウの子葉の色と花のつき方に関して，(黄色・えき生)と，(緑色・頂生)を両親として交雑すると，F_1はすべて黄色・頂生となり，F_2は(黄・頂)：(黄・えき)：(緑・頂)：(緑・えき)＝9：3：3：1の割合で出現した。子葉の色の遺伝子をYとy，花のつき方の遺伝子をTとtとして各問いに答えよ。

(1)　F_1の染色体と遺伝子のようすを図示せよ。

(2)　F_2のなかで，自家受粉で得られる子がすべて同じ形質となる個体の遺伝子型をすべて答えよ。

(3)　F_2の(緑色・頂生)の個体の染色体と遺伝子のようすをすべて図示せよ。

5

(1)

(2)

(3)

6 〈進化のしくみ〉

▶わからないとき→p.30～33

生物の進化について，次の各問いに答えよ。

(1)　生存に有利でも不利でもない突然変異が，遺伝的浮動によって増幅され，偶然集団内に広まることがあるとする説を何というか。

(2)　次の①，②の文について，最も関連の深い語を**ア**～**ク**から1つずつ選べ。

① 同種個体間の競争の結果，生存や繁殖に有利な形質をもった個体が次の世代により多くの子を残していくこと。

② 1つの生物集団が地理的隔離された結果，集団間での遺伝的差異が大きくなり，生殖的隔離が成立して新しい種が形成されること。

ア　異所的種分化　**イ**　性選択　**ウ**　自然選択　**エ**　共進化
オ　同所的種分化　**カ**　擬態　**キ**　工業暗化　**ク**　遺伝子プール

6

(1)

(2) ①

②

2章 生物の系統と進化

1 生物の多様性と分類

［解答］別冊p.5

A. 生物の多様性と連続性

1 生物の多様性と共通性

① 地球上には190万[1]（❶　　　）以上にのぼる生物がいる。

② 生物間には，栄養形式・細胞の構造・生殖の方法・発生の様式・からだの構造や生活様式などの点で（❷　　　性）が見られる。
└→非常に多くの種類があること

③ 一方，脊椎（せきつい）動物どうしの骨格の構造や，植物における光合成のしくみなどの（❸　　　性）もある。

〔生物が共通にもつ４つの基本的な特徴[2]〕
- **からだの構造と生命活動の基本単位**は（❹　　　）である。
- （❺　　　）を行い，**自己増殖**をする。
- **遺伝子の本体となる物質**は（❻　　　）である。
- **共通の代謝系**[3]をもっていて，生命活動の直接的なエネルギー源として（❼　　　）を使う。

[1] 現在までに発見され命名された生物の数。この数字は増加し続けており，また，発見や命名されていない生物も膨大（ぼうだい）な数の種類が存在すると考えられている。

[2] ウイルスには，DNAのかわりにRNAで遺伝情報を保持するものもある。ウイルスは，さらに細胞構造をもたず，増殖などの生命活動も細胞に寄生した状態でないと行えないため，生物と非生物の中間にあたる存在とされる。

[3] 解糖系（→p.73）はすべての生物に共通する代謝経路である。

2 生物の連続性

① 脊椎動物を比較すると，陸上生活に対する適応力，発生過程，形態・機能などで，**両生類→**（❽　　　**類**）**→鳥類・**（❾　　　**類**）の順で**連続性をもっている**ことがわかる。

② 生物の多様性と共通性，および連続性は，**共通の祖先**から始まり，環境に（❿　　　）しながら（⓫　　　）してきた結果だと考えられる。

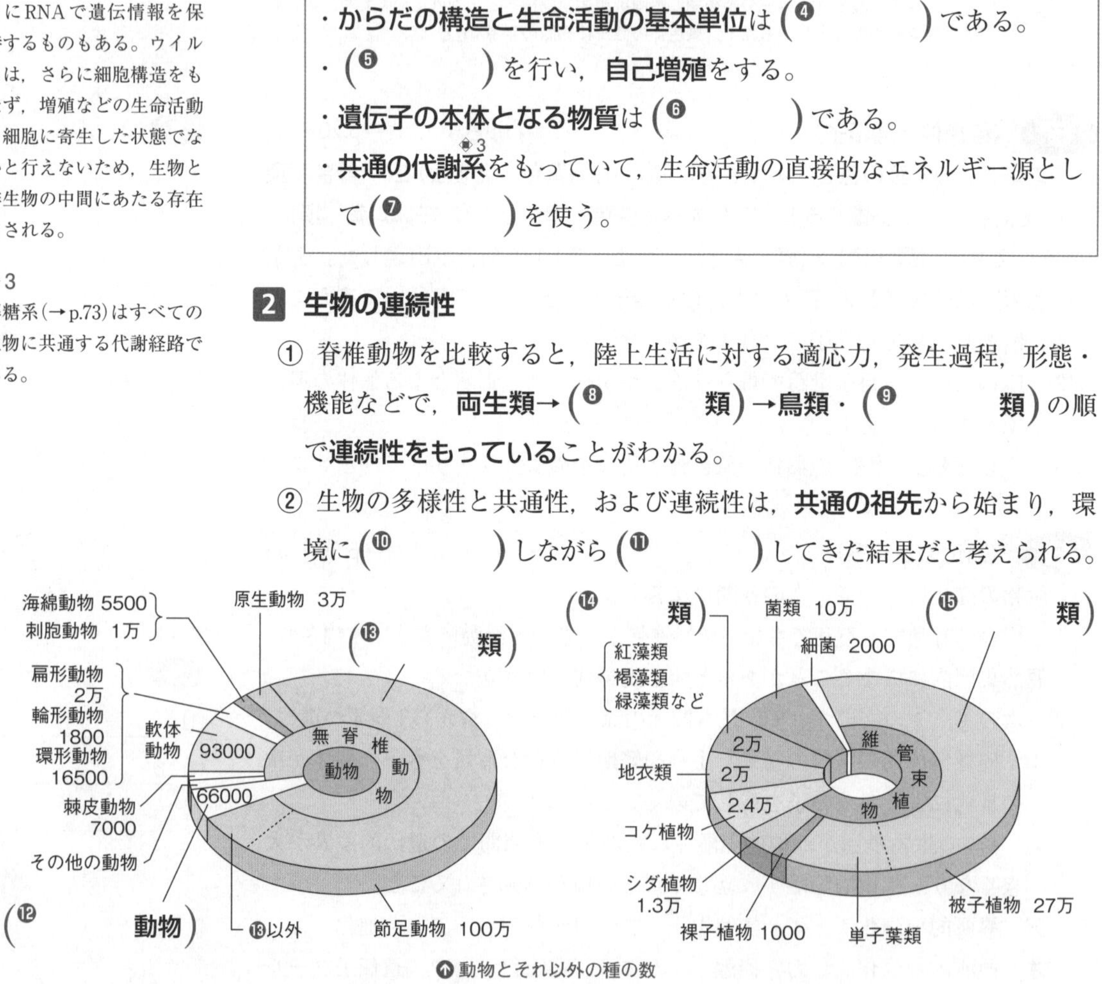

⬆ 動物とそれ以外の種の数

B. 分類の方法

1 人為分類

① 草本植物と木本植物，水生動物と陸生動物など，わかりやすい特徴による便宜的で形式的な分類を**人為分類**という。

② 右図の4種の植物を①のように分類すると，**草本**の（⑯　　　　）とオランダイチゴ，**木本**のサクラと（⑰　　　　）に分けられる。

③ 類縁関係をより正確に現していると考えられる花の構造で分類すると，オランダイチゴと（⑱　　　　）は**バラ科**，（⑲　　　　）とエンジュは**マメ科**に分類される。

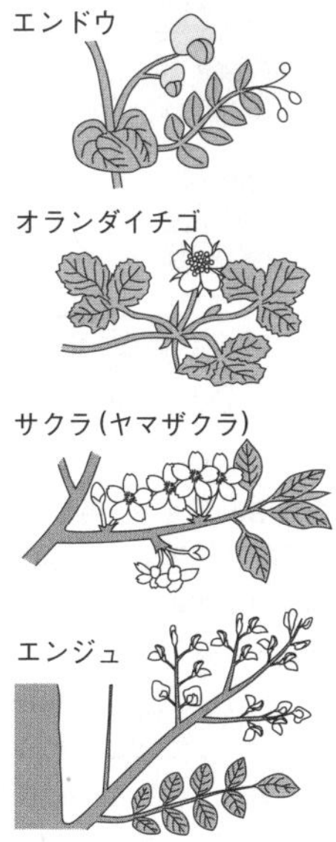

人為分類と自然分類

2 系統分類

① 生物進化の道筋を（⑳　　　　）といい，これを樹形図で表したものを（㉑　　　　）という。

② ⑳をもとにした分類を（㉒　　　　）といい，これが類縁関係を正確に反映した分類と考えられている。系統分類を行うために現在では，（㉓　　　　）やタンパク質などの分子データの比較が行われる（→p.38）。

> **重要**
> **人為分類…わかりやすい特徴に基づく便宜的な分類。**
> **系統分類…生物進化の道筋にしたがった分類。**

❖4
たとえば飼育下でヒョウとライオンの間に子をつくった例などがあるが，生まれた子には生殖能力がない（不稔）。

C. 生物の分類 出る

1 分類の単位

① 分類の基本単位は（㉔　　　　）である。

② 同じ種の生物どうしは，共通の形態的・生理的特徴をもち，自然状態で（㉕　　　　）が可能であり，（㉖　　　　**能力**）をもつ子孫ができる。❖4

2 分類の階層

よく似た種を集めた階層（階級）を（㉗　　　　），よく似た㉗を集めたものを（㉘　　　　）とよぶ。同様に，さらに上位の階層として，順に，**目**・（㉙　　　　）・**門**・**界**・（㉚　　　　）がある。

> **重要**
> ［分類の階層］
> **種→属→科→目→綱→門→界→ドメイン**

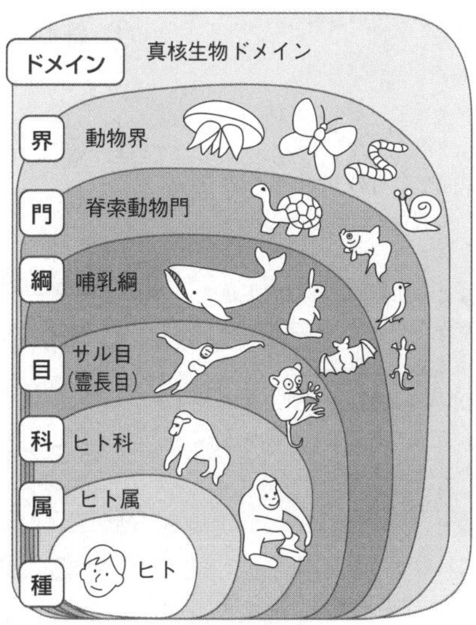

分類の階層

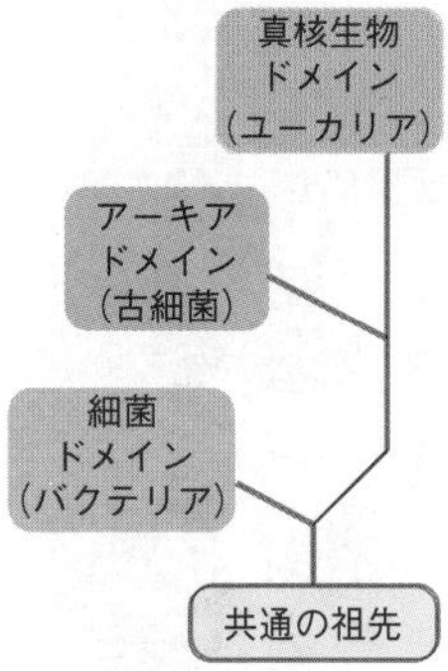

↑ドメイン

3 ドメイン

① ウーズはrRNA(→リボソームRNA)の塩基配列の解析から，**分子時計**(→p.39)の方法を使って，界より上の単位として(㉛　　　)を提唱した。

② 3ドメイン説では，メタン菌などを(㉜　　　**ドメイン**)(→古細菌ともいう。)，大腸菌・シアノバクテリアのような原核生物を(㉝　　　**ドメイン**)(→バクテリアともいう。)，動物・植物・菌類・原生生物を(㉞　　　**ドメイン**)(→ユーカリアともいう。)と分類している。

4 学名

① 種の名称は(㉟　　　)によって示される。これは，「分類学の父」とよばれる(㊱　　　)(→18世紀のスウェーデンの博物学者)が提唱した**ラテン語**を用いた名前である。

② この方法は，(㊲　　　)＋(㊳　　　)(＋命名者名)という形で1つの種を表すことから，(㊴　　　**法**)とよばれる。

例 **ヒト**　*Homo*　*sapiens*　Linnaeus
和名　属名　種小名　命名者名
学名(正式な種名)　※命名者名は略すこともある。

5 和名

① ウメ・モモなどのような日本語の種名を(㊵　　　)という。[5]

② 和名は学名と異なり，類縁関係を示しているわけではない。[6]

> **重要** **学名は，リンネが提唱した二名法(属名＋種小名)で示す。和名は学名と異なり，類縁関係を示しているわけではない。**

D. 生物の系統関係を調べる基準

1 細胞の構造

① 細胞内に核や細胞小器官をもたない(㊶　　　**細胞**)と，それらをもつ(㊷　　　**細胞**)の2系統に大別される。

② ㊶でからだができている生物を(㊸　　　**生物**)といい，㊷でからだができている生物を**真核生物**という。

2 塩基配列やアミノ酸配列と系統

① 遺伝子の本体はDNAの(㊹　　　**配列**)である。これを種ごとに調べて比較することで，生物間の類縁関係の近さを求めて系統樹をつくることができる。[7]

② すべての生物がもつ，ある種の酵素タンパク質の**アミノ酸の配列**[8]を調べることによっても系統樹がつくられている。共通の祖先から分かれた後に起こったDNAやタンパク質の変化を(㊺　　　)という。

↓学名の例(命名者名略)

ウメ	*Prunus mume*
モモ	*Prunus persica*
ヤマザクラ	*Cerasus jamasakura*
リンゴ	*Malus pumila*
オオカミ	*Canis lupus*
イエネコ	*Felis catus*
ヒョウ	*Panthera pardus*
ライオン	*Panthera leo*

5
日本語での正式な種の名前として**標準和名**が定められている。

6
ヤマザクラとオオシマザクラ(ともにバラ科サクラ属)のように近縁どうしであることがわかる和名もあるが，マダイ(スズキ目)とエビスダイ(キンメダイ目)のように類縁関係は遠くても名前が似ている例もある。

7
ジャイアントパンダは，
①タケを主食とする，
②前肢にものをつかむための親指のような突起がある，
などの生理的・形態的共通点からレッサーパンダと近縁であるとされてきたが，DNAを比較した結果，クマに近縁であることがわかった。

8
このほか，ミトコンドリアDNAの塩基配列なども用いられる。

③ 塩基やアミノ酸の置換速度は一定なので，2種の生物を比較したときの異なる塩基の割合から，両者が共通の祖先から分かれた時期を求めることができる。共通の祖先から分かれた時間を，2種の生物の塩基配列の違いを用いて計る考え方を(㊻　　　　**時計**)という。

④ DNAの塩基配列やタンパク質のアミノ酸の配列のような**分子データ**から得られた情報に基づいて作成した系統樹を(㊼　　　　　)という。

	ウサギ	イヌ	ウシ	ヒト
サメ	75	80	75	79
コイ	71	67	65	68
ウサギ		28	25	25
イヌ			28	23
ウシ				17
ゴリラ				1

↑ヘモグロビンα鎖のアミノ酸配列の違い

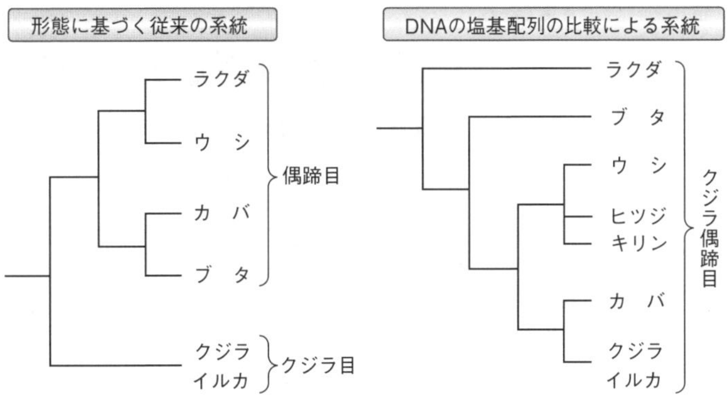

↑形態による系統樹と分子系統樹の比較

重要 **タンパク質のアミノ酸配列やDNAの塩基配列の比較は，生物種の類縁関係を求める有効な手段➡分子系統樹，分子時計**

⑤ **アデル**らは，**真核生物**を，rRNA(リボソームRNA)の分子系統学的手法を用いて，今までの分類体系と大きく違うグループ分けをした。この分類を**スーパーグループ**という(下図)。この分類では，動物と菌類はオピストコンタに，植物は緑藻類や紅藻類などとともにアーケプラスチダの一群に入るとしている。

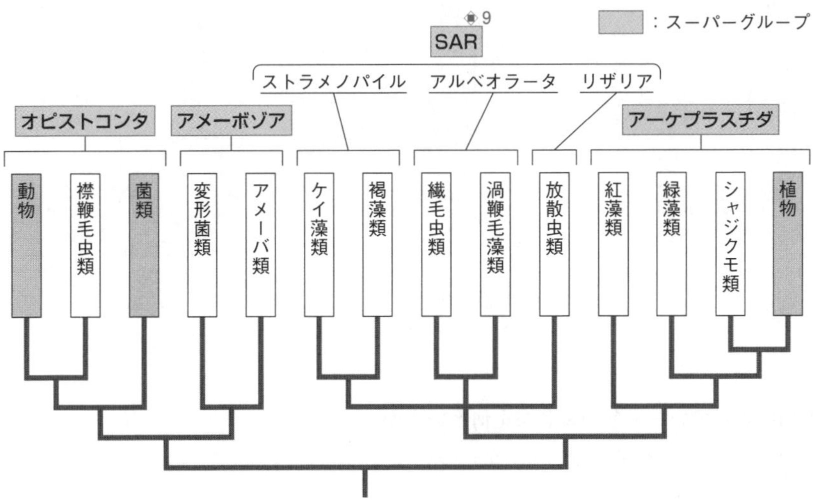

↑スーパーグループ

◈9
SARは，ストラメノパイル，アルベオラータ，リザリアを含む分類群の略称である。

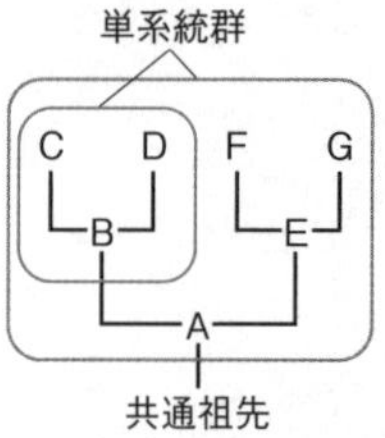

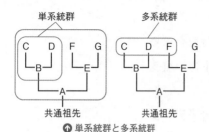

↑ 単系統群と多系統群

◈10
このほか，鳥類は恐竜の一部から進化した生物であるためハ虫類の一部である。鳥類を除いたカメやワニなどをまとめて「ハ虫類」とよぶ場合も単系統群ではない。

◈11
ホイッタカーの提唱した五界説では藻類を植物界に，マーグリスらが改変し提唱した五界説では藻類を原生生物界に分類するなどの違いがある。

3 単系統群

① **同一の祖先に由来するすべての子孫からなる生物群**を(㊽　　　　)といい，系統分類における分類群は基本的に㊽である。
（分類群：科，属など生物を分けたグループ）

② たとえば左の系統樹で，形態などからA～GのうちC, D, Fをまとめたグループがあった場合，それは単系統群ではない◈10(多系統群とよび，系統として正しくない分類といえる)。

E. 分類体系と界の分け方

1 生物全体のグループ分けについて(㊾　　　　**界**)(モネラ界)・**原生生物界**・**動物界**・**植物界**・(㊿　　**界**)の5つに分ける五界説◈11を1969年より**ホイッタカー**や**マーグリス**らがそれぞれ提唱。
（動物界：捕食する　植物界：光合成をする　㊿界：吸収で栄養をとる　ホイッタカー：アメリカの生態学者・分類学者　マーグリス：アメリカの生物学者。細胞内共生説(→p.9)も提唱。）

2 ウーズは界より上の分類単位として**ドメイン**(→p.38)を提唱した(1990年)。3ドメイン説においては，五界説で1つの界に分類されていた原核生物は，大腸菌などの(51　　　　**ドメイン**)と，メタン菌などの(52　　　　**ドメイン**)に大別される。このうち，**真核生物ドメイン**には，52のほうが近縁であることが解明されている。

> **重要**　［3つのドメイン］
> **細菌ドメイン・アーキアドメイン・真核生物ドメイン**

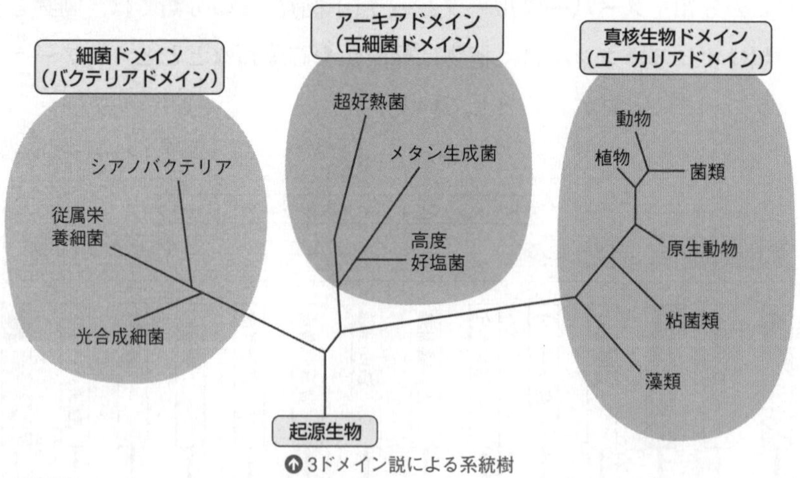

↑ 3ドメイン説による系統樹

ミニテスト　［解答］別冊p.5

1 リンネが提唱し，現在も用いられている学名の命名法を何というか。(　　　　)

2 DNAの塩基配列やタンパク質のアミノ酸配列のデータからつくられた系統樹を何というか。(　　　　)

3 3ドメイン説における3つのドメインの名称を答えよ。
(　　　　)

2 細菌ドメインとアーキアドメイン

［解答］別冊p.6

A. 細菌ドメイン(バクテリアドメイン)

1 細菌(バクテリア)

① 微小な(❶　　**細胞**)の(❷　　　**生物**)で，形状は球状，桿状(かんじょう)(棒状)，らせん状，不定形などさまざまである。
（❶の注：細胞の数を示す。）

② 細胞壁の主成分は，セルロースではなく(❸　　　　　)とよばれるペプチドと糖の複合体(網状の高分子化合物)である。

③ 多くは(❹　　　　**生物**)[◆1]であるが，光合成細菌や化学合成細菌などの独立栄養生物もいる。(❺　　　**体**)となる細菌もある。
（❺の注：大腸菌やコレラ菌，クラミジアなど）

2 光合成細菌

① **緑色硫黄細菌**，**紅色硫黄細菌**などは，光合成色素として(❻　　　　　　)をもち，水ではなく(❼　　　　)を使って光合成を行う。
（硫黄細菌の注：硫黄を排出する。）
→ p.84

② **シアノバクテリア**は，光合成色素として(❽　　　　　)をもち，水を使って光合成を行い，(❾　　　)を放出する。そのため，原始地球の大気組成を変える要因になったと考えられる。
（シアノバクテリアの注：ユレモやネンジュモなど）

3 化学合成細菌

① 無機化合物の酸化によって生じる(❿　　　　**エネルギー**)を使って炭酸同化を行う(⓫　　　　**生物**)である。

② 硝酸菌・亜硝酸菌(あしょうさんきん)・硫黄細菌などがある。硝酸菌や亜硝酸菌は窒素循環で(⓬　　　**作用**)を行う**硝化菌**である。
→ p.180

重要 ［細菌ドメイン］
多くは従属栄養で，シアノバクテリアなどは独立栄養

◆1
従属栄養である細菌には，好気性細菌である**大腸菌**や**枯草菌**をはじめ，発酵を行う**乳酸菌**や**納豆菌**，窒素固定を行う**根粒菌**や**アゾトバクター**などが含まれる。

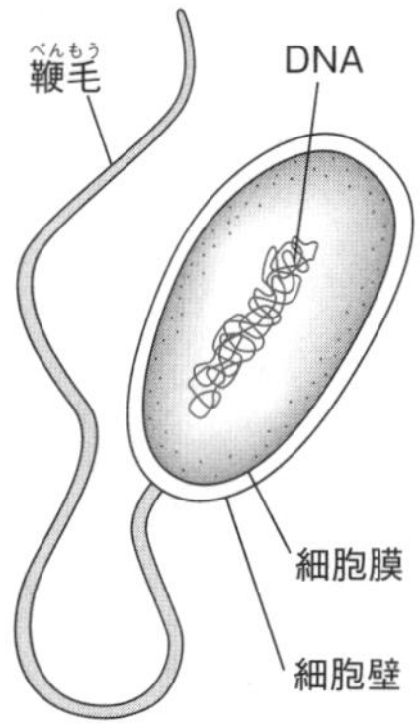

⬆ 細菌の構造

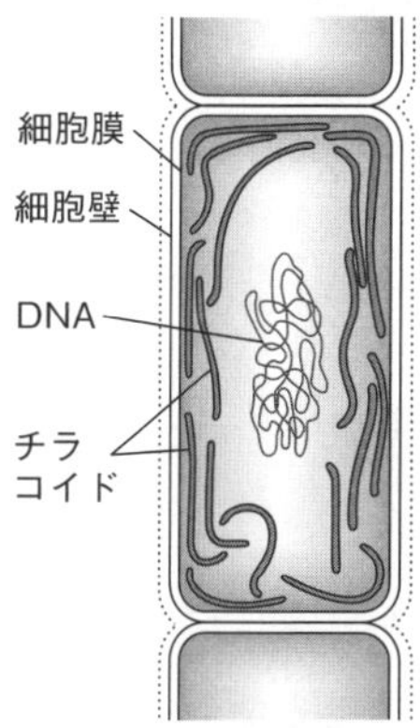

⬆ シアノバクテリアの構造

B. アーキアドメイン(古細菌ドメイン)

① **アーキア(古細菌)**は，細胞壁の主成分は糖やタンパク質でペプチドグリカンを含まず，細菌の細胞壁よりも薄い。細菌とアーキアを比べると，真核生物は(⓭　　　　)に近縁である。

② 海水中や土壌中にも生息するが，熱水噴出孔の付近などのような，極限環境に生息する**超好熱菌・メタン生成菌・高度好塩菌**などもいる。

3 真核生物ドメイン(ユーカリアドメイン) [解答] 別冊p.6

A. 原生生物界

1 単細胞の真核生物や，発生の過程で胚(はい)を形成せず，組織の発達しない多細胞生物からなり，(❶　　　　**動物**)，**藻(そう)類**，**卵菌(らんきん)類**，**変形菌類**，**細胞性粘菌(ねんきん)類**などが含まれる。◈1

(→原核生物はすべて単細胞)

◈1
ホイッタカーの五界説など，多細胞の藻類を植物界に含める考え方もあるが，本書では，マーグリスの説に従い，藻類を原生生物界に含めている。

重要 **原生生物界…単細胞の真核生物(＋単純な構造の多細胞生物)**
原生動物・単細胞藻類　**粘菌類・藻類など**

2 原生動物

① 単細胞の運動性のある(❷　　　　**栄養生物**)で細胞内構造が発達し，細胞小器官として，細胞口(こう)・食胞・収縮胞・繊毛(せんもう)などが見られる。
(→食物を消化する)

② 仮足をもつ(❸　　　　**類**)，鞭毛をもつ**襟鞭毛虫類(えりべんもうちゅうるい)**，繊毛をもつ(❹　　　　**類**)(ゾウリムシ)など。
(→根足虫類ともいう。)

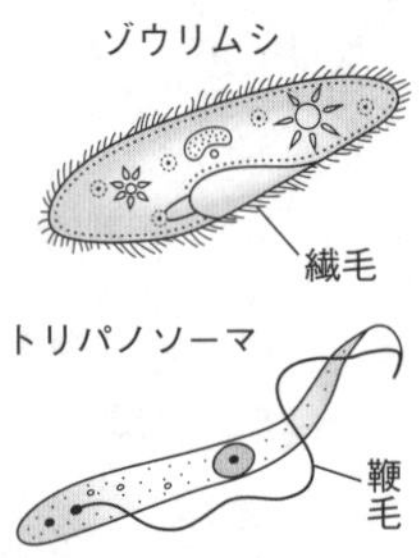

⬆ 原生動物

3 藻類 原生生物界で，光合成を行う独立栄養生物群を(❺　　　　**類**)という。光合成色素の種類などで**紅藻類・緑藻類**・(❻　　　　**類**)・**ケイ藻類・ミドリムシ類・シャジクモ類**(車軸藻類)などに分けられる。
(→コンブ，ワカメなど)(→ユーグレナ藻類ともいう。)

B. 植物界への道

分子データなどの研究から，下図のように，原生生物界の藻類の一部から陸上生活に適応したコケ植物が進化し，さらにシダ植物，種子植物が進化してきたと考えられている。

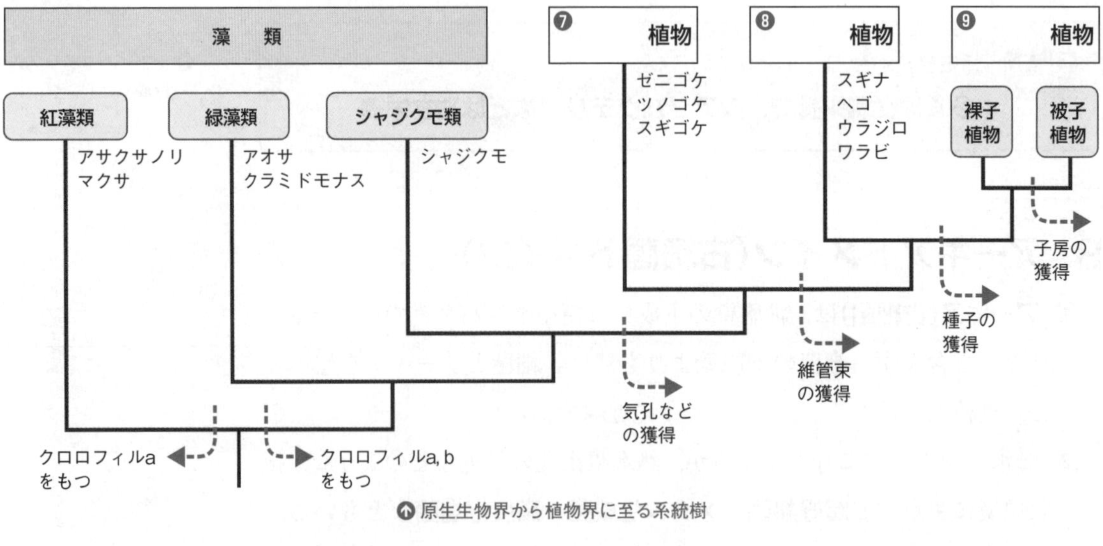

⬆ 原生生物界から植物界に至る系統樹

C. 菌界(菌類)

1 二界説では植物界に含まれるが，消化酵素を分泌して**体外消化**で栄養分を吸収する(⑩　　　　**栄養生物**)である。

2 **キチン**とよばれる多糖類を主成分とする細胞壁をもつ。からだは細胞が1列に連なってできた糸状の(⑪　　　　)が集まってできており，(⑫　　　　)で生殖を行う。

3 有性生殖と無性生殖があり，無性生殖では菌糸の先端が分裂して胞子(分生胞子)ができる。有性生殖の場合は[2]，菌糸どうしが接合して2核性の細胞となり，(⑬　　　　**分裂**)を経て胞子をつくる[3]。

4 **菌類の分類**

DNAによる分子解析や形態の比較から，**ツボカビ類・接合菌類・グロムス菌類[4]・子のう菌類[5]・担子菌類[5]**に分類される。

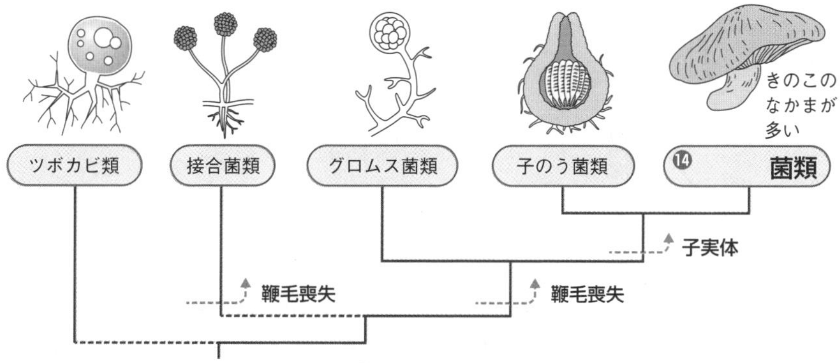

菌界の系統樹

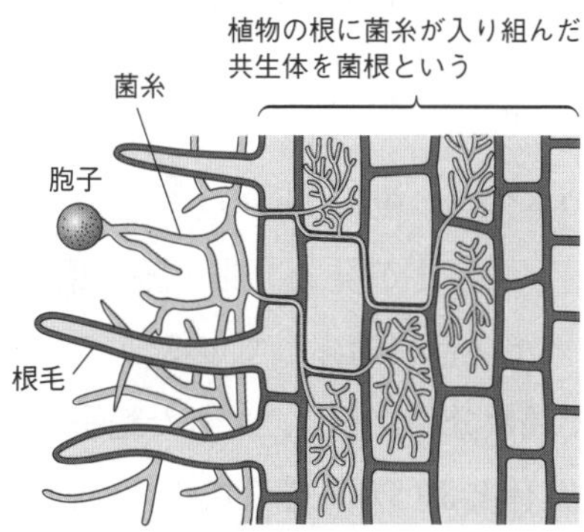

グロムス菌類が形成する菌根(アーバスキュラー菌根)

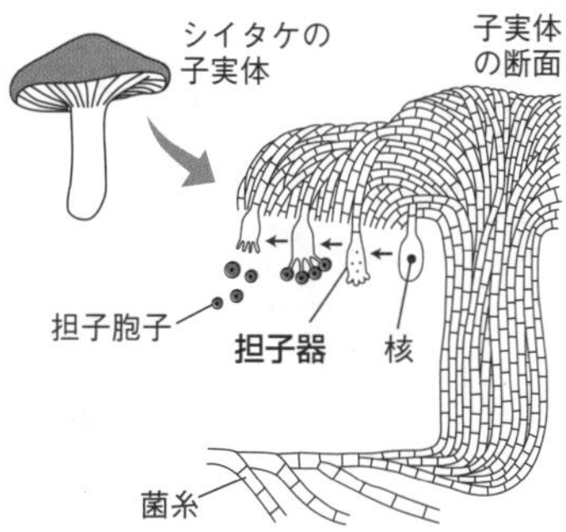

担子菌類の生殖方法

> **重要** **菌類…菌糸でできていて，胞子でふえる。**
> **菌類の種類…ツボカビ類・接合菌類・グロムス菌類・子のう菌類・担子菌類**

※2 有性生殖が知られていない菌類もあり，それらは**不完全菌類**とよばれる。

※3 子のう菌類では減数分裂の後，さらに核分裂が起こり，8個の胞子(子のう胞子)が形成される。

※4 グロムス菌類は陸上植物の多くと共生して菌根を形成している。このことは植物の陸上進出に関係していると考えられている。

※5 子のう菌類と担子菌類には例外的に単細胞のものがあり，まとめて酵母とよばれる。接合して胞子をつくる有性生殖を行うものが知られているが，おもに出芽や分裂によって増殖する。

D. 植物界

1 植物界の生物は，細胞内に光合成色素を含む（⑮　　　　）をもち，おもに陸上で光合成を行う。

2 維管束が発達していない（⑯　　　　**植物**）と，**根・茎・葉**の区別があり**維管束が発達**している維管束植物がある。

3 維管束をもつ植物には，**胞子**でふえる（⑰　　　　**植物**）と，**種子**でふえる（⑱　　　　**植物**）がある。

重要　**植物界…コケ植物と維管束をもつシダ植物・種子植物**

4 コケ植物

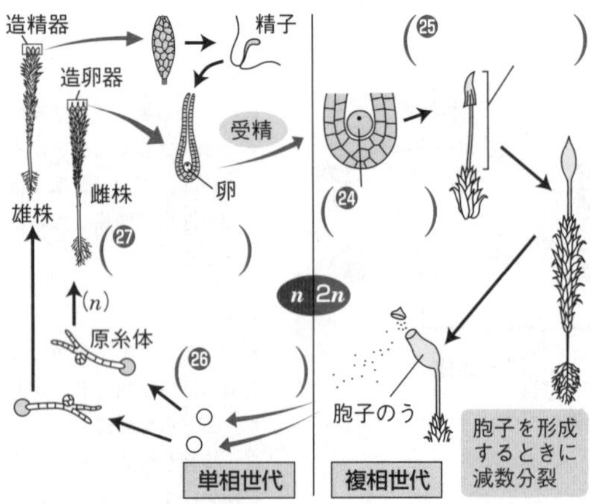

コケ植物（スギゴケ）の生活環

① コケ植物の本体は，単相(n)の（⑲　　　　）である。維管束を（⑳　　　　）。（配偶子をつくる。）

② 複相(2n)の（㉑　　　　）は配偶体に付着して生活し，胞子のうで減数分裂が起きて，（㉒　　　　）(n)をつくる。

③ 胞子は発芽して原糸体となり，これが成長して雌雄の（㉓　　　　）となる。

④ 雄の配偶体がもつ**造精器**と雌の配偶体がもつ**造卵器**でそれぞれ精子と卵がつくられ，受精卵が**胞子体**となる。　例 スギゴケ，ゼニゴケ

5 シダ植物

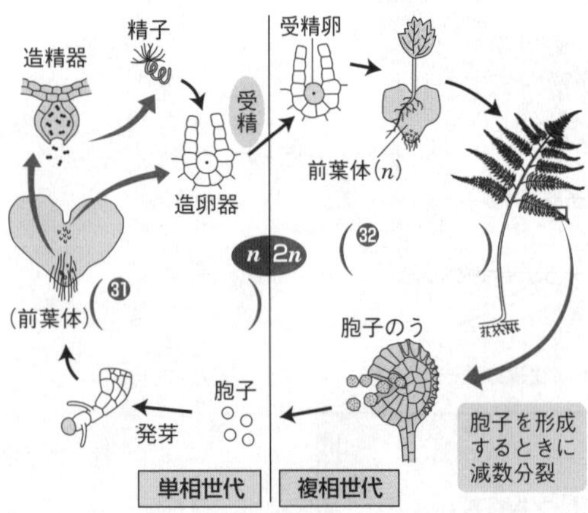

シダ植物（ワラビ）の生活環

① シダ植物の本体は，複相(2n)の（㉘　　　　）で，（㉙　　　　）が発達，**根・茎・葉が分化**しており陸上生活に適応している。（水分などの通路）

② **胞子のう**で減数分裂が起き，できた**胞子**(n)は発芽して前葉体とよばれる光合成を行い独立生活をする**配偶体**になる。この配偶体は**造卵器**と**造精器**をもつ。

③ 受精卵は前葉体上で成長して**幼植物**となる。これが成長して本体の（㉚　　　　）となる。
例 スギナ，ヒカゲノカズラ，ワラビ

> **重要** コケ植物…本体はnの配偶体。$2n$の胞子体は雌の配偶体に寄生。
> シダ植物…本体は$2n$の胞子体。nの配偶体は前葉体で独立。胞子体は維管束をもち，根・茎・葉が分化している。

6 種子植物

① 維管束が発達し，植物界のなかで**最も陸上生活に適応**している。発達した胞子体[◆6]の一部に生殖器官である(㉝　　)をつけて，めしべの中にある(㉞　　)内で受精して種子をつくる。種子をつくることで，内部の胚を乾燥から保護し，陸上生活に適応した。

② 種子植物は**裸子植物**と**被子植物**に分類され，それぞれ次の表のような特徴をもっている。

◆6
種子植物で配偶体にあたるのは胚のうと花粉で，配偶子は卵細胞と精細胞(または精子)である。

種類	裸子植物	被子植物
胚珠	裸出(らしゅつ)している。	めしべの(㉟　　)で包まれている。
受粉形態	花粉は雌花の胚珠の珠孔(しゅこう)に達すると(㊱　　)を伸ばし，精細胞または精子(n)が胚珠内の卵細胞と受精。	花粉は柱頭から胚珠まで(㊲　　)を伸ばして，**胚(はい)のう**で2個の(㊳　　)を放出する。
受精様式	**卵細胞のみが受精**する。 胚乳となる細胞は受精しないので，胚乳の核相は(㊴　　)である。	(㊵　　**受精**)…2個の精細胞(n)のうち，1個は**卵細胞**(n)と受精して**受精卵**($2n$)となり，他の1個の精細胞は，**中央細胞の極核**($n+n$)と受精して核相(㊶　　)の**胚乳**となる。 →p.146
例	**イチョウ，ソテツ**(精子が卵細胞と受精) **マツ**(精細胞が卵細胞と受精)	(㊷　　**類**)…ススキ，シバ (㊸　　**類**)…アブラナ，サクラ →形成層が見られる。

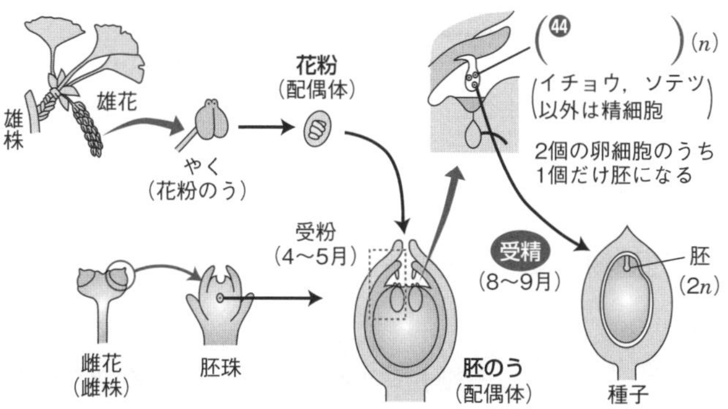

⬆ 裸子植物の生殖

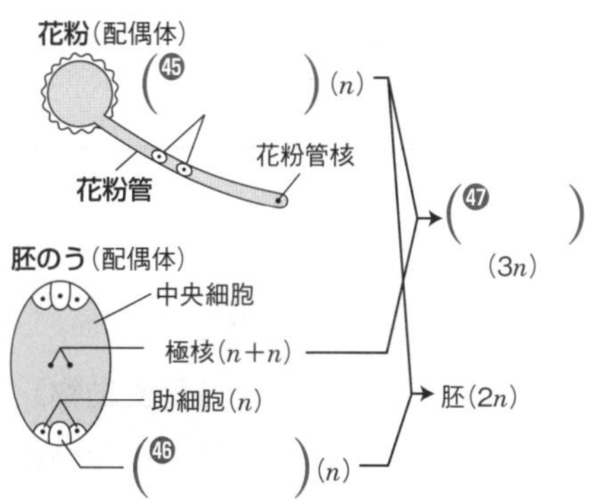

⬆ 被子植物の生殖

E. 動物界の分類の基準

1 動物界は，(⑱　　　　**栄養**)で生活する多細胞生物で構成され，初期発生で胞胚期(→p.105，106)を経る。

2 動物界の生物は胚発生の様式を基準に大別される。◈7

- **側生動物(無胚葉動物)**…胚葉が分化しない。〈**海綿動物**〉
- (⑲　　　　**動物**)…外胚葉と内胚葉が分化。〈**刺胞動物**〉
- (⑳　　　　**動物**)…外胚葉・内胚葉と(㉑　　　　)が分化。（左右相称動物ともいう。）
  - (㉒　　　　**動物**)…原口が(㉓　　　　)になる。
    - **冠輪動物**…脱皮せずに成長。〈**扁形動物**，**輪形動物**，**軟体動物**，**環形動物**〉
    - **脱皮動物**…脱皮によって成長。〈**線形動物**，**節足動物**〉
  - (㉔　　　　**動物**)…原口が(㉕　　　　)になる。〈**棘皮動物**，**脊索動物**◈8〉

◈7
ヘッケルは「個体発生は系統発生をくり返す」と考え，発生様式をもとに動物の系統樹を作成した。分子データによる分類にあてはまらない例もあるが，現在でも発生様式は系統関係の有力な根拠とされている。

◈8
脊索動物門は原索動物と脊椎動物に分類される。

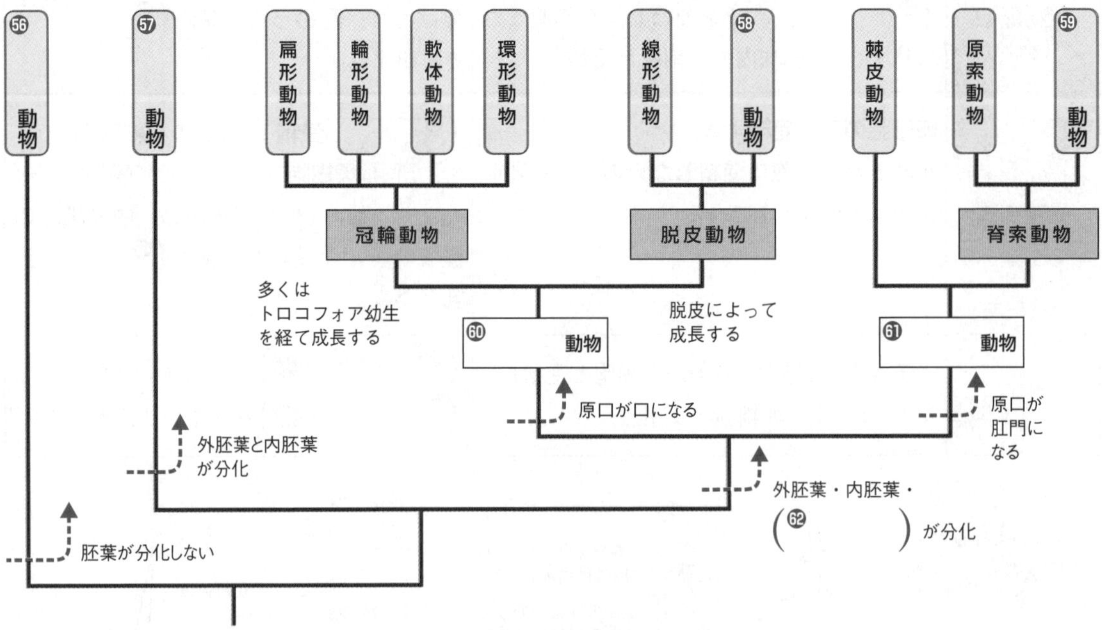

↑ 動物界の系統樹

3 動物界のうち，**新口動物**には次のグループが含まれる。

〔**棘皮動物**〕

① 成体のからだは(㉝　　　　**相称**)である。ウニをはじめ多くの種は石灰質の硬い骨板(殻)でおおわれ，体内に呼吸器や循環器の役割をする水管がある。

② 水管は**管足**とつながって水管系をつくっており，神経系(放射状神経系)はこれに沿うように分布。

例 ヒトデ，ウニ，ナマコ

※9
系統的には，ヤツメウナギなどの**無顎類**，**魚類**(**軟骨魚類と硬骨魚類**)，**四足動物**(両生類・ハ虫類・鳥類・哺乳類)に分けられる。

〔脊索動物〕

1 原索動物

① 発生過程で，胚の背側に管状の神経管を支える(64　　　　)が形成されるが，脊椎骨はできない。

② **ホヤ**では脊索が幼生時だけ見られ，成体になると退化する。これに対して，**ナメクジウオ**では脊索が終生存在する。

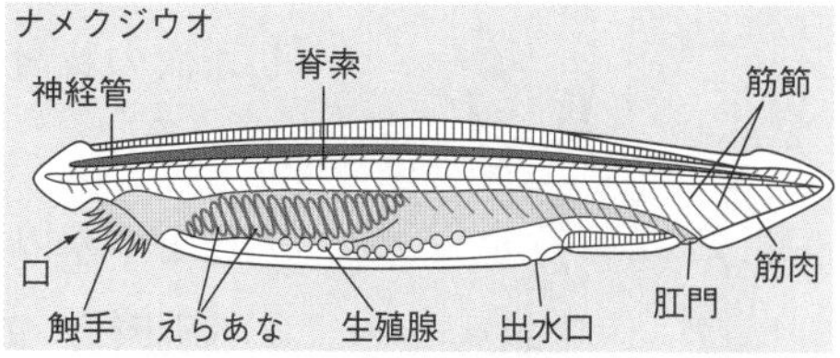

原索動物の体制

2 脊椎動物

① 脊索は発生途中では生じるが，退化・消失する。

② からだの背側に神経管を取り囲む(65　　　　)(脊柱)をもち，これを中心とした(66　　　**骨格**)でからだを支えている。

③ 脊椎動物は，下表のように，**魚類・両生類・ハ虫類・鳥類・哺乳類**に大別される。※9

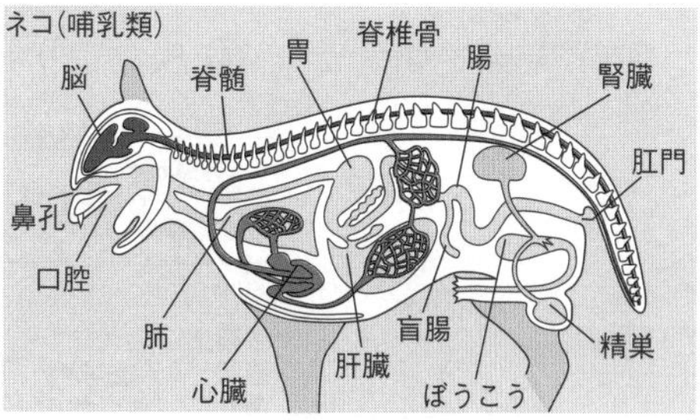

脊椎動物の体制

動物の種類(綱)	呼吸器官	心臓の構造	羊膜	体温	子の生まれ方	体表
魚　類	67	1心房1心室	なし	変温	卵生(水中)	うろこ
68	えらと肺(えら→幼生，肺→成体)	2心房1心室	なし	変温	卵生(水中)	粘膜
ハ虫類	69	2心房1心室(→不完全な2心室)	あり	70	卵生(陸上)	うろこ
71	肺	2心房2心室	あり	恒温	卵生(陸上)	72
哺乳類	肺	2心房2心室	あり	73	74	75

④ ハ虫類・鳥類・哺乳類は，多くが陸上で胚発生するので，その間，胚を乾燥から守るための(76　　　　)などが形成される有羊膜類である。

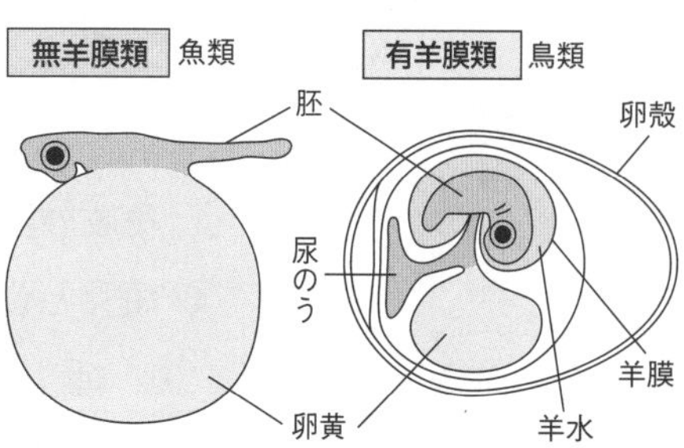

無羊膜類と有羊膜類

> **重要** **新口動物…原口が肛門になる。**
> **棘皮動物・原索動物・脊椎動物**

ミニテスト

[解答] 別冊p.6

1 原生生物界で，植物と同じ組み合わせの光合成色素をもつ分類群を2つあげよ。
(　　　　　)(　　　　　)

2 菌類のからだを構成する糸状の構造を何というか。
(　　　　　)

3 三胚葉動物のうち，新口動物を3つあげよ。
(　　　　　)(　　　　　)(　　　　　)

4 人類の進化と系統

[解答] 別冊p.6

A. 人類の進化

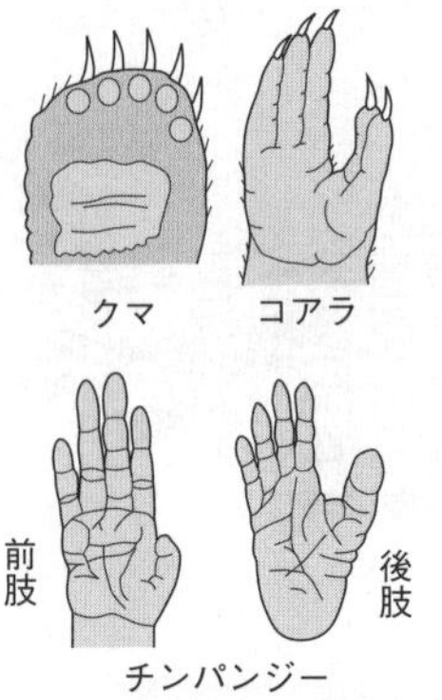

哺乳類のあしの指

1 霊長類の特徴 哺乳類のなかでも霊長類は，(❶　　　　**生活**)に適応した次の特徴をもつ。
（↑生活の場所）

① (❷　　　　　**性**)…四肢の親指がほかの4本の指と向かい合い，枝をつかみやすい。→物をもちやすい。→道具を使いやすい。

② **腕歩行**…前肢を使って枝から枝へ渡り歩く。

③ (❸　　　　**視**)できる範囲の広い眼…両眼が顔の正面についており，2つの眼で見ることで，枝と枝の距離を正確に測定できる。

④ 嗅覚よりも**視覚が発達**…脳への情報量がふえ，大脳の発達を促した。

重要 **樹上生活への適応→手を使う・視覚発達→大脳が発達**

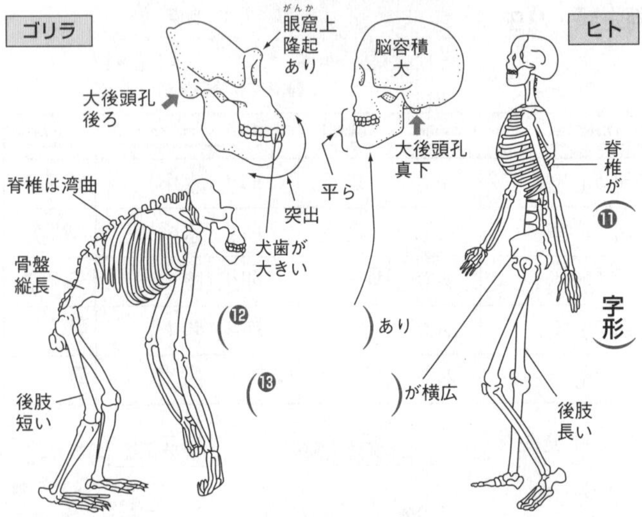

類人猿と人類の比較

2 直立二足歩行

① 霊長類のなかから，ヒトの祖先を含む(❹　　　　)が現れた。

現生のこのグループには，オランウータン，(❺　　　　)，チンパンジー，(❻　　　**ザル**)などがある。

② (❼　　　　　**歩行**)による地上生活を始めると(❽　　　　)が解放され，さまざまな道具の作成・使用が可能になった。

③ 後肢の指は短くなり，(❾　　　　　)やかかとをもつ足に発達した。
（→足の裏がアーチ状になる。）

④ 頭骨と首をつなぐ大後頭孔は頭骨の後端から頭骨の(❿　　　)に移り，重い脳を支えられるようになった。また，道具の使用・作成や言語の使用も大脳の発達を促進した。

重要 **直立二足歩行→{両手が空いて道具が使える／頭部が重くても支えられる}→大脳が発達**

3 化石人類

① すでに絶滅し，化石にのみ見られる人類を(⓮　　　　**人類**)という。

② 最初期の人類は，700万～600万年前に（⑮　　　　大陸）で出現。樹上と地上の両方で生活。例 サヘラントロプス，アルディピテクス類

③ 約400万年前に出現した（⑯　　　　類）は，森林を離れ草原へ進出。これらヒト属以外の人類は（⑰　　　　）とよばれ，脳容積はチンパンジーと同程度(330～380 mL)。

④ 250万～200万年前，ヒト属に属する（⑱　　　　）(**原人**)が出現。脳容積は約1000 mLと猿人より大きく，石器や（⑲　　　　）を使用。人類で初めてアフリカ大陸の外へ進出。例 北京原人，ジャワ原人

⑤ 100万～60万年前，より脳の発達した**旧人**(ホモ・ハイデルベルゲンシスなど)が出現。約30万年前に出現した（⑳　　　　）の脳容積は約1500 mLとヒトと同程度で，死者を（㉑　　　　）するなどの文化をもっていた。約3万年前までヨーロッパや中東に分布[1]。

⑥ 現生のヒトである（㉒　　　　）の直系の祖先(**新人**)は約20万年前[1]に（㉓　　　　大陸）で出現[2]。約10万年前にユーラシア大陸に進出し，さらにアメリカ大陸やオセアニアなど全世界に広がった。

⑦ 地球上に約80億人生息する現生のヒトは1種のみで，遺伝的に複数の集団に分けられるような違いはなく，いわゆる（㉔　　　　）というものは存在しない。

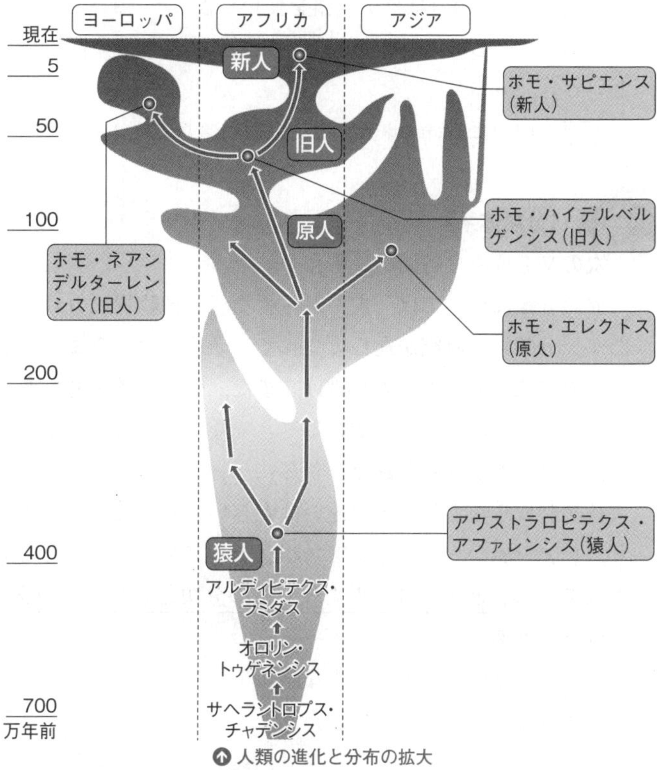

人類の進化と分布の拡大

[1] ヒト(ホモ・サピエンス)とネアンデルタール人(ホモ・ネアンデルターレンシス)の生息時期は重なっており種間競争が起きていたが，ゲノム解析から一部で交配も起こっていたと考えられている。

[2] つまり世界各地で見つかっている原人は現生のヒトの祖先ではない。

> **重要**
> **猿人…アフリカで出現。直立二足歩行，草原へ進出。**
> **原人(ホモ・エレクトス)…ヒト属。石器や火を使用。**
> **旧人(ホモ・ネアンデルターレンシスなど)…現生のヒトに近い別種。**
> **新人(ホモ・サピエンス)…アフリカ大陸から全世界に進出。**

ミニテスト

[解答] 別冊p.6

1 人類と他の霊長類を区別する，大脳の発達につながる最も重要な特徴は何か。（　　　　）
2 石器を使用し始めたのは猿人・原人・旧人・新人のどの段階か。（　　　　）
3 現生のヒトの直系の祖先となるホモ・サピエンスが出現したのはどこか。（　　　　）

練習問題　2章　生物の系統と進化

[解答] 別冊p.21

1 〈生物の分類〉

▶わからないとき→p.37～38

次の文を読み，空欄a～hに入る語を答えよ。

生物を分類する上で基本となる単位は(a)で，同じ(a)の生物どうしは共通した形態・生理的特徴をもち，生殖能力のある子孫を残すことができる。近縁の(a)をまとめて(b)という上位の分類段階にまとめ，これをさらに下のように上位の分類段階に順にまとめている。

(a)＜(b)＜(c)＜(d)＜(e)＜(f)＜(g)＜ドメイン

「分類学の父」とよばれるリンネは，生物種の世界共通の名称として(h)を提唱した。(h)はラテン語を使い(b)と(a)の名称を組み合わせたもので示している。これに対して「スズメ」など日本語で表される種名を和名という。

ヒント (h)に含まれる場合の(a)は，「種小名」とよばれる。

1
a ______
b ______
c ______
d ______
e ______
f ______
g ______
h ______

2 〈分類体系〉

▶わからないとき→p.40

次の文を読み，各問いに答えよ。

界の分類については，古くから動物界と植物界に分ける説が用いられてきたが，分類学の研究が進むにつれて，矛盾が生じるようになった。動物界と植物界に加えて(①)界を設け，また，従属栄養生物であるカビやキノコなどを独立栄養の植物界に加えるべきでないとの考え方から，(②)界として独立させる説が提唱された。さらに，細菌などの(③)細胞からなる生物と真核細胞からなる生物との違いは大きいと考えた(④)やマーグリスらにより，(①)界から細菌やシアノバクテリアを(⑤)界として分ける説が提唱されている。<u>近年では，界より上位の分類として，生物を3つのドメインに分ける説</u>もある。

(1) 文中の空欄①～⑤に適当な語句を記せ。

(2) 下線部の説の提唱者を答えよ。

2
(1) ① ______
② ______
③ ______
④ ______
⑤ ______
(2) ______

3 〈藻類，植物の分類〉

▶わからないとき→p.42,44～45

下は，多細胞の藻類と植物を分類したものである。各問いに答えよ。

- 藻類
  - クロロフィルはaをもち，bとcはもたない ……………… ①
  - クロロフィルaとcをもつ ……………… 褐藻類
  - クロロフィルaとbをもつ ……………… ②
- 植物―クロロフィルaとbをもつ
  - 胞子をつくる
    - 本体は配偶体 ……………… ③
    - 本体は胞子体 ……………… ④
  - 種子をつくる
    - 胚珠が裸出 ……………… ⑤
    - 胚珠は子房で包まれる ……… ⑥

(1) ①～⑥に属する植物のグループ名を答えよ。

3
(1) ① ______
② ______
③ ______
④ ______
⑤ ______
⑥ ______

(2)　次の植物は①～⑥のどのグループの植物に属するか，それぞれ答えよ。

a　アオサ　　b　ツノゴケ　　c　アサクサノリ
d　サクラ　　e　ソテツ　　f　ワラビ

ヒント　(1)　②は植物と共通の光合成色素をもつので，植物に系統が近いものが入る。

(2) a ____
b ____
c ____
d ____
e ____
f ____

4 〈動物の系統樹〉

▶わからないとき→p.46～47

次の図は，動物の系統樹を示したものである。

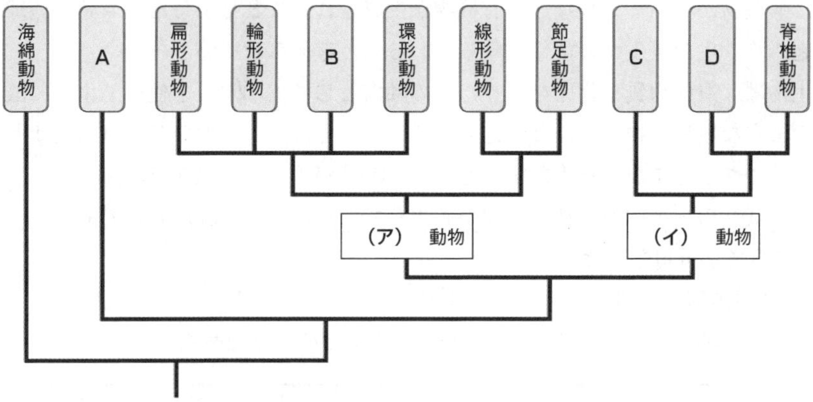

(1)　図中のA～Dの分類群の名称をそれぞれ答えよ。
(2)　図中のア，イに適する語を記せ。
(3)　次の①～④の動物群が属する分類群は図中のA～Dのどれか。それぞれ答えよ。

①　クラゲ，イソギンチャク　　②　タコ，アサリ，アメフラシ
③　ホヤ，ナメクジウオ　　④　ヒトデ，ウニ，ナマコ

(4)　図中のA～Dで二胚葉性のものはどれか。

ヒント　(4)　外胚葉と内胚葉からなり，原口が口と肛門を兼ねる。

4
(1) A ____
B ____
C ____
D ____
(2) ア ____
イ ____
(3) ① ____
② ____
③ ____
④ ____
(4) ____

5 〈人類の出現〉

▶わからないとき→p.48

新生代になると，哺乳類が恐竜などハ虫類の生態的地位にとってかわり，繁栄した。哺乳類のなかで樹上生活を始めた(①)類は，a)樹上の生活に適応した形態をもつようになった。やがて大形化した(①)類の一部は，草原生活を始めるようになり(②)歩行を始めた。(②)歩行によって前肢が解放されたことで，(③)として使えるようになった。その後，道具の作成や使用，大きな脳を支える構造の発達などがb)大脳の発達を促進し，化石人類の誕生への道をたどった。次の各問いに答えよ。

(1)　文中の空欄①～③に適当な語句を記入せよ。
(2)　文中の下線部aの特徴として適当でないものを下から1つ選べ。

ア　両眼視　　イ　腕歩行　　ウ　拇指（ぼし）対向性
エ　視覚の発達　　オ　嗅覚の発達

(3)　文中の下線部bとして適当でないものを1つ選べ。

ア　言語の使用　　イ　集団による狩猟　　ウ　眼窩上隆起（がんかじょうりゅうき）の発達

5
(1) ① ____
② ____
③ ____
(2) ____
(3) ____

定期テスト対策問題　1編　生物の進化

［時 間］50分
［合格点］70点
［解 答］別冊p.22

1 生命の起源に関する次の文章を読んで，各問いに答えよ。

〔各3点　合計18点〕

（ ① ）は，原始大気の成分と考えられていたメタン，アンモニア，水素，水を含んだガス中で火花放電を起こす実験を行い，無機物からアミノ酸などの有機物が生成されることを示した。原始の地球ではこのような化学進化が起こり，生命誕生への準備が整っていったと考えられている。

地球上に最初に現れた生物は，遺伝物質や代謝を行うための触媒として（ ② ）を使い，生存に酸素を必要としない（ ③ ）のような原核生物だったと考えられている。その後，代謝のしくみの進化とともに細胞の構造も進化し，核やさまざまな細胞小器官をもつ（ ④ ）が現れた。現在では，（ ④ ）のミトコンドリアと葉緑体は嫌気性の宿主細胞に別の生物が共生してできたとする説が有力である。

問1　文中の①～④の空欄に適当な語句を記せ。

問2　下線部の説によれば，宿主細胞に共生してミトコンドリアになったのはどのような生物か。

問3　下線部の説によれば，宿主細胞に共生して葉緑体になったのはどのような生物か。

問1	①		②		③		④	
問2			問3					

2 生物の進化に関する次の文章を読んで，各問いに答えよ。

〔問1…各3点，問2・3…各5点，問4～6…各2点　合計29点〕

地球上に光合成を行う生物が現れると，大気中の（ ① ）は増加しだした。すると，(a)上空にオゾン層が形成されて生物が陸上で生活できる環境が整い，(b)植物も動物も陸上へ進出するようになった。

陸上へ進出した動物のなかから哺乳類が現れ，やがて，中生代末期に現れた食虫目から霊長目が進化した。サルからヒトへの進化の第一歩は，生活場所を地上へ移し，(c)直立二足歩行を開始したことだと考えられている。そして，直立二足歩行をした猿人から（ ② ），(d)旧人を経て，新人へと進化した。

問1　文中の①，②の空欄に適当な語句を記せ。

問2　下線部(a)のオゾン層は，どのようなはたらきをしているといえるか。

問3　下線部(b)にともなって，植物が発達させたしくみを2つ，それぞれ簡潔に記せ。

問4　下線部(b)のなかで，脊椎（せきつい）動物もある時期に陸上に進出したと考えられる。それはいつ頃であり（紀で答えよ），その動物は現在の分類ではどのようなグループにあたるものかをそれぞれ記せ。

問5　下線部(c)を行ったアウストラロピテクスが現れた時期を，次の**ア**～**エ**から選べ。

ア 5～4万年前　**イ** 50～40万年前　**ウ** 500～400万年前　**エ** 5000～4000万年前

問6　下線部(d)であるものを，次の**ア**～**ウ**から選べ。

ア ホモ・ネアンデルターレンシス　**イ** ホモ・サピエンス　**ウ** ホモ・エレクトス

問1	①		②		問2			
問3								
問4	時期		グループ		問5		問6	

3 進化に関する次の各文中の空欄に，適当な語句を記せ。　〔ア～エ…各2点，オ～キ…各3点　合計17点〕

① 始祖鳥は，中生代(　ア　)紀の化石動物である。羽毛や翼をもつ点では(　イ　)類に近く，尾骨のある尾や歯のあるくちばしをもっている点で(　ウ　)類に近い。

② 鳥類の翼とヒトの手(腕)は，いずれもハ虫類の(　エ　)を起源とする(　オ　)器官である。また，鳥の翼と昆虫のはねは，前者は(　エ　)で後者は(　カ　)と起源は異なるが同じようなはたらきをする(　キ　)器官である。

ア		イ		ウ		エ	
オ		カ		キ			

4 分類法に関する次の文章を読んで，各問いに答えよ。　〔各3点　合計21点〕

ヒトは(　a　)門，(　b　)綱，ヒト科，ヒト属に属する動物である。ヒトの(　c　)は，*Homo sapiens* である。*Homo* は(　d　)であり，*sapiens* は種小名である。(　c　)は，これら2つの語からなるので，この表記法を二名法という。分類の階級には，上記以外に綱と科の間に(　e　)という階級がある。

問1　次の文の空欄 a～e に適当な語句を記せ。

問2　文中の下線部の表記法を提唱したのは誰か。

問3　*Homo sapiens* などの表記は基本的に何語を使ってなされているか。

問1	a		b		c		d		e	
問2		問3								

5 系統分類に関する次の文章を読んで，各問いに答えよ。　〔各3点　合計15点〕

生物の類縁関係は樹木の枝のような図で表すことができる。これまでの進化や分類の研究は，考古学や形態学などによる生物の表現形質を対象として行われてきた。最近では，生物がもつ核酸の塩基配列やタンパク質のアミノ酸配列を用いた分析が行われるようになり，これらを加えた総合的な研究手法によって進化を解明しようとする方向に進んでいる。

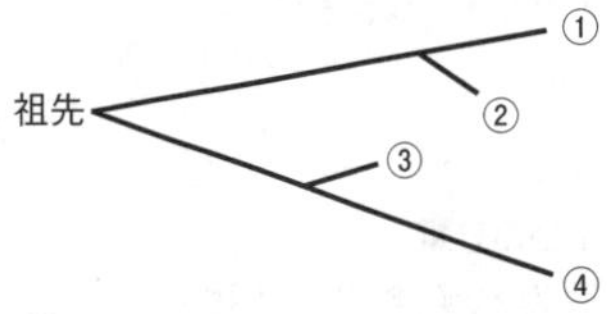

右図は4つの生物種間の類縁関係を樹状に示したものである。この図における2つの生物種間の類縁関係は両者の分岐点までの枝の長さで表されている。また，右下の表は，生物種 A～D 間におけるある遺伝子の類似性を百分率で表したものであり，この右図を作製する基準になったものである。

	A	B	C
B	97		
C	69	66	
D	75	72	90

問1　右表の生物種 A～D はそれぞれ右図の①～④のどれと対応しているか，最も適切な番号を記せ。

問2　文中の下線部のような図を何というか。

問1	A		B		C		D		問2

1章 細胞と物質

1 細胞の構造とはたらき

[解答] 別冊p.7

A. 細胞

① すべての生物のからだは細胞からなり，細胞は生命の基本単位である。

② 細胞は（❶　　　　）で囲まれ，遺伝物質は（❷　　　　）である。細胞は自己複製[◈1]を行うなど，基本構造や機能は共通している。

③ 細胞は**核の有無**で，原核細胞と（❸　　　　**細胞**）に大別される。

> **重要** ［細胞］
> **細胞は生命の基本単位で，構造上・機能上の単位でもある。**

◈1
細胞は細胞分裂によってふえる。細胞分裂は，単細胞生物では個体をふやし，多細胞生物ではからだを成長させる。

◈2
原核細胞も，リボソームはもっている。また，シアノバクテリアはチラコイドをもつ。

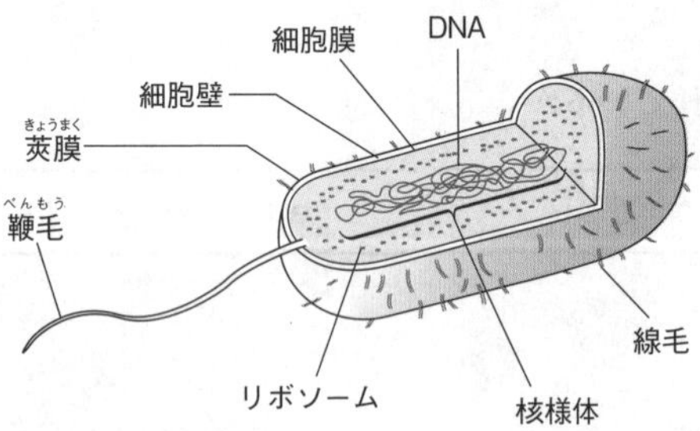

原核細胞の構造

B. 原核細胞

1 原核細胞の構造

① 原核細胞は1～10 μm程度の細胞で，（❹　　　　）で包まれた核をもたず，ミトコンドリアや葉緑体のような目立った（❺　　　　）をもたない[◈2]。
　└→ 1 μm＝0.001 mm

② DNAは核様体という領域に偏在している。

③ 細胞膜の外側にペプチドグリカン[◈3]からなる（❻　　　　）をもつ。

2 原核生物

① 原核細胞でからだができている生物を（❼　　　　**生物**）という。
例 細菌，シアノバクテリア
　　　　　└→ ラン藻ともよばれる。

② 近年では，原核生物は，細菌（バクテリア）と（❽　　　　）（古細菌）に大きく分けられる[◈4]。

◈3
ペプチドグリカンは，アミノ酸を含む糖の一種である。植物の細胞壁の成分はセルロースであり，ペプチドグリカンは含まれていない。

◈4
生物の分類
近年の分類学では，生物を細菌，アーキア，真核生物の3つに大別する3ドメイン説が取られている（→p.40）。

C. 真核細胞 出る

1 真核細胞の構造

① 真核細胞は核膜で包まれた（❾　　　　）をもつ。

② 核内の**染色体**は，DNAが（❿　　　　）というタンパク質に巻き付いたものが折りたたまれた**クロマチン**[◈5]からなる（→p.16）。
　└→ ヌクレオソーム

③ 真核細胞の大きさは10～100 μmぐらいである。

④ ミトコンドリア，葉緑体などの（⓫　　　　）をもつ。

◈5
クロマチンは細い糸状であるため，**クロマチン繊維**ともいう。また，酢酸オルセインや酢酸カーミンなどの染色液で染まるため，**染色質**ともいう。

2 真核生物

① 真核細胞でからだができている生物を（⑫　　　　**生物**）という。

② 真核生物には，からだが1つの細胞からできた（⑬　　　　**生物**）と多数の細胞からなる**多細胞生物**がある。

③ 真核生物は，単細胞や，多細胞でもからだの構造が単純な（⑭　　　　**生物**），動物，植物，菌類に分けられる。

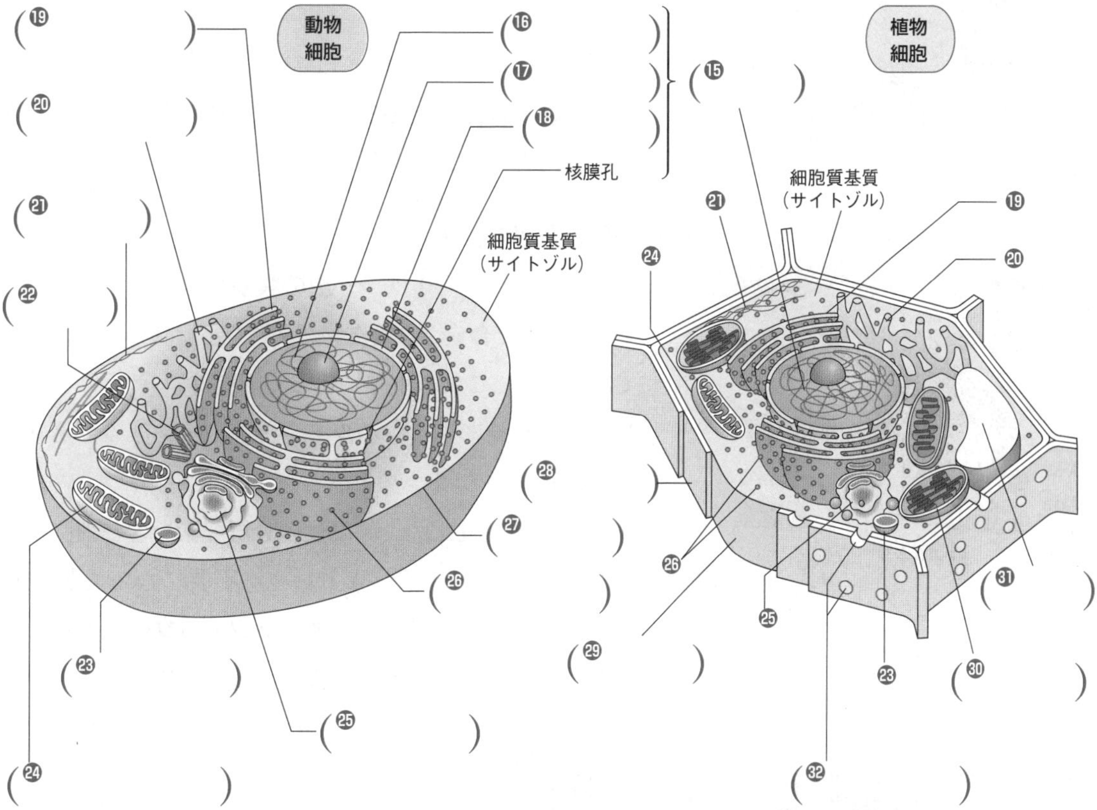

真核細胞の構造

D. 真核生物の細胞内構造の連携

1 遺伝情報の保持・転写

① （㉝　　　　）…二重膜構造の**核膜**（↳内膜と外膜）で包まれた構造で，内部に**DNA**（↳デオキシリボ核酸の略称）（遺伝子の本体）と**ヒストン**（↳タンパク質の一種）からできた（㉞　　　）（↳クロマチン（クロマチン繊維））と，1～数個の（㉟　　　　）がある。**核膜**には**核膜孔**という多数の小孔があいている。

② DNAの遺伝情報は，核内で**mRNA**に（㊱　　　　）されて細胞質に伝えられる（→p.95）。

③ DNAの遺伝情報の発現は，細胞質の状態などで調節されている。

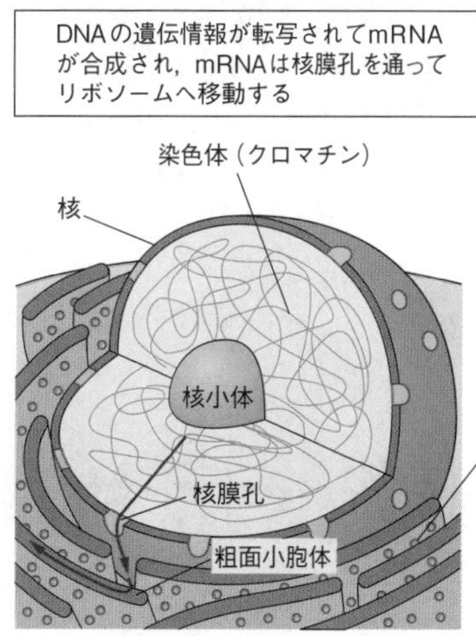

核とその周辺の構造

2 タンパク質の合成・輸送

① 細胞質基質中に移動した**mRNA**に(㊲ 　　　)が結合し，mRNAの情報(塩基配列)をアミノ酸の配列に(㊳ 　　)して，(㊴ 　　　)を合成する。

└→ rRNAとタンパク質の複合体。

② (㊵ 　　　　)は表面にリボソームが付着していて，合成されたタンパク質などの物質の輸送通路になっている。

③ 表面にリボソームが付着していない(㊶ 　　　)は，**粗面小胞体**と**ゴルジ体**の移行領域に多く存在し，脂質成分の合成などに関係する。

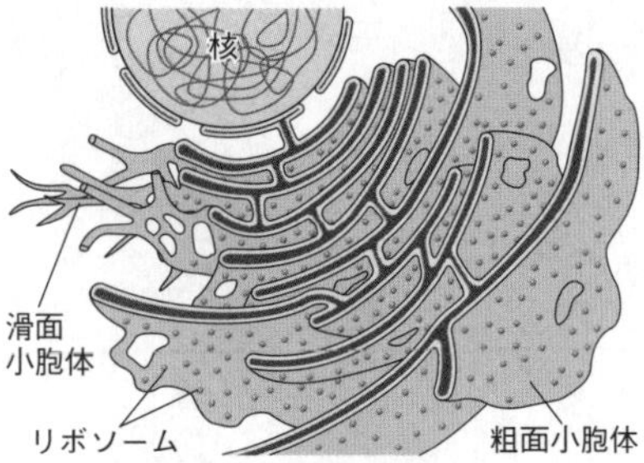

小胞体

3 物質の分泌と分解

① (㊷ 　　　　)は，**一重の膜**からなる袋状構造で，リボソームで合成されたタンパク質を小胞体から受け取って濃縮する。これを小胞に包んで細胞外に(㊸ 　　　)しやすい状態にする。ホルモン・酵素・粘液の分泌細胞で発達している。

② ゴルジ体から生じた，高濃度の分解酵素を含む細胞小器官を(㊹ 　　　　)という。不要になった細胞小器官などは，膜で包まれた**オートファゴソーム**となり，㊹と融合して分解処理される。このように，細胞内の不要なものを分解するはたらきを(㊺ 　　　　)という。

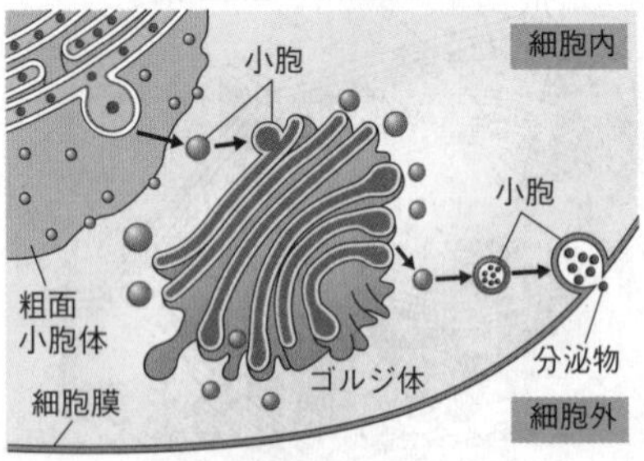

ゴルジ体

4 エネルギーの変換

① (㊻ 　　　　)は，**内外2枚の膜**で囲まれ，独自のDNAをもち，細胞内で分裂・増殖することができる。大きさは幅0.5 μm前後の糸状または粒状で，グルコースなどを分解して生命活動に必要なエネルギーを(㊼ 　　)の形で取り出す(㊽ 　　)の場である。エネルギーを多く必要とする細胞ほど多く含まれている(→p.72)。

② (㊾ 　　　)は，**内外2枚の膜**で囲まれ，独自のDNAをもち，細胞内で分裂・増殖することができる。

植物細胞に含まれていて，光エネルギーを利用して(㊿ 　　　)を行う場である。

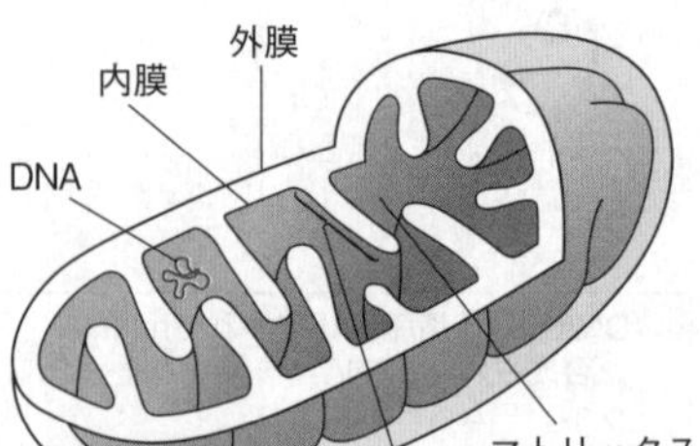

ミトコンドリア

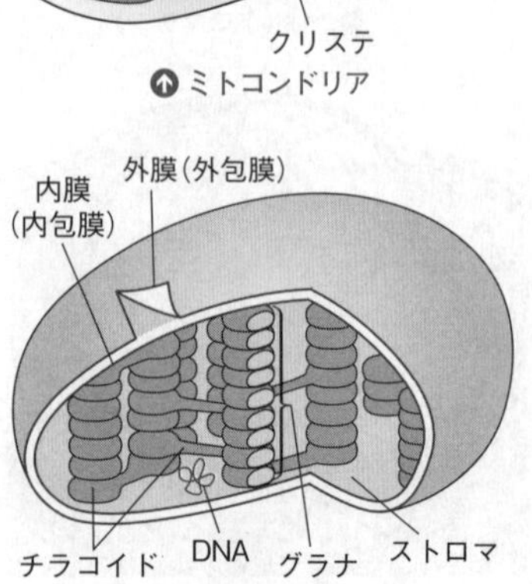

葉緑体

③ ㊾の大きさは長径5～10 μm，厚さ2～3 μmで，内部には（㉛　　　　）という薄い膜でつくられた扁平（へんぺい）な袋状構造がある（→p.79，81）。この袋状構造の膜に光合成色素のクロロフィルなどが含まれている。

これが層状に積み重なってグラナを形成する。

5 細胞内構造の支持・細胞の動き

① （㉜　　　　）は，細胞内構造を支持している（→p.69）。

② 細胞内を葉緑体などが流れるように見える（㉝　　　　**流動**）にも**細胞骨格**が関係している。

③ 動物細胞で見られる（㉞　　　　※6）は，細胞分裂のときに，**紡錘糸**の起点となる。

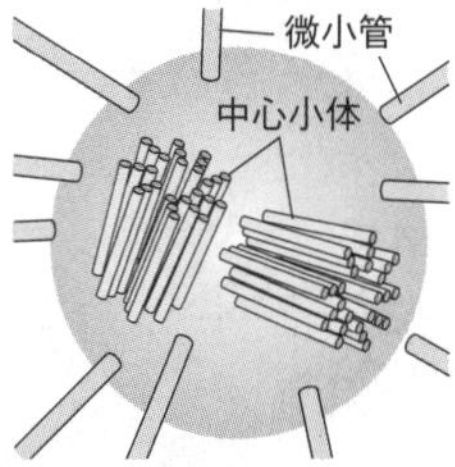

中心体

※6
中心体は，1対の中心小体（微小管が3本で1セットになったものが9つ環状に並んだ構造）からなり，鞭毛（べんもう）や繊毛（せんもう）の形成にも関係する。

6 細胞膜

細胞膜　細胞の外側を包む膜を（㉟　　　　）といい，細胞内外の物質の出入りを調節する。また，細胞内外の情報の伝達にも関係している。

→p.58, 59

7 植物細胞で見られる構造

① 植物細胞の細胞膜の外側にある丈夫な壁を（㊱　　　　）といい，細胞を保護し形態を保持する。その構成成分は（㊲　　　　）と**ペクチン**である。

グルコースが直鎖状に重合したもの。

増粘安定剤（とろみを加える食品添加物）として利用される。

② 細胞壁には小さな孔が開いており，この孔で隣の細胞と細胞質基質（サイトゾル）がつながっている。これを（㊳　　　　）という。

③ 内部に（㊴　　　　**液**）を満たした一重の膜で包まれた袋状の構造体を（㊵　　　　）といい，成長した植物細胞で特に発達している。㊴には，老廃物や（㊶　　　　）などの色素が含まれている。

細胞
- 核
  - 染色体（クロマチン）
  - 核小体
  - 核膜，核膜孔
- ミトコンドリア
- 葉緑体
- ゴルジ体
- 小胞体
- リボソーム
- リソソーム
- 液胞
- 細胞骨格
- 細胞質基質（サイトゾル）
- 細胞膜
- 細胞壁（外部構造）

真核細胞の構造

重要　［真核細胞の細胞内構造と機能］

核	遺伝情報の保持
リボソーム	タンパク質の合成
小胞体	タンパク質などの輸送通路
ゴルジ体	タンパク質などの分泌
リソソーム	不要物の分解
ミトコンドリア	呼吸の場
葉緑体	光合成の場
細胞骨格	細胞内構造の支持
中心体	細胞分裂のときの紡錘糸の起点
細胞膜	物質の出入りの調節，細胞内へ情報を伝達
細胞壁	植物細胞の形態保持・保護
液　胞	老廃物や色素（アントシアンなど）の貯蔵

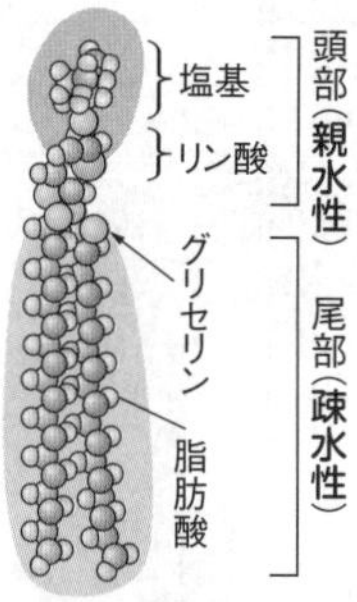

↑ リン脂質の分子

E. 生体膜と細胞膜のはたらき

1 生体膜の構造

① 構造が同じ細胞膜や細胞小器官の膜をまとめて（62　　　　）という。

② 生体膜は（63　　　　）とタンパク質などからできている。

③ **リン脂質**の分子は，水となじみやすい（64　　　　性）の部分と，水となじみにくい（65　　　　性）の部分をもっている。

④ 生体膜は，リン脂質の疎水性の部分を内側に向けて向かい合った**2層構造**の間に（66　　　　）が点在する。
（└→ 脂質二重層という。）

⑤ リン脂質やタンパク質の分子は，その位置が固定されずに，膜内を比較的自由に動き回っているので，この膜モデルを（67　　　　モデル）という。

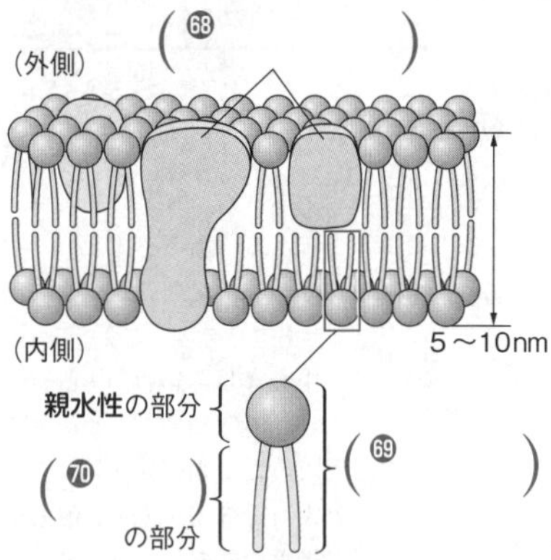

↑ 生体膜の構造

> **重要**
> ［生体膜の構造］
> **リン脂質＋タンパク質 ──→ 流動モザイクモデル**

2 細胞膜のはたらき

① 細胞内外の物質が自由に（71　　　　）するのを防ぎ，細胞膜で囲まれた内側に独自の代謝系をつくる。

② 細胞膜を通じて，膜の内外での物質の（72　　　　）が行われる。

③ 細胞膜は外部からの情報を受容し，細胞間の（73　　　　伝達）に関係する。
（└→ シグナル伝達ともいう。）

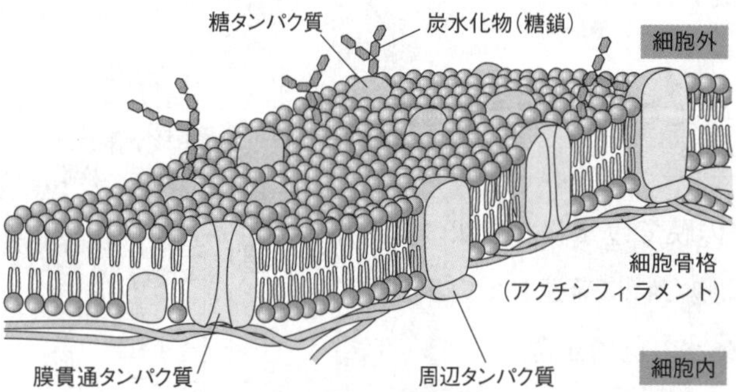

↑ 細胞膜の構造

3 細胞膜を構成するタンパク質のはたらき

① 膜貫通タンパク質…細胞膜を貫通しているタンパク質は，水やイオンなどの物質の出入りの調節，ホルモンの受容，細胞間接着にはたらく。
（└→ チャネルやポンプ（→p.59）など。）

② 周辺タンパク質…細胞骨格（→p.69）とともに膜の形態を維持する。

③ 糖タンパク質…細胞膜表面につく糖は細胞の標識となっている。
（└→ 血液型を決定する赤血球表面の凝集原など。）

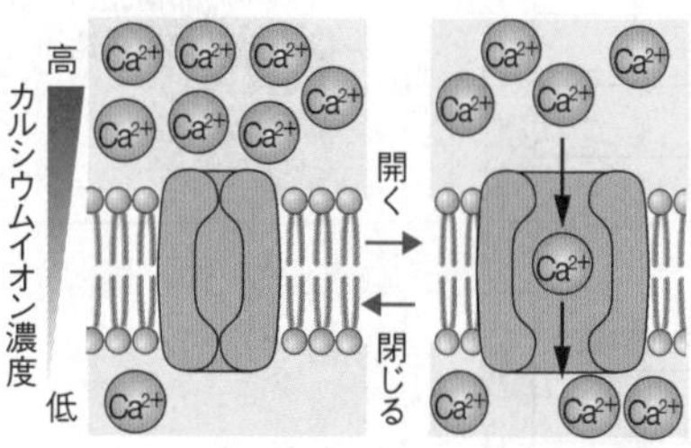

↑ チャネル

F. 細胞膜と物質の出入り 出る

1 受動輸送

物質は**濃度勾配**にしたがい（74　　　　）する。これによる物質の輸送を（75　　　　）という。

2 選択的透過性

① 細胞膜が特定の物質だけを通す性質を（76　　　　）という。

② 細胞膜のリン脂質部分を通過するのは，比較的小さなO_2，CO_2や疎水性の分子である。アミノ酸・糖・イオンなどは透過できず，膜を貫通した(77 　　　　)の部分を通過する。

③ **輸送タンパク質**には(78 　　　　)，**担体**がある。一部を除き，物質の輸送は基本的に(79 　　　　)である。

④ 水分子は(80 　　　　)という**チャネル**を通して通過する。

⑤ K^+，Na^+など特定の(81 　　　　)を通すチャネルなどもある。

⑥ 比較的大きな分子であるグルコースを，濃度勾配にしたがって細胞の外部から内部へ運ぶ担体を**グルコース輸送体**という。
└→ グルコーストランスポーターともいう。

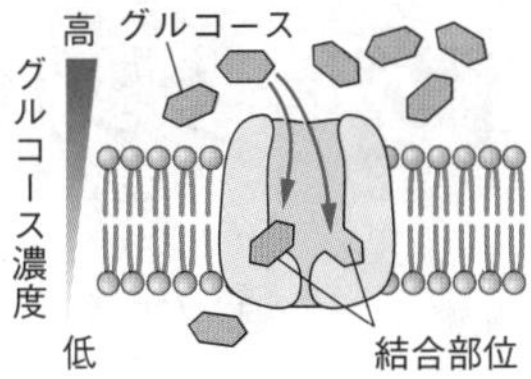

担体

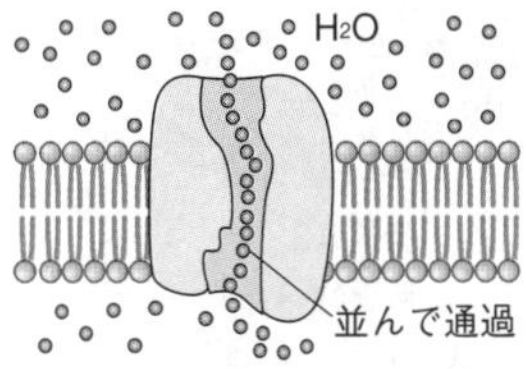

アクアポリン

3 能動輸送

① 濃度勾配に逆らって物質を輸送することを(82 　　　　)という。**ATPのエネルギー**を使って，担体の1つである(83 　　　　)が行う。

② 細胞膜にある**ナトリウムポンプ**は，濃度勾配に逆らって細胞内から外部へ(84 　　　　)を排出し，K^+を取り込む。
└→ カリウムイオン

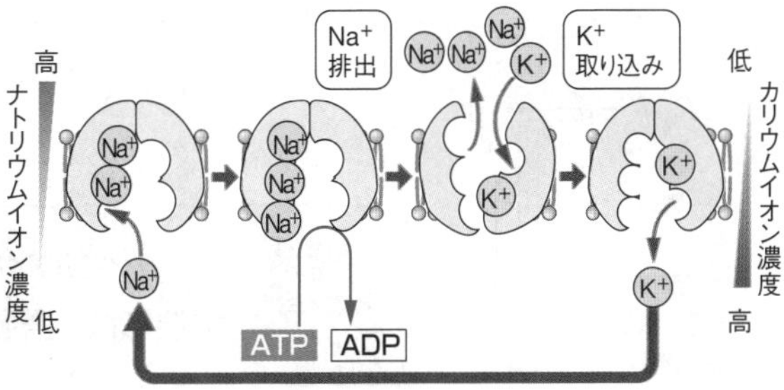

ナトリウムポンプ

4 食作用と飲作用

① 大きな物質は小胞と細胞膜の融合によって出入りする。

② ①による物質の取り込みを(85 　　　　)といい，大きな粒子を取り込む場合を(86 　　　　**作用**)，液体などの取り込みを(87 　　　　**作用**)という。

③ ①による物質の分泌を(88 　　　　)という。タンパク質は(89 　　　　)で合成され，**粗面小胞体**の膜タンパク質を通って小胞体内に入って折りたたまれる。次に，小胞で包まれて(90 　　　　)に移動し，濃縮される。その後，**ゴルジ体**から放出されて**分泌小胞**となり，細胞膜に移動して88で放出される。
└→ 開口分泌ともいう。

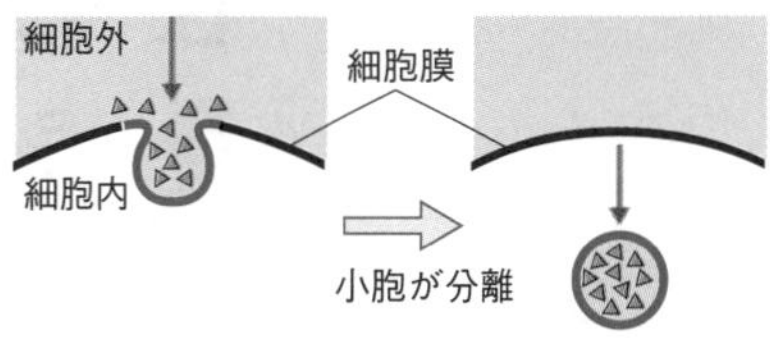

エンドサイトーシス

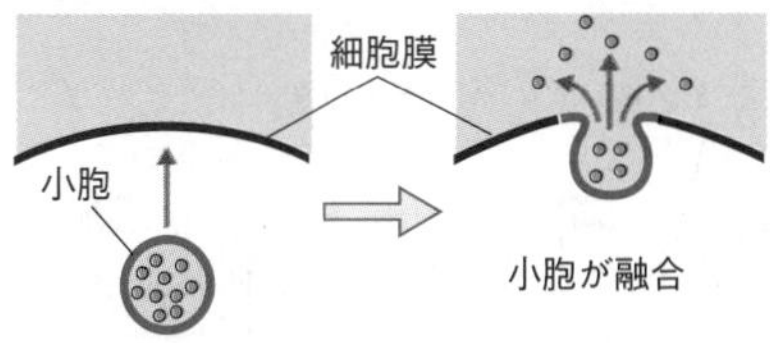

エキソサイトーシス

ミニテスト

[解答] 別冊p.7

1 原核細胞と真核細胞の最も大きな相違点は何か。 (　　　　)
2 呼吸の場となる細胞小器官は何か。 (　　　　)
3 粗面小胞体にあって滑面小胞体にないものは何か。 (　　　　)
4 細胞膜の構造を説明するモデルを何というか。 (　　　　)
5 細胞膜に存在する水を通す輸送タンパク質を何というか。 (　　　　)

2 タンパク質

［解答］別冊p.7

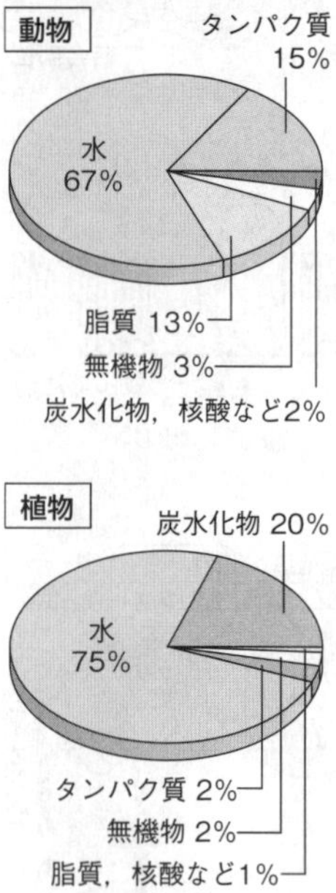

⬆ 細胞を構成する物質

A. 細胞とタンパク質

① **タンパク質**は，動物細胞の構成成分のなかで，水に次いで多い物質である。

② タンパク質には，ケラチンのように頭髪や爪などの生体の構造をつくるもの，アクチンやミオシンのように（❶　　　）にはたらくもの，アミラーゼのように（❷　　　）としてはたらくもの，インスリンのように（❸　　　）としてはたらくもの，免疫のときに抗原と結合して無毒化する（❹　　　）としてはたらくもの，ヘモグロビンのように物質の（❺　　　）にはたらくものなど，さまざまなはたらきをするものがある。

↳ デンプンなどを分解する消化酵素（アミラーゼ）
血糖濃度を下げる。（インスリン）
赤血球に含まれる赤い色素（ヘモグロビン）

重要　［タンパク質のはたらき］
構造形成，運動，酵素，ホルモン，抗体，運搬などにはたらく。

B. タンパク質の構造 出る

1 アミノ酸の構造

① タンパク質は，約50～1000個の（❻　　　）が鎖状に結合した分子で，ヒトの体内には10万種類以上が存在する。タンパク質をつくるアミノ酸は，**側鎖**の違いによって，（❼　　　種類）ある。

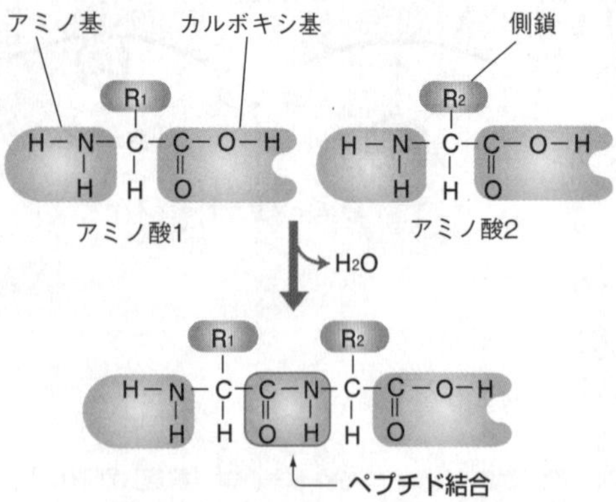

⬆ アミノ酸の基本構造とペプチド結合

② アミノ酸は，炭素原子(C)に水素原子(H)，**側鎖**(一般にRで示す)，（❽　　　基）(－NH_2)，（❾　　　基）(－COOH)が結合したものである。

2 アミノ酸どうしの結合

① 一方のアミノ酸の**カルボキシ基**と他方のアミノ酸の**アミノ基**から（❿　　　）1分子がとれて（⓫　　　結合）(－CO－NH－)をつくり，2分子のアミノ酸が結合したペプチドができる。

② **ペプチド結合**がくり返されて，多数のアミノ酸が鎖のように結合した（⓬　　　）ができる。タンパク質は1つあるいは複数のポリペプチドからなる。

↳「多数のペプチド」の意。

3 タンパク質の構造

DNAの塩基配列をもとに配列が決められる。

① ポリペプチドをつくる（⑬　　　　　）の配列を，タンパク質の（⑭　　　　構造）という。この配列順序がタンパク質の立体構造に大きな影響を与える。

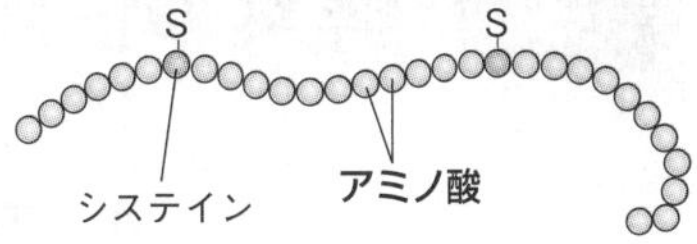

一次構造

② ポリペプチドは，アミノ酸配列によって部分的に，（⑮　　　　結合）などにより，ねじれてらせん状になる（⑯　　　　　　構造），びょうぶ状に折れ曲がった（⑰　　　　　　構造）などの立体的な構造をつくる。これらの部分的な立体構造を（⑱　　　　構造）という。

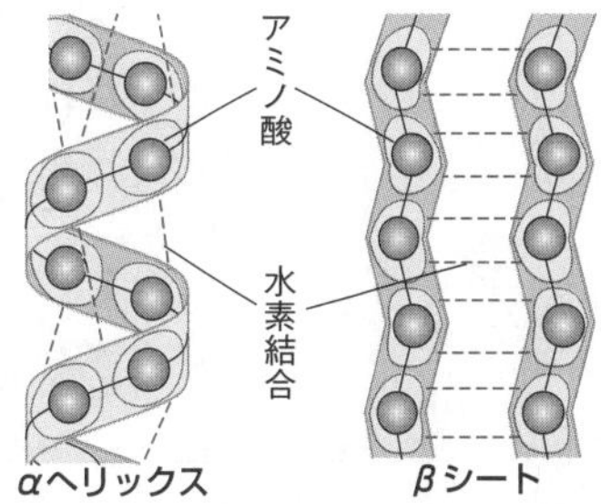

二次構造

③ ポリペプチドは，部分的に二次構造をつくりながら，分子全体として複雑な立体構造をとることが多い。この立体構造をタンパク質の（⑲　　　　構造）という。

└→ フォールディングとよばれる（→p.96）。

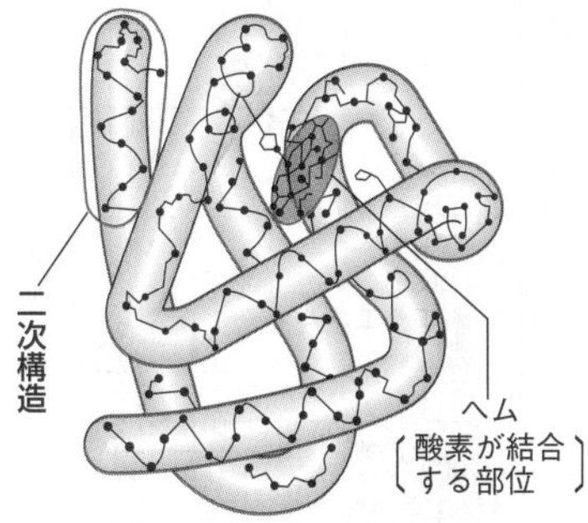

三次構造（ミオグロビン）

④ 赤血球の成分であるヘモグロビンは，2本のα鎖と2本のβ鎖，合計4本のポリペプチドが一緒になったタンパク質分子である。このような複数のポリペプチドがつくる構造を（⑳　　　　構造）という。

⑤ 硫黄(S)を側鎖に含むアミノ酸どうしがつくる橋渡し結合を（㉑　　　　結合）といい，ポリペプチド中やペプチド間の橋渡しをして，タンパク質の立体構造の保持に重要なはたらきをする。

└→ ジスルフィド結合ともよばれる。

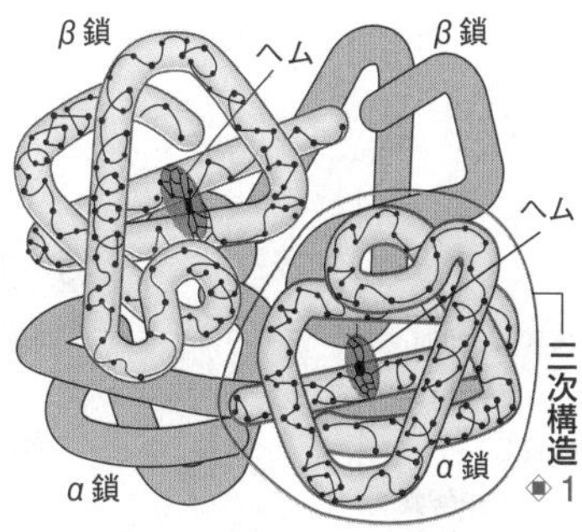

四次構造（ヘモグロビン）

※1 四次構造をつくる三次構造をサブユニットという。

重要 ［タンパク質の構造］

アミノ酸 → ペプチド → タンパク質
‖
ペプチド結合の連続 → 一次，二次，三次，四次構造

4 タンパク質の変性

① タンパク質は熱や酸・アルカリなどで立体構造が変化する。

② ①によりタンパク質の性質が変化することを（㉒　　　　）という。

③ ②で，タンパク質が活性を失うことを（㉓　　　　）という。

ミニテスト

［解答］別冊p.7

1 タンパク質を構成する基本単位は何か。（　　　　）

2 1の基本単位どうしの結合を何というか。（　　　　）

3 アミノ酸の配列をタンパク質の何次構造というか。（　　　　）

4 αヘリックス構造はタンパク質の何次構造か。（　　　　）

5 ヘモグロビンは何次構造のタンパク質か。（　　　　）

6 熱や酸・アルカリなどでタンパク質の立体構造が変化し，性質が変化することを何というか。（　　　　）

3 酵素の性質とはたらき

［解答］別冊p.8

A. 酵素とは

1 代謝と酵素

① 生体内で起こる化学反応をまとめて（❶　　　　）という。

② ❶では（❷　　　　）とよばれる物質が重要なはたらきをしている。

2 化学反応と活性化エネルギー

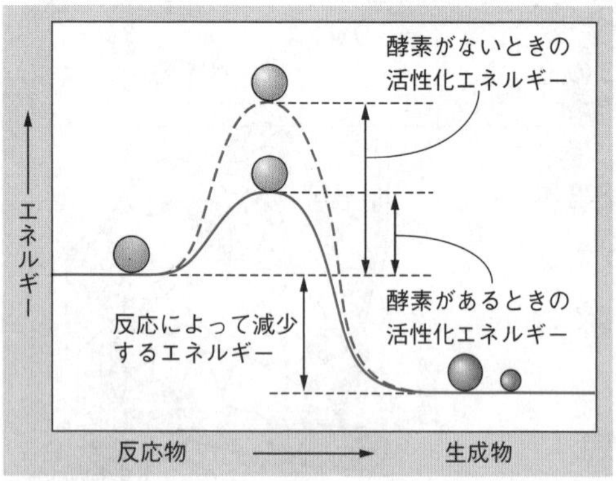

活性化エネルギー

① 自然界にある物質は安定な物質が多いため，これを変化させるためには，熱などのエネルギーを与えて活性化する必要がある。そのために必要なエネルギーを（❸　　　　**エネルギー**）という。

（活性化：反応しやすい状態にする。）

② 化学反応に必要な活性化エネルギーを減少させるが，反応の前後で自らは変化しない物質を，（❹　　　　）という。

③ 白金や酸化マンガン(Ⅳ)などは触媒作用をもつ無機物である。これを（❺　　　　**触媒**）という。

（酸化マンガン(Ⅳ)：二酸化マンガンともよばれる。）

④ それに対して，タンパク質でできた酵素も触媒作用をもつので，これを生体触媒ともいう。

⑤ 生体内では，酵素による触媒作用によって，常温・常圧で化学反応が速やかに進行している。酵素が作用する物質を（❻　　　　），酵素反応の結果できた物質を（❼　　　　）という。

物質A（初期産物）
⬇←酵素①
物質B
⬇←酵素②
物質C
⬇←酵素③
物質D
⬇←酵素④
物質E
⬇←酵素⑤
物質F（最終産物）

代謝と反応系

3 代謝と酵素

① 生体内で進む代謝は，いくつもの化学反応が連続している場合が多い。ふつう1種類の酵素は（❽　　　　**種類**）の化学反応を触媒するため，細胞内には多数の酵素が存在する。

② 一連の反応に関係する酵素は，まとまって存在することが多く，1つの反応系をつくっている。

> **重要**　［酵素と活性化エネルギー］
> **酵素はタンパク質でできた生体触媒であり，活性化エネルギーを減少させる。**

B. 酵素の構造 出る

① 酵素は，(❾　　　　　　　)を主成分とする**触媒**である。

② 酵素には，タンパク質以外の有機物や金属などの**補助因子**[*1]をもつものもある。そのうち低分子の有機物を(❿　　　　　)という。

③ 酵素には，特有の立体構造をした(⓫　　　　**部位**)があり，ここに基質が結合して反応が進む。

重要

- **基質 ➡ 生成物**
  ↑ 触媒作用
  酵素(主成分はタンパク質)
- **基質は酵素の活性部位に結合して触媒作用を受ける。**

*1 **補助因子**
酵素の活性部位に結合して酵素のはたらきに関係する因子。酵素によっては，鉄(Fe)や亜鉛(Zn)などの金属が補助因子として必要なものもある。

C. 酵素の性質 出る

① 基質は，酵素と結合して(⓬**酵素－基質**　　　　)をつくったのち，**生成物**となる。

② 酵素は種類によって反応する基質が決まっている。これを(⓭　　　　　)という。

③ 酵素が最もよくはたらく温度を(⓮　　　　　)という。ヒトの体内では，30～40℃の範囲で最もよくはたらく酵素が多い。

④ 酵素が最もよくはたらくpHを(⓯　　　　　)という。胃液中のペプシンのように，胃酸があるところではたらく酵素は，強酸性でよくはたらく。また，すい液中のトリプシンのように，弱アルカリ性で最もよくはたらく酵素もある。

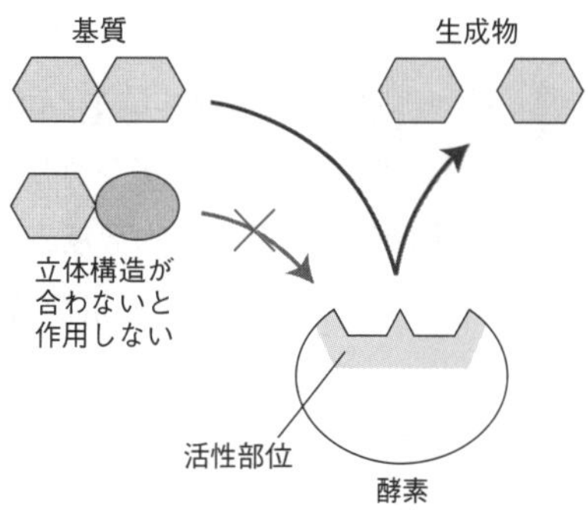

酵素の基質特異性

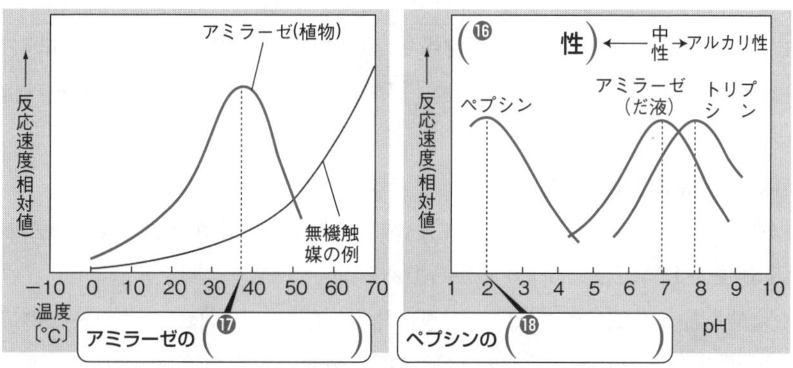

最適温度と最適pH

⑤ 基質濃度が増すにしたがって，酵素反応の速度は上昇するが，一定の基質濃度に達すると反応速度は(⓳　　　　)となる[*2]。

*2 **基質濃度と反応速度**

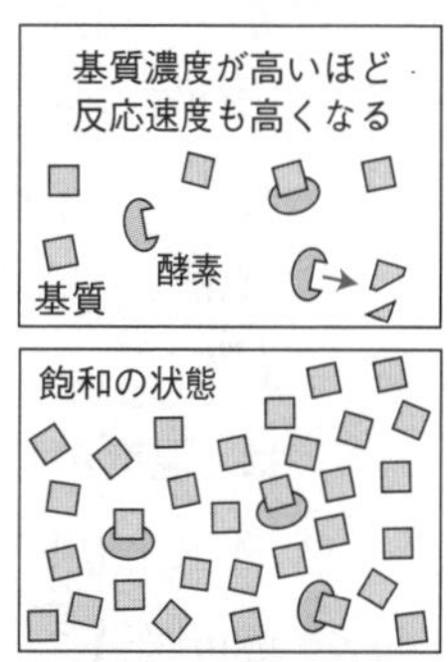

すべての酵素が複合体を形成している状態では，それ以上基質を増しても反応速度は上昇しない。

> **重要**　［酵素の特性］
> **①基質特異性：酵素は特定の基質にのみ反応する。**
> **②最適温度：30～40℃の範囲に最適温度がある酵素が多い。**
> **③最適pH：ペプシン…pH2，だ液アミラーゼ…pH7，**
> **トリプシン…pH8付近**
> **④酵素反応の速度は，基質濃度が増すと速くなり，一定の基質濃度以上になると速くならなくなる。**

重要実験

カタラーゼのはたらきと条件

方法(操作)と結果

カタラーゼは，過酸化水素(H_2O_2)をH_2OとO_2に分解する酵素であり，動植物の細胞の中に含まれていて，呼吸(→p.72)のときに生成するH_2O_2を分解する。

(1) 試験管10本に，基質として4％の過酸化水素水を2 mLずつ入れた。

(2) 中性にする溶液には水2 mL，酸性にする溶液には5％塩酸2 mL，アルカリ性にする溶液には5％水酸化ナトリウム水溶液2 mLを加えた。

(3) 乳鉢ですりつぶした肝臓片に蒸留水を加えたものをA液(酵素液)，MnO_2(酸化マンガン(Ⅳ))粉末に蒸留水を加えたものをB液，細かな石英砂に蒸留水を加えたものをC液とした。

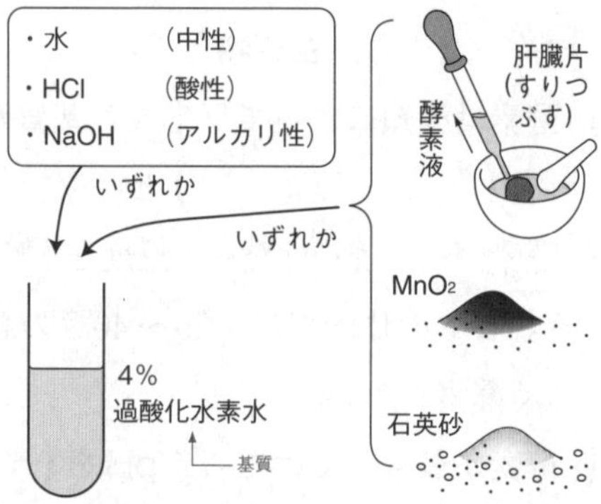

(4) 次の表の組み合わせで調べ，結果をまとめた。

液　性	中　性						酸　性		アルカリ性	
加えた液	A液	煮沸したA液	氷で冷やしたA液	B液	煮沸したB液	C液	A液	B液	A液	B液
結　果	○	⑳	△	○	㉑	×	△	㉒	△	㉓

○…泡が出る，△…ほとんど泡が出ない，×…泡は出ない

考察

① 酸化マンガン(Ⅳ)は，カタラーゼと同じ触媒作用を(㉔　　　　)のに対して，石英砂は(㉕　　　　)。

② 煮沸したA液(酵素液)が触媒作用を(㉖示　　　　)のは，カタラーゼが熱によって(㉗　　　　)したからである。また，氷で冷やした試験管でほとんど泡が発生しなかったのは，温度が低いと反応速度が(㉘　　　　)するからである。

③ 水酸化ナトリウムや塩酸を加えた試験管でほとんど泡が発生しなかったのは，カタラーゼの最適pHが(㉙　　　　性)((㉚pH＝　　　　))付近にあるからである。

(アルカリ性←　→酸性)

④ 発生した泡に含まれる気体が酸素であることを確認するためにはどうすればよいか。

(気体の大部分が酸素というわけではない。←)

答　火のついた(㉛　　　　)を試験管に入れ，それが(㉜　　　　る)ことで確認する。

D. 酵素の種類

酵素の種類	酵素の例	酵素のはたらき
酸化還元酵素 └→呼吸などにはたらく。	**脱水素酵素**(デヒドロゲナーゼ) **酸化酵素**(オキシダーゼ) (㉞)	基質から(㉝)を奪う。 基質と**酸素**を結合する。 過酸化水素から酸素を放出。 $2H_2O_2 \longrightarrow 2H_2O + O_2$
加水分解酵素 └→消化などにはたらく。	(㉟) ペプシン リパーゼ (㊳ATP)	**デンプン⟶マルトース**(麦芽糖) └→アミロースとアミロペクチンの2種類がある。 (㊱)⟶小さいポリペプチド (㊲)⟶**モノグリセリド+脂肪酸** ATP ⟶ ADP+リン酸
その他の酵素 └→転移酵素など	**アミノ基転移酵素**(トランスアミナーゼ) 「転移」の意味 (㊴ **酵素**)(デカルボキシラーゼ) 「除く」という意味 **DNAリガーゼ**	基質からアミノ基($-NH_2$)を奪い他の物質に移動させる。 基質のカルボキシ基($-COOH$)を分解してCO_2を発生させる。◈3 DNAどうしを結合させる。→p.114

◈3
呼吸の経路で，ピルビン酸→アセチルCoAの過程や，クエン酸回路ではたらく(→p.73)。

E. 酵素反応の調節

1 補酵素とそのはたらき

① 酵素タンパク質にビタミンB群などの**低分子の有機化合物**が**補助因子**として結合している場合，これを(㊵)という。
└→ビタミンB_1，B_2など

② ①の補助因子を欠くと，酵素のはたらきは失われる。
両者を混ぜ合わせれば再び触媒作用をもつ。

③ 半透膜で(㊶)すると酵素タンパク質と補酵素を分離できる。

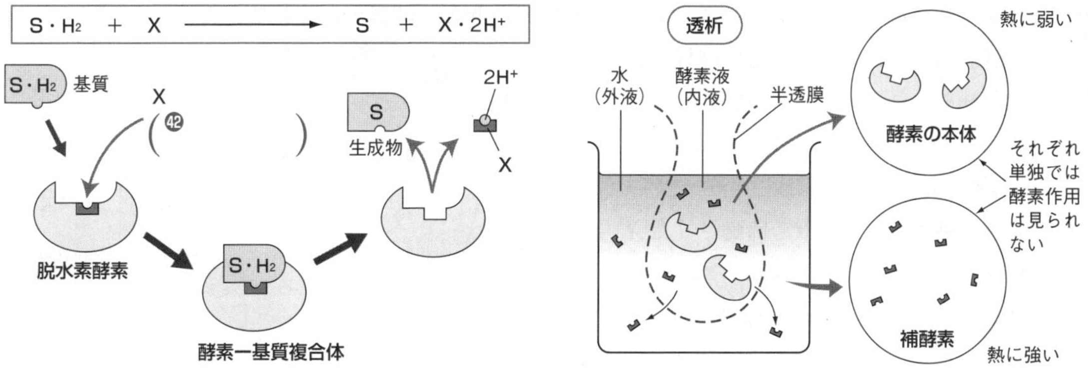

⬆ 脱水素酵素と補酵素

重要 **補酵素は酵素の触媒作用に必要な低分子の有機物で，熱に強い。補酵素は，透析によって酵素タンパク質から分離できる。**

2 脱水素酵素と補酵素

◈4
水素または電子を得る反応を還元，その逆を酸化という。NAD^+は酸化型であり，これが還元されて還元型のNADHとなり，再び酸化されれば，NAD^+にもどる。

① 脱水素酵素の補酵素には，**NAD^+（ニコチンアミドアデニンジヌクレオチド）**，**FAD（フラビンアデニンジヌクレオチド）**，**$NADP^+$（ニコチンアミドアデニンジヌクレオチドリン酸）**などがある（→p.73，81）。

（ビタミン類のニコチン酸を成分とする。）（ビタミンB_2を成分とする。）

② 呼吸の脱水素反応ではたらくNAD^+◈4は，水素イオン（H^+）と電子（e^-）およびエネルギーを受け取って還元されて（㊸　　　　）となる。

③ ㊸はH^+と電子とエネルギーを電子伝達系に運び，再び（㊹　　　　）にもどる。$NADP^+$は光合成で同様のはたらきをする。

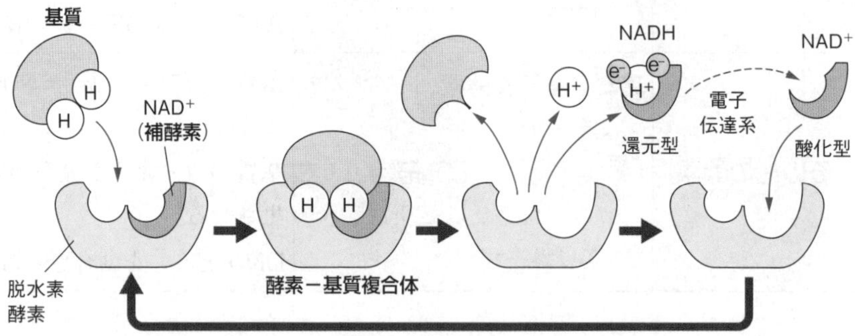

↑ NAD^+のはたらき

> **重要**　［脱水素酵素の補酵素］
> **NAD^+やFAD……呼吸，$NADP^+$…光合成**

重要実験

酵素の透析

方法（操作）

酵母をすりつぶした液にはアルコール発酵（→p.76）を起こす酵素が含まれている。

(1) 右図のように，すりつぶした酵母のしぼり汁を入れたセロハンの袋を，静水中にしばらく入れておく。

(2) 右図の原液，A液，B液，A液＋B液，A液＋沸騰させたB液，沸騰させたA液＋B液について，グルコース溶液を加えてアルコール発酵の有無を調べる。

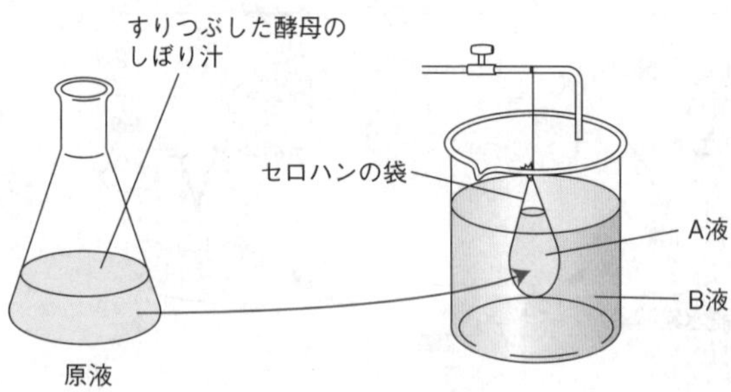

結果と考察

① アルコール発酵は，A液やB液では起こらず，A液＋B液では起こる。また，A液＋沸騰させたB液では（㊺　　　　）。沸騰させたA液＋B液では（㊻　　　　）。

② アルコール発酵を起こす酵素反応は，補酵素を（㊼**必要と**　　　　）。

③ 補酵素は熱に（㊽　　　）く，酵素タンパク質は熱に（㊾　　　）い。

3 競争的阻害

① 基質と立体構造がよく似た物質で，酵素の活性部位に結合して，基質が結合するのを妨げる物質を（50　　　　物質）という。

② 基質と阻害物質の両者が溶液中に存在する場合，酵素の（51　　　　部位）を基質と阻害物質が奪い合うことになる。

③ 阻害物質が先に結合すると，酵素は本来の基質と結合できなくなる。このような関係にある阻害を（52　　　　阻害）という。

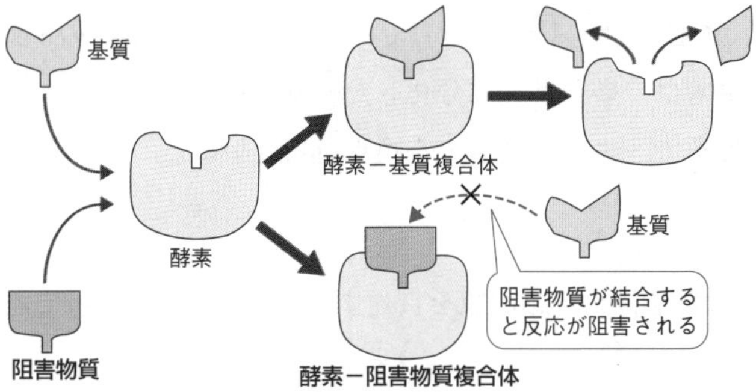

競争的阻害

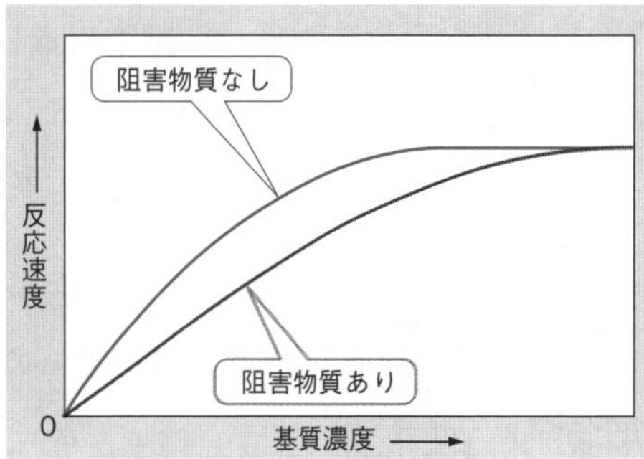

競争的阻害による反応速度の変化

4 アロステリック酵素

① 酵素には，基質と結合する活性部位とは別に，特定の物質と結合する（53　　　　部位）とよばれる部分をもつものがある。[5] このような酸素を**アロステリック酵素**という。

② ①の部位に物質が結合して酵素の立体構造が変化し，酵素の活性が影響を受ける現象を（54　　　　効果）という。

③ 反応系の最終産物が初期の反応にかかわる酵素に対して②の効果を生じ，その酵素が関係する反応系全体の進行を抑制（調節）することを（55　　　　調節）という。

[5] **非競争的阻害**
アロステリック部位をもつ酵素のように，活性部位以外の部分に阻害物質が結合する場合を非競争的阻害という。

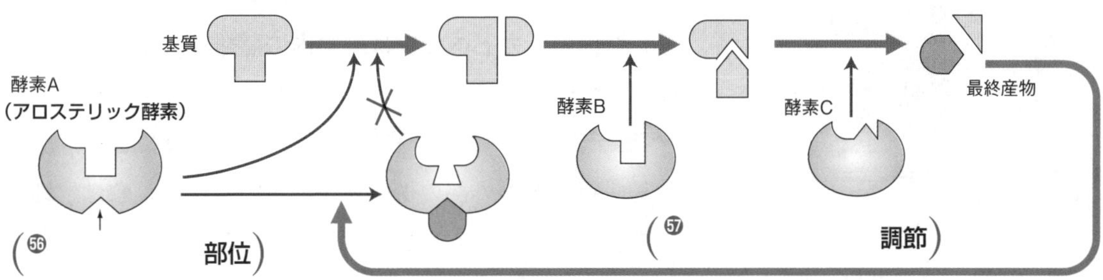

アロステリック酵素によるフィードバック調節

ミニテスト

［解答］別冊p.8

1 酵素の主成分となる物質は何か。（　　　　）
2 酵素と無機触媒の反応上の相違点を答えよ。（　　　　）
3 熱などで酵素が活性を失うことを何というか。（　　　　）
4 ある種の酵素のはたらきに必要な補助因子である低分子の有機物を何というか。（　　　　）

4 細胞膜ではたらくタンパク質

［解答］別冊p.8

A. 細胞接着

1 細胞接着とは

① 細胞どうしや細胞とほかの物質との結合を(❶　　　　　　)といい，皮膚や消化管内面などの上皮組織で発達している。[※1]

② **細胞接着**には，密着結合・(❷　　　　　　)・ギャップ結合の3種類がある。（→接着タンパク質の違いにより，さらに3種類に分けられる。）細胞接着は，多種多様に分化した細胞が秩序だって存在するために重要な性質で，ここで情報の交換も行っている。

※1
植物細胞では，おもに細胞壁どうしが接着して結合し，原形質連絡という孔で隣の細胞とつながり連絡している。

2 密着結合

① 隣り合った細胞の細胞膜が，細胞膜を貫通するタンパク質によって連続して密着する結合を(❸　　　　　　)という。

② ①の例としては腸の上皮細胞があり，これによって細胞間隙からの物質などの出入りが妨げられ，体内と体外が隔てられている。

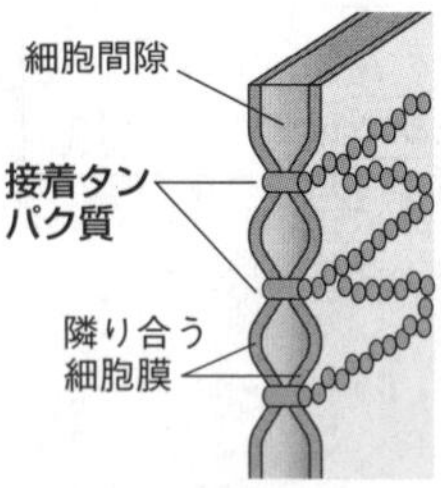

密着結合

3 固定結合

細胞の中にある細胞骨格とつながっているタンパク質(接着タンパク質)どうしによる細胞の結合を**固定結合**といい，次の3つがある。

① **接着結合**…(❹　　　　　　)が，細胞骨格(→p.69)の1つである**アクチンフィラメント**(**繊維状のアクチン**)とつながってできた構造。（→接着タンパク質の一種。）この❹どうしの結合によって，細胞は湾曲などの力に耐えられるようになる。

② (❺　　　　　　)…ボタンのように細胞どうしが結合した構造。**カドヘリン**[※2]は細胞内の**繊維状のケラチン**とつながっている(左図)。張力に対して強固な結合をつくる。

③ **ヘミデスモソーム**…(❻　　　　　　)により，細胞と基底膜などの外部の構造とが結合した構造。（→カドヘリンとは異なる接着タンパク質。）❻は，細胞内の繊維状のケラチンとつながっている。

※2
カドヘリン
カドヘリンは多種類あるが，同種のカドヘリンどうししか接着せず，細胞選別に関係する。また，カドヘリンどうしの結合にはCa^{2+}が必要である。

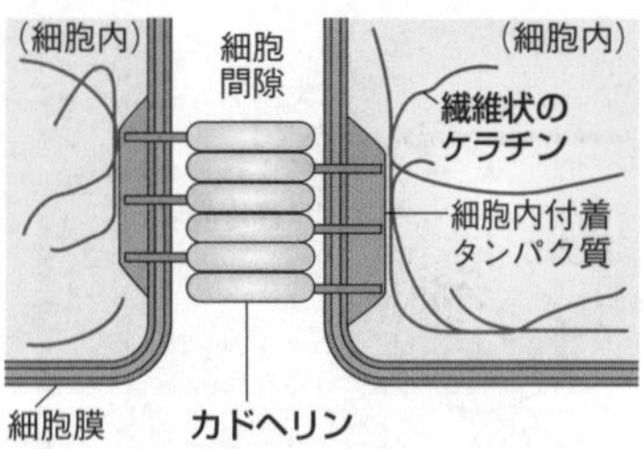

固定結合(デスモソーム)

4 ギャップ結合

① 膜を貫通する**管状のタンパク質**によって細胞どうしをつなぐ結合を(❼　　　　　　)という。

② 管状のタンパク質を通って，低分子の物質やイオンなどが隣の細胞へ直接移動する。（→植物での原形質連絡に類似している。）

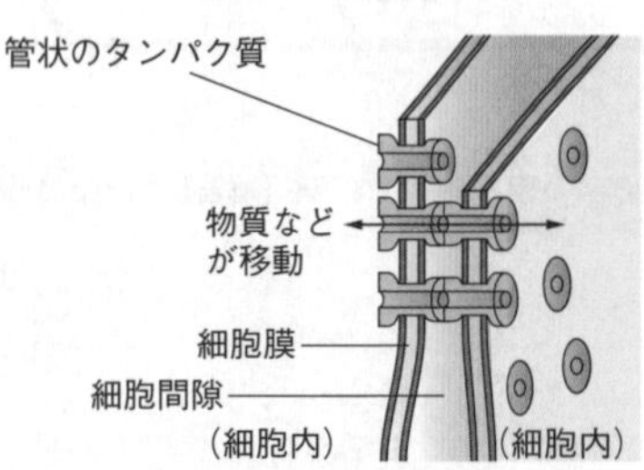

ギャップ結合

B. 細胞骨格

⬇ 細胞骨格の繊維の直径

アクチンフィラメント	7 nm
微小管	25 nm
中間径フィラメント	10 nm

1 細胞骨格をつくる繊維

細胞の形や細胞小器官を支える，タンパク質でできた繊維からなる構造を（⑧　　　　）という。これをつくる繊維は次の3つがある。

① （⑨　　　　フィラメント）…球状タンパク質の**アクチン**が連なった2本の鎖がらせん状に巻き付いた構造で，（⑩　　　　運動）や（⑪　　　　収縮），細胞質流動（原形質流動），動物細胞の細胞質分裂時のくびれの形成などに関係する。

② （⑫　　　　）…**チューブリン** α，β という2種類の球状タンパク質が鎖状に結合したものが13本集合してできた中空の管。中心体から伸び，細胞分裂のとき（⑬　　　　）をつくる。繊毛（せんもう）や鞭毛（べんもう）の中にも存在し，その運動に関係している。細胞内での細胞小器官の移動や物質輸送の軌道にもなる。

③ （⑭　　　　フィラメント）…繊維状の丈夫な構造。細胞膜や核膜の内側に網目上に分布し，細胞や核の形を保つ。
（→ケラチン，ビメンチン，デスミンなど繊維状のタンパク質からなる。）

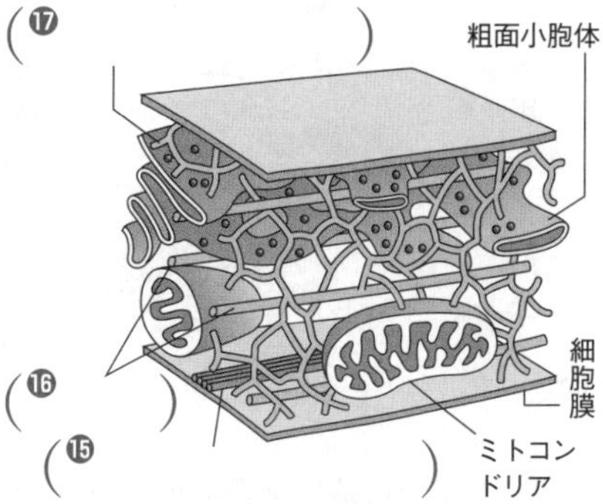

⬆ 細胞骨格

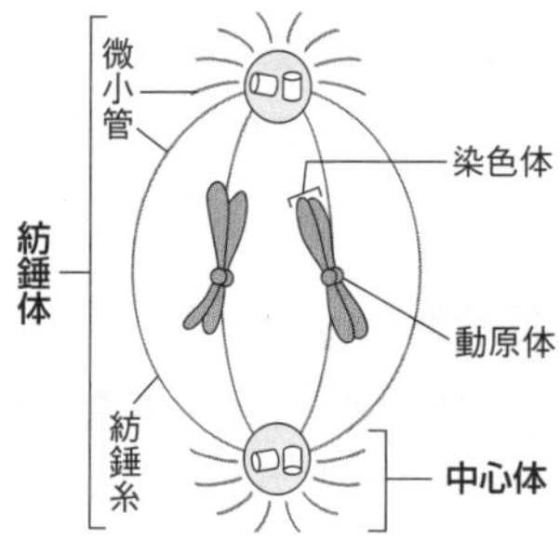

⬆ 中心体と紡錘体

2 細胞骨格とそのはたらき

① **中心体**…**中心小体**とそのまわりにある（⑱　　　　）からなる。中心小体は3本で1組の微小管が9組環状に並んでできていて（→p.57），細胞分裂のとき紡錘糸（微小管）を伸ばして（⑲　　　　）を形成する。
（→中心粒ともよばれる。）

② **アメーバ運動**…細胞の後端部でアクチンフィラメントの網目状構造が**ミオシン**と相互作用して，流動性のあるゾルを仮足の方向に絞りだす。これによって前進する（右図）。

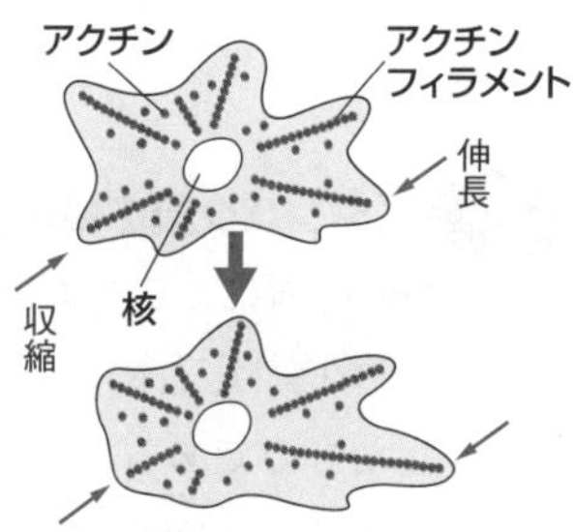

⬆ アメーバ運動

③ **細胞質流動**（**原形質流動**）…ミトコンドリアや葉緑体などの細胞小器官は**ミオシン**と結合してアクチンフィラメント上を移動する。これを（⑳　　　　）という。[3]

[3] 細胞質流動（原形質流動）は，オオカナダモなどでよく見られる。

> **重要** ［細胞骨格］
> **アクチンフィラメント，微小管，中間径フィラメント**

ミニテスト ［解答］別冊p.8

1 細胞骨格をつくる3種類の繊維状構造の名称を答えよ。
（　　　　）（　　　　）（　　　　）

練習問題　1章　細胞と物質

[解答] 別冊p.24

1 〈電子顕微鏡で観察した細胞〉

▶わからないとき→p.54～57

下の図は電子顕微鏡で観察した動物細胞と植物細胞の模式図である。

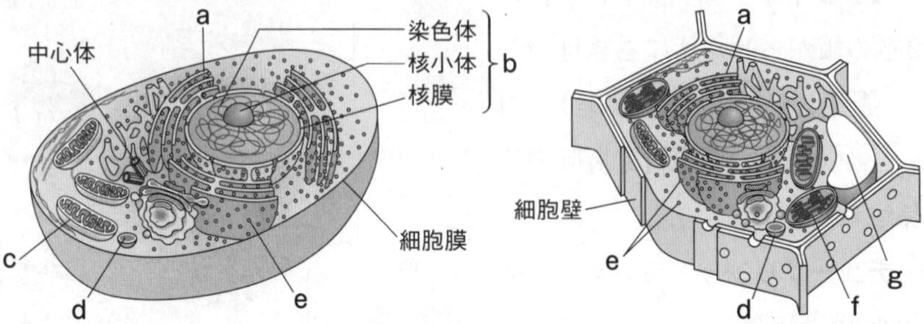

(1) 二重膜構造であるものを**a**～**g**からすべて選び，記号と名称を答えよ。

(2) 膜構造をもたないものを**a**～**g**から1つ選び，記号と名称を答えよ。

(3) 分解酵素などを含み，オートファジー(自食作用)に関与する細胞小器官を，**a**～**g**から1つ選び，記号と名称を答えよ。

1
(1) ＿＿＿＿
＿＿＿＿
＿＿＿＿
(2) ＿＿＿＿
(3) ＿＿＿＿

2 〈細胞膜〉

▶わからないとき→p.58～59

細胞膜や細胞小器官の膜は生体膜とよばれる。次の各問いに答えよ。

(1) 生体膜の主要な構成成分を2つ答えよ。

(2) 生体膜にある輸送タンパク質のうち，濃度勾配に逆らって能動輸送を行うものを何というか。

2
(1) ＿＿＿＿
＿＿＿＿
(2) ＿＿＿＿

3 〈タンパク質の構造〉

▶わからないとき→p.60～61

タンパク質について説明した次の文について，あとの問いに答えよ。

タンパク質は，右図のような構造の(**ア**)が多数(**イ**)結合したものである。(**ア**)の数や配列順序は，遺伝子の本体であるDNAの(a)塩基配列によって決定される。ポリペプチドは水素結合によって，(b)ねじれる，(c)折りたたまれるなどして，(d)特有の立体構造をつくる。さらに，これが部分的構造となって，(e)より複雑な立体構造をつくる。また，赤血球の成分となっている(**ウ**)などでは，(f)4つのポリペプチドが組み合わさって全体の構造ができている。

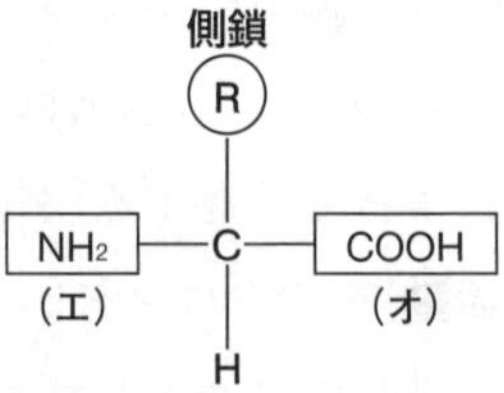

(1) 文中の空欄(**ア**)～(**ウ**)に適当な語句を記入せよ。

(2) 図中の(**エ**)，(**オ**)の部分の原子団の名称を答えよ。

(3) 図中のRは一般式で示したものである。生物のからだをつくる(**ア**)の場合，Rに該当するものは何種類あるか。

(4) 文中の下線部(a)～(f)のタンパク質の構造を，それぞれ何というか。

ヒント (2) (**エ**)，(**オ**)は官能基とよばれ，その名称の末尾は「基」で終わる。

3
(1) (ア) ＿＿＿＿
(イ) ＿＿＿＿
(ウ) ＿＿＿＿
(2) (エ) ＿＿＿＿
(オ) ＿＿＿＿
(3) ＿＿＿＿
(4) (a) ＿＿＿＿
(b) ＿＿＿＿
(c) ＿＿＿＿
(d) ＿＿＿＿
(e) ＿＿＿＿
(f) ＿＿＿＿

4 〈酵素〉

▶わからないとき→p.62～66

酵素はタンパク質でできた触媒なので，二酸化マンガンなどの無機触媒には見られない色々な性質をもっている。これについて，次の各問いに答えよ。

(1) 酵素が，ふつう1種類の基質としか反応しない性質を何というか。

(2) 酵素が最もはたらきやすい温度のことを何というか。また，ヒトの体内ではたらく酵素では，一般的にその温度は何度ぐらいか。

(3) 酵素が最もはたらきやすいpHのことを何というか。

(4) 次の酵素では，最もはたらきやすいpHはそれぞれいくらぐらいか。

① ペプシン　② トリプシン　③ だ液アミラーゼ

(5) 酵素の活性部位に結合して酵素のはたらきを助ける低分子有機化合物を何というか。また，脱水素酵素の場合の例を1つ答えよ。

ヒント (4) ペプシンは酸性で，トリプシンは弱アルカリ性でよくはたらく。

4

(1) ＿＿＿＿

(2) ＿＿＿＿

＿＿＿＿

(3) ＿＿＿＿

(4) ① ＿＿＿＿

② ＿＿＿＿

③ ＿＿＿＿

(5) ＿＿＿＿

例 ＿＿＿＿

5 〈酵素反応の調節〉

▶わからないとき→p.63,67

次の文を読み，各問いに答えよ。

酵素には(　①　)とよばれる部分があり，ここに基質が結合して(　②　)ができる。すると基質は酵素のはたらきを受けて生成物に変化する。酵素反応の阻害には，競争的阻害と非競争的阻害がある。競争的阻害では，基質と構造が似ているが(　①　)に結合しても反応しない物質により，反応速度が遅くなる。一方，非競争的阻害は，阻害物質が酵素の(　①　)以外の部位に結合して，酵素の立体構造に影響を与え，酵素の反応速度に影響する。このような酵素は，(　③　)酵素とよばれる。

(1) 文中の空欄①～③に適当な語句を記せ。

(2) 競争的阻害と非競争的阻害を比較した場合，基質濃度を高めた場合に，阻害効果が小さくなるのはどちらか。

ヒント (2) 競争的阻害をする物質は，酵素と結合したり離れたりをくり返している。

5

(1) ① ＿＿＿＿

② ＿＿＿＿

③ ＿＿＿＿

(2) ＿＿＿＿

6 〈細胞を支える構造〉

▶わからないとき→p.69

細胞内部には，<u>タンパク質の繊維状構造</u>があり，これによって細胞の形が支えられている。これについて，次の各問いに答えよ。

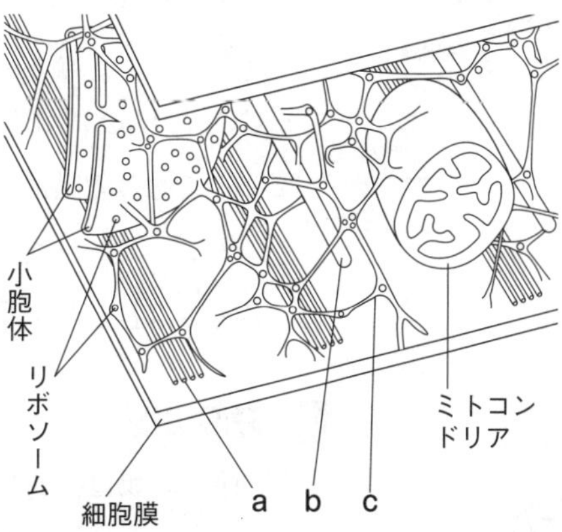

(1) 文中の下線部の構造を何というか。

(2) 図中のa～cをそれぞれ何というか。

(3) 次の文と最も関係の深いものは，それぞれa～cのどの構造か。

① アメーバ運動や筋収縮に関係している。

② 細胞分裂のときに見られる紡錘糸は，この繊維状構造である。

ヒント (2) 細胞の形を支える繊維のうち，最も太いものが微小管である。

6

(1) ＿＿＿＿

(2) a ＿＿＿＿

b ＿＿＿＿

c ＿＿＿＿

(3) ① ＿＿＿＿

② ＿＿＿＿

2章 代謝

1 呼吸

[解答] 別冊p.8

A. 代謝とエネルギー

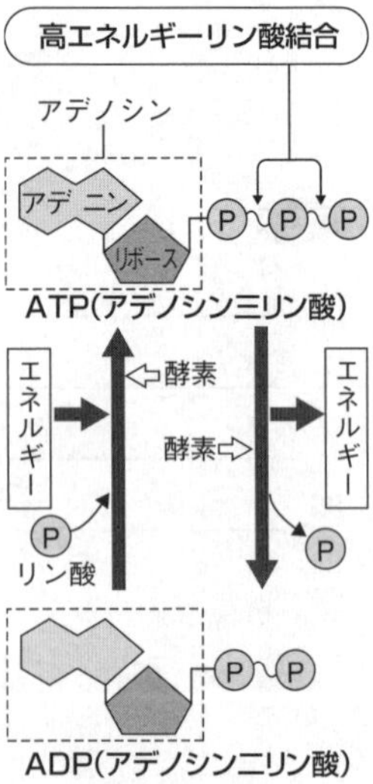

ATPとADP

1 代謝

① 生体内で起こる化学反応全体をまとめて（❶　　　）という。

② 代謝の中でCO_2とH_2Oなどの簡単な物質から生体物質をつくる過程を（❷　　　）という。その代表が（❸　　　）である。

③ 逆に，複雑な物質をCO_2やH_2Oなどの簡単な物質に分解する過程を（❹　　　）という。その代表が（❺　　　）である。

2 ATP（アデノシン三リン酸）

① ATPは，（❻　　　）とリボースと3個の（❼　　　）が結合した化合物である。

② リン酸どうしの結合を（❽　　　結合）といい，そこにエネルギーを蓄え，ADPに分解されるときにエネルギーを放出する。このエネルギーが生命活動に利用される。

（リン酸 → リン酸（H_3PO_4）はPと略記されることもある。）
（ADP → アデノシン二リン酸）

B. 呼吸

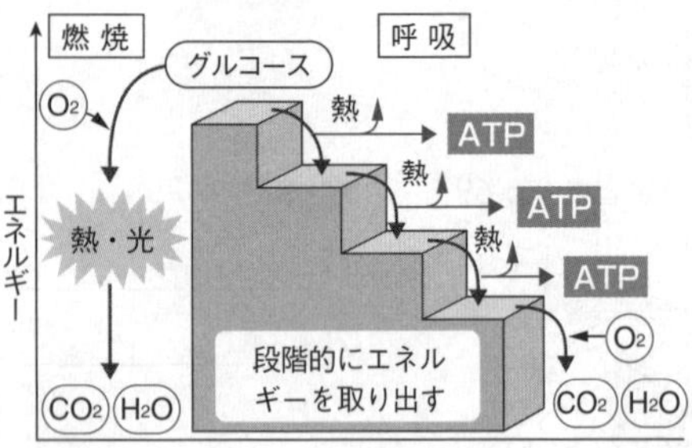

燃焼と呼吸の違い

1 呼吸と燃焼

① 有機物などを，O_2を使って一気に酸化する反応が（❾　　　）で，光と（❿　　　）を多量に発生してCO_2とH_2Oに分解される。

② 有機物の段階的な酸化でエネルギーを取り出す過程が（⓫　　　）で，光や高熱を出さず，エネルギーの一部をATPとして取り出すことができる。

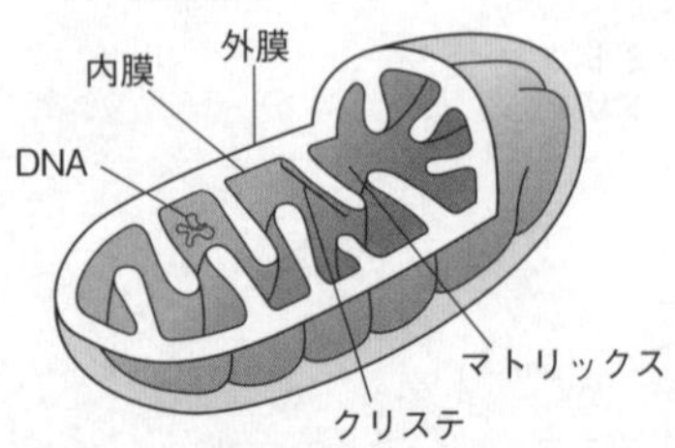

ミトコンドリア

2 呼吸の場

① 呼吸の場は，細胞内の（⓬　　　）である。（→ 細胞小器官の1つ。）

② **ミトコンドリア**は二重の膜で囲まれていて，内膜は（⓭　　　）とよばれる多数の突起をもつ。内膜で囲まれた部分を**マトリックス**という。

C. 呼吸のしくみ(解糖系→クエン酸回路→電子伝達系)

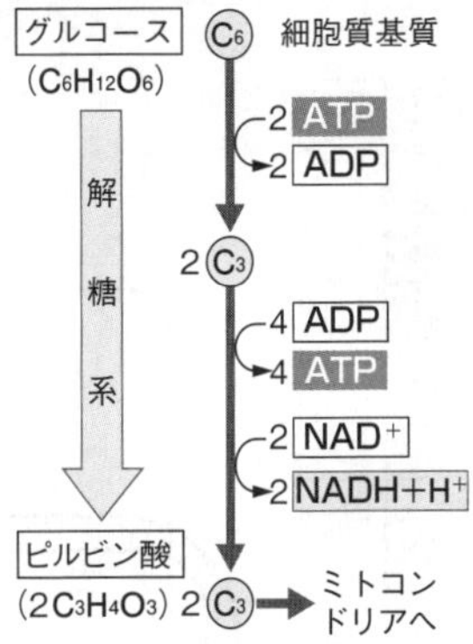

⬆ 解糖系の反応

1 解糖系

① (⑭　　　　　　)において，2分子のATPを使ってグルコース1分子を活性化し，**基質レベルのリン酸化**[※1]をすることで，2分子ずつの**NADH**[※2]，H^+および4分子のATPが生じる。また，2分子の(⑮　　　　　　)が生じる。

ATPを2分子消費して4分子できるので，差し引き2分子できることになる。

② 反応：$C_6H_{12}O_6$ + 2**NAD**$^+$（グルコース）
→ $2C_3H_4O_3$ + 2**NADH** + $2H^+$(+ 2(⑯　　　　))（ピルビン酸）

2 クエン酸回路

① **ミトコンドリア**の(⑰　　　　　　　)で行われる。

② **ピルビン酸**がミトコンドリアに入ると，脱炭酸酵素によってC_2の化合物となり，補酵素であるCoAが結合して(⑱　　　　**CoA**(コエー))となる。これが(⑲　　　　**酢酸**)と結合して(⑳　　　　　　)となる。

コエンザイムAともいう。コエンザイムは補酵素を意味する。／活性酢酸ともいう。／C_4化合物／C_6化合物

③ **クエン酸**は，(㉑　　　　**酵素**)のはたらきでCO_2を段階的に放出する。このとき，(㉒　　　　**酵素**)のはたらきで脱水素が起こる。

④ この過程でも**基質レベルのリン酸化**で(㉓　　　**ATP**)が生成する。

⑤ 反応：$2C_3H_4O_3 + 6H_2O$ + 8**NAD**$^+$ + 2**FAD**[※3]
→ $6CO_2$ + 8(㉔　　　　　) + $8H^+$ + 2(㉕　　　　　)(+ 2**ATP**)

3 電子伝達系

① ミトコンドリアの(㉖　　　　　　)で行われる。

② **NADH**や**FADH**$_2$が運んできた電子は(㉗　　　　　**系**)に渡され，ミトコンドリアの**内膜**にあるタンパク質複合体を受け渡しされるとき，エネルギーが遊離する。これを使い，(㉘　　　　)をマトリックス側から外膜と内膜の間(膜間)にくみ出す。

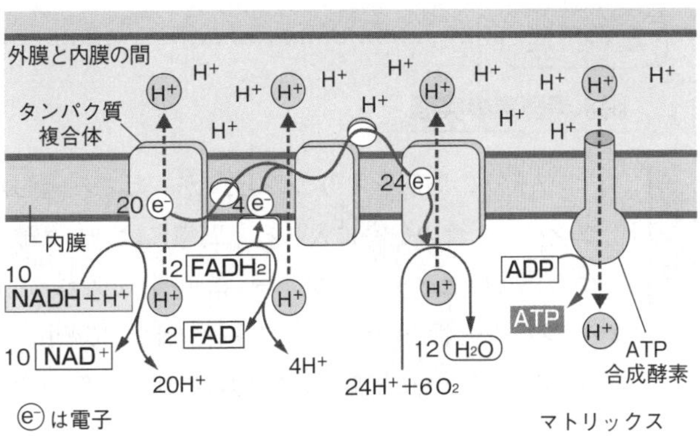

⬆ 電子伝達系

③ 膜間のH^+濃度が高くなると，濃度勾配にしたがってH^+は**ATP合成酵素**を通ってマトリックス側にもどる。

④ このH^+の流れを使ってATP合成酵素はATPを合成する。これを(㉙　　　　　**リン酸化**)という。

⑤ 電子伝達系を流れた電子とH^+は酸素と結合して(㉚　　　　)となる。

⑥ 反応：10**NADH** + $10H^+$ + 2**FADH**$_2$ + $6O_2$
→ 10**NAD**$^+$ + 2**FAD** + 12(㉛　　　　　)(+約28**ATP**[※4])

※1
リン酸の結合した中間生成物が生じ，このリン酸がADPに転移することでATPを合成する。

※2
NAD(**ニコチンアミドアデニンジヌクレオチド**)は，脱水素酵素の補酵素で，基質から水素を受け取り**NADH**とH^+になる。

※3
FAD(**フラビンアデニンジヌクレオチド**)も，脱水素酵素の補酵素で，基質から水素を受け取り**FADH**$_2$になる。コハク酸の酸化にはたらく。

※4
電子伝達系で合成されるのは最大34ATPとする考え方もある。

4 呼吸全体の反応

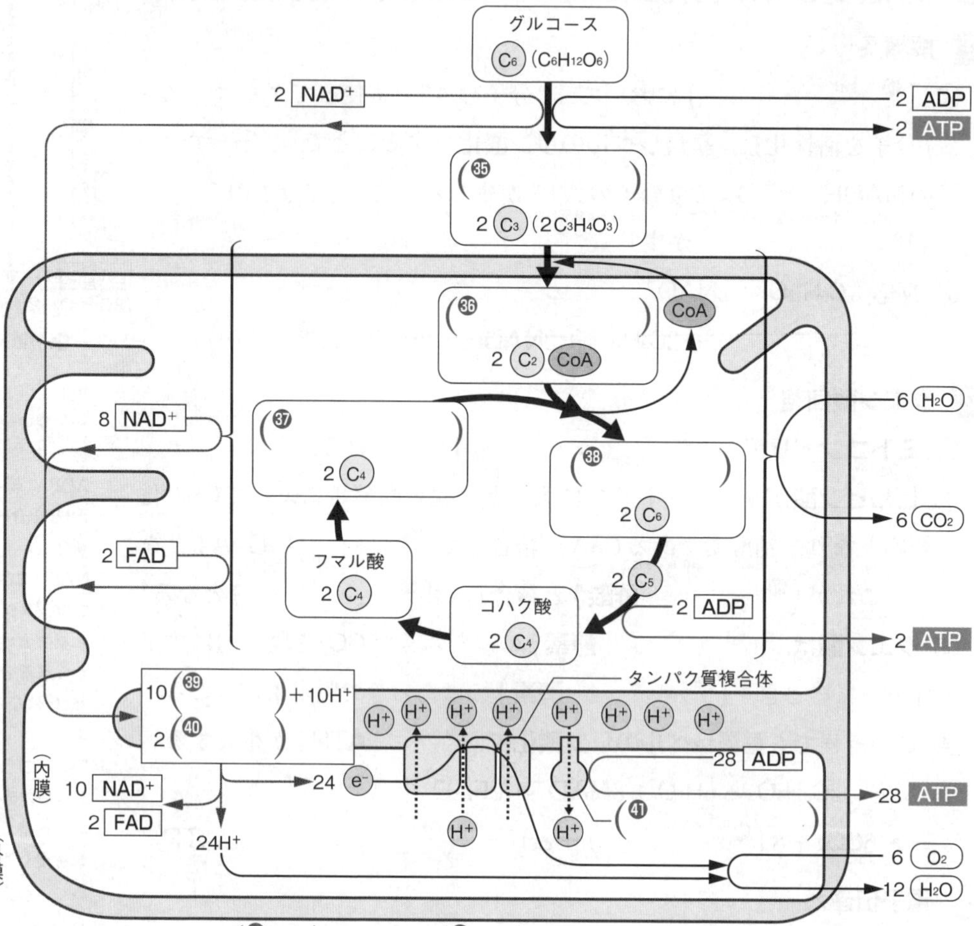

細胞質基質(サイトゾル)	㉜
ミトコンドリア	㉝
	㉞

(㉟　　　)

(㊱　　　)

(㊲　　　)

(㊳　　　)

10(㊴　　　)+10H+

2(㊵　　　)

(㊶　　　)

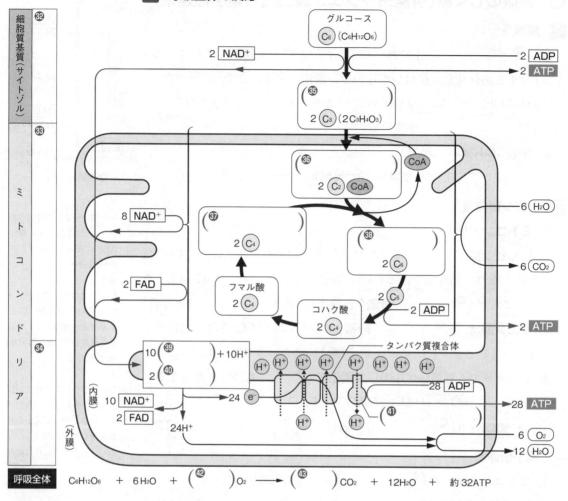

呼吸全体　$C_6H_{12}O_6$ ＋ $6H_2O$ ＋ (㊷　　)O_2 ⟶ (㊸　　)CO_2 ＋ $12H_2O$ ＋ 約32ATP

重要実験

脱水素酵素の実験

方法(操作)

(1) ニワトリの胸筋をすりつぶし，ガーゼでろ過した後，ツンベルク管の主室に入れる。副室にはコハク酸ナトリウム(基質)とメチレンブルー(指示薬)を入れる。

(2) ツンベルク管内から排気し，副室を回して密閉する。

(3) 副室と主室の液を混合して40℃に保ち，色の変化を調べる。

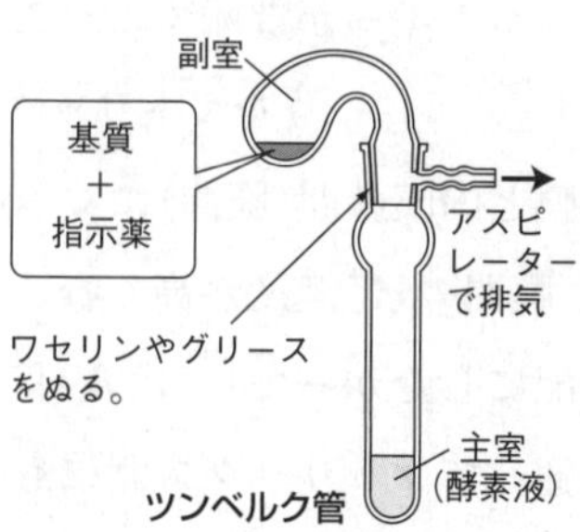

結果と考察

① 混合液の色は青色から(㊹　　　色)に変化する。

② これは，脱水素酵素によってコハク酸から(㊺　　　)が奪われ，この㊺により，最終的にメチレンブルー(青色)が(㊻　　　**メチレンブルー**)(無色)となるためである。

③ 副室を回し，空気(酸素)を入れて攪拌(かくはん)すると，液は再び(㊼　　　**色**)にもどる。これは酸素が還元型メチレンブルーから(㊽　　　)を奪ったためである。

D. タンパク質と脂肪の分解

1 タンパク質の分解

① タンパク質は加水分解されてアミノ酸となる。アミノ酸からは(㊾　　　　　**反応**)によってアミノ基が(㊿　　　　　)として遊離する。残る部分は，(51　　　　　)や有機酸(酸性を示す有機化合物)となって(52　　　　　**回路**)に入る。

② **アンモニア**は，**肝臓**で毒性の低い(53　　　　　)になる。◆5

◆5
アンモニアは毒性が強いので，血液を介して肝臓に運ばれ，**尿素回路**(オルニチン回路)によって毒性の低い**尿素**に合成されてから，排出される。

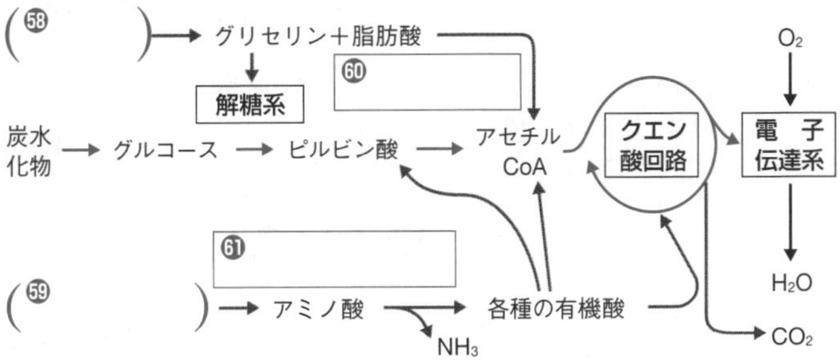

⬆ 呼吸基質の分解

2 脂肪の分解

① 脂肪は加水分解され，脂肪酸と(54　　　　　)となる。後者は解糖系で分解される。

② 脂肪酸は(55　　　　　**酸化**)の過程で，端から炭素数2個の化合物として切り取られ，これにCoAが結合して(56　　　　　**CoA**)となり，(57　　　　　**回路**)に入って最終的にCO_2とH_2Oに分解される。

3 呼吸商(RQ)

① 呼吸で発生するCO_2と消費したO_2の体積比を**呼吸商**(**RQ**)という。◆6（$\frac{CO_2}{O_2}$で求められる。）

② 炭水化物：$C_6H_{12}O_6 + 6H_2O + \underline{6}O_2 \longrightarrow \underline{6}CO_2 + 12H_2O$（$C_6H_{12}O_6$→グルコース）

RQ = 6/6 = (62　　　　　)

タンパク質：$2C_6H_{13}O_2N + \underline{15}O_2 \longrightarrow \underline{12}CO_2 + 10H_2O + 2NH_3$（$C_6H_{13}O_2N$→ロイシン）

RQ = 12/15 = (63　　　　　)

脂肪：$2C_{57}H_{110}O_6 + \underline{163}O_2 \longrightarrow \underline{114}CO_2 + 110H_2O$（$C_{57}H_{110}O_6$→トリステアリン）

RQ = 114/163 ≒ (64　　　　　)

◆6
呼吸商は次のような装置を使って調べる。
①吸収された酸素の量の分着色液が移動する装置。

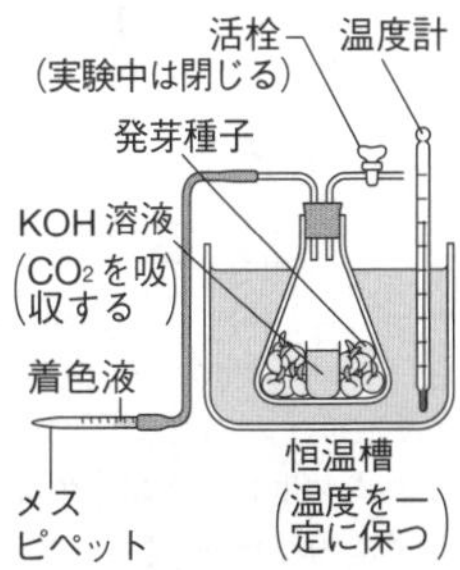

②放出された二酸化炭素の量は①と次の実験結果の差から求める。

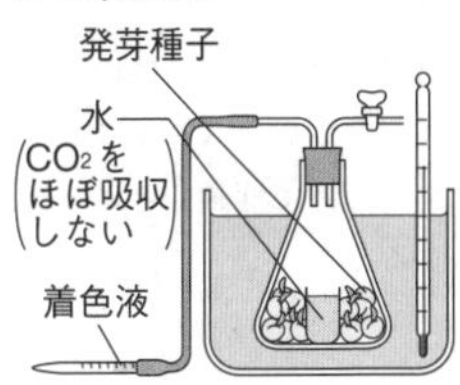

> **重要**　[いろいろな呼吸基質の分解]
> **炭水化物…解糖系➡クエン酸回路➡電子伝達系**
> **タンパク質→アミノ酸…脱アミノ反応➡クエン酸回路**
> **脂肪→{ グリセリン➡解糖系**
> **　　　 脂肪酸…β酸化(→アセチルCoA)➡クエン酸回路**

ミニテスト

[解答] 別冊p.8

1 呼吸の3段階の過程を進行順に答えよ。(　　　　　)

2 $C_6H_{12}O_6$を呼吸で分解したとき，約何分子のATPができるか。(　　　　　)

3 呼吸の過程でH^+がマトリックスに流入する際にミトコンドリア内膜がATPを合成する現象を何というか。(　　　　　)

2 発酵

[解答] 別冊p.9

A. 発酵とは

① 微生物が(❶　　　)を使わずに有機物を分解して，ATPを生成する過程を(❷　　　)という。

② 発酵では，解糖系の脱水素酵素のはたらきで生じた(❸　　　)は，**ピルビン酸**を(❹　　　)などに(❺　　　)することで，自身は(❻　　　)されてNAD^+に再生される。

B. いろいろな発酵

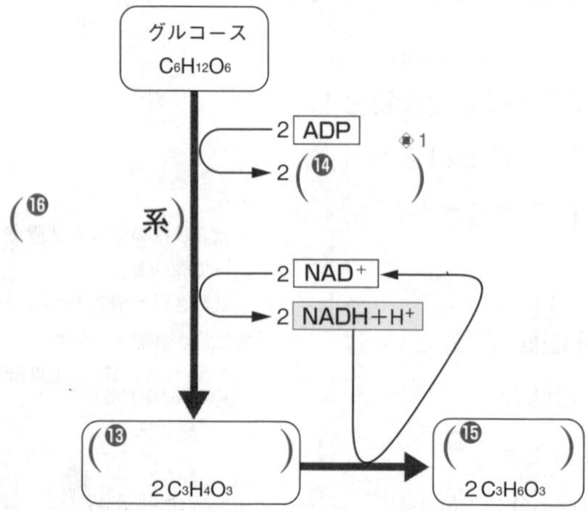

⬆ 乳酸発酵の過程

1 乳酸発酵

① **乳酸菌**(原核生物の一種)では，解糖系の脱水素反応の結果生じた**NADH**は，ピルビン酸($C_3H_4O_3$)を(❼　　　)($C_3H_6O_3$)に(❽　　　)し，自身は酸化されて(❾　　　)にもどる。

② この反応式は次のように示される。

$C_6H_{12}O_6$(グルコース) ⟶ $2C_3H_6O_3$(乳酸) + ((❿　　　**ATP**)[1])

③ 乳酸菌が行うこの過程を(⓫　　　)という。最終産物の(⓬　　　)は細胞外に放出される[2]。

2 解糖

① 激しい運動をしている(⓱　　　)などでは，ATPの供給が不足すると，乳酸発酵と同じ過程でグルコースや(⓲　　　[3])を分解してATPを生成する。筋肉には(⓳　　　)が蓄積する。

② このようなしくみを(⓴　　　)という。

3 アルコール発酵

① **酵母**(真核生物の一種)では，解糖系で生じたピルビン酸は，(㉑　　　**酵素**)のはたらきでCO_2が奪われて(㉒　　　)になる。

② **アセトアルデヒド**は**NADH**によって還元されて(㉓　　　)(C_2H_5OH)となる。このとき**NADH**は酸化されてNAD^+にもどって，再利用される。

③ 最終産物として**エタノール**とよばれるアルコールがつくられるので，(㉔　　　)という[4]。

※1 実際には解糖系と同様に，最初に2分子のATPを消費し，最終的に4分子のATPを生成しているので，差し引きで2分子のATPを得ている。

※2 これを利用して，ヨーグルトや漬物などがつくられる。

※3 **グリコーゲン**は多数のグルコースが結合してできた多糖で，ヒトは体内に取り入れたグルコースをグリコーゲンの形で肝臓などに貯蔵する。

※4 酵母が発酵によってエタノールをつくるはたらきは，酒の製造などに利用されている。

④ この反応式は次のように示される。

$C_6H_{12}O_6$ ⟶ (㉕ C_2H_5OH) + $2CO_2$ (+ 2ATP)
(グルコース)(エタノール)

⑤ エタノールとCO_2は細胞外に放出される。

重要 [発酵]
発酵…微生物が酸素を使わず有機物を分解してATPを生成
乳酸発酵・解糖
…グルコース→ピルビン酸→乳酸
アルコール発酵
…グルコース→ピルビン酸
→アセトアルデヒド→エタノール

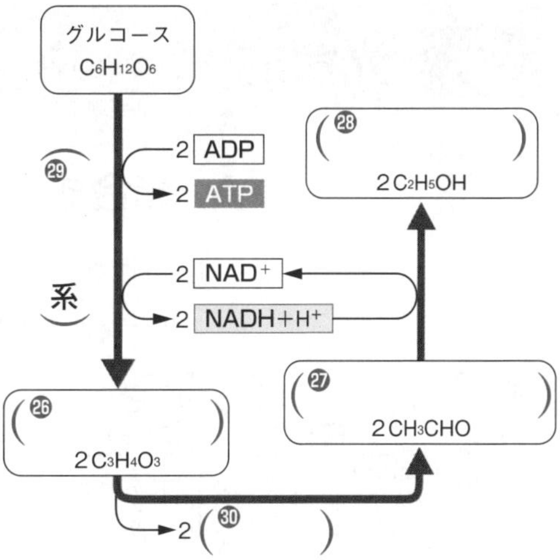

↑ アルコール発酵の過程

重要実験

アルコール発酵の実験

方法(操作)

(1) 10%グルコース溶液にパン酵母を加えて発酵液をつくる。
(2) (1)の発酵液を(㉛ **発酵管**)に静かに入れる。盲管部に気体が残らないようにする。
(3) 発酵管を恒温器に入れて40℃に維持する。2分ごとに盲管部にたまる気体の量を測定して記録する。
(4) 気体が十分に発生したら，(㉜ **水溶液**)を発酵管に2mL入れてゆるやかに攪拌(かくはん)し，盲管部の気体が溶けて減少していくのを観察する。
(5) 反応液に(㉝ **溶液**)を加え，60℃に保温して色と匂いの変化を観察する。

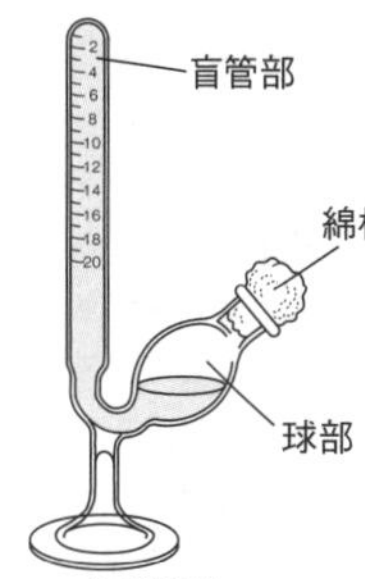

キューネ発酵管

結果と考察

① (3)で発生した気体は(㉞)である。このときの反応式は次のようになる。
$C_6H_{12}O_6$ ⟶ 2(㉟)(液体) + 2(㊱)(気体)
② (4)で盲管部の気体が減少したのは，(㊲)が水酸化ナトリウムと反応したためである。このことから，発生した気体が(㊳)であることが確認できる。
③ (5)では，溶液が黄色に変化して，やや甘い匂いがしてきた。これは(㊴)が(㊵)に変化したためである。

ミニテスト [解答] 別冊p.9

1 アルコール発酵を行う生物名を答えよ。 ( )
2 アルコール発酵で生じる物質を2つ答えよ。 ( )( )
3 アルコール発酵では酸素を必要とするか。 ( )
4 アルコール発酵・乳酸発酵・解糖のすべてに共通する過程を何というか。 ( )
5 4の結果できる共通の中間産物は何か。 ( )

3 光合成

[解答] 別冊p.9

A. 光合成

① 植物などが，(❶　　　**エネルギー**)を利用してCO_2とH_2Oからデンプンなどの有機物をつくるはたらきを(❷　　　　)という。

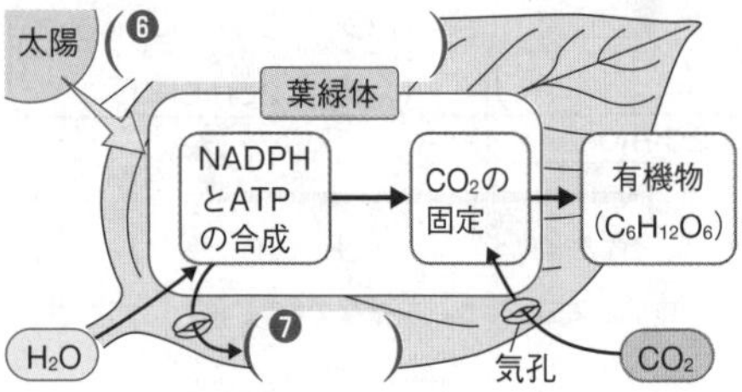

光合成の概要

② 光合成では(❸　　　　　　)などの光合成色素が太陽などの光を吸収し，このエネルギーを利用して，NADPHと(❹　　　　)がつくられる。

③ NADPHとATPを使って，(❺　　　　　　)と水からデンプンなどの有機物が合成される。

④ 19世紀までの研究で，次のことが解明されていた。

「光合成の材料は**二酸化炭素と水**であり，光合成の結果，デンプンなどの有機物ができ，(❽　　　　)が放出される。」

「光合成の場は(❾　　　　)であり，**赤色光**と**青色光**が利用される。」

> **重要**　[光合成]
> **二酸化炭素＋水＋光エネルギー→デンプンなどの有機物＋酸素**

◈1
ヒルはシュウ酸鉄(Ⅲ)を用いた。電子を受け取りやすいということは，還元されやすいということである。シュウ酸鉄(Ⅲ)は還元されて，シュウ酸鉄(Ⅱ)となる。

B. 光合成のしくみの解明(20世紀の研究)

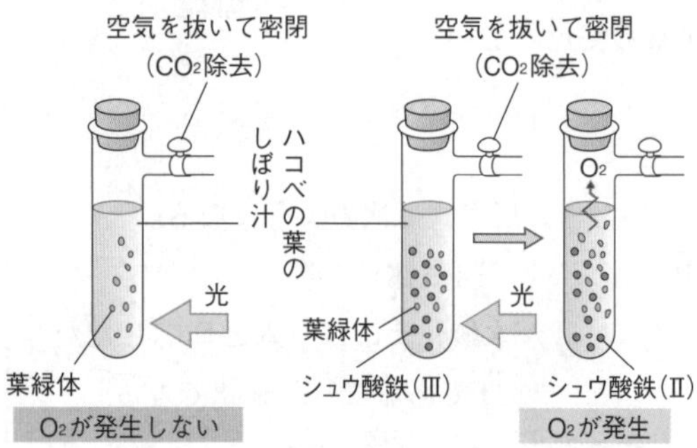

ヒルの実験

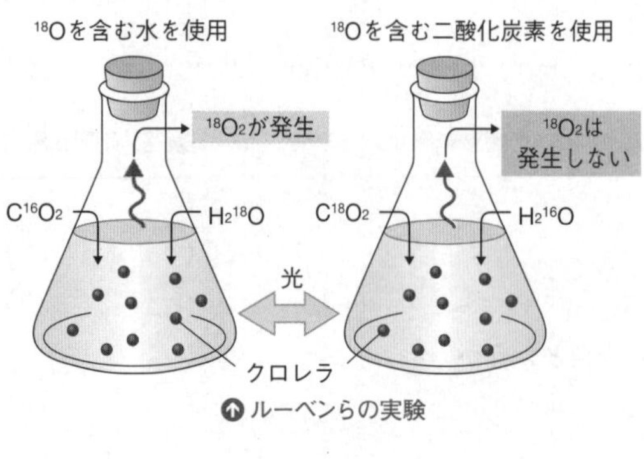

ルーベンらの実験

1 ヒルの実験とルーベンの実験

① **ヒル**の実験(1939年)…二酸化炭素がない状態で，葉をすりつぶした液に電子を受け取りやすい物質◈1を入れ，光を照射すると，酸素が発生した。この反応を**ヒル反応**という。

→(❿　　　　　　)がなくても酸素が発生。

② **ルーベン**らの実験(1941年)…酸素の同位体^{18}Oを含む水($H_2{}^{18}O$)と二酸化炭素($C^{18}O_2$)を別々にクロレラに与えると，$H_2{}^{18}O$のみを与えた場合は$^{18}O_2$が発生したが，$C^{18}O_2$のみを与えた場合は$^{18}O_2$が発生しなかった。

(注：^{18}O…ふつうの酸素原子(^{16}O)よりも中性子が2個多い。　クロレラ…単細胞の緑藻である。)

→光合成で発生する酸素は(⓫　　　　)に由来。

2 カルビンとベンソンの実験

① 緑藻に炭素の同位体^{14}Cからなる$^{14}CO_2$を取

(注：^{14}C…ふつうの炭素原子(^{12}C)よりも中性子が2個多い。)

り込ませて光合成を行わせ，時間の経過に伴い^{14}Cがどの物質に取り込まれているかを，(⑫　　　　　　)で追跡した。

② 時間の経過によって^{14}Cが取り込まれている反応生成物が異なることから，回路状の反応経路(→p.82)の存在をつきとめた。これを，(⑬　　　　　回路)という。

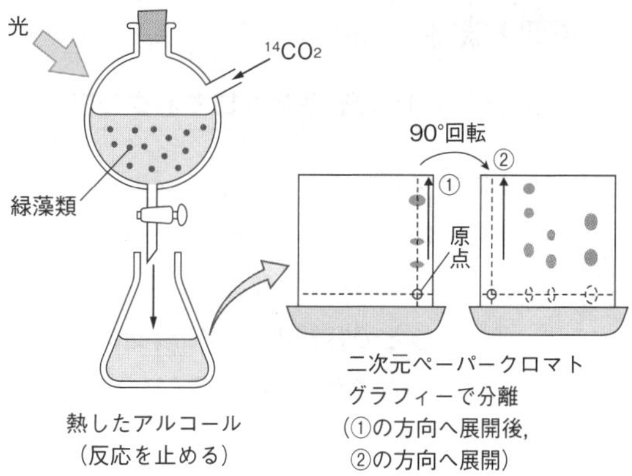

カルビンとベンソンの実験

C. 光合成の場と光合成色素

1 光合成の場

① 光合成が行われる細胞小器官は，(⑭　　　　　)である。⑭を特に多く含むのは，緑葉の柵(さく)状組織や海綿状組織の細胞である。

② 葉緑体は二重膜で包まれた直径3～10 μmの細胞小器官で，内部に(⑮　　　　　)という扁平(へんぺい)な袋状構造をもつ。この間を埋める部分を(⑯　　　　　)といい，液状である。

③ チラコイドが積み重なった部分を(⑰　　　　　)という。

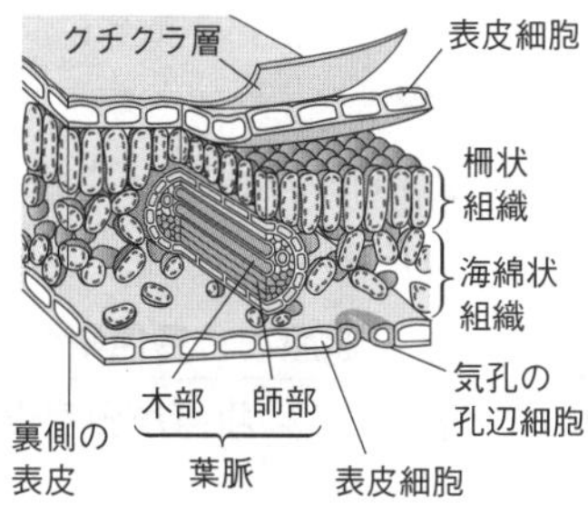

葉の断面の構造

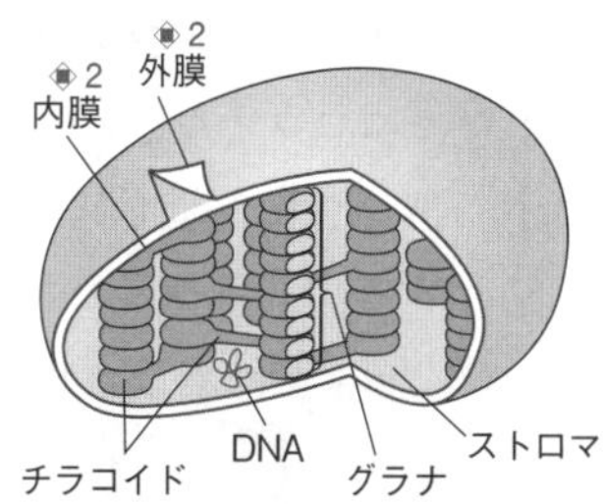

葉緑体

> **重要** [光合成の場]
> **葉など緑色の部分に含まれる葉緑体**

2 光合成の色素

① 緑葉の光合成色素には，(⑱　　　　　)(↳青緑色の色素)，クロロフィルb(↳黄緑色の色素)，(⑲　　　　　)(↳橙色の色素)，キサントフィル(↳黄色の色素)などがある。

② (⑳　　　　スペクトル)…光の波長と吸収率の関係を示したグラフ。光合成色素は，おもに(㉑　　　色光)と赤色光を吸収する。✱3

③ (㉒　　　　スペクトル)…光の波長と光合成速度の関係を示したグラフ。吸収スペクトルと作用スペクトルの変化はほぼ対応する。

✱2
外膜は外包膜，内膜は内包膜ともいう。

✱3
青色と赤色の光を吸収し，残りの波長の光を反射したり透過したりするため，葉などは緑色に見える。

> **重要** [光合成色素]
> **光合成色素…クロロフィルa，クロロフィルb，カロテン，キサントフィルなど**
> **光合成におもに利用される光**
> **➡青色光と赤色光**

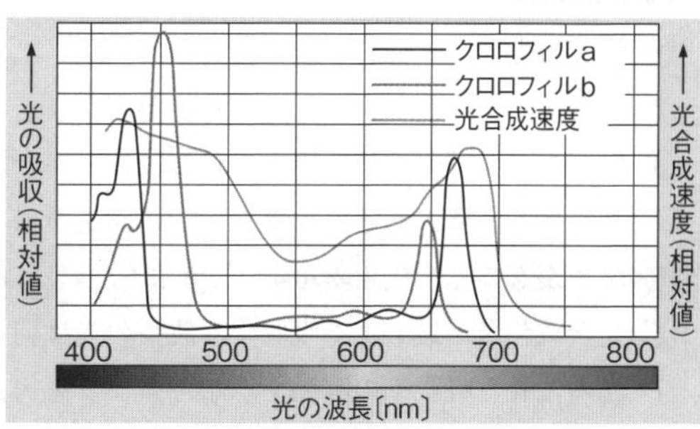

吸収スペクトルと作用スペクトル

重要実験

光合成色素の分離(薄層クロマトグラフィー)

方法(操作)

(1) 乳鉢ですりつぶした緑葉にジエチルエーテルを加え，光合成色素の抽出液とする。
└→ペーパークロマトグラフィーの場合はメタノールとアセトンの混合液

(2) 薄層クロマトグラフィー用シート(TLCシート)の下から約2 cmのところに(㉓　　　)で直線を引き，その中央(原点)にガラス毛細管で(1)の抽出液をつけて乾かす。
└→展開液の影響を受けない

(3) 試験管などの容器の底部に展開液(石油エーテル：アセトン＝7：3など)を入れ，TLCシートを約5 mm展開液につけ，容器に密栓をして直立させ，展開液(溶媒)の前線が上端近くに上がるまで静置する。

(4) 展開液が上端近くまで上がったら，TLCシートを取り出して(㉔　　　)で溶媒前線と色素の輪郭をなぞる。ろ紙を使うペーパークロマトグラフィーの場合も同様に操作する。
└→色素は退色してしまうため

(5) Rf値を次の式から求める。

Rf値＝

$$\frac{\textbf{原点から各色素のしみの中心までの距離}}{\textbf{原点から溶媒前線までの距離}}$$

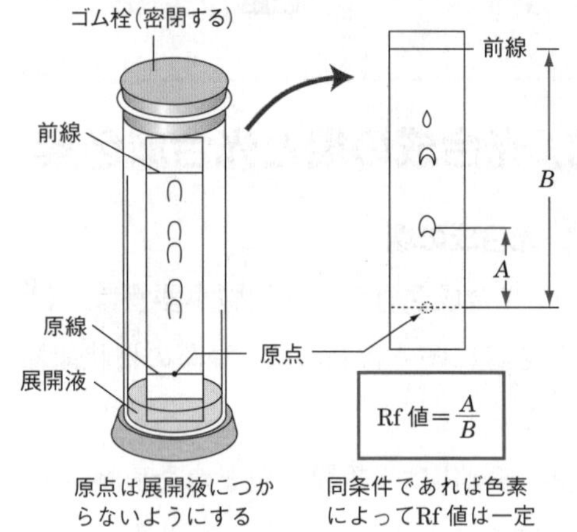

⬆ 薄層クロマトグラフィー

結果と考察

① TLCシートでの分離とろ紙での分離では，クロロフィルと(㉕　　　)類の展開される順番が異なること(右図)に注意する。

② 光合成色素は水に(㉖　　　)，有機溶媒に(㉗　　　)。

③ 光合成色素を含む溶液を透過してきた光を直視分光計で見ると，(㉘　　　光)と赤色光の部分が(㉙　　　く)見える。

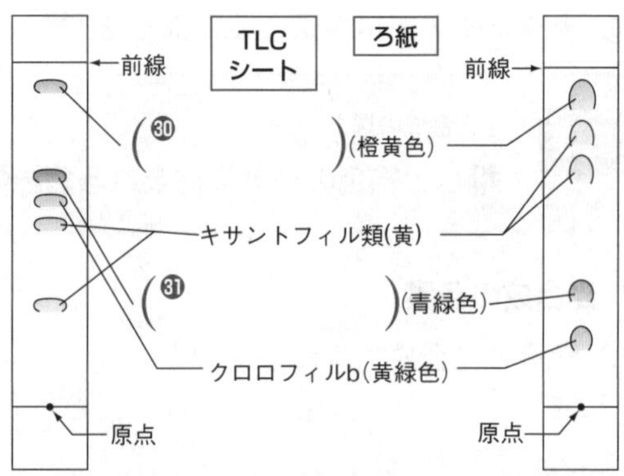

⬆ 光合成色素の分離

ミニテスト

[解答] 別冊p.9

1 緑葉の光合成の材料となる物質を2つ答えよ。　(　　　)(　　　)

2 光合成の場は何とよばれる細胞小器官か。　(　　　)

3 緑葉の光合成の結果，排出される気体は何か。　(　　　)

4 葉緑体の内部にある，扁平な袋状の構造を何というか。　(　　　)

5 緑葉がもつ光合成色素を4つ答えよ。　(　　　)(　　　)(　　　)(　　　)

6 光合成色素が最もよく吸収する波長の光は何色と何色の光か。　(　　　)(　　　)

7 光の波長と吸収率の関係を示したグラフを何というか。　(　　　)

8 光の波長と光合成速度の関係を示したグラフを何というか。　(　　　)

4 光合成のしくみ

[解答] 別冊p.9

光合成のしくみが解明されるにつれて，光化学系が2つあることや，水が必要な理由，ATP合成のしくみなどが明らかになってきた。

A. チラコイドでの反応

1 光エネルギーの吸収

① **チラコイド膜**の上には，(❶　　　　　　)，**光化学系Ⅱ**(こうかがくけい)とよばれる光エネルギーを捕集(光捕集反応)する2つの反応系がある。
(→光化学系Ⅱより先に発見された。)

② 2つの反応系は，クロロフィルa・b，カロテノイドなどの光合成色素とタンパク質の複合体からなる。
(カロテノイドは，カロテンとキサントフィルに大きく分けられる。)

③ カロテノイドなどの光合成色素が集めた光エネルギーは，反応中心の(❷　　　　　　)に集められる。

2 光化学系Ⅱ・Ⅰでの反応

① 光エネルギーを受容した**光化学系Ⅱ**では，**クロロフィル**から(❸　　　　)が飛び出し，電子伝達系へと流れる。このとき不足した電子は(❹　　　　)をO_2とH^+に分解したときに生じた電子で補充される。(❺　　　　)は気孔から排出される。

② 光エネルギーを受容した**光化学系Ⅰ**では，電子受容体に渡された電子は$NADP^+$[1]に渡されて，H^+とともに(❻　　　　　　)となる。このとき不足した電子は，光化学系Ⅱから(❼　　　　　系)を受け渡しされてきた電子[2]で補充される。

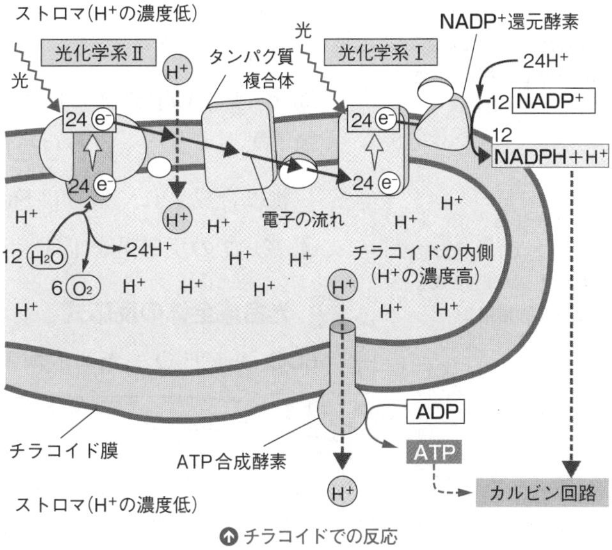

⬆ チラコイドでの反応

3 電子伝達系での反応

① 電子が光化学系Ⅱから光化学系Ⅰに伝達される反応系を(❽　　　　　　)という。これは，呼吸における**ミトコンドリアの内膜**にある電子伝達系とよく似たしくみである。

② 電子が電子伝達系で受け渡しされるときに生じるエネルギーを利用して，(❾　　　　)がストロマ側からチラコイドの内側に運ばれる。

[1] **NADP**は**ニコチンアミドアデニンジヌクレオチドリン酸**という脱水素酵素の補酵素の略称で，呼吸の過程のNAD^+と同様のはたらきをする。

[2] **光合成での電子の源**
緑葉の光合成では，光化学系Ⅱの電子の補充のために水(H_2O)の分解で生じた電子が使われるが，光合成細菌では，硫化水素(H_2S)から電子が補充される。

4 ATPの合成

① チラコイド内の（⑩　　　　　イオン濃度）が上がり，ストロマ側との濃度勾配が大きくなると，チラコイド膜にある膜貫通タンパク質である（⑪　　　　　　　　）を通って，H^+がストロマ側にもどる。

② このときのH^+の流れによって，（⑫　　　　　）が合成される。この反応を（⑬　　　　　　　）という。[3]

◈3
光リン酸化（こう）のしくみは，呼吸のとき，ミトコンドリアでATPが生成される**酸化的リン酸化**とよく似ている。

重要　［チラコイドでの反応］
水を分解してNADPH，ATPを生成。同時にO_2を放出。

B. ストロマでの反応

1 カルビン回路（カルビン・ベンソン回路）

① **ストロマ**の部分では，チラコイド膜でつくられた**ATP**と**NADPH**を使ってCO_2を（⑭　　　　　）して有機物に合成する。

② まず，CO_2はC_5化合物の**RuBP**（**リブロースニリン酸**）と結合し，直ちに分解して[4]，2分子のC_3化合物の（⑮　　　　　）（**ホスホグリセリン酸**）となる[5]。

（リブロース1,5-ビスリン酸ともよばれる。）（3-ホスホグリセリン酸ともよばれる。）

③ ⑮は，ATPのエネルギーと**NADPH**を使って還元され，C_3化合物の（⑯　　　　）（**グリセルアルデヒドリン酸**）となる。この一部は有機物に合成され，残りは**RuBP**にもどる。

（グリセルアルデヒド3-リン酸ともよばれる。）

④ ②，③の反応系を（⑰　　　　　　　　）という。

◈4
RuBPにCO_2を結合させて2分子のPGAに分解する酵素を**ルビスコ**（**RubisCO：RuBPカルボキシラーゼ／オキシゲナーゼ**）という。

◈5
CO_2を取り込んで，まずPGAのようなC_3化合物をつくるタイプの光合成を行う植物を**C_3植物**という。

2 光合成全体の反応式

$$6CO_2 + 12H_2O + \text{光エネルギー} \longrightarrow \text{有機物}(C_6H_{12}O_6) + 6H_2O + 6O_2$$

（グルコース）

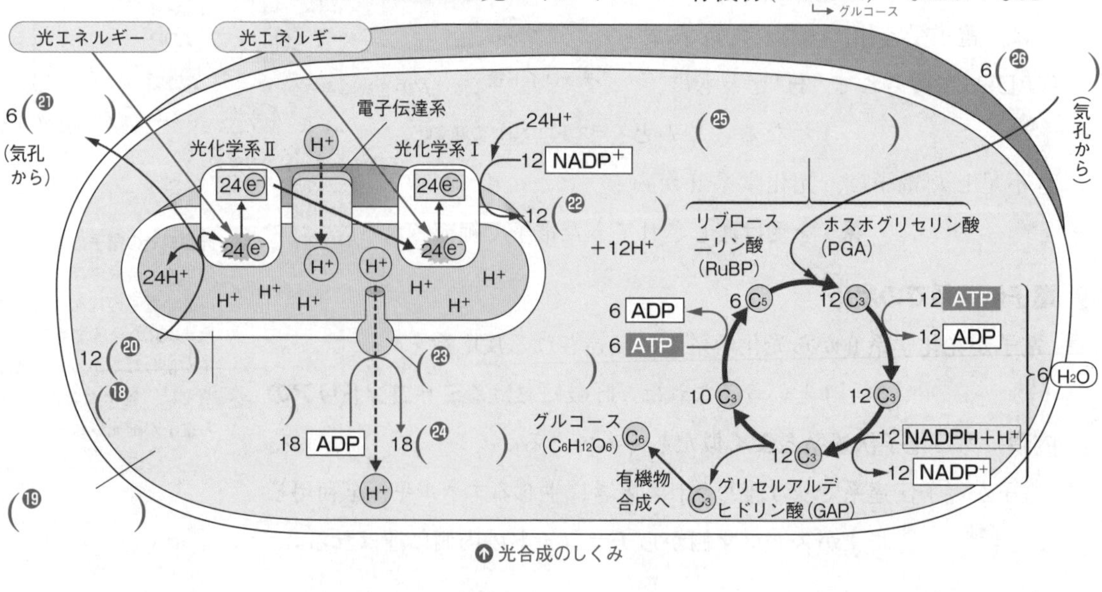

⬆ 光合成のしくみ

重要 ［光合成の反応は4段階］

①光エネルギーの吸収→②NADPHの生成→③ATPの合成→④カルビン回路(CO_2を固定して有機物を合成)

C. C_4植物, CAM植物の光合成

1 C_4植物の光合成

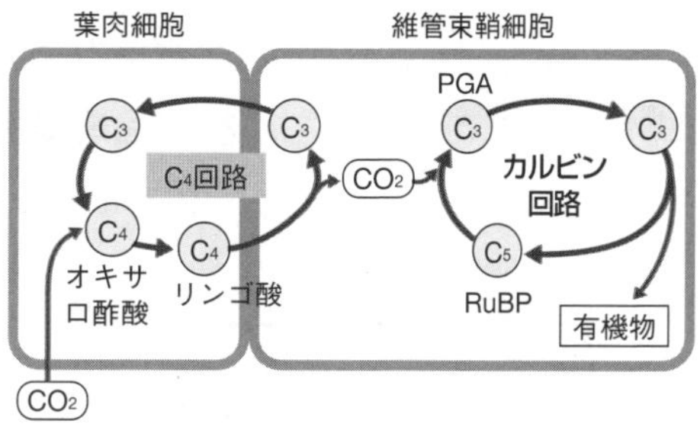

C₄植物の光合成

① (㉗　　　　植物)…カルビン回路(カルビン・ベンソン回路)以外に, CO_2をC_4化合物として一時的に蓄えるC_4**回路**をもち, CO_2を効率よく固定する。[※6]

└→ 熱帯原産のサトウキビやトウモロコシなど。

② CO_2は, **葉肉細胞**の葉緑体で**リンゴ酸**(C_4化合物)などに固定され, 維管束の周囲の**維管束鞘細胞**に送られて, (㉘　　　　　回路)で有機物に合成される。

2 CAM植物の光合成

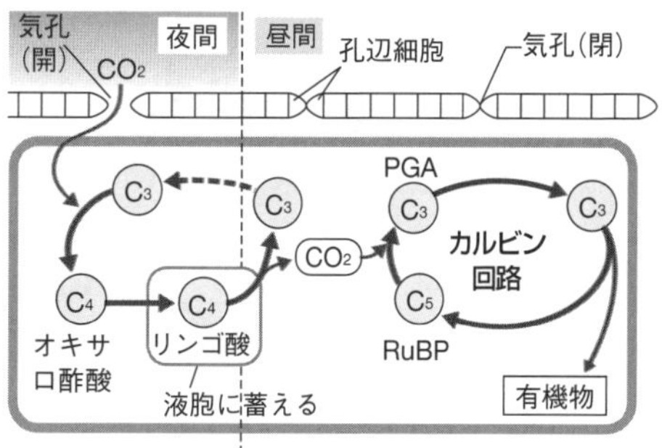

CAM植物の光合成

① (㉙　　　　植物)…砂漠地帯で, 水分が蒸発しやすい昼間には気孔を開かず, 夜間に気孔を開いてCO_2を吸収して蓄えるしくみ(**ベンケイソウ型有機酸代謝**)をもつ。[※6]

└→ 極端に乾燥した地域のサボテンやベンケイソウなどの多肉植物。

└→ この略称をCAMという。

② CO_2は(㉚　　　　)に**リンゴ酸**(C_4化合物)などに固定されて**液胞**に蓄えられ, 昼間になると, **カルビン回路**に送られて, 有機物に合成される。

※6
C_4植物はCO_2の吸収を**空間的に分離**することで光合成速度の低下を防いでいる。一方, CAM植物はCO_2の吸収を**時間的に分離**することで, CO_2の吸収に際しての水分の損失を抑えているといえる。

D. 光合成と呼吸の共通点

① ミトコンドリアの(㉛　　　　　)にある**電子伝達系**と, 葉緑体の(㉜　　　　　)の**電子伝達系**のしくみはよく似ている。

② ㉛と㉜の膜上に存在する(㉝　　　　　**酵素**)はよく似ている。また, (㉞　　　　)の流れを使ってATPを生成するしくみもよく似ている。ただし, 呼吸では(㉟　　　　**リン酸化**)とよばれ, 光合成では(㊱　　　**リン酸化**)とよばれる。

ミニテスト ［解答］別冊p.10

1 光化学系の反応中心にある色素は何か。 (　　　　)
2 チラコイドで光エネルギーを使ってATPを合成する過程を何というか。 (　　　　)
3 葉緑体で生成する酸素は何の分解産物か。 (　　　　)
4 葉緑体でCO_2を固定する反応系を何というか。 (　　　　)
5 光合成全体の化学反応式を答えよ。 (　　　　　　　　)
6 光合成と呼吸の共通点を2つ答えよ。 (　　　　)(　　　　)

5 細菌の炭酸同化

[解答] 別冊p.10

A. 細菌の光合成

1 光合成細菌

◈1
緑色硫黄細菌は光化学系Ⅰに似た光化学系を，紅色硫黄細菌は光化学系Ⅱに似た光化学系をもつ。

① 細菌のなかで，光合成を行うものを（❶　　　　　　）という。

② **光合成細菌**には，（❷　　　　　　**細菌**），**紅色硫黄細菌**，シアノバクテリアなどがある。[◈1]

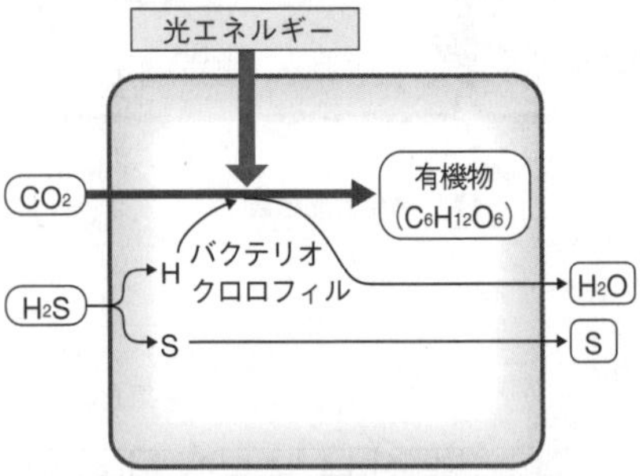

⬆ 緑色硫黄細菌や紅色硫黄細菌の光合成

③ 緑色硫黄細菌や紅色硫黄細菌は，葉緑体をもたないが，細胞内に光合成色素として（❸　　　　　　　　　　）をもつ。

④ 電子伝達系に電子を供給する物質として，水（→H_2O）ではなく，（❹　　　　　）（→H_2S）を使う。その結果，周囲には**硫黄**（→S）が析出する。

⑤ 反応式は次のようになる。

$6CO_2 + 12$（❺　　　　　）＋光エネルギー

$\longrightarrow$ ($C_6H_{12}O_6$)（→炭水化物）$+ 6H_2O + 12$（❻　　　）

2 シアノバクテリアの光合成

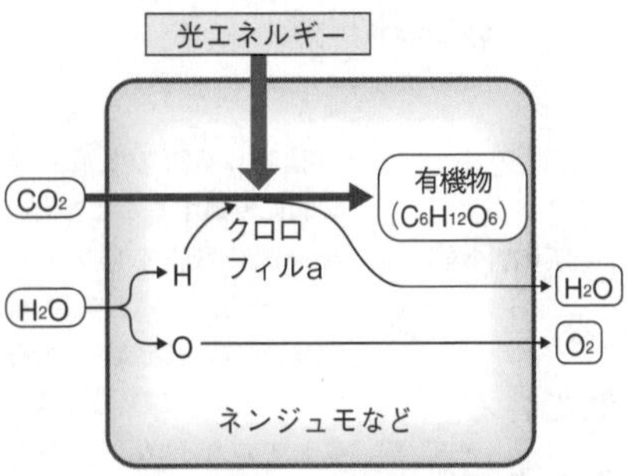

⬆ シアノバクテリアの光合成

① シアノバクテリアも葉緑体をもたないが，細胞内に光合成色素として（❼　　　　　　　）をもち，**光化学系ⅠとⅡ**を使って植物と同じような光合成を行う。

② 電子伝達系に電子を供給する物質として，（❽　　　）を使い，**酸素**を発生する。

③ 反応式は次のようになる。

$6CO_2 + 12$（❾　　　　　）＋光エネルギー

$\longrightarrow$ ($C_6H_{12}O_6$) $+ 6H_2O + 6$（❿　　　）

◈2
シアノバクテリアは光合成細菌には含めずに，別のグループとして扱う考え方もある。

④ 以上のことから，シアノバクテリアが植物と近縁であることがわかる。[◈2]

⑤ シアノバクテリアには，（⓫　　　　　　）などがある。

重要　［光合成細菌の炭酸同化］

緑色硫黄細菌や紅色硫黄細菌…バクテリオクロロフィルをもち，H_2Sを使用。反応の結果，Sが析出する。

シアノバクテリア…クロロフィルaをもち，H_2Oを使用。反応の結果，O_2が発生する。

B. 化学合成

1 化学合成細菌

① (⑫　　　　)…酸素を使って無機物を酸化するときに生じる(⑬　　　エネルギー)を使って行う炭酸同化。

② **化学合成**を行う細菌を(⑭　　　　　)という。

③ 化学合成細菌には，(⑮　　　　)・**硝酸菌**・(⑯　　　　)・**鉄細菌**などがある。
(⑮ └→ NH_4^+ を酸化，⑯ └→ H_2S を酸化)

④ **亜硝酸菌**と**硝酸菌**の化学合成の反応式は次のようになる。

亜硝酸菌：$2NH_4^+ + 3O_2 \longrightarrow 2NO_2^- + 4H^+ + 2H_2O +$ 化学エネルギー
（NH_4^+ └→ アンモニウムイオン，NO_2^- └→ 亜硝酸イオン）
↓
カルビン回路などで CO_2 から有機物を合成

(⑰　　　菌)：$2NO_2^- + O_2 \longrightarrow 2NO_3^- +$ 化学エネルギー
（NO_3^- └→ 硝酸イオン）
↓
カルビン回路などで CO_2 から有機物を合成

⑤ 亜硝酸菌と硝酸菌は，ともにはたらいて土中や水中でアンモニウムイオンから**硝酸イオン**をつくるので(⑱　　　菌)という。◈3

⑥ **硝化菌**のはたらきは**窒素循環**において重要である(→p.180)。
（└→ 硝化細菌ともいう。）

2 深海の化学合成細菌

① **硫黄細菌**は，深海の(⑲　　　　　)などに生息している。◈4
（└→ マグマによって熱せられた水が噴き出している場所。）

② 硫黄細菌は，(⑳　　　　)や硫黄を酸素で酸化するときなどに生じる化学エネルギーを利用しており，次のような反応を行う。
（⑳ └→ H_2S）

$2H_2S + O_2 \longrightarrow 2S + 2H_2O +$ 化学エネルギー

$2S + 3O_2 + 2H_2O \longrightarrow 2H_2SO_4 +$ 化学エネルギー
（H_2SO_4 └→ 硫酸）
↓
カルビン回路などで CO_2 から有機物を合成

> **重要**
> **化学合成細菌…亜硝酸菌・硝酸菌・硫黄細菌・鉄細菌など**
> **化学合成…O_2 で無機物を酸化 ⟶ 化学エネルギー発生**
> ⇩
> **カルビン回路などで CO_2 から有機物を合成**

◈3
有機物の分解で生じた有毒物質の NH_4^+ は，亜硝酸菌や硝酸菌のはたらきによって無害な NO_3^- に酸化され，水とともに植物の根から吸収されて植物の窒素同化の材料として利用される。

◈4
深海の**熱水噴出孔**付近に生息するシロウリガイやハオリムシ(チューブワーム)は，体内に**硫黄細菌**を共生させていて，硫黄細菌がつくった有機物を利用して生きている。

ミニテスト

[解答] 別冊p.10

1 緑色硫黄細菌や紅色硫黄細菌がもつ光合成色素は何か。(　　　　)
2 緑色硫黄細菌や紅色硫黄細菌が電子の供給源とする物質は何か。(　　　　)
3 シアノバクテリアがもつ光合成色素は何か。(　　　　)
4 シアノバクテリアの例を1つあげよ。(　　　　)
5 シアノバクテリアが電子の供給源とする物質は何か。(　　　　)
6 化学合成において炭酸同化のエネルギーを得る方法を答えよ。(　　　　)

練習問題　2章　代謝

［解答］別冊p.25

1 〈呼吸と発酵〉

▶わからないとき→p.72～77

異化には呼吸と発酵がある。これについて，次の各問いに答えよ。

(1) 呼吸の過程は3つに分けることができる。その名称をすべて答えよ。

(2) 呼吸で起こるADPのリン酸化には2種類ある。その名称を答えよ。

(3) 呼吸では，ATPの大半は電子伝達系でつくられる。この過程において，H^+の流れを利用してATPをつくる酵素の名称を答えよ。

(4) 呼吸では酸素は何のために利用されるか。

(5) ①乳酸菌，②酵母が行う発酵をそれぞれ何というか。

ヒント (4) 仮にNADHが運んできた電子とH^+が消費されずに蓄積すると，呼吸の反応は停止する。

2 〈呼吸のしくみ〉

▶わからないとき→p.72～77

右の図は，グルコースを基質としたときの呼吸の過程全体を模式的に示したものである。これについて，次の各問いに答えよ。

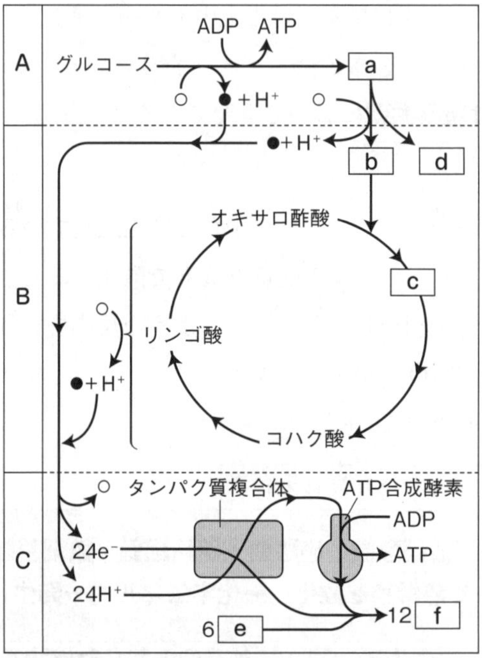

(1) 図中のa～fに適する物質名をそれぞれ記入せよ。

(2) 図中のA～Cの過程が起こる部分を，次のア～ウからそれぞれ選び，記号で答えよ。

ア　ミトコンドリアのマトリックス

イ　ミトコンドリアの内膜

ウ　細胞質基質

(3) 酵母が行う発酵と共通する過程を，図中のA～Cから選び，記号で答えよ。

(4) 図中のBの過程では，グルコース1分子につき何分子のATPが生成するか。

(5) 図中のCの過程でATPが生成する反応のことを，特に何というか。

(6) 図中の○は補酵素としてはたらく有機物を示している。○は何という酵素の補酵素となっているか。

(7) 呼吸の過程全体の反応を示した化学反応式を答えよ。

ヒント (7) グルコースは炭素原子を6つ含む有機化合物である。

1

(1) ＿＿＿＿

＿＿＿＿

＿＿＿＿

(2) ＿＿＿＿

＿＿＿＿

(3) ＿＿＿＿

(4) ＿＿＿＿

＿＿＿＿

(5) ① ＿＿＿＿

② ＿＿＿＿

2

(1) a ＿＿＿＿

b ＿＿＿＿

c ＿＿＿＿

d ＿＿＿＿

e ＿＿＿＿

f ＿＿＿＿

(2) A ＿＿＿＿

B ＿＿＿＿

C ＿＿＿＿

(3) ＿＿＿＿

(4) ＿＿＿＿

(5) ＿＿＿＿

(6) ＿＿＿＿

(7) ＿＿＿＿

＿＿＿＿

3 〈脱水素酵素の実験〉

▶わからないとき→p.74

ツンベルク管の主室には，新鮮なニワトリの胸筋をすりつぶしてろ過した無色透明な液(酵素液)を入れた。副室には，コハク酸ナトリウムの水溶液とメチレンブルーの水溶液を入れた。その後，ツンベルク管の主室と副室を結合してから排気し，副室を回して密閉した。

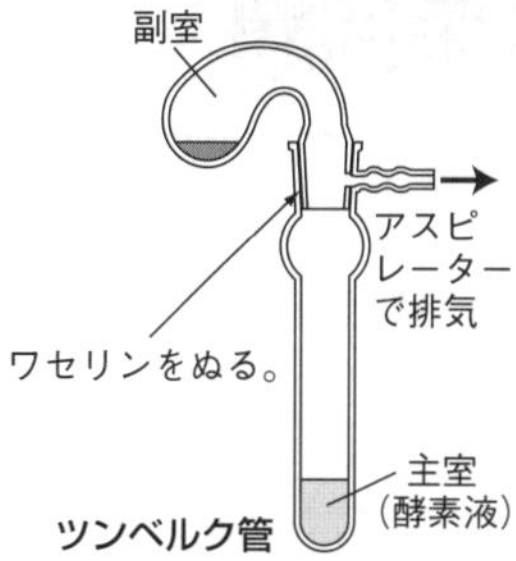

ツンベルク管を傾けて，副室内の物質を主室に流し込み，主室の混合液を撹拌してから，全体を35℃に保った。これについて，次の各問いに答えよ。

(1) 主室の混合液は，何色から何色に変化したか。

(2) 主室の中ではたらいたと考えられる酵素の名称を答えよ。

(3) (2)ではたらいた酵素が触媒した反応の基質(有機物)を答えよ。

(4) (1)の反応後，主室から副室を分離し，主室内の液を撹拌すると，液の色はどのように変化すると考えられるか。

ヒント (4) 主室内の液に酸素が混ざるため，主室内に生じた還元型メチレンブルーが酸化されて，酸化型メチレンブルーに変化する。

3

(1) ＿＿＿＿

(2) ＿＿＿＿

(3) ＿＿＿＿

(4) ＿＿＿＿

4 〈光合成〉

▶わからないとき→p.78～83

緑葉の光合成は$_a$ある細胞小器官で行われる。その中の$_b$扁平な袋状構造の中に$_c$光合成色素が含まれている。これについて，次の各問いに答えよ。

(1) 文中の下線部aのある細胞小器官とは何か。

(2) 文中の下線部bの袋状構造を何というか。

(3) 文中の下線部cのうち，光化学系の反応中心となるのはどの色素か。

(4) 光合成色素が吸収する光は何色の光か。2つ答えよ。

(5) 水の分解をするのは光化学系ⅠとⅡのどちらか。

(6) 光合成の電子伝達系は葉緑体のどの部分にあるか。

(7) 光合成でATPを合成する反応を何というか。

(8) 二酸化炭素を固定する回路状の反応を何というか。

ヒント (7) 光合成では電子伝達系で光エネルギーを使ってATPをつくる。

4

(1) ＿＿＿＿

(2) ＿＿＿＿

(3) ＿＿＿＿

(4) ＿＿＿＿

＿＿＿＿

(5) ＿＿＿＿

(6) ＿＿＿＿

(7) ＿＿＿＿

(8) ＿＿＿＿

5 〈細菌の炭酸同化〉

▶わからないとき→p.84～85

光合成細菌は光エネルギーで，二酸化炭素と水素供与体からグルコースをつくる。光合成細菌には，$_A$緑色硫黄細菌，紅色硫黄細菌，$_B$(①)バクテリアなどがある。また，化学合成細菌は(②)を酸化するときの(③)エネルギーで二酸化炭素と水素供与体からグルコースをつくる。

(1) 文中の空欄①～③に適当な語句を記入せよ。

(2) 下線部AとBでは，電子伝達系に電子を供給する物質に違いが見られる。その違いを簡潔に説明せよ。

(3) 化学合成細菌のうち，土壌中のNH_4^+(アンモニウムイオン)を酸化する細菌とNO_2^-(亜硝酸イオン)を酸化する細菌の名称をそれぞれ答えよ。

5

(1) ① ＿＿＿＿

② ＿＿＿＿

③ ＿＿＿＿

(2) ＿＿＿＿

＿＿＿＿

＿＿＿＿

(3) NH_4^+ ＿＿＿＿

NO_2^- ＿＿＿＿

定期テスト対策問題　2編　生命現象と物質

［時 間］**50**分
［合格点］**70**点
［解 答］別冊p.27

1 酵素の反応と外的条件の関係を調べたところ，図1～3のような結果が得られた。あとの各問いに答えよ。

〔問1・3…各6点，問2…各2点　合計18点〕

図1

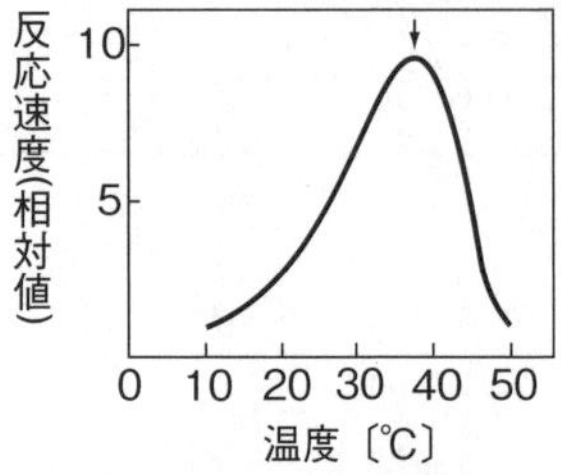

図2

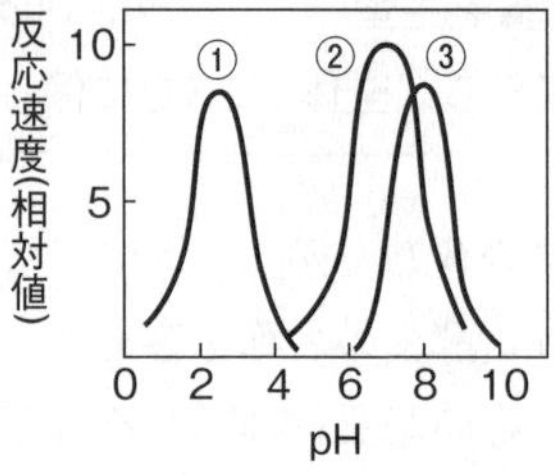

図3

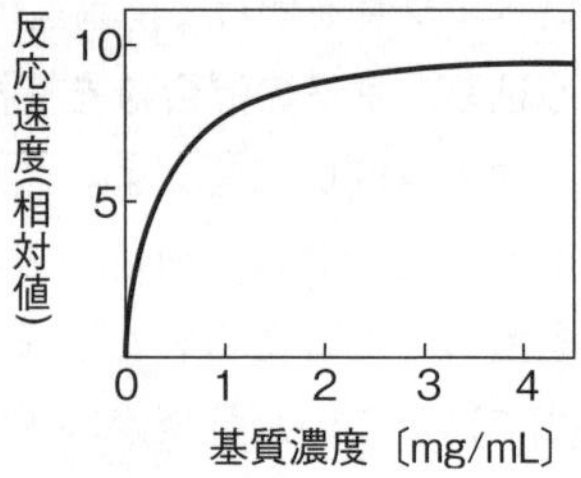

問1　図1の矢印のような温度より高温になると反応速度が急激に低下するのはなぜか。

問2　次の**ア**～**ウ**の酵素の反応速度のグラフはそれぞれ図2のどれに相当するか。

ア 胃液のペプシン　　**イ** だ液のアミラーゼ　　**ウ** すい液のトリプシン

問3　図3で，基質がある濃度以上になると反応速度が上昇しなくなるのはなぜか。その理由を20字以内で説明せよ。

問1				
問2	ア	イ	ウ	
問3				

2 光合成色素を緑葉から分離する実験について説明した次の文を読み，あとの各問いに答えよ。

〔各2点　合計16点〕

ホウレンソウの葉を乳鉢に入れてすりつぶして a) 色素を抽出し，ガラス毛細管でこの色素をTLCシートの原線の中央につけた。b) 展開液を入れた試験管にTLCシートの下端を浸し，密閉して展開し，色素を分離したところ，右図のような結果を得た。

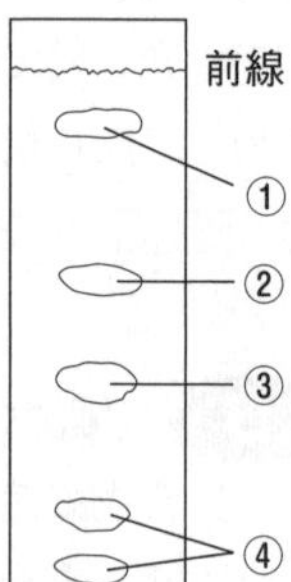

問1　このような色素の分離法を何というか。

問2　文中の下線部**a**の色素は緑葉の何とよばれる細胞小器官に含まれるか。

問3　文中の下線部**a**，**b**に使う薬品として適当なものをそれぞれ下から選べ。

ア 蒸留水
イ 酢酸
ウ ジエチルエーテルまたはエタノール
エ 石油エーテルとアセトンの混合液

問4　右図の①，②，③，④に含まれる光合成色素の名称をそれぞれ答えよ。

問1		問2		問3 a	b
問4 ①		②		③	④

3 右図の異化の過程に関する次の各問いに答えよ。ただし図中＊のHはNADまたはFADに運搬される。

〔問4…4点，それ以外…各2点　合計40点〕

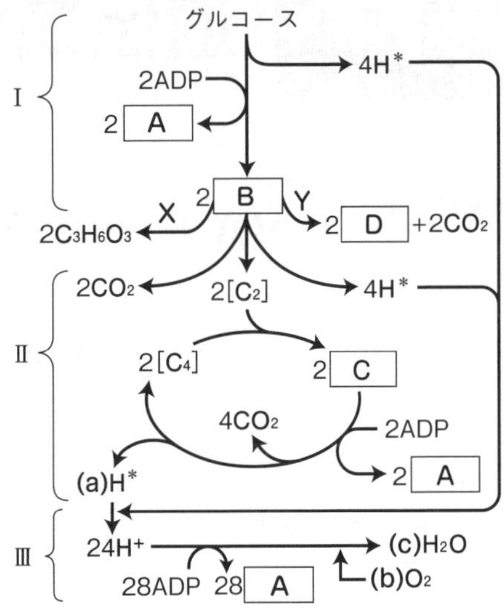

問1　図中のA～Dに適する物質名を答えよ。

問2　図中のⅠ～Ⅲの過程をそれぞれ何というか。また，その過程はそれぞれ細胞のどこで行われるか。

問3　図中のa～cに適する数値を記せ。

問4　図中のⅠ～Ⅲの過程全体を示す化学反応式を答えよ。

問5　図中の過程ⅠにXとYを合わせた過程はそれぞれ何とよばれているか。また，それぞれの反応をする微生物名を記せ。

問6　問5の異化の様式をまとめて何というか。

問1	A	B	C		D	
問2	Ⅰ		Ⅱ			
	Ⅲ		問3	a	b	c
問4						
問5	X		Y			
問6						

4 右下の図は光合成の反応経路を示したものである。次の各問いに答えよ。　〔各2点　合計26点〕

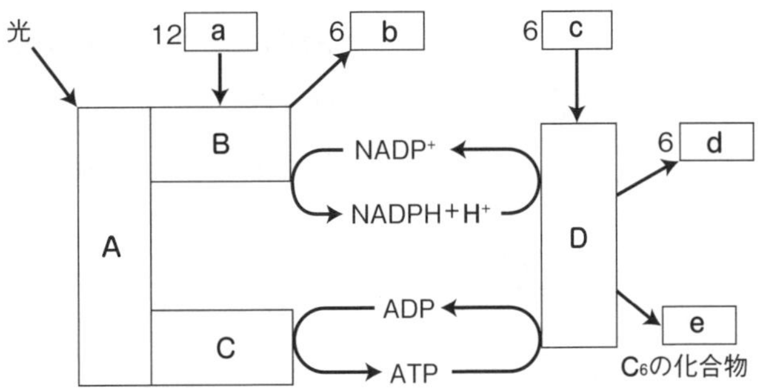

問1　図中のa～dにあてはまる物質名を答えよ。また，eにあてはまる一般的な物質を化学式で答えよ。

問2　図の反応系A～Dに関係の深いものを，下のア～エから1つずつ選べ。

ア　光リン酸化をともなう反応。

イ　還元物質が生成する反応。

ウ　二酸化炭素が固定される反応。

エ　クロロフィルが関係している反応。

問3　図のA～Dの反応で，①光の強さによって影響を受ける反応と，②温度によって影響を受ける反応をそれぞれ選べ(1つとは限らない)。

問4　図のA～Dの反応を，①チラコイドで行われる反応と，②ストロマで行われる反応に分けよ。

問1	a	b		c		d
	e	問2	A	B	C	D
問3	①	②		問4	①	②

1章 遺伝情報とその発現

1 DNAとその複製

［解答］別冊p.10

A. DNAの分子構造

① 遺伝子の本体である**DNA**（**デオキシリボ核酸**）を構成する単位は（❶　　　　）で，**リン酸**・（❷　　　　）（**糖**）・**塩基**が結合したものである。

② DNAに含まれる塩基には**A**：（❸　　　　），**T**：（❹　　　　），**G**：（❺　　　　），**C**：（❻　　　　）の4種類がある。

③ DNAは**ヌクレオチド**どうしが，糖とリン酸の部分で多数結合した（❼　　　　）からできている。

④ ヌクレオチド鎖には方向性があり，リン酸側は（❽　　　　**末端**）［数字を用いた名称］，糖側は（❾　　　　**末端**）［数字を用いた名称］とよばれる。◈1

⑤ ヌクレオチドが次々と結合してヌクレオチド鎖が伸長するときには，（❿　　　　**末端**）から（⓫　　　　**末端**）の方向に伸長する。すなわち，ヌクレオチド鎖の3′末端に新しいヌクレオチドが結合していく。

⑥ 2本のヌクレオチド鎖は，Aと（⓬　　　　），Cと（⓭　　　　）という**相補的**な塩基どうしが結合して［水素結合という結合］，DNAの（⓮　　　　）をつくる。

⑦ ⑥の構造は，1953年，（⓯　　　　と　　　　）が提唱した。

◈1
DNAを構成している**糖**（**デオキシリボース**）は，下図のように5つの炭素に番号がつけられている。ヌクレオチドを構成するリン酸とは**5′**の炭素で結合し，次のヌクレオチドのリン酸とは**3′**の炭素部分で結合する。

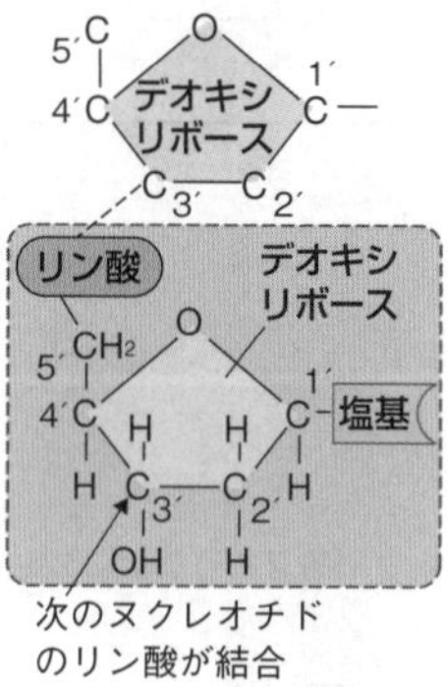

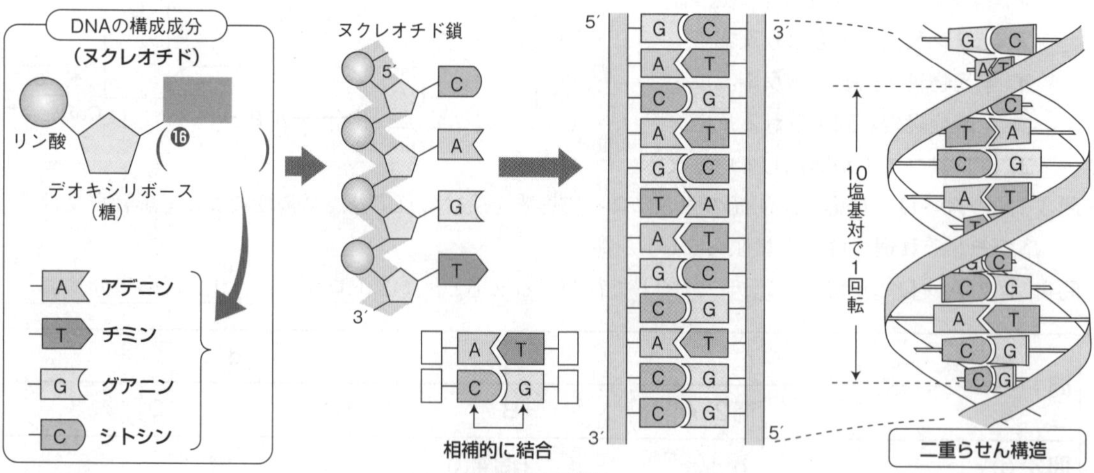

DNAの構造

重要 ［DNAの分子構造］
4種類のヌクレオチドが5′→3′方向に結合・伸長してできる。
2本の鎖がAとT，GとCで相補的な塩基対→二重らせん構造

重要実験

DNAの抽出実験

方法（操作）

(1) 凍(こお)らせたタラの精巣(白子(しらこ))をおろし金でおろした後，乳鉢ですりつぶす。

(2) (1)にトリプシン水溶液を加え，さらに食塩水を加えて軽く混ぜ，ビーカーに入れた後100℃で4分間湯せんする。これを氷水で冷やした後，ガーゼでろ過して（⑰　　　　）を除去する。

(3) (2)のろ液に冷やしたエタノールを静かに加えてゆっくりとガラス棒でかき混ぜると，ガラス棒に繊維状物質が巻き付く。これを再び食塩水に溶かして湯せんした後，(2)の操作をくり返す。

(4) ガラス棒に巻き付いた繊維状物質を少量の水で溶かして，ろ紙上にスポットした後，酢酸オルセイン溶液で染色されるかを調べる。

結果と考察

① (3)の繊維状物質は（⑱　　色）であり，(4)のスポットは（⑲　　色）に染色された。

② (2)と(3)の操作は，DNAからタンパク質を除去するための操作である。**酢酸オルセイン**はDNAを**赤色**に染色する。**メチルグリーン・ピロニン溶液**で染色すると（⑳　　色）に染色される。

B. DNAの複製

1 細胞分裂とDNAの複製

① 体細胞分裂や減数分裂（→p.18）時のDNA量の変化を調べると，それぞれ右図のようになる。

② 細胞の一生は，**分裂期**(M期)と**間期**に分けられ，DNAは間期のある時期に（㉑　　倍）となることから，この時期にDNAの複製が行われていると考えられる。

③ DNAの複製が行われる時期を（㉒　　　　期）(S期)，S期の前の時期を（㉓　　　　期）(G$_1$期)，S期の後の時期を分裂準備期(G$_2$期)とよぶ。

（→Sはsynthesisの頭文字）
（→Gはgapの頭文字）

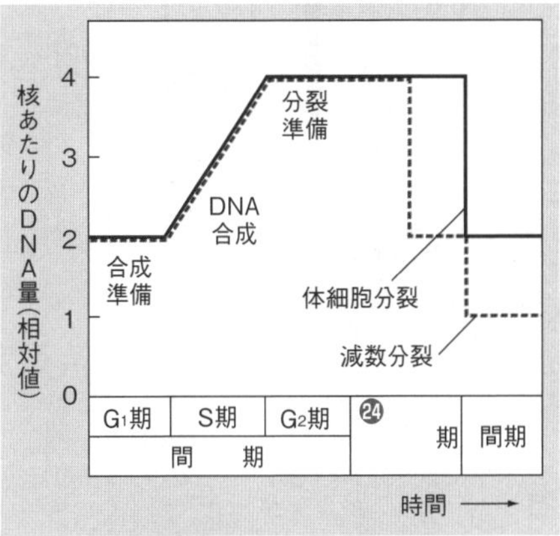

細胞分裂とDNA量の変化

重要 **体細胞分裂でも，減数分裂でも，DNAは間期のS期に2倍に複製される。**

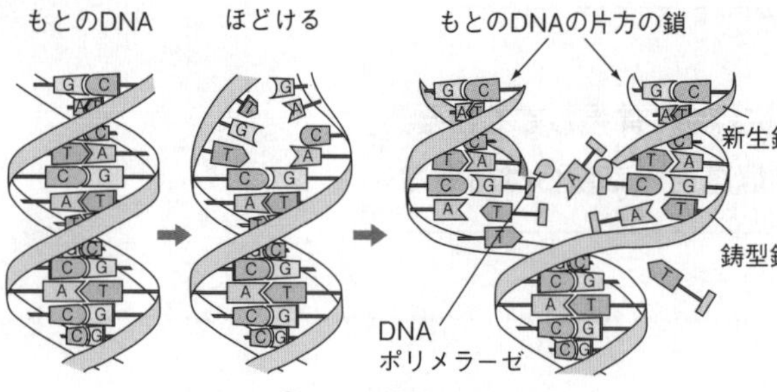

DNAの複製のしくみ

2 DNAの半保存的複製

① DNAの二重らせん構造がほどけて，もとの2本のヌクレオチド鎖がそれぞれ(㉕　　　)となる。

② 鋳型の塩基と(㉖　　　的)な塩基をもつヌクレオチドが，Aと(㉗　　)，Cと(㉘　　)で対をつくる。

③ 新しく並んだヌクレオチドどうしが，(㉙DNA　　　　)(DNA合成酵素)のはたらきによって次々と結合されて，新しいヌクレオチド鎖(新生鎖)がつくられる。◈2

④ このようにして，もとと同じ塩基配列をもつ(㉚　　　本鎖)のDNAが(㉛　　組)できる。

⑤ このようなDNAの複製のしくみを(㉜　　　　　　)といい，(㉝　　　　と　　　　)によって証明された(→p.93)。

◈2
プライマー
DNAの新生鎖の合成には複製起点(複製開始点)となる塩基配列が必要で，この部分と相補的な短いRNA鎖をプライマーという。まず，プライマーとなる短いRNAが合成され，ここからDNAの新生鎖が伸長する。

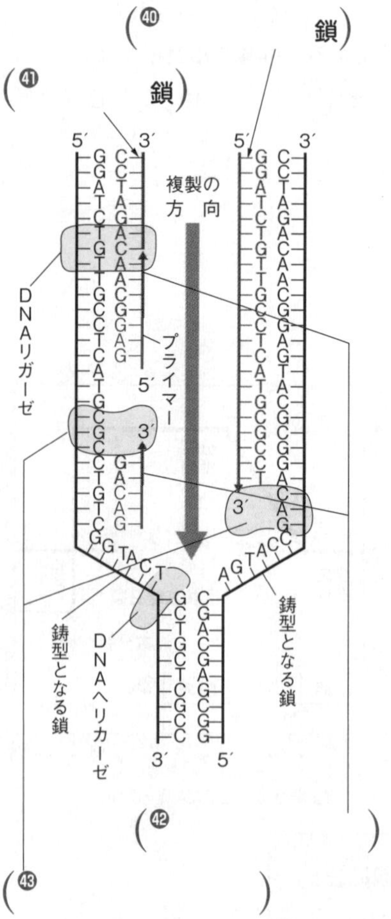

DNA2本鎖それぞれの複製

3 複製のしくみ

① まず，DNAの二重らせんを**DNAヘリカーゼ**(→酵素)がほどく。

② 2本のヌクレオチド鎖が鋳型となって，新しいヌクレオチドが相補的に結合し，これにDNAポリメラーゼが結合するが，DNAポリメラーゼは(㉞　　)→(㉟　　)末端方向だけにしかヌクレオチド鎖を伸ばすことができない。

③ (㊱　　　　鎖)…DNAがほどけていく方向に連続的にできる，新しいヌクレオチド鎖。

④ (㊲　　　　鎖)…リーディング鎖の反対側の鎖。DNAポリメラーゼは，5′→3′方向にしか鎖を伸ばせないので，(㊳　　　　　)(→岡崎令治によって発見された。)とよばれる小さな断片ができ，それらをつないで新生鎖ができる。

⑤ ラギング鎖では，不連続的につくられた断片的な㊳どうしは，(㊴　　　　　)(→酵素)によって結合されて，もとのヌクレオチド鎖と相補的な新しいヌクレオチド鎖が合成される。これらがもとの鎖と新しい2本鎖DNAをつくる。

重要
[DNAの複製]
リーディング鎖は連続的に複製→新生鎖
ラギング鎖は不連続的に複製
→DNAリガーゼで結合→新生鎖

4 複製の誤りと修復　DNAの複製時に誤った塩基対が形成されると，(㊹DNA　　　　　　)は誤ったヌクレオチドを取り除いてから正しいヌクレオチドをつなぎ直すしくみをもっている(修復)。

重要実験

メセルソンとスタールの実験

方法(操作)

(1) 大腸菌は糖のほか，塩化アンモニウム(NH_4Cl)などが培養(ばいよう)に必要である。

(2) 窒素源として^{15}N (^{14}Nよりも密度の大きい窒素原子)からなる$^{15}NH_4Cl$を含む培地で大腸菌を何代も培養すると，大腸菌のDNAを構成するヌクレオチドの塩基中に含まれている窒素はすべて^{15}Nに置き換わる。この密度の大きいDNAを**重いDNA** (^{15}N-^{15}N DNA)と表示する。

(3) 重いDNA (^{15}N-^{15}N DNA)をもつ大腸菌を^{14}Nからなる$^{14}NH_4Cl$を含むふつうの培地に移し，分裂の進行段階をそろえる薬剤を加えて培養し，分裂後の大腸菌のDNAの密度を密度勾配遠心法によって調べる。

結果と考察

1回目の分裂後，大腸菌のDNAのうち(㊺　　　　)が**中間の密度のDNA** (^{14}N-^{15}N DNA)となった。2回目の分裂後には，^{14}N-^{15}N DNAと**軽いDNA** (密度の小さい^{14}N-^{14}N DNA)の比が(㊻　　　:　　　)となった。続く3回目，4回目の分裂後には，次のようになった。

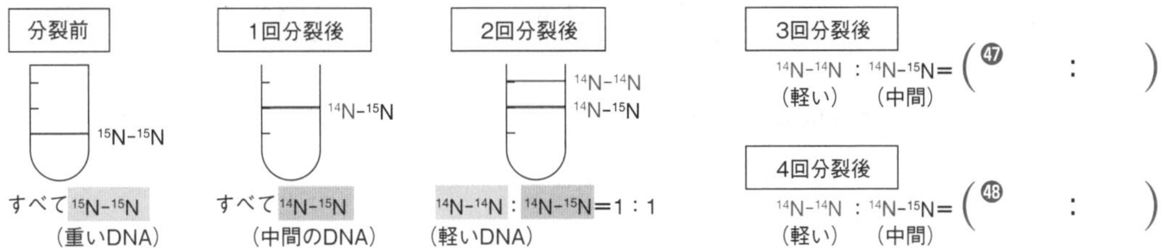

上の結果をDNAで示すと次のように示すことができる。

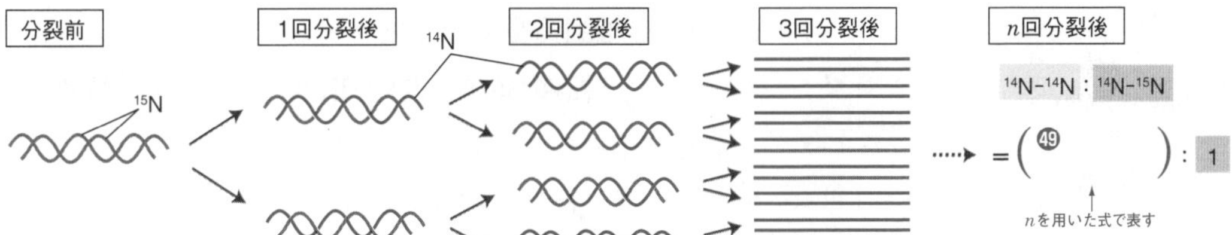

解説

密度勾配遠心法…塩化セシウム(CsCl)溶液に遠心力を加えると，塩化セシウムの濃度勾配ができ，底に近いほど濃度が高くなる。この試験管にDNAを加えると，DNAはその密度とつり合った部分に集まるので，^{14}N，^{15}Nを含むDNAのごくわずかな密度の差でもそれぞれのDNAを分離することができる。

ミニテスト　[解答] 別冊p.10

1 DNAの構成単位を何というか。(　　　　)

2 1は何と何と何からできているか。(　　　　)(　　　　)(　　　　)

3 DNAの複製方式を何というか。(　　　　)

4 岡崎フラグメントどうしを結合する酵素を何というか。(　　　　)

2 遺伝情報と形質発現

［解答］別冊p.11

A. RNA（リボ核酸）

核酸には，DNA以外に**RNA**（**リボ核酸**）がある。

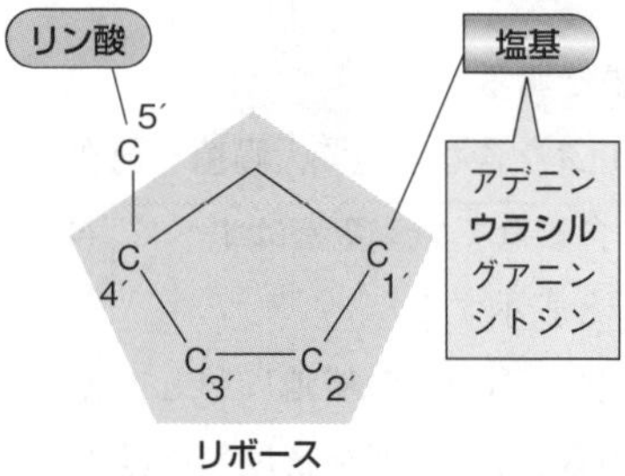

↑RNAのヌクレオチド

1 RNAの構成単位と構造

① **RNA**の構成単位は（❶　　　　　　）である。（→DNAと同じである。）

② そのヌクレオチドは，**リン酸**，（❷　　　　　　）（糖），4種類の**塩基A**：**アデニン**，**U**：（❸　　　　　　），**G**：**グアニン**，**C**：**シトシン**よりなる。（→DNAのT：チミンのかわり。）

③ RNAは，DNAと異なり，一本鎖である。（→DNAは二重らせん構造である。）

重要 ［DNAとRNAの相違点］

	糖	塩基	構造
DNA	デオキシリボース	A，T，G，C	二重らせん構造
RNA	リボース	A，U，G，C	一本鎖

2 RNAの種類

RNAには次の3種類があり，遺伝情報をもとに形質を発現する過程[※1]において，それぞれ異なった重要なはたらきをしている。

① （❹　　　　　　）（**伝令RNA**）…DNAの塩基配列を**転写**（→p.95）して，DNAの情報を**細胞質基質のリボソーム**に伝える。（DNAの塩基配列がRNAに写し取られる過程を転写という。）

② （❺　　　　　　）（**転移RNA**，**運搬RNA**）…mRNAの情報にしたがってアミノ酸をリボソームへ運ぶ（→p.96）。

③ （❻　　　　　　）（**リボソームRNA**）…タンパク質と共にリボソームを構成し，**翻訳**（→p.96）の場となる。（→mRNAの塩基配列がアミノ酸配列に読みかえられる過程を翻訳という。）

重要 ［RNAの種類］
mRNA，tRNA，rRNAの3種類があり，役割が異なる。

※1
遺伝情報の流れは次のようになっており，2つのタイプの形質発現がある。

DNAの塩基配列（遺伝情報）
↓転写
mRNAの塩基配列
↓翻訳
アミノ酸配列
↓
タンパク質の決定
1↓　　↓2
構造タンパク質（形質発現）　　酵素
↓反応
物質A → 物質B（形質発現）

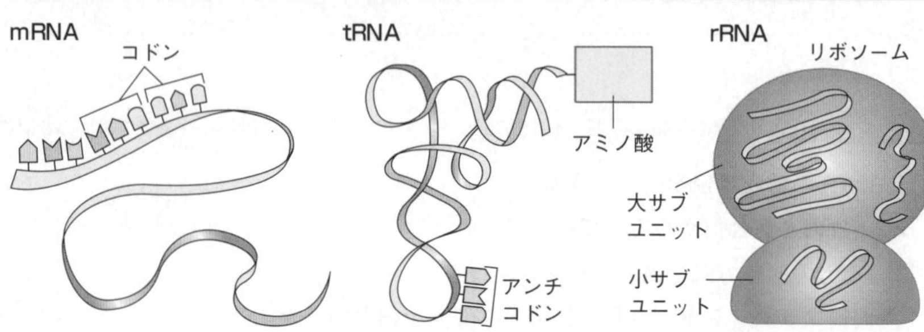

RNAの種類→

B. 転写(真核細胞の場合) 出る

1 転写とそのしくみ

① 転写でも複製と同様にDNAが(❼　　　)となり，そのDNAの塩基配列と(❽　　　的)な塩基配列をもつRNAがつくられる。[◈2] DNAの二本鎖のうち，どちらが転写されるかは決まっており，転写される鎖を**アンチセンス鎖**，転写されない鎖を**センス鎖**という。[◈3]

② DNAの特定の部分で水素結合が切れて二重らせんがほどける。すると，転写の目印となる塩基配列である(❾　　　)の部分に**基本転写因子**と(❿　　　)(**RNA合成酵素**)が結合して転写を開始する。RNA合成ではDNA複製のようにプライマーを必要としない。

③ **RNAポリメラーゼ**は，鋳型となるDNAの塩基に対応するRNAのヌクレオチドを(⓫　　→　　)末端方向に順に連結してヌクレオチド鎖をつくる。

④ この過程を(⓬　　　)といい，終了した部分からDNAはもとの二重らせん構造にもどる。

⑤ 転写は，DNA上の終了を意味する塩基配列まで続き，そこで終了する。RNAの合成が終わると，RNAポリメラーゼはDNAからはずれる。

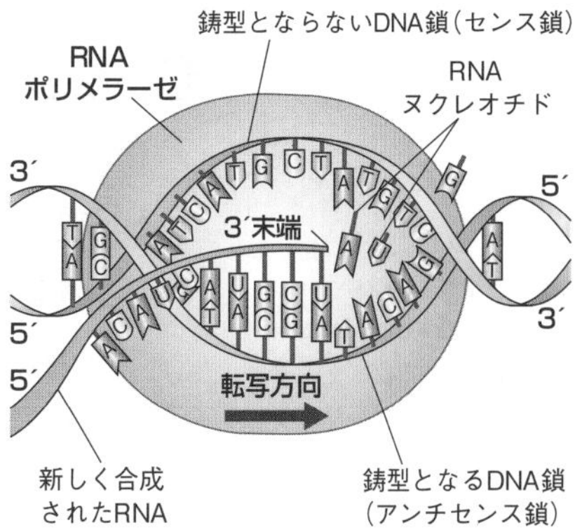

⬆ 転写とRNAポリメラーゼ

◈2
転写と塩基の対応

DNAの塩基	A	T	C	G
	↓	↓	↓	↓
RNAの塩基	U	A	G	C

◈3
DNAの2本の鎖のうち，mRNAと同じ塩基配列(TはUに置き換わる)を**センス**(sense)**鎖**という。これに対してmRNA合成の鋳型となる側の鎖を**アンチセンス鎖**という。実際に転写に使われるのはアンチセンス鎖である。

2 スプライシング

① 真核細胞では，DNAの塩基配列の中に遺伝子としてはたらく(⓭　　　)と，遺伝子としてはたらかない(⓮　　　)が含まれている。

② 転写によってできたRNAから**イントロンを除去**する過程を(⓯　　　)という。
(└→ mRNA前駆体という。)

③ ②の処理後，(⓰　　　)が完成する。

3 選択的スプライシング

スプライシングの過程で，取り除くイントロンの部分が異なる結果，塩基配列の異なる(⓱　　　)ができることを(⓲　　　)という。

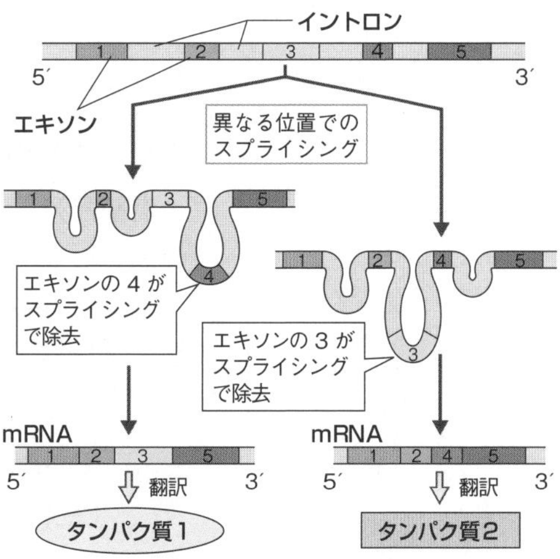

⬆ 選択的スプライシング

重要 DNAのアンチセンス鎖 ⟶ RNA ⟶ mRNA
(↑ 転写　↑ スプライシング)

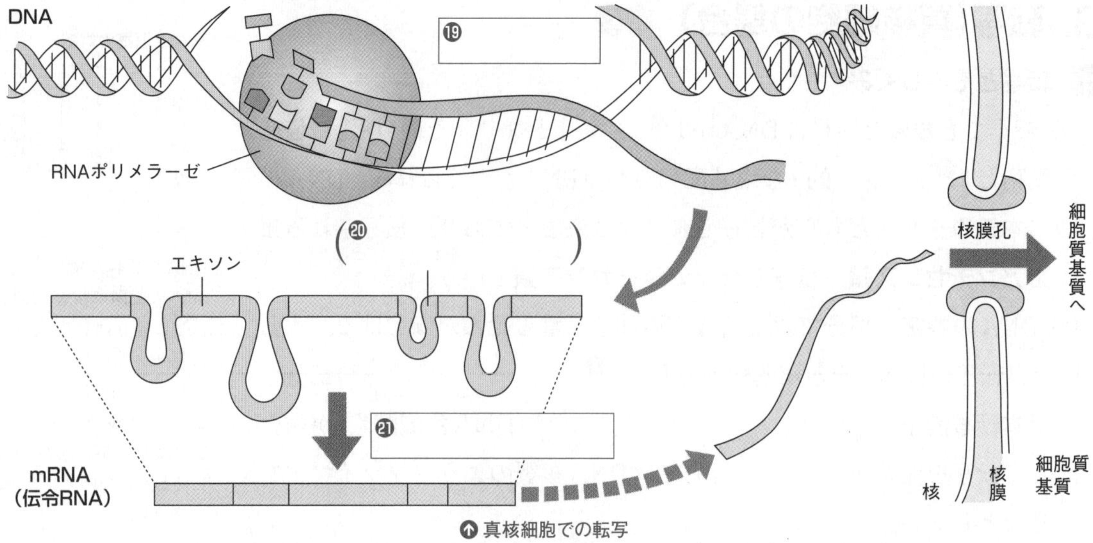

⬆ 真核細胞での転写

C. 翻訳のしくみ(真核細胞の場合) 出る

① タンパク質の合成は細胞質基質の(㉒)上で行われる。

② mRNAの塩基配列は(㉓ 個)で1つのアミノ酸を指定する。[4] この遺伝暗号を(㉔)という。核膜孔から細胞質基質に出たmRNAは(㉕)と結合する。

↳ ダルマ形をした細胞小器官。

③ mRNAに付着したリボソーム上で，mRNAの**コドン**に対応する(㉖)と結合したtRNAが，(㉗)の部分でmRNAのコドンと結合する。

④ リボソームによってアミノ酸どうしが(㉘ 結合)し，アミノ酸を運んできたtRNAは離れていく。これをくり返すことで，ポリペプチドの末尾にアミノ酸が次々とペプチド結合していき，DNAの塩基配列(遺伝情報)にしたがったタンパク質が合成される。[5] この過程を(㉙)という(次ページ上図)。

[4] **トリプレット**
DNAの塩基配列3つで1つのアミノ酸を指定するとき，塩基3つの並びをトリプレットという。トリプレットのうち，mRNAのものを**コドン**，tRNAのものを**アンチコドン**という。コドンには，次のページの表のように翻訳の開始や終わりを指定するものもある。

[5] **フォールディング**
合成されたポリペプチドは折りたたまれてタンパク質の特定の立体構造を形成する。この過程をフォールディングといい，これが正しく成されるよう補助する**シャペロン**とよばれるタンパク質が多数存在する。

重要 [転写と翻訳(真核細胞)]

転写(核内) 翻訳(リボソーム)

DNAの塩基配列 → **mRNAのコドン** → **タンパク質のアミノ酸配列** → **形質発現**

D. 原核細胞の転写と翻訳

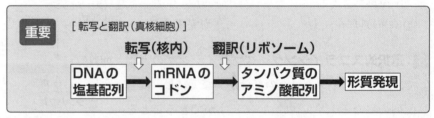

① 一般に，原核細胞のDNAには(㉞)の部分がないので，(㉟)の過程はなく，DNAの塩基配列を転写した

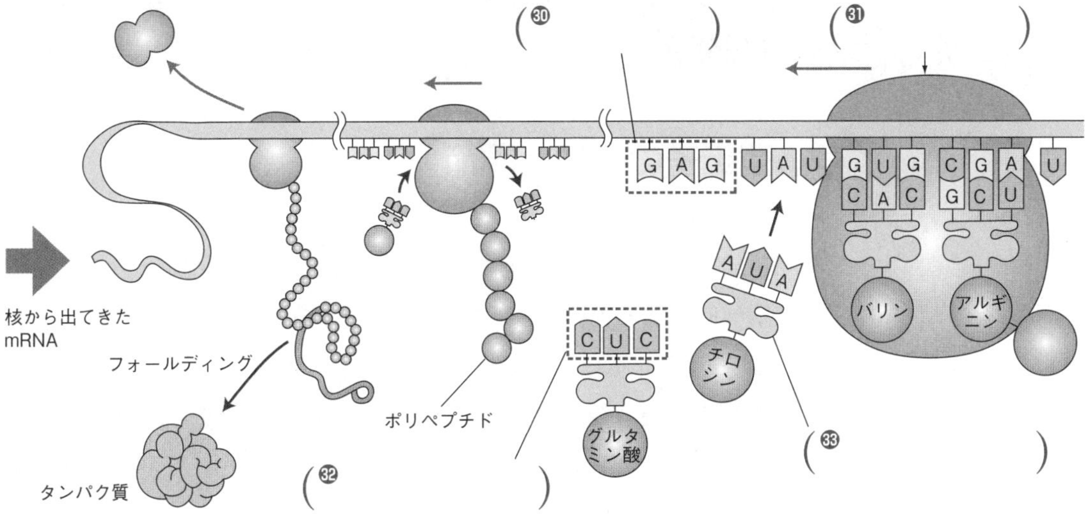

⬆ 真核細胞での翻訳

RNAはそのままmRNAとしてはたらく。

② mRNAが合成されるとその端に(㊱)が結合して翻訳が始まり，タンパク質が合成される。すなわち，原核細胞では転写と(㊲)が同時に行われる。

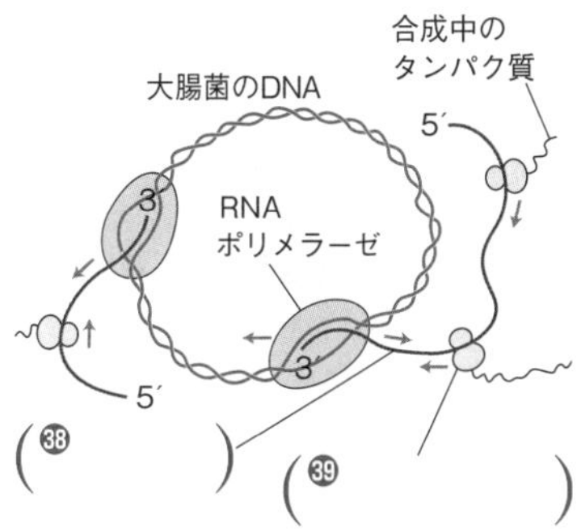

⬆ 原核生物の転写と翻訳

E. コドン表(遺伝暗号表)

ニーレンバーグらの大腸菌抽出物（翻訳に必要な酵素などはそろっている。）と人工RNAを使った実験により，遺伝暗号が解明された。

① UUUUUU…という塩基配列のRNAからは，(㊵)のみからなるタンパク質が合成された。

② UGUGUG…という塩基配列の場合には，バリンとシステインが交互に配列するタンパク質が，UGGUGG…という塩基配列の場合には，バリン，グリシン，トリプトファンのみからなるタンパク質が1：1：1でできた。よって，GUGは(㊶)を指定するコドンだと判明した。

③ 同様の実験をくり返して，上のコドン表がつくられた。

1番目の塩基	2番目の塩基 U	C	A	G	3番目の塩基
U	UUU フェニルアラニン	UCU セリン	UAU チロシン	UGU システイン	U
U	UUC	UCC	UAC	UGC	C
U	UUA ロイシン	UCA	UAA 終止コドン	UGA 終止コドン	A
U	UUG	UCG	UAG	UGG トリプトファン	G
C	CUU ロイシン	CCU プロリン	CAU ヒスチジン	CGU アルギニン	U
C	CUC	CCC	CAC	CGC	C
C	CUA	CCA	CAA グルタミン	CGA	A
C	CUG	CCG	CAG	CGG	G
A	AUU イソロイシン	ACU トレオニン	AAU アスパラギン	AGU セリン	U
A	AUC	ACC	AAC	AGC	C
A	AUA	ACA	AAA リシン	AGA アルギニン	A
A	AUG メチオニン（開始コドン）	ACG	AAG	AGG	G
G	GUU バリン	GCU アラニン	GAU アスパラギン酸	GGU グリシン	U
G	GUC	GCC	GAC	GGC	C
G	GUA	GCA	GAA グルタミン酸	GGA	A
G	GUG	GCG	GAG	GGG	G

⬆ コドン表（遺伝暗号表）

3 形質発現の調節

［解答］別冊p.11

A. 遺伝子の発現と調節

遺伝子発現の調節は，おもに（❶　　　）の開始段階を調節することで行われる。遺伝子の発現には次の2つのタイプがある。

① **構成的発現**[1]…生存に必要な代謝に関係する酵素などを常に合成して発現すること。遺伝子の転写が常に行われている。

② **調節的発現**…発生段階などに応じてonとoffが切りかわるような発現。（❷　　　**遺伝子**）によってつくられる（❸　　　**タンパク質**）が他の遺伝子の転写を調節するなどして制御される。

◈1
構成的発現の例
ATP合成にはたらく酵素の遺伝子のように，どの細胞でも細胞の生存に必要な遺伝子(**ハウスキーピング遺伝子**)は，常に発現している。

B. 原核生物の遺伝子の発現調節(オペロン説)

原核生物では，関連する複数の酵素などの遺伝子(**構造遺伝子**)が隣り合った転写単位である（❹　　　）が存在し，**調節遺伝子**によって共通の制御を受けている[2]。

① ラクトース（乳糖ともよばれる糖の一種）がない環境では，（❺　　　**遺伝子**）がつくった調節タンパク質(**リプレッサー**[3])が（❻　　　）とよばれる調節領域と結合し，β-ガラクトシダーゼ（乳糖分解酵素。乳糖をグルコースとガラクトースに分解する。ラクターゼともいう。）をつくる遺伝子の転写を止めている。

② グルコースがなくラクトースがある環境では，**調節遺伝子**がつくった**調節タンパク質**にラクトースの代謝産物が結合し，調節タンパク質が**オペレーター**に結合しなくなる。すると，**RNAポリメラーゼ**（RNA合成酵素）が（❼　　　）の部分に結合し，（❽　　　）を合成する**構造遺伝子**の転写，翻訳が始まり，❽が合成されて，（❾　　　）が分解されるようになる。

◈2
これは，1961年に**ジャコブとモノー**によって提唱された考え方で，**オペロン説**とよばれる。また，ラクトースの分解に関係する**酵素群**の遺伝子のオペロンを**ラクトースオペロン**という。

◈3
ラクトースオペロンのように，**リプレッサー**(抑制因子)とよばれる調節タンパク質が転写を抑制する調節は，**負の調節**とよばれる。逆に，**アクチベーター**(活性化因子)とよばれる調節タンパク質が転写を促進する調節は，**正の調節**とよばれる。

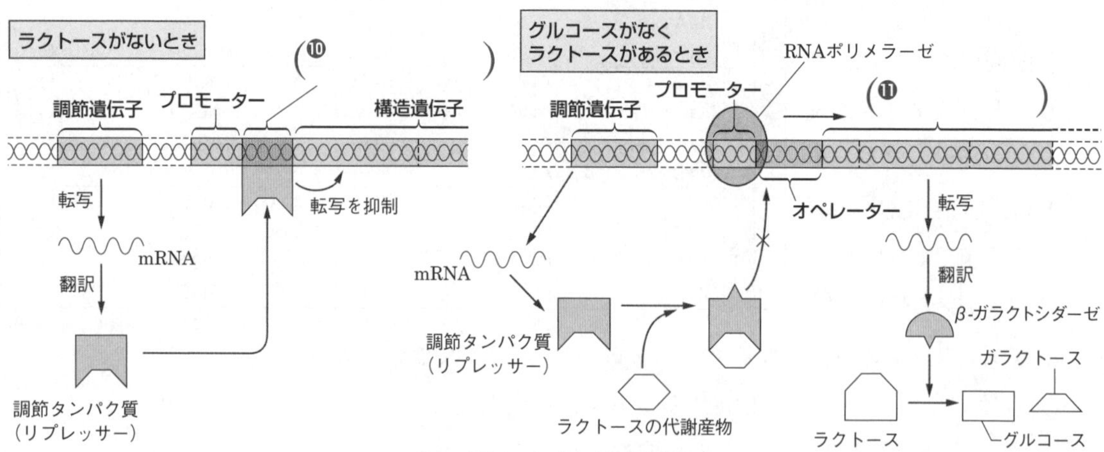

⬆ β-ガラクトシダーゼ合成の調節

C. 真核生物の転写調節

1 転写調節

① 真核生物の(⓬　　　　ポリメラーゼ)は**基本転写因子**とともに**転写複合体**をつくり，(⓭　　　　　　)に結合して転写を調節する。

② また，**リプレッサー**やアクチベーターなどの(⓮　　　　　　)も，転写複合体に作用して転写を調節している。

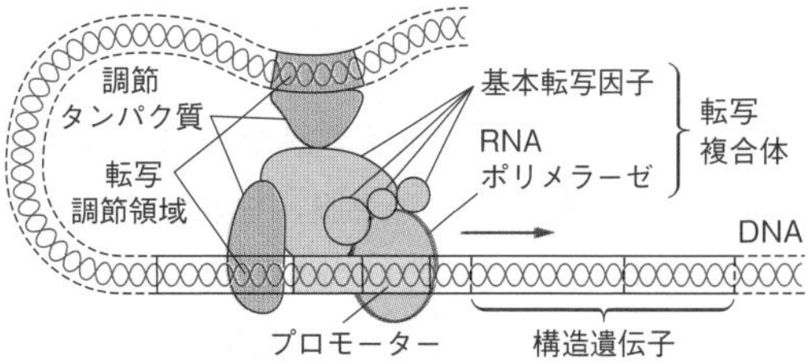

真核生物の転写を調節するタンパク質

2 染色体の構造と遺伝子発現

真核生物のDNAは(⓯　　　　　　)に巻き付き，さらに折りたたまれて**クロマチン**(**クロマチン繊維**)をつくっている。右図のようにこれが高次に折りたたまれている部分では転写されにくく，ゆるんでいる部分では転写されやすい状態となる。

クロマチンが最も折りたたまれた状態が染色体である。

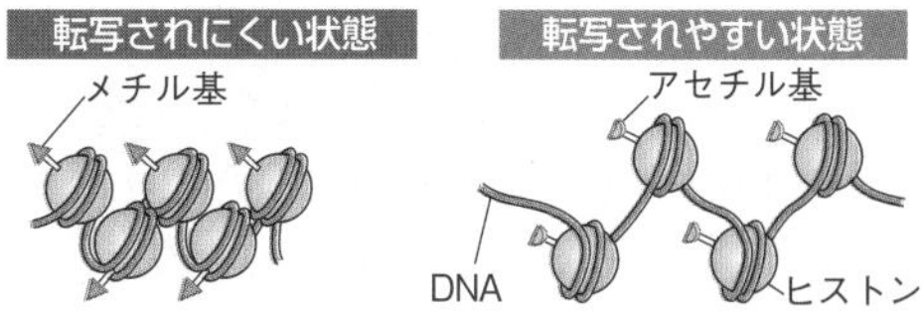

クロマチンと転写のされやすさ

3 細胞の分化と調節遺伝子

① 多細胞生物では，ある調節遺伝子がつくった調節タンパク質が，次の(⓰　　　　　　)の発現を調節する。このくり返しで細胞は分化する。

② 発生過程ではたらく調節遺伝子に突然変異が起こると，ホメオティック突然変異などさまざまな突然変異体が生じる。

→p.113

4 ホルモンによる遺伝子発現の調節

① ハエやカなどの**だ腺染色体**に見られる(⓱　　　　)の位置は，発生が進むにしたがって変化する。

② 前胸腺から分泌されるエクジステロイドを注射すると，パフの位置が幼虫型から蛹(さなぎ)型に変化して，幼虫の蛹化(ようか)が始まる。これは，**エクジステロイド**が細胞内の受容体と結合して複合体を形成し，調節タンパク質と同様にDNAの調節領域に結合して，(⓲　　　　)を調節しているためである。

前胸腺：昆虫に見られる内分泌腺の1つ。
エクジステロイド：変態を促進するホルモンである。
蛹化：蛹への変態のこと。

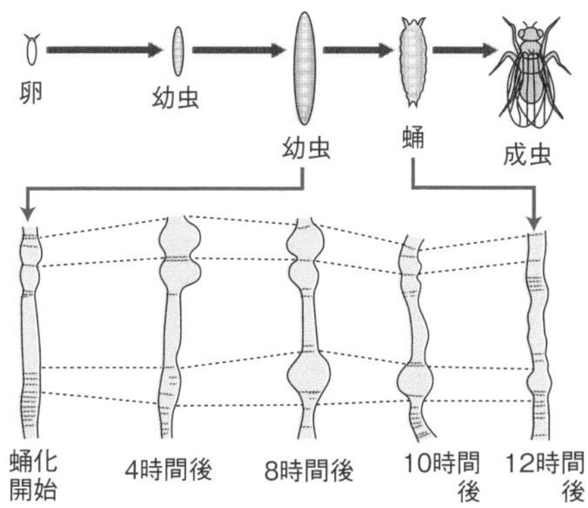

だ腺染色体のパフの変化
(キイロショウジョウバエ)

ミニテスト

[解答] 別冊p.11

1 原核生物のオペロンの転写を調節する領域のうち，調節タンパク質が結合することで転写を抑制したり促進したりする領域を何というか。(　　　　　)

2 調節タンパク質のうち，転写を抑制するはたらきをもつものを何というか。(　　　　　)

練習問題　1章　遺伝情報とその発現

［解答］別冊 p.28

1 〈DNAの複製のしくみ〉

▶わからないとき→p.90～93

DNAの複製に関する次の各問いに答えよ。

窒素源として密度の大きい窒素 ^{15}N のみを含む培地で何回も分裂させ，^{15}N のみをもつ状態にした大腸菌を，密度の小さい窒素 ^{14}N のみを窒素源としてもつ培地で分裂させた。1回目，2回目，3回目，4回目の分裂の後，大腸菌からDNAを取り出してその密度を測定した。ただし，密度の大きい窒素からなるDNAを ^{15}N-^{15}N DNA，密度の小さい窒素からなるDNAを ^{14}N-^{14}N DNA，中間の密度のDNAを ^{14}N-^{15}N DNAと示すものとする。

(1) このような実験を初めて行ったのは誰と誰か。

(2) この実験により明らかになったDNAの複製のしくみを何というか。

(3) 1回目，2回目，3回目，4回目の分裂をさせた後のそれぞれのDNAの比（^{15}N-^{15}N DNA：^{14}N-^{15}N DNA：^{14}N-^{14}N DNA）はどのようになるか。

ヒント (2)(3) 2本のDNA鎖が1本ずつに分かれ，それぞれの対になる新たな鎖ができることで1分子のDNAから2分子のDNAが合成される。

1
(1) ＿＿＿＿
＿＿＿＿
(2) ＿＿＿＿
(3) 1回目 ＿＿＿＿
2回目 ＿＿＿＿
3回目 ＿＿＿＿
4回目 ＿＿＿＿

2 〈DNAの複製の方向性〉

▶わからないとき→p.92

右の図は，DNAの二重らせんがほどけて新しいヌクレオチド鎖A，Bが合成されるようすの模式図である。a～cは酵素を示し，Aはdのような短いヌクレオチド鎖の断片が酵素aによりつながってできることが知られている。次の各問いに答えよ。

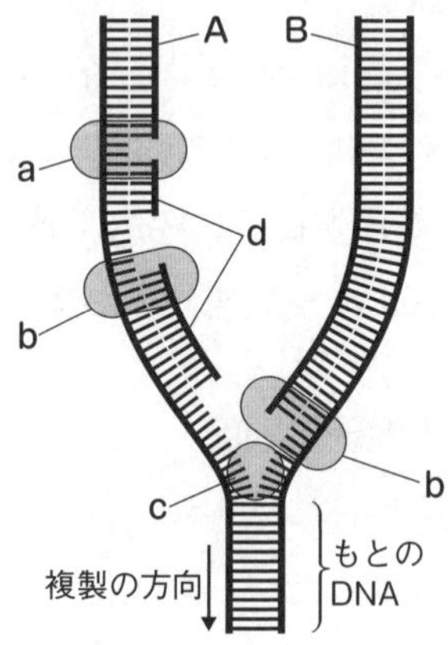

(1) a～cの酵素，dの断片を何というか。

(2) A，Bのヌクレオチド鎖を何というか。

(3) Bのヌクレオチド鎖の伸長方向は，図では上と下のどちらか。

2
(1) a ＿＿＿＿
b ＿＿＿＿
c ＿＿＿＿
d ＿＿＿＿
(2) A ＿＿＿＿
B ＿＿＿＿
(3) ＿＿＿＿

3 〈遺伝情報と形質発現〉

▶わからないとき→p.94～97

次の①～⑥の文は，真核生物において遺伝情報をもとに形質が発現するしくみを順に示したものである。これについて，あとの各問いに答えよ。

① DNAの塩基配列と［ⓐ］的な塩基配列をもつRNAがつくられる。

② ①のRNAから，［ⓑ］が除去され，［ⓒ］ができる。

③ ［ⓒ］が核内から細胞質基質へと出て，リボソームに付着する。

④ ［ⓒ］の情報にしたがったアミノ酸を，［ⓓ］がリボソームに運んでくる。

⑤ 運ばれてきたアミノ酸どうしが，［ⓔ］結合によってつながれる。

⑥ ④，⑤がくり返されて，遺伝情報にしたがったポリペプチドからなる［ⓕ］が合成され，その結果，形質が発現する。

(1) ①～⑥の文中のⓐ～ⓕに適当な語句を入れて文章を完成させよ。

3
(1) ⓐ ＿＿＿＿
ⓑ ＿＿＿＿
ⓒ ＿＿＿＿
ⓓ ＿＿＿＿
ⓔ ＿＿＿＿
ⓕ ＿＿＿＿

(2) ①の過程を何というか。

(3) ②の，遺伝子として翻訳しない塩基配列を除去する過程を何というか。

(4) (3)の過程で除去されずに残るのは，遺伝子としてはたらく塩基配列である。この塩基配列を何というか。

(5) ⑥の過程を何というか。

(6) DNAの塩基配列がATAAAGCTAであるとき，これに対応するⓒの塩基配列を答えよ。

(7) DNA（アンチセンス鎖）の塩基配列がATAAAGCTAであるとき，これにしたがったアンチコドンの塩基配列を答えよ。一連のものとして9文字でまとめて答えること。

ヒント (3)(4) 遺伝子として翻訳されない塩基配列をイントロンという。

(2) ＿＿＿＿
(3) ＿＿＿＿
(4) ＿＿＿＿
(5) ＿＿＿＿
(6) ＿＿＿＿
(7) ＿＿＿＿

4 〈オペロン説〉

▶わからないとき→p.98

大腸菌がつくるβガラクトシダーゼはラクトースをグルコースとガラクトースに分解するはたらきがある。グルコース培地では，大腸菌はβガラクトシダーゼをつくらないが，ラクトース培地ではβガラクトシダーゼを合成するようになる。この遺伝子発現の調節は①転写調節の一例である。②ある学者達はこの転写調節をオペロン説によって説明した。次の各問いに答えよ。

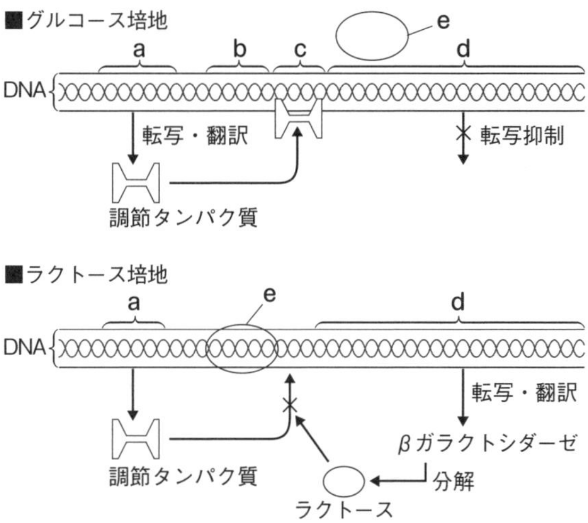

(1) 図中のa～dの部分の名称を答えよ。

(2) 図中のeの酵素の名称を答えよ。

(3) 下線部①の転写調節は，負の調節か，正の調節か答えよ。

(4) 下線部②のある学者たちというのは，誰と誰か。

4
(1) a ＿＿＿＿
b ＿＿＿＿
c ＿＿＿＿
d ＿＿＿＿
(2) ＿＿＿＿
(3) ＿＿＿＿
(4) ＿＿＿＿

5 〈真核生物の転写調節〉

▶わからないとき→p.99

真核生物の転写調節について説明した次の文を読み，各問いに答えよ。

真核生物では，RNAポリメラーゼが構造遺伝子の前にある（ a ）という部位に結合するためには，RNAポリメラーゼと複数の（ b ）が結合して転写複合体をつくり，さらに転写複合体に複数の（ c ）が結合する必要がある。（ c ）はDNA上の転写調節領域（調節配列）とよばれる特定の塩基配列と結合した状態で，転写複合体と結合して転写を調節する。

(1) 文中の空欄a～cに適当な語句を記せ。

(2) cのうち，転写を抑制するはたらきがあるものを何というか。

5
(1) a ＿＿＿＿
b ＿＿＿＿
c ＿＿＿＿
(2) ＿＿＿＿

2章 発生と遺伝子発現

1 動物の配偶子形成と受精

[解答] 別冊p.11

◈1
ヒトの精子形成
精細胞から精子への変形は，下図のようにして起こる。

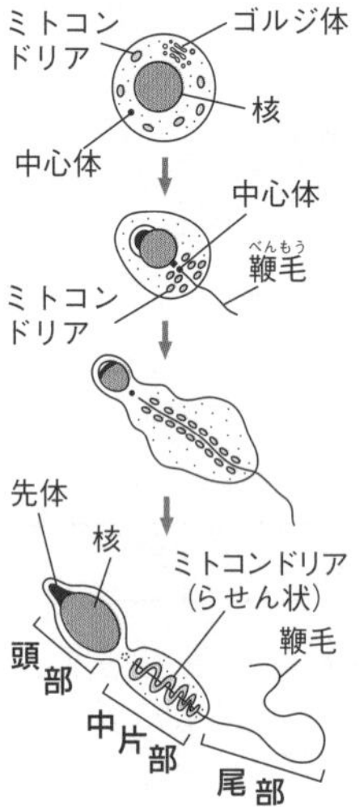

A. 動物の配偶子形成 出る

1 精子の形成　雄の (❶　　　　) 内で，次の順序で行われる。

① **始原生殖細胞**(2n)の体細胞分裂で (❷　　　　　　) (2n)ができ，さらに体細胞分裂をくり返して成熟し，(❸　　　　　　**細胞**) となる。

② **一次精母細胞**(2n)は減数分裂を行い，第一分裂によって**二次精母細胞**(n)となり，第二分裂によって，4個の (❹　　　　　　) (n)となる。

③ **精細胞**(n)は変形して，運動性をもった (❺　　　　　　) (n)になる。◈1

2 卵の形成　雌の (❻　　　　) 内で，次の順序で行われる。

① **始原生殖細胞**(2n)の体細胞分裂で (❼　　　　　　) (2n)ができる。

② **卵原細胞**(2n)は体細胞分裂をくり返して増殖し，やがて細胞内に卵黄を蓄えて (❽　　　　　　**細胞**) (2n)となる。
　└→ 養分となる脂肪粒

③ 一次卵母細胞(2n)は減数分裂を行うが，これは著しい不等分裂で，第一分裂によって，細胞質に富む大きな (❾　　　　　　**細胞**) (n)と小さな**第一極体**(n)になる。
　└→ 第二分裂をするものとしないものがある。

④ ❾はさらに第二分裂によって，1個の大きな (❿　　　　　　) (n)と小さな**第二極体**(n)になる。極体はやがて退化・消失する。

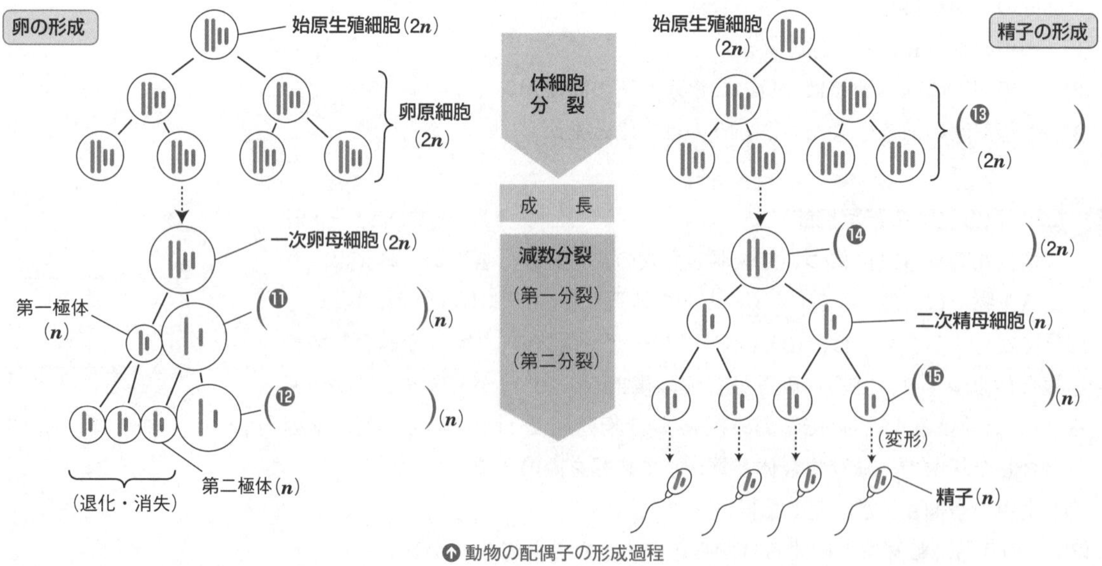

⬆ 動物の配偶子の形成過程

重要　1個の一次精母細胞(2*n*) ⟶ 4個の精子(*n*)
↕ 減数分裂
1個の一次卵母細胞(2*n*) ⟶ 1個の卵(*n*)＋3個の極体(*n*)

B. 受精(ウニ)

1 精子での反応

① **単相**(*n*)の精子が**単相**(*n*)の卵に進入し，**精核**と(⑯　　　核)が融合して**複相**(2*n*)の(⑰　　　卵)ができる過程を(⑱　　　)という。

② ウニでは，**精子が卵のゼリー層**[◆2]**に接触**すると，精子の頭部にある(⑲　　　)からゼリー層を溶かす酵素などが放出される(右図Ⓐ)。これを**先体反応**という。

③ また，精子の内部の中心体からアクチンフィラメントの束が糸状に伸び，精子の頭部の細胞膜を押し伸ばして(⑳　　　)を形成する(右図Ⓑ)。

◆2
ウニは卵の細胞膜の外側に**卵黄膜**(卵膜)があり，その外側に**ゼリー層**がある。

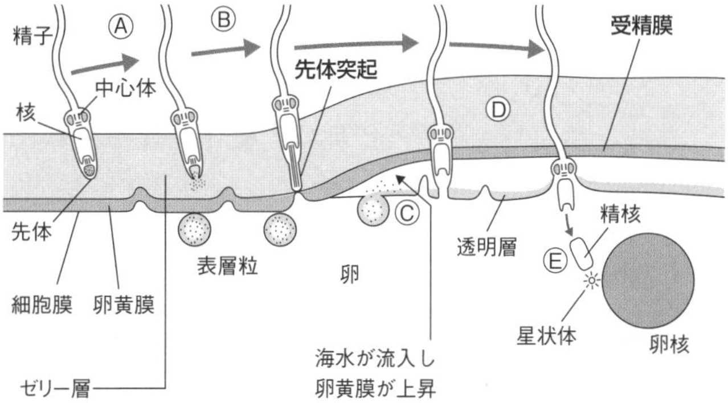

⬆ 先体反応と受精膜の形成(ウニ)

2 卵での反応

① 精子の先体突起が卵の細胞膜に達して，精子と卵の細胞膜が融合すると，卵内の細胞膜付近にある(㉑　　　)の内容物が，細胞膜と卵黄膜との間に放出される。これを**表層反応**という(上図Ⓒ)。

② **卵黄膜**は細胞膜から離れ，硬くなって(㉒　　　)[◆3]となる(上図Ⓓ)。㉒が形成されることによって，他の精子の卵への進入は防がれる[◆4]。
└→ 細胞膜と卵黄膜の間に海水が流入することで，卵黄膜が上昇する。

③ 卵内では，進入した精子の頭部から(㉓　　　)と**中心体**が放出され，中心体から**微小管**が伸びて**星状体**(精子星状体)が形成される。精核は卵核のもとに移動し，やがて精核と卵核が融合して**受精が完了**する(上図Ⓔ)。

◆3
精子の進入により**受精膜**が形成されるが，それまで約1分かかる。受精膜ができる前に，細胞内へのNa^+の流入とそれに伴う膜電位の変化が起こり，他の精子が卵に入らないようにするしくみもある。

◆4
他の精子が卵に進入できなくなることを**多精拒否**といい，これにより複数の精子が受精することを防いでいる。

ミニテスト　［解答］別冊p.11

1 精子と卵の形成が行われる器官をそれぞれ答えよ。　(　　　)(　　　)
2 精子の形成と卵の形成で，減数分裂を始める細胞をそれぞれ答えよ。　(　　　)(　　　)
3 卵の形成の過程で生じる核相*n*の細胞を卵細胞のほかに2つ答えよ。　(　　　)(　　　)
4 ウニの受精で，繊維状タンパク質により精子の頭部先端に形成される突起は何か。　(　　　)
5 受精時に卵黄膜が細胞膜から離れ，硬くなり形成される膜を何というか。　(　　　)

2 卵割と初期発生

[解答] 別冊p.12

A. 卵割と胚の発生

1 発生と卵割

① 受精卵が体細胞分裂をくり返して親と同じ形態になるまでの過程を（❶　　　）という。

② 受精卵から始まる発生初期の体細胞分裂は，特に（❷　　　）という。これは通常の体細胞分裂とは異なり，間期に細胞が成長しないため，**分裂のたびに娘細胞が小さくなる**[◈1]。（DNAの複製は起こる。）

③ 卵割によって生じる細胞を（❸　　　）という。

④ 卵は，極体が放出された部分を（❹　　　）といい，反対側を（❺　　　）という。両極の中間の面を**赤道面**という[◈2]。赤道面より動物極側を動物半球，植物極側を植物半球という。

◈1
体細胞分裂と卵割

体細胞分裂

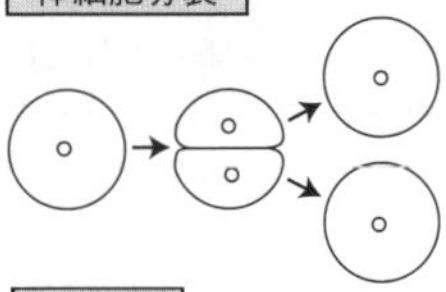

卵　割

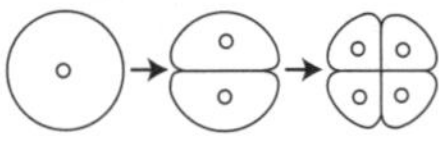

◈2
卵の各部の名称と卵割の方向

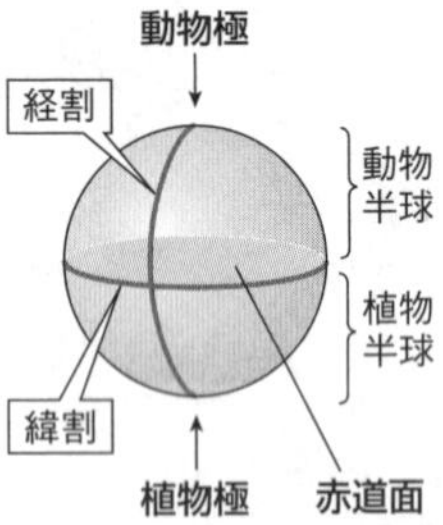

2 卵の種類と卵割

卵は，発生に必要な栄養分を（❻　　　）として蓄えている。卵は，卵黄の量と分布から次のように分類される。卵黄は卵割を妨げるので，卵黄の量や分布によって卵割様式も異なる。

卵の種類	卵黄の量	例	卵割の様式
等黄卵[◈3]	少ない	ウニ 哺乳類	**等割** 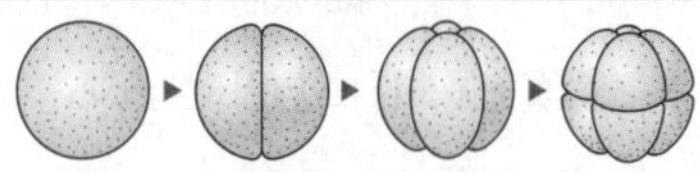
端黄卵[◈3]	多い	カエル イモリ	**不等割** 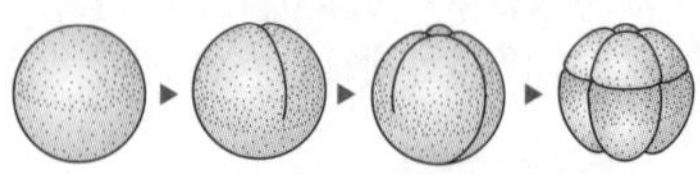
端黄卵[◈3]	非常に多い	鳥類 魚類 ハ虫類	**盤割** 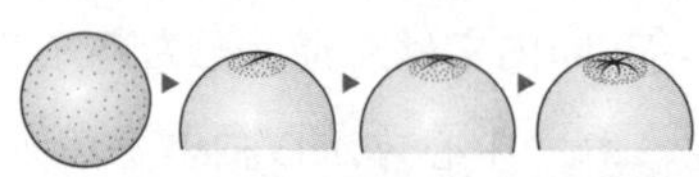
心黄卵[◈3]	多い	昆虫 クモ	**表割** 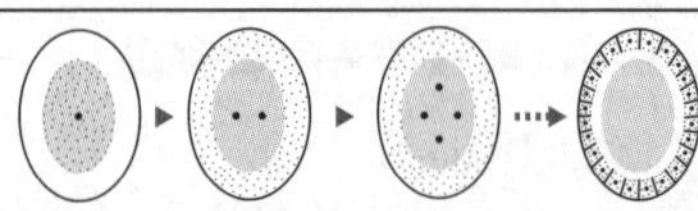

◈3
卵黄がほぼ均一に分布している卵を等黄卵，卵黄が植物極側に多く動物極側に少ない卵を端黄卵，卵黄が中央に偏っている卵を心黄卵という。

> **重要**　[卵割と割球]
> **卵割…発生初期の体細胞分裂。間期に細胞が成長せず，分裂のたびに娘細胞が小さくなる。**
> **割球…卵割によって生じる細胞。**

B. ウニの発生 出る

① **受精卵**…卵黄が少なく，均等に分布した小形の卵➡等黄卵。└→p.104

② **2細胞期→4細胞期→8細胞期→…**。➡卵割の様式は等割。

③ **桑実胚**(そうじつはい)…細胞数100～250。内部に(❼　　　　)ができる。

④ (❽　　　　**胚**)…卵割腔(こう)が大きく発達して(❾　　　　)になる。この時期に胚は受精膜を破って**ふ化**し，繊毛(せんもう)を使って水中に泳ぎ出す。

⑤ (❿　　　　**胚**)…(⓫　　　　)側の細胞層の**陥入**が起こり，**原腸**ができる。また，**外胚葉**・(⓬　　　　)・**内胚葉**が分化[4]する。

⑥ **プリズム**(プリズム幼生)…口ができる。この時期以降を**幼生**という。
└→原口の反対側にできる。

⑦ (⓭　　　　**幼生**[5])…各胚葉からいろいろな器官が分化する。

[4] **3胚葉からのウニの器官の分化**
- **外胚葉**➡表皮・神経系
- **中胚葉**➡骨片・筋肉
- **内胚葉**➡消化管

[5] プルテウス幼生は，しばらく浮遊生活をしたのち，**変態**して管足やとげをもった成体のウニとなる。

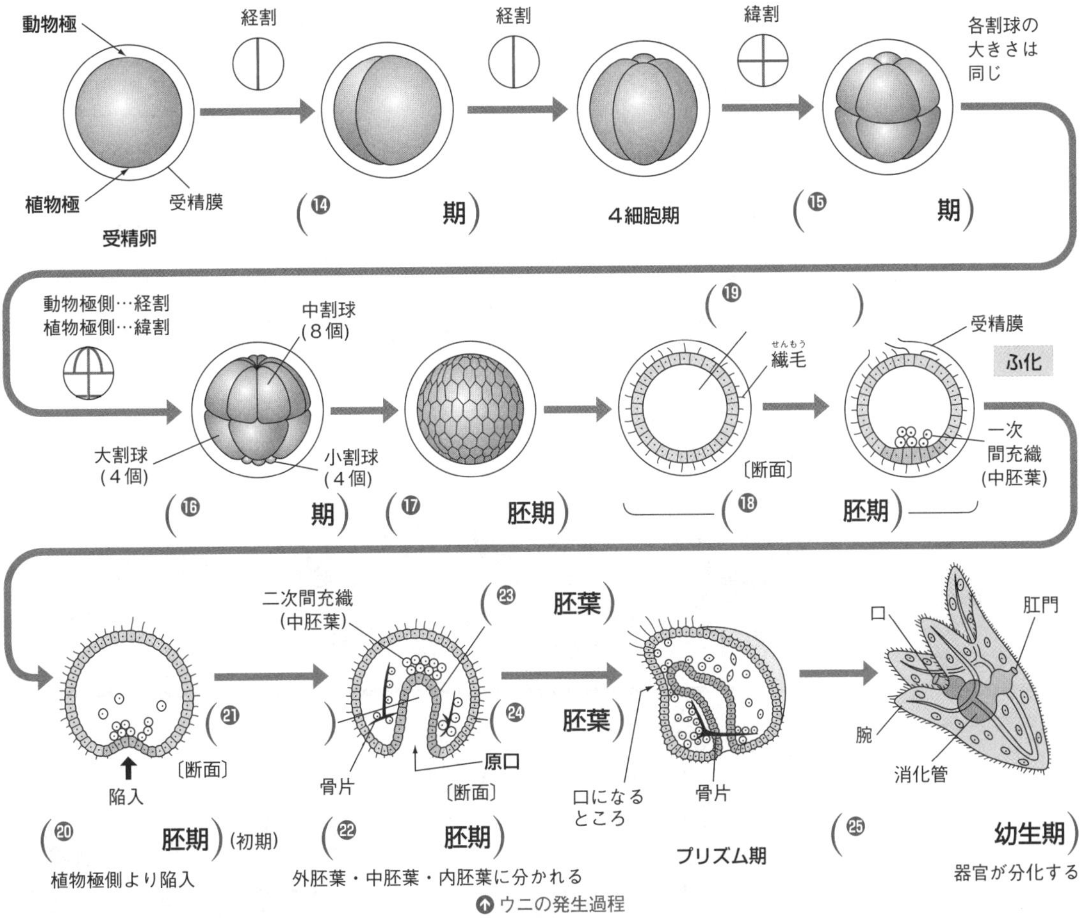

ウニの発生過程

> **重要**
> [ウニの発生]
> **受精卵➡2細胞期➡4細胞期➡8細胞期➡16細胞期➡…**
> **➡桑実胚期➡胞胚期➡原腸胚期➡プリズム期**
> **➡プルテウス幼生期━➡成体**
> **(変態)**

C. カエルの発生 出る

1 受精と第一卵割

① カエルの卵は端黄卵で，動物極側は黒色の色素粒が多く植物極側は少ない。精子は（㉖　　　半球側）から1個だけ進入する。
→p.104

② 卵の表層全体が細胞質に対して約30°（㉗　　　回転）し，卵の植物極に局在していた母性因子(ディシェベルドタンパク質)が，精子進入点の反対側にできる**灰色三日月環**の部分に移動する◆6(→p.109)。

③ 灰色三日月環ができた部分は将来の胚の（㉘　　　側）になる。

④ **第一卵割**は，動物極と精子進入点と植物極を結ぶ面で起こる。

2 カエルの発生過程

① 最初の2回の卵割(**受精卵→2細胞期→4細胞期**)は均等な経割で，**4細胞期→8細胞期**の卵割は（㉙　　　極）側に偏った緯割である◆7。

② （㉚　　　胚）…割球の大きさは植物極側のほうが（㉛　　　い）。
卵黄が多く卵割の進行が遅いため。

③ **胞胚**…卵割腔が発達して（㉜　　　）になる。
割球の間にできたすきま

④ （㉝　　　胚）…赤道面よりやや植物極側寄りにできた**原口**から胚表面の細胞が陥入して◆8**中胚葉**となり，（㉞　　　）を形成するとともに，胚をつくる細胞群は**外胚葉・中胚葉・内胚葉**の3つに分化する。

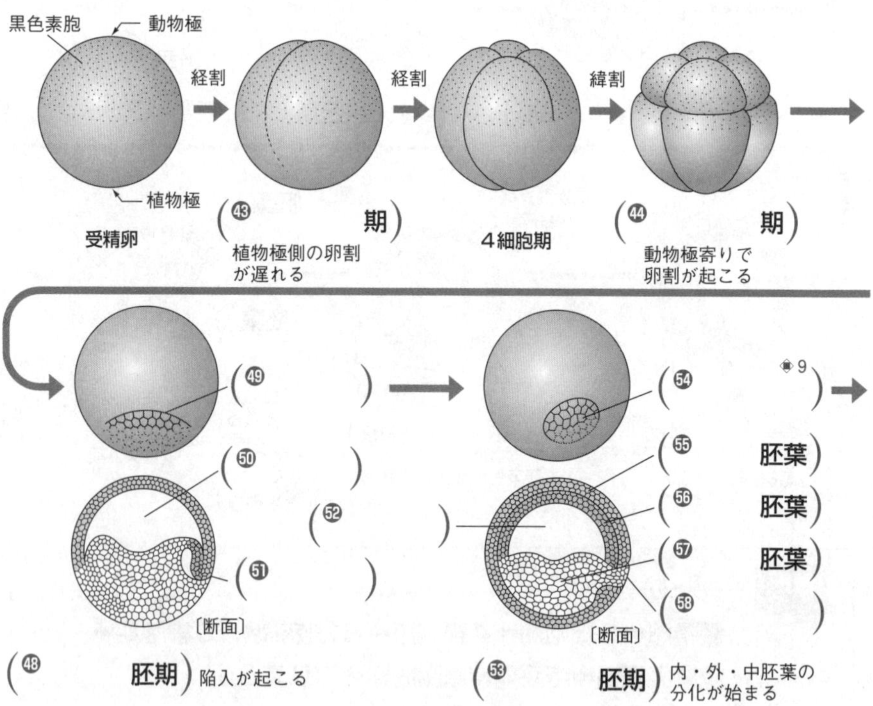

カエルの発生過程

◆6
表層回転とディシェベルドタンパク質の移動

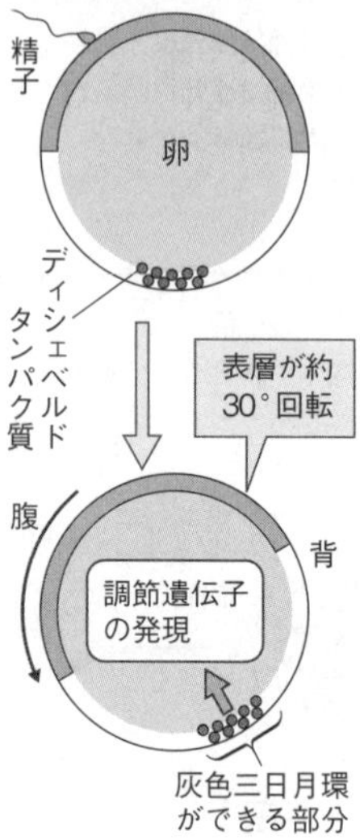

◆7
カエルの8細胞期
第三卵割のとき，赤道面よりも動物極寄りで緯割が起こるため，動物極側の割球は小さく，植物極側の割球は大きくなる。

◆8
瓶型細胞
原口の部分の細胞は胚の表面側が縮んだ形となるため，これを**瓶型細胞**という。この変形が内部に陥入するきっかけとなる。

◆9
卵黄栓
原口に取り囲まれた部分で，乳白色の栓のように卵黄が見える部分を**卵黄栓**という。卵黄栓は，発生が進むと胚の中に落ち込み，消えてしまう。

⑤ (㉟　　　胚)…胚はラケットのような形となり，胚の動物極側の外胚葉が厚く平たくなって，(㊱　　　　)ができる。これはやがて陥没(かんぼつ)し，神経溝(しんけいこう)を経て，(㊲　　　　)となる。◈10

⑥ **尾芽胚(びがはい)**…胚に尾芽ができはじめ，いろいろな器官が形成される。
└→ 胚の後方に伸びた突起の先端

◈10
神経管のでき方

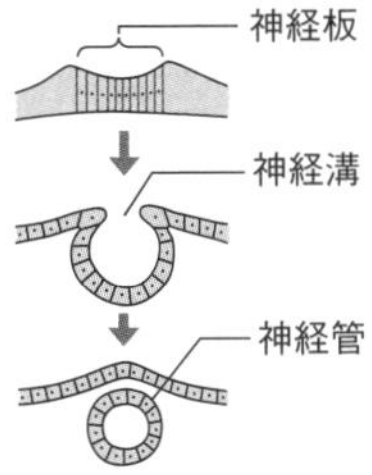

3 胚葉の分化と器官の形成

外胚葉
- (㊳　　　　)…体表や口や鼻の**上皮(じょうひ)**，眼の**水晶体(すいしょうたい)**(レンズ)，**角膜(かくまく)** └→ p.110, 131
- **神経堤細胞**……感覚神経，交感神経，色素細胞
- (㊴　　　　)…脳(のう)，**脊髄(せきずい)**，**網膜(もうまく)**，眼胞(がんぽう) └→ p.110

中胚葉
- **脊索(せきさく)**……………やがて退化(たいか)する。
- (㊵　　　　)…脊椎骨(せきついこつ)，**骨格**，**骨格筋**，皮膚(ひふ)の**真皮(しんぴ)** └→ p.137
- (㊶　　　　)…**腎臓(じんぞう)**，輸尿管(ゆにょうかん)
- (㊷　　　　)…内臓筋・心筋・血管，腹膜，腸間膜(ちょうかんまく)

内胚葉➡腸管…気管，肺，食道，胃，腸，肝臓，すい臓，ぼうこう

> **重要**　3胚葉からの各器官の形成
> - **外胚葉➡表皮・神経系・感覚器官**
> - **中胚葉➡骨格・筋肉・循環系・真皮**
> - **内胚葉➡呼吸器系・消化器系**

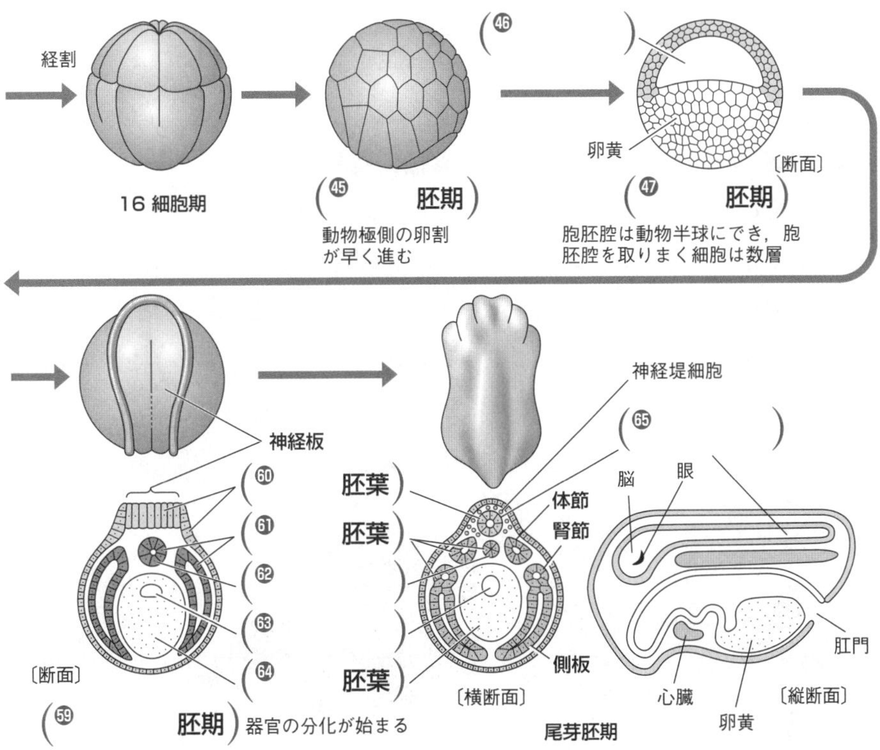

注 **ウニとカエルの発生過程の違い**
- **卵割**
  ウニ…等割
  カエル…不等割
- **胞胚期**
  ウニ…胞胚腔は中央にあり，大きい。胞胚腔を取りまく細胞は1層。
  カエル…胞胚腔は動物半球にあり，小さい。胞胚腔を取りまく細胞は数層。
- **陥入**(原腸形成)
  ウニ…植物極から。
  カエル…赤道面のやや植物極寄りから。

3 誘導と発生のしくみ

［解答］別冊p.12

A. 胚の予定運命の研究

1 フォークトの実験

① フォークトは，イモリの胞胚の表面を無害な色素で局所的に染め分け，胚各部の発生過程を追跡した。[1] このような実験方法を，(❶　　　　　法)という。

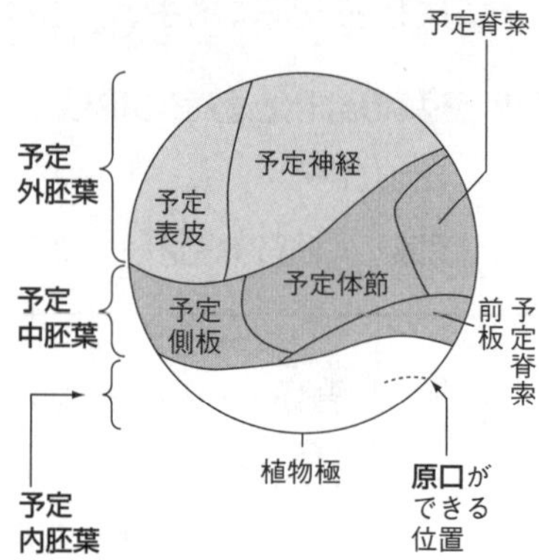

イモリの胞胚の原基分布図

② フォークトは，胚の各部の**予定運命**を(❷　　　　　[2])にまとめた。

└→ 発生の過程で，将来どの組織に分化するかという予定。発生運命ともいう。

[1]
中性赤，ナイル青などの染色液を含ませた寒天片で，下図のようにして行った。

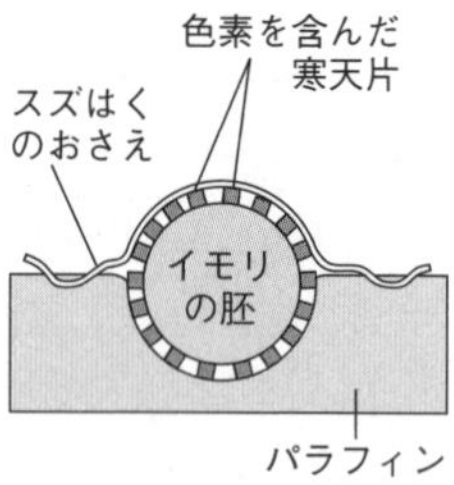

[2]
いろいろな器官のもとになる構造のことを**原基**という。

2 シュペーマンの実験

① シュペーマンは，イモリの初期原腸胚を使って**交換移植実験**を行った。

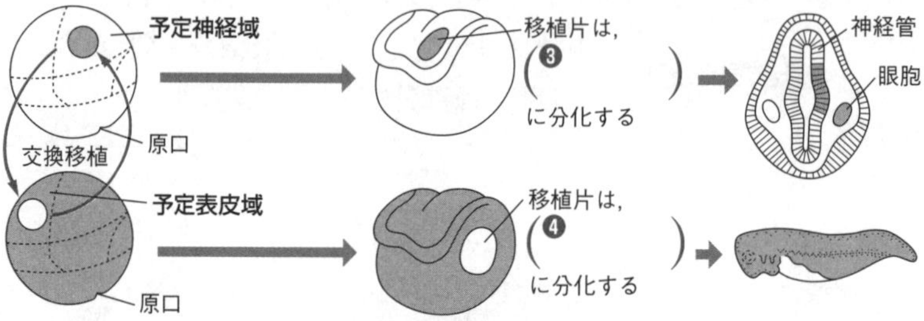

イモリの初期原腸胚での交換移植実験

［結果］ 移植片は移植場所の予定運命に応じて(❺　　　　)した。

② 初期神経胚を使って同様の交換移植実験を行った。

［結果］ 移植片は自らの予定運命にしたがって分化した。

③ 原口背唇部を色が異なるイモリの初期原腸胚の腹側赤道部に移植した。

［結果］ 原口背唇部[3]は，自らは(❻　　　　)や体節の一部に分化するとともに，接する外胚葉にはたらきかけて(❼　　　　)を形成し，胚の腹側にもう1つの胚である(❽　　　　)を形成した。

[3]
原口背唇部のはたらき
原口の動物極側の部分を**原口背唇部**といい，原腸形成のときに下図のように胚内部に陥入して，接する外胚葉を神経管に分化させる(→p.110)はたらきをもつ。

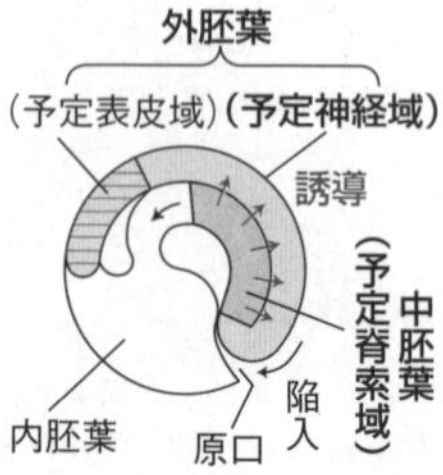

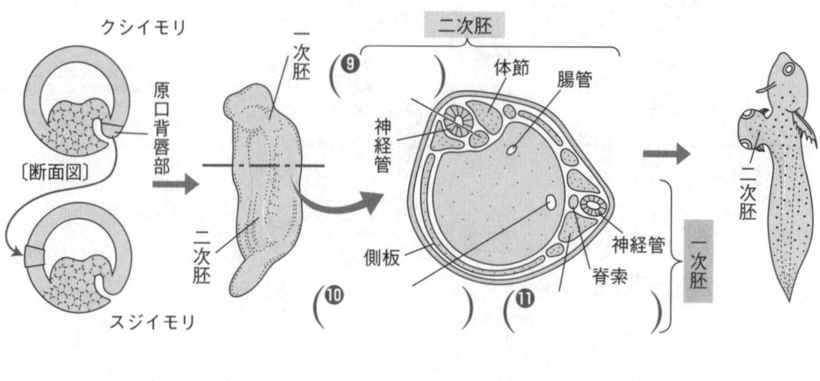

原口背唇部の移植実験 ➔

B. 誘導と形成体のはたらき 出る

1 中胚葉誘導の実験

① イモリの胞胚期の胚を右図のように3つの領域に分けて，それぞれ培養すると，
動物極側の領域A（**アニマルキャップ**）→（⓬　　　　）
植物極側の領域C→（⓭　　　　）
AとCの間の領域B→⓬⓭と（⓮　　　　）

② 領域AとCを接着して培養すると，外胚葉組織と内胚葉組織に加え，領域Aの一部が（⓯　　　　**組織**）の（⓰　　　　）・**体節**・**側板**などに分化した。

③ 予定内胚葉域が予定外胚葉域を中胚葉に分化させるはたらきを，（⓱　　　　）という。

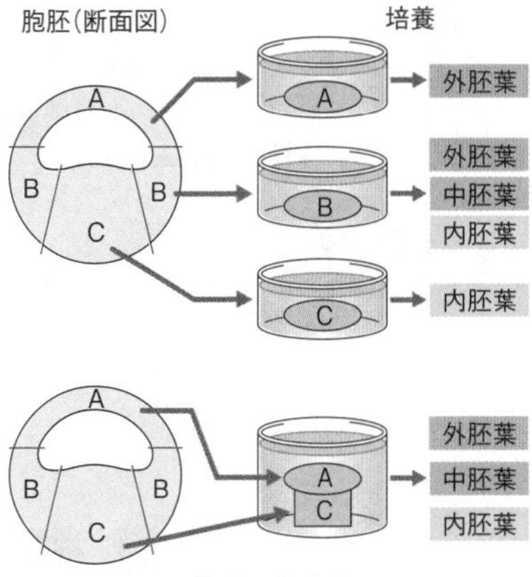

中胚葉誘導

2 中胚葉誘導と背腹軸の決定のしくみ

① アフリカツメガエルでは，精子の進入によって卵の表層が約30°回転する（⓲　　　　**回転**）が起きる。これにより精子進入点の反対側に（⓳　　　　）ができ，将来の背側となる。

② 植物極端の表層には，**ディシェベルド**というタンパク質（→p.106）が存在し，**表層回転**によって灰色三日月環の部分に移動する。受精卵にできた灰色三日月環の位置と，原腸胚初期の（⓴　　　　）の位置は一致する。

③ 植物極付近には母性のmRNAによってつくられた**VegT**（ベジティー）とよばれる**内胚葉**の分化に必要な調節タンパク質がある。このVegTタンパク質がないと，（㉑　　　　）はできない。

④ また，胞胚期には胚全体に**βカテニン**というタンパク質が広がって分布しているが，しだいに分解されはじめる。しかし，ディシェベルドタンパク質を含む（㉒　　　　）の部分では，βカテニンの分解が抑制され，βカテニンの濃度が高くなる。

⑤ βカテニンとVegTタンパク質の濃度は，**中胚葉**の分化を誘導する**ノーダル遺伝子**のはたらきを調節する。βカテニン濃度が高いほどノーダル遺伝子は強く発現して，**ノーダル**というタンパク質を多くつくる。

⑥ その結果，βカテニンの濃度に対応するようにノーダルの濃度勾配ができる。低濃度のノーダルを含む内胚葉域と接する部位は腹側の中胚葉に分化し，高濃度のノーダルを含む内胚葉域と接する部位は（㉓　　　　）の中胚葉に分化する。

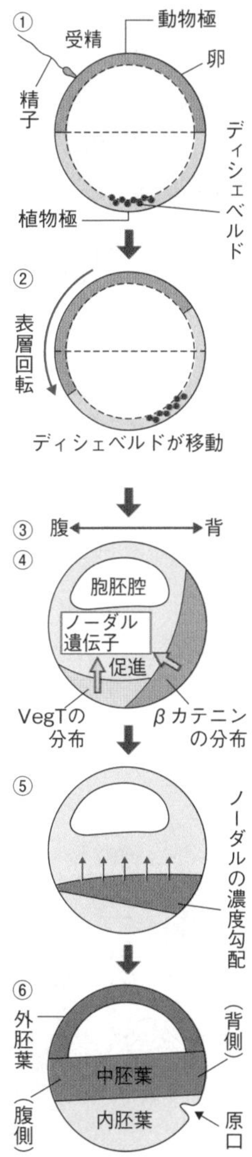

中胚葉誘導のしくみ

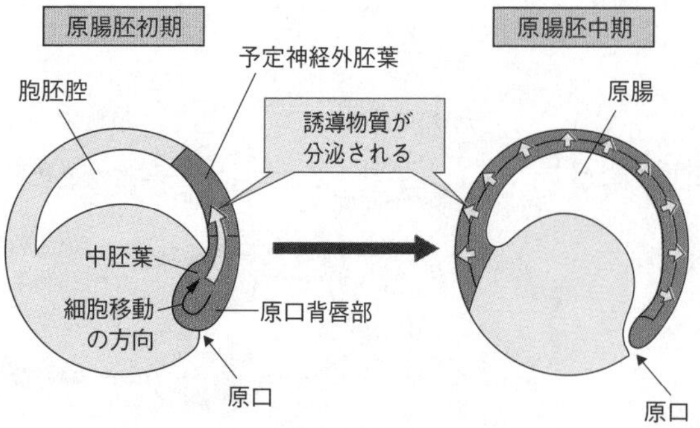

神経誘導

3 神経誘導

① 原腸胚初期に，(㉔　　　　　)を形成する部分は陥入して中胚葉となり，予定外胚葉域(**アニマルキャップ**)を裏打ちする。

② 予定外胚葉は神経へと誘導される。これを(㉕　　　　　)という。

③ 原口背唇部自身は(㉖　　　　　)などの中胚葉組織に分化する。

④ 誘導の作用をもつ部分を(㉗　　　　　)(**オーガナイザー**)という。

4 神経誘導のしくみ

① **アニマルキャップ**の細胞は**BMP**(**骨形成因子**)を分泌する。このBMPを受容した外胚葉の細胞は，(㉘　　　　　)に分化する。
(BMP: bone morphogenetic proteinの略称。)

② 一方，形成体は**コーディン**や**ノギン**などのタンパク質を分泌する。コーディンやノギンはBMPが細胞の受容体に結合するのを阻害する。表皮に分化できなくなった外胚葉の細胞は，(㉙　　　　　)に分化する。

③ BMPのはたらきとノギンやコーディンによる阻害は中胚葉や内胚葉の細胞の分化にも関わっている。

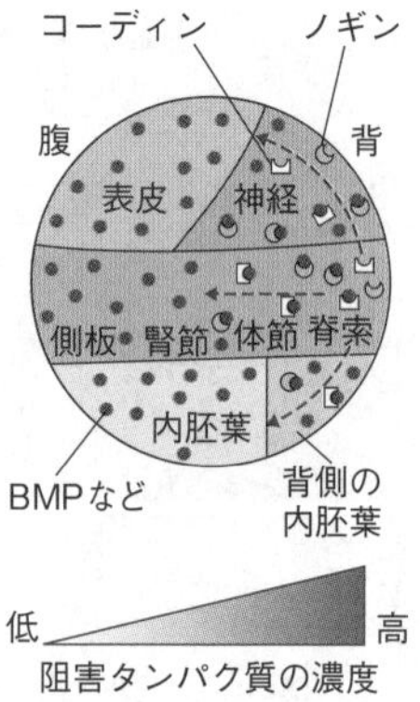

ノギンとコーディンによるBMPの阻害

C. 誘導の連鎖 出る

1 誘導の連鎖

誘導によって形成された器官や組織が新たな形成体となって，次々と誘導を行っていくことを，(㉚　　　　　)という。

2 眼の形成

原口背唇部により誘導された(㉛　　　　　)は，前方がふくらんで**脳**になる。やがて脳の一部は左右にふくれ出て(㉜　　　　　)となり，その先端がくぼんで杯(さかずき)状の(㉝　　　　　)となる。**眼杯**はさらに表皮から**水晶体**を誘導し，生じた水晶体によって(㉞　　　　　)が誘導される。
(㉛: 後方は脊髄になる。)
(水晶体: レンズともいう。)

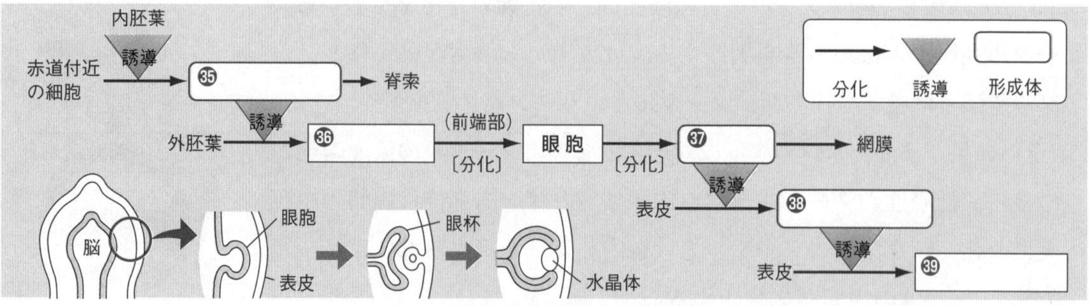

眼の形成と誘導の連鎖

D. 細胞死と器官形成

1 プログラム細胞死

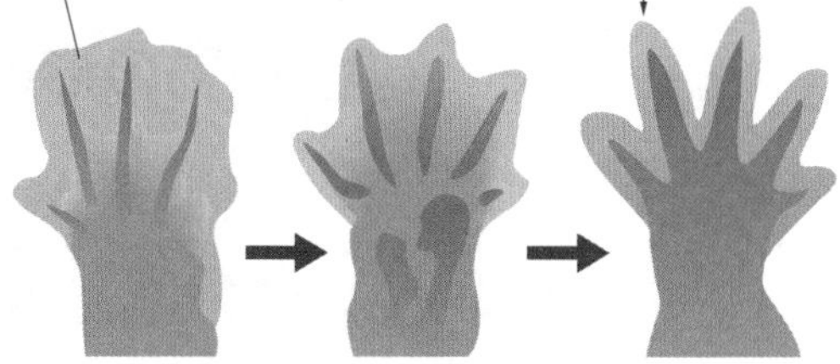

⬆ アポトーシスによる指の形成

① 発生段階から一定の時期になると特定の細胞が死ぬようにあらかじめ決定されている細胞の死を，(㊵　　　　　　)という。

② ミトコンドリアなどの細胞小器官の変化は見られないが，核が壊れて(㊶　　　　)が断片化して起こる細胞死を(㊷　　　　　　)といい，動物の正常な発生や生物の形態維持にとって重要なしくみの1つである。

└→ 変態時のオタマジャクシの尾の消失もアポトーシスの例である。

例 ヒトの手が形成される際に，指と指の間に水かき状に存在する細胞にアポトーシスが起こることで正常な指が形成される(右上図)。

2 ネクローシス

細胞が外傷ややけどなど物理的な損傷を受けたときに起こる細胞死を(㊸　　　　　　)という。㊸はプログラムされた細胞死と異なり，細胞が壊れるときに内容物をまき散らすため，周囲に**炎症**などが起こる。

> **重要** ［プログラム細胞死］
> **アポトーシス…DNAが断片化して起こるプログラム細胞死**

E. 四足動物の前肢の形成

① 四足動物[4]の発生において，前肢の形成の初期にからだの側方にできる隆起を(㊹　　　　)という。

② ㊹の先端部の(㊺　　　　　　　　)という領域からは，*FGF*遺伝子の1つからできた**シグナル分子**[5]が分泌され，前肢の先端から付け根に向かう濃度勾配が生じる。これに応じて，前肢の構造が形成される。

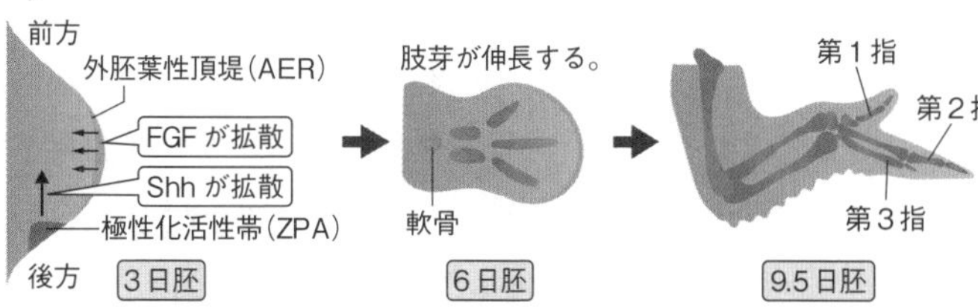

⬆ シグナル分子による肢芽からの前肢の形成（ニワトリ）

③ ㊹の後方の(㊻　　　　　　　　)という領域からは，*Shh*遺伝子からできた**シグナル分子**[6]が分泌され，前肢の後方から前方に向かう濃度勾配が生じる。これに応じて，それぞれの指が形成される。

*4 脊椎動物のうち，指のあるあし(肢)をもつ動物を四足動物(四肢(しし)動物)という。ヒトの前肢は手，鳥類の前肢は翼である。

*5 FGF（線維芽細胞成長因子）というタンパク質である。

*6 Shh（ソニックヘッジホッグ）というタンパク質である。この名称はゲームのキャラクターに由来している。

ミニテスト ［解答］別冊p.12

[1] 発生中の胚で誘導の作用をもつ部分を何というか。　(　　　　　)

[2] 次の部分は，眼のどの構造を誘導するか。　a 眼杯 (　　　　　)　b 水晶体 (　　　　　)

4 発生と遺伝子発現

[解答] 別冊p.12

A. 動物の形態をつくる遺伝子

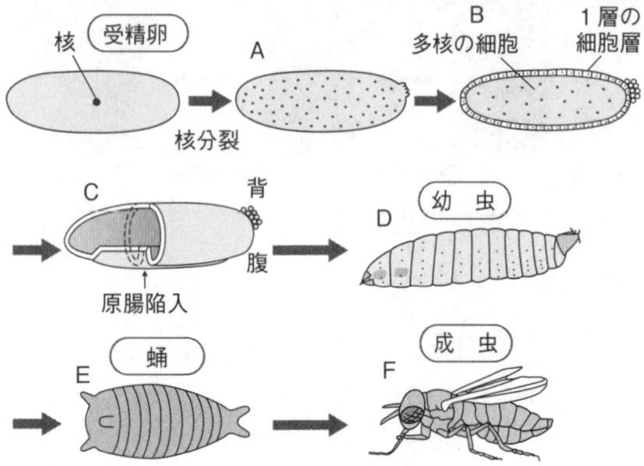

ショウジョウバエの発生

1 ショウジョウバエの発生過程

① ショウジョウバエは体内受精して受精卵を産卵する。受精卵はまず，(❶　　　　)だけを13回くり返す(左図A)。

② その後，表層部で細胞質分裂が起こって1層の細胞層でおおわれた(❷　　　　)となる(B)。

③ 腹側の正中線に沿った細胞が陥入する(C)。

④ やがて14体節からなる幼虫となる(D)。

⑤ 幼虫は2回脱皮した後，(❸　　　　)となる(E)。

⑥ 蛹(さなぎ)は変態して(❹　　　　)になる(F)。

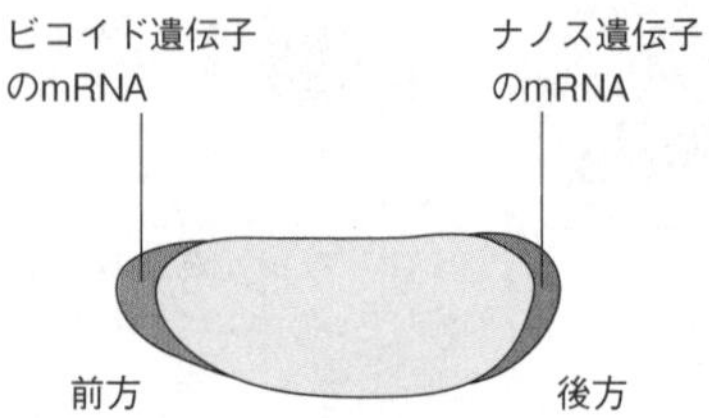

ショウジョウバエの卵

2 からだの前後軸の形成

① ショウジョウバエのからだの前後の位置情報を決める遺伝子には，(❺　　　　**遺伝子**)や**ナノス遺伝子**があり，これらは母親由来の(❻　　　　**遺伝子**)である。

② **ビコイド遺伝子のmRNA**は卵の(❼　　**方**)に，**ナノス遺伝子のmRNA**は卵の(❽　　**方**)に局在した状態で卵が形成される。つまり，これらの物質は受精前の卵細胞に含まれる(❾　　　　)である。

③ 卵が受精すると，これらのmRNAの**翻訳**が開始され，卵の前方では**ビコイドタンパク質**，後方では(❿　　　　)**タンパク質**がつくられる。受精卵が核分裂をくり返している間に，これらのタンパク質は拡散して左図のような濃度勾配をつくる。

④ この濃度勾配が胚の前後を決める位置情報となる。

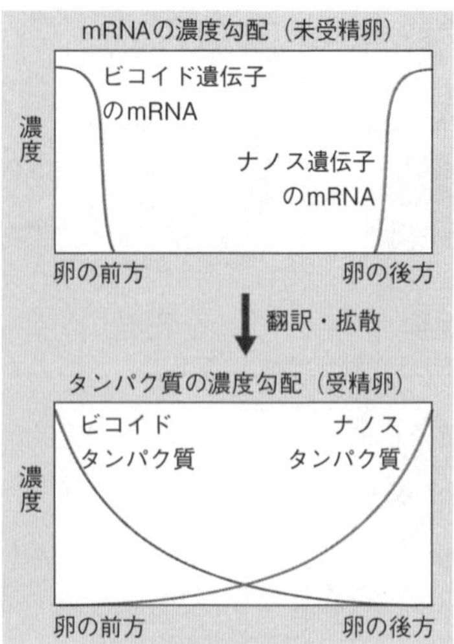

卵内の物質の濃度勾配

重要　[からだの前後軸の形成]

母性効果遺伝子
- **ビコイド遺伝子➡ビコイドタンパク質(胚の前方)**
- **ナノス遺伝子➡ナノスタンパク質(胚の後方)**

3 ショウジョウバエの分節構造の決定

① ショウジョウバエの幼虫は14の体節からできている。この体節の形成を促す遺伝子を(⑪　　　　**遺伝子**)という。

② この遺伝子には3つのグループがあり,次のように順にはたらく。

- **ギャップ遺伝子**…**ビコイドタンパク質**などで発現が調節され,幅広のベルト状に前後軸にそって発現(右図A)。
- **ペア・ルール遺伝子**…ギャップ遺伝子によって発現が調節され,前端部と後端部を除く部分で7本のしま状に発現(B)。
- **セグメント・ポラリティ遺伝子**…ペア・ルール遺伝子が発現していた領域に,胚が伸長する時期に14本のしま状に発現(C)。

③ これらの3つのグループの遺伝子が(⑫　　　　**遺伝子**)として順にはたらくことで,幼虫の14の体節が形成される。

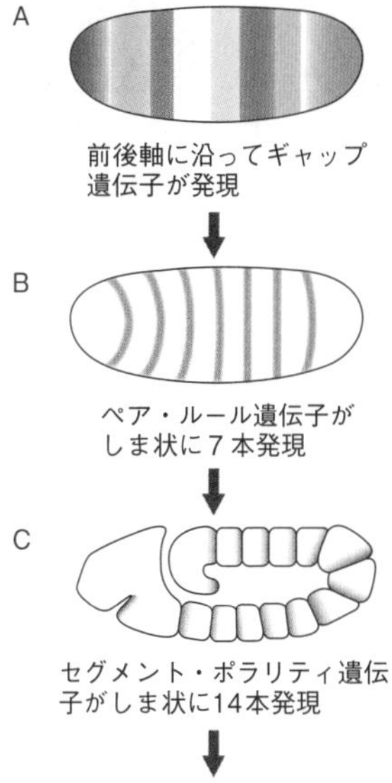

↑ 分節構造の決定

4 各体節の形態を特徴づける遺伝子のはたらき

① 体節ごとに決まった構造をつくるときにはたらく遺伝子を,(⑬　　　　**遺伝子**)といい[※1],体節ごとに発現する遺伝子の組み合わせが異なることにより,各体節の構造が決まる。

② この遺伝子のはたらきの異常によって起こる突然変異を,(⑭　　　　**突然変異**)という。

③ この突然変異体には,胸部にはねを4枚もった個体や(バイソラックス変異体とよばれる。),触角の部分からあしが生えた個体(アンテナペディア変異体とよばれる。)などがある。

④ ショウジョウバエのホメオティック遺伝子群と同様の配列の遺伝子群が脊椎動物にも存在し,からだの形成にはたらいている。
(四足動物や軟骨魚類では4組,多くの硬骨魚類では7組の遺伝子群をもつ。)

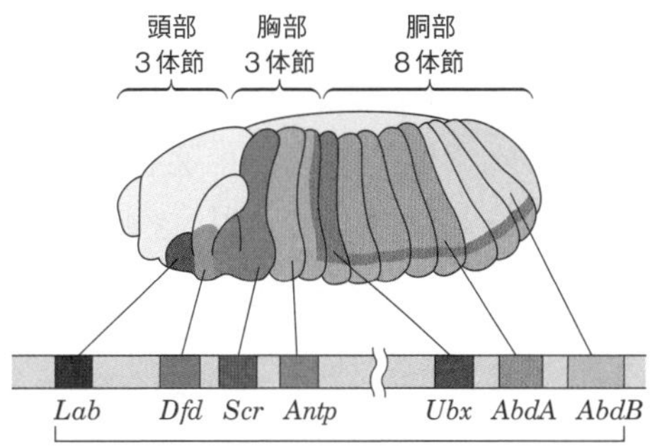

↑ ホメオティック遺伝子の発現

※1
後に,ショウジョウバエのホメオティック遺伝子と似た塩基配列の遺伝子群が脊椎動物を含む多くの動物でも発見されている。これらは,ショウジョウバエのものも含めて,ホックス遺伝子群(*Hox*遺伝子群)とよばれる。

> **重要** [ショウジョウバエのからだの構造決定]
> **からだの前後軸の決定(←母性効果遺伝子)**
> ⇩ **ビコイド遺伝子,ナノス遺伝子**
> **分節構造の決定(←分節遺伝子)**
> ⇩ **ギャップ遺伝子,ペア・ルール遺伝子,セグメント・ポラリティ遺伝子**
> **体節の形態の決定(←ホメオティック遺伝子)**

ミニテスト [解答] 別冊p.12

1 ショウジョウバエのからだの前方決定に重要なはたらきをする調節タンパク質は何か。(　　　　)

2 ショウジョウバエに関して,体節ごとの特徴的な構造を決めるのに重要なはたらきをする遺伝子を何というか。(　　　　)

5 遺伝子を扱う技術

［解答］別冊p.13

A. 遺伝子操作 出る

1 遺伝子組換え

① ある生物に，その個体が本来もっていない遺伝子を組み入れることを（❶遺伝子　　　　）という。

② 大腸菌にヒトの成長ホルモン（タンパク質）をつくらせる場合，ヒトの成長ホルモンをつくる遺伝子を含んだDNAを（❷　　　　酵素[1]）で切り，同じ酵素で大腸菌の（❸　　　　[2]）を切断して同じ切り口をつくる。❷は，遺伝子組換えにおける「はさみ」のような役目をするものである。

③ ②の2つを混合して（❹　　　　[3]）で処理すると，切断部をつなぎ合わせることができる。すると，ヒトの成長ホルモンをつくる遺伝子をもつプラスミド（組換えDNA）が得られる。❹は，遺伝子組換えにおける「のり」のような役目をするものである。

④ ③のプラスミドを大腸菌に取り込ませ，大腸菌を増殖させると，ヒトの成長ホルモンを多量に合成する大腸菌が得られる。

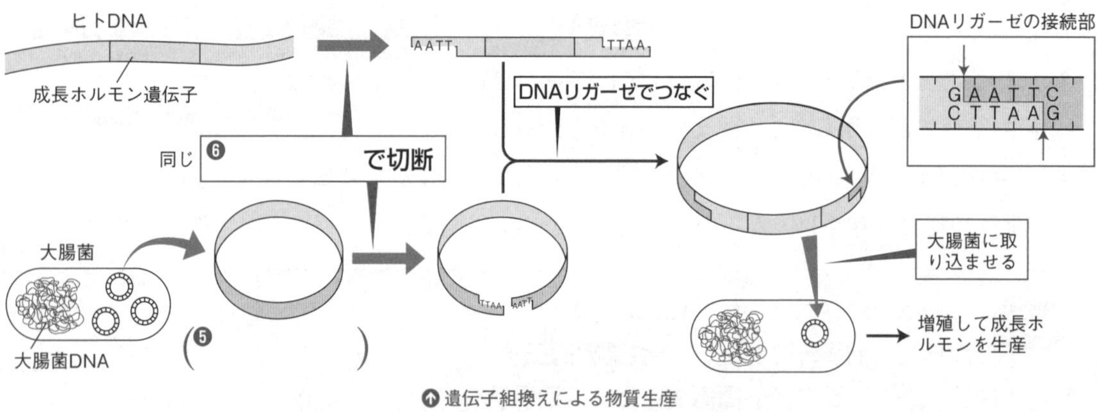

↑ 遺伝子組換えによる物質生産

重要 **遺伝子組換え…制限酵素で切り出した遺伝子をDNAリガーゼを使ってプラスミドなどに組み込み，細胞に導入する。**

2 トランスジェニック生物

遺伝子組換えにより，その生物が本来もたない遺伝子を導入し，その遺伝子が発現するようになった生物を（❼　　　　生物[4]）という。農業や医療など，さまざまな分野で利用されている（→p.118）。

[1] **制限酵素**は特定の塩基配列の部分でDNAを切断するので，切断された断片の末端の塩基配列はどれも同じとなる。

[2] 細菌類は染色体のDNA以外に，**プラスミド**という独自に増殖する小さな環状のDNAをもつことがある。

[3] 特定の塩基配列の部分でDNAどうしを結合させる酵素。

[4] トランス（「転換」などを表す接頭語）＋ジェニック（遺伝子の）。遺伝子は英語でgene（ジーン）。

B. DNAの増幅と解析

1 PCR法(ポリメラーゼ連鎖反応法)

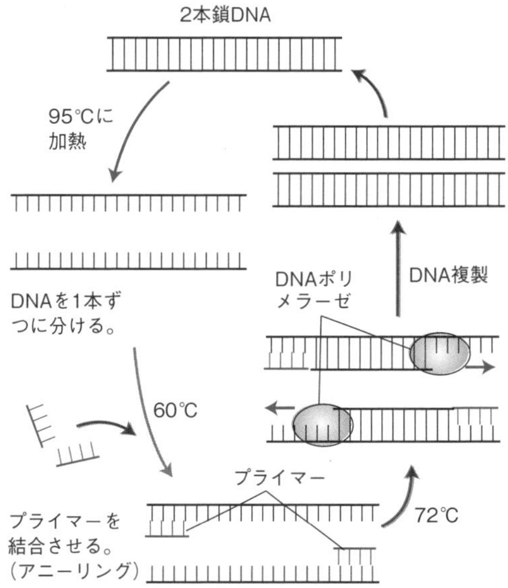

PCR法

① バイオテクノロジーでは，同一の塩基配列をもつDNAを大量に必要とする場合が多い。**ポリメラーゼ連鎖反応法**((❽　　　　法))は，DNAを多量に増幅させる方法である。

② PCR法では，DNAを95℃に加熱して2本鎖をつくる塩基対(つい)の結合を切って(❾　　　　)のDNAとする。
(→水素結合)

③ 次に温度を(❿　　げて)，②のDNAに相補的な塩基対をもつ短い(⓫　　　　)を結合させ，ここを始点に，DNAポリメラーゼによりもとの鎖を鋳型(いがた)としてもとのDNAと同じ塩基配列をもつ2本鎖DNAを複製する。
(最適温度が72℃のものを使う。)

④ ②と③をくり返すことで，急速にDNAを増幅することができる。[5]
(→プライマーDNAとDNAポリメラーゼは追加しなくてもよい。)

重要 **PCR法…遺伝子の増幅方法の1つ。**
1本鎖への分離 ⇄ 2本鎖DNAの合成

[5] このように，同一のDNA断片を多量に得る操作を**クローニング**という。

[6] bpはDNA断片の大きさ(長さ＝塩基対の数)を表す単位。たとえば，1000塩基対(base pairs)を1000bpと示す。

2 電気泳動法(電気泳動)

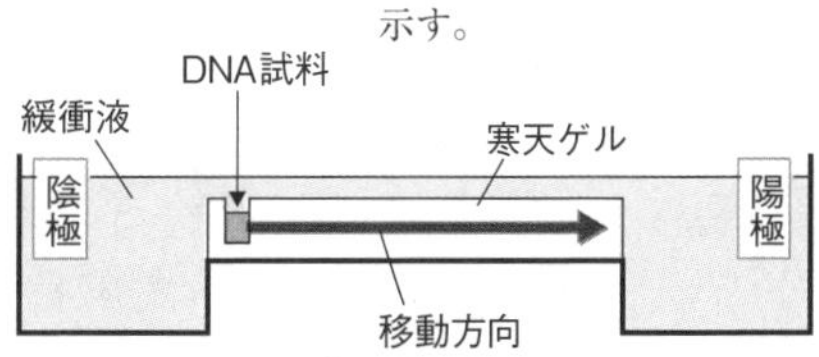

電気泳動

① DNA分子など，正(＋)や負(－)に(⓬　　　　)している分子を電流の流れる溶液中で分離する方法を，(⓭　　　　)という。

② DNA分子が負(－)に帯電するような緩衝液を含む寒天ゲル中で電気泳動を行うと，DNAは(⓮　　　極)に向かって移動する。
(pHの変化をやわらげる作用をもつ溶液。)
(→ゼリー状の寒天で，アガロースゲルともいう。)

③ このとき，長いDNA断片はゲルの網目に引っかかるため移動距離が(⓯　　　く)なり，短いDNA断片は移動距離が(⓰　　　く)なる。この性質を利用して，DNA断片のおよその(⓱　　　　)(bp：塩基対数)[6]を測定することができる。

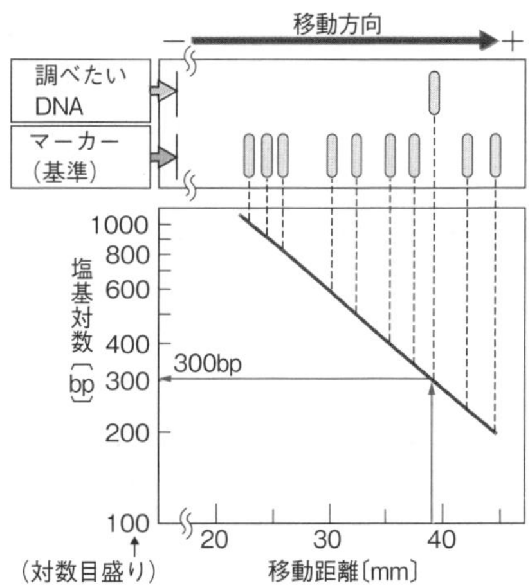

電気泳動の距離と塩基対数

重要 **電気泳動法…電気泳動を使い，DNA断片の長さ(塩基対数)を推定することができる。**

3 塩基配列の解析の原理[7]

① 解析したいDNA断片，DNAポリメラーゼ，プライマー，ヌクレオチド，4種類の蛍光色素をそれぞれつけた特殊なヌクレオチド(複製の過程でヌクレオチド鎖の伸長を止める)を入れた混合液をつくる。
（特殊なヌクレオチド→ジデオキシヌクレオチド）

② 加熱してDNAを(⑱　　本鎖)にする。片方の鎖にだけ(⑲　　　)を結合させて複製を行う。

③ 伸長を停止する特殊なヌクレオチドが取り込まれると，ヌクレオチド鎖の伸長はいろいろな所で停止するので，いずれかの蛍光色素を端につけたさまざまな長さの(⑳　　　鎖)の断片ができる。

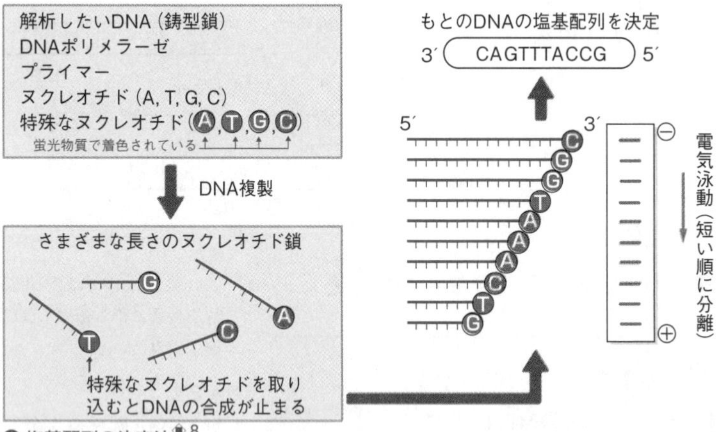

⬆ 塩基配列の決定法[8]

④ 合成されたヌクレオチド鎖を(㉑　　　)で分離すると，左図のようなバンドのパターンが得られる。

⑤ 電気泳動の結果から末端にある蛍光色素の色を読み取り，(㉒　　　)を決定する。

4 シーケンサー(DNAシーケンサー)

① 現在では，DNAを制限酵素で切断して800 bp以下のDNA断片をつくり，(㉓　　　)で自動的に塩基配列を解析できる。

② ㉓では，電気泳動の結果できるバンドのパターンをコンピュータで自動解析して，塩基配列を決定する。

> **重要**　[塩基配列の解析]
> **DNA断片をつくる→シーケンサーで読み取る→塩基配列決定**

5 ゲノムプロジェクト(計画)

ヒトDNAの全塩基配列を解析する(㉔　　　　)によってほぼ全塩基配列が解明された。[9]
（→2003年に完了。）

6 RNAシーケンシング解析(RNAシーケンス)

① 組織や細胞から抽出されたすべてのmRNAの塩基配列を読み取る解析を(㉕　　　　)という。

② ㉕ではまず，組織や細胞からmRNAを抽出し，その塩基配列と相補的な(㉖　　　)を作製する。次に㉖の塩基配列を**シーケンサー**で読み取る。[10]

---

[7] 塩基配列の解析方法として，次の2つがある。
方法1　制限酵素でDNA断片をつくって，制限酵素断片地図を作成し，その後，断片の塩基配列を調べる。
方法2　断片の塩基配列を解析してから，その情報をもとにして，断片がつながっていた順を解析する。

[8] この方法は，開発者にちなんで**サンガー法**とよばれたり，**ジデオキシ法**とよばれたりしている。これを応用した装置がシーケンサーである。

[9] 現在では，ヒト以外のいろいろな生物についてゲノム解析が行われている。

[10] cDNA (相補的DNA)の塩基配列を読み取る原理はDNAシーケンサーと同じで，サンガー法(ジデオキシ法)が用いられている。

③ 配列を読み取ったcDNAがどの遺伝子に対応するかを調べて，抽出したmRNAが“どの遺伝子からどれ位の割合で生じているか”を調べることで，調べた組織や細胞において発現している遺伝子と，その遺伝子が(㉗　　　　)されている量を相対的に知ることができる。

④ この解析は，今まで遺伝子と認識されていなかった未知の遺伝子の発見につながる可能性もある。

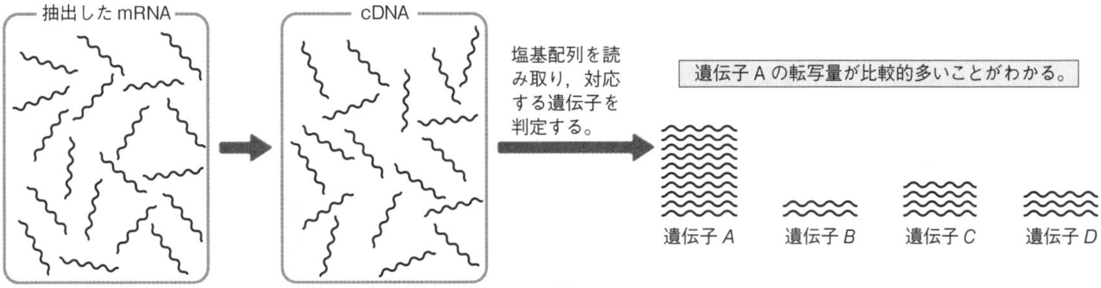

↑RNAシーケンシング解析（RNAシーケンス）

7 ES細胞（胚性幹細胞）とiPS細胞（人工多能性幹細胞）

① 哺乳類の発生初期の胚（胚盤胞）の内部細胞塊から細胞を取り出して培養すると，**多能性**（**多分化能**）をもつ(㉘　　　　)（**胚性幹細胞**）が得られる。㉘は再生医療への応用が期待されたが，倫理的な問題や拒絶反応の問題があり，実用化には至っていない。

（胚盤胞 → ウニやカエルの発生での胞胚に相当する時期の胚。）

（多能性 → さまざまな組織に分化する能力。）

② 2006年，山中伸弥らの研究グループは，分化した動物細胞（マウスの皮膚細胞）に4つの初期化遺伝子を導入して，多能性をもつ細胞を作成することに成功した。この細胞は，(㉙　　　　)（**人工多能性幹細胞**）と命名された。

（初期化遺伝子 → 分化した細胞を，多能性をもつ細胞にもどす遺伝子。）

③ ㉙は，ES細胞の場合に生じる倫理的な問題や拒絶反応の問題を回避できるため，再生医療への応用が注目されている。現在では，㉙からヒトの筋肉や角膜がつくられ，実用化へ向けた研究が進められている。

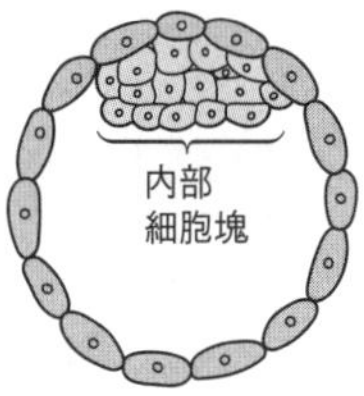

↑胚盤胞

※11
多細胞生物において，さまざまな細胞に分化できる細胞を**幹細胞**という。

ミニテスト　［解答］別冊p.13

1 DNAを特定の塩基配列の部分で切断する酵素を何というか。　(　　　　)
2 DNA断片どうしをつなぎ合わせる酵素を何というか。　(　　　　)
3 同じ塩基配列のDNA断片を短時間で大量にふやすため広く用いられている方法は何か。　(　　　　)
4 DNA断片の塩基対の長さを調べるには，何という方法を使うか。　(　　　　)
5 哺乳類の胚盤胞の内部細胞塊を培養して得られる，多能性をもつ細胞を何というか。　(　　　　)
6 動物の体細胞に4つの初期化遺伝子を導入して得られる，多能性をもつ細胞を何というか。　(　　　　)

6 遺伝子を扱う技術の応用

[解答] 別冊p.13

A. 農業への応用

本来もっていない遺伝子を導入した(❶　　　　　　　　生物)をつくりだすバイオテクノロジーは，さまざまな形で農業に応用されている。特に，**トランスジェニック生物**を食品として利用する場合，そのような食品を(❷　　　　　　　　)という。

└→ 動物をトランスジェニック動物，植物をトランスジェニック植物という。

└→ 遺伝子組換え作物(GM作物)ともいう。

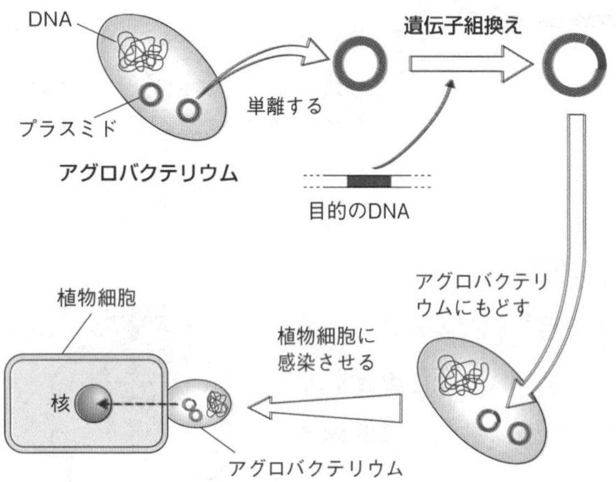

⬆ トランスジェニック植物

1 トランスジェニック植物

遺伝子組換え作物(例 除草剤耐性ダイズ，害虫抵抗性トウモロコシ，ゴールデンライス[1])をはじめ，花弁が青いパンジーの遺伝子を導入してつくられた**青色のバラの花**などもある。

└→ 青いバラは，自然界には存在しない。

① 植物に感染する土壌細菌の一種である(❸　　　　　　　　)などの**プラスミド**に，目的とする形質の遺伝子を(❹　　　　　　　　)の技術で組み込み，これをアグロバクテリウム[2]にもどす。

② このアグロバクテリウムを植物細胞に感染させ，細胞に目的の遺伝子を導入する。その後，目的の形質を発現している細胞を選別する。

③ 選別した細胞を増殖させて，(❺　　　　　　)にする。

└→ 未分化な細胞のかたまり。

④ ❺を(❻　　　　　　)させて目的の植物体をつくる。

2 トランスジェニック動物

GFP[3]遺伝子を導入した光るカエルや，ヒトの成長ホルモンをつくる遺伝子を導入した大形の(❼　　　　　　マウス)などがある。

① 哺乳類では，受精後すぐに卵核と精核は融合しない。融合前の精核に微細な注射針で外来のDNAを注入すると，そのまま発生を続けて外来遺伝子を取りこんだ(❽　　　　　　　　動物)ができる。

② 植物のようにウイルスを(❾　　　　　　)として導入することもある。また，遺伝子銃を使って遺伝子を導入する場合もある。

└→「遺伝子の運び屋」を意味する。

> **重要** [トランスジェニック生物]
> **組換え遺伝子を導入→細胞を選別・増殖**
> **→トランスジェニック生物**

[1] ゴールデンライスは，ビタミンA欠乏症予防に効くβカロテンをつくるように遺伝子操作したイネの一品種。

[2] **アグロバクテリウム**
植物に感染すると，植物に腫瘍を形成させて寄生する性質をもつ土壌細菌。

[3] **GFP**(**緑色蛍光タンパク質** green fluorescent protein)は，**オワンクラゲ**がもつ*GFP*遺伝子によってつくられ，紫外線を照射すると緑色蛍光を発する。
GFPは現代生物学の研究には不可欠であり，ある遺伝子の発現の有無を調べるときに目印として広く用いられる。2008年に，**下村脩**(しもむらおさむ)はGFPの発見でノーベル化学賞を受賞した。

B. 医療への応用

1 医薬品の製造

① 糖尿病の治療に使われる(⑩　　　　)(血糖濃度を減少させるホルモン)など◈4は，近年，遺伝子組換え技術を利用してつくられるようになった。
└→ 以前は他の動物から抽出したものを用いていた。

・ヒトの⑩をつくる遺伝子DNAを，大腸菌内部の(⑪　　　　)に組み込んで大腸菌に導入し，この大腸菌を培養して増殖させ，大腸菌からヒトインスリンを抽出する。

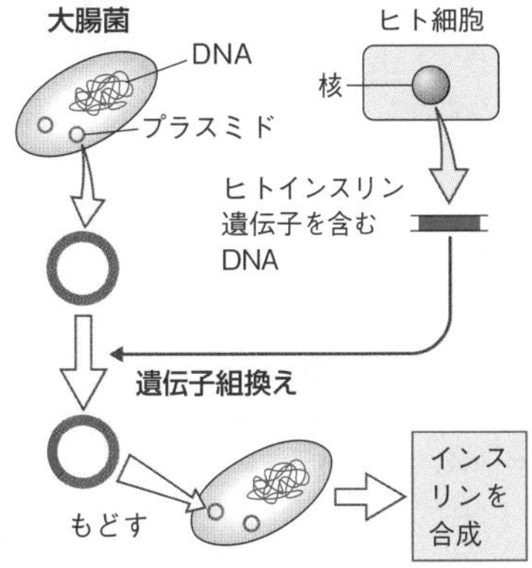

大腸菌の遺伝子組換え

◈4
インスリン以外にも，免疫細胞の間で情報伝達をするインターロイキンやインターフェロンなども，同様にしてつくられている。

② B型肝炎はB型肝炎ウイルスに感染することにより発症する。これを予防する(⑫　　　　)の生産にも利用されるようになった。

・B型肝炎ウイルスに特徴的な(⑬　　　　)をつくる遺伝子をウイルスから取り出し，プラスミドに組み込んで酵母に導入する。酵母を培養すればこのタンパク質をつくるので，これを**ワクチン**として接種すると，B型肝炎ウイルスに対する免疫ができる。

2 DNAマイクロアレイ

① DNAマイクロアレイは，小さな孔に既知の塩基配列をもつ1本鎖の(⑭　　　　)を入れたチップ状のものである。

② これに特定の組織や細胞から抽出した(⑮　　　　)より作成したcDNA(相補的DNA)に蛍光色素をつけたものを載せ，発色パターンを調べることで，遺伝子発現の解析や薬の効果の解析ができる。

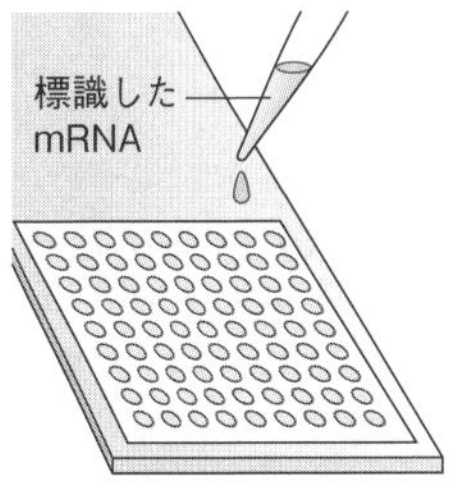

既知の配列の1本鎖DNAを各小孔に入れたチップ
DNAマイクロアレイ

3 ノックアウトマウス

遺伝子操作技術を使って特定の遺伝子が発現しないようにする技術を(⑯　　　　)といい，この技術を使ってつくったマウスを**ノックアウトマウス**という。機能が明らかでない遺伝子を⑯することで，その遺伝子がはたらかないことの影響を調べ，その遺伝子の機能を解明していくことができる。

4 SNPの利用　オーダーメイド医療

患者個人の遺伝子の一塩基多型(SNP(スニップ)◈5)などを調べ，その患者にあう薬を投与する(⑰　　　　**医療**)を行うことが可能となる。
└→ 個別化医療，精密医療ともいう。

◈5
一塩基多型(**SNP**)は1塩基単位の塩基配列の違いのこと(→p.15)。同じ種でも個体レベルで多様性が見られる。

> **重要**　[バイオテクノロジーの医療への応用]
> **遺伝子組換えによる薬品生産(インスリン，B型肝炎ワクチンなど)，DNAマイクロアレイ，ノックアウトマウスなど**

5 mRNAワクチン

① 新型コロナウイルスの感染症への対策として，このウイルスがもつ特有の（⑱　　　　）の遺伝情報をもつ人工のmRNAを利用した**ワクチン**が開発，実用化された。これを**mRNAワクチン**という。

◈6
人工mRNAは体内で変化しないように，脂質でできた人工膜に包まれた微小な粒子にして接種される。

② 特殊な処理をした人工のmRNA◈6を接種することで，ヒトの細胞内でこれが転写，（⑲　　　　）されて，新型コロナウイルスの特定のタンパク質だけが合成される。このタンパク質に病原性はなく発症はしないが，これを**抗原**として免疫反応が起こり，（⑳　　　　）を獲得することができる。

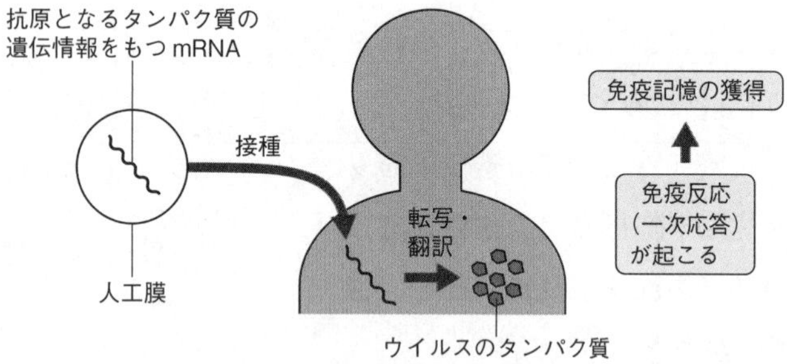

⬆ mRNAワクチンがはたらくしくみ

③ 毒性を弱めた病原体や病原体由来の物質を利用する従来のワクチンに対して，mRNAワクチンは，（㉑　　　　）性がない，アレルゲンとなるような余分な物質が混入していない，生産が安価で比較的簡便である，などの利点がある。

◈7
CRISPR-Cas9によるゲノム編集の技術を開発したシャルパンティエとダウドナは，2020年にノーベル化学賞を受賞した。

6 ゲノム編集

① 染色体上の特定の遺伝子の塩基配列を，酵素を使って切断することで，ねらった遺伝子の機能を消失させたり，任意の遺伝子断片を導入したりすることを，（㉒　　　　）という。

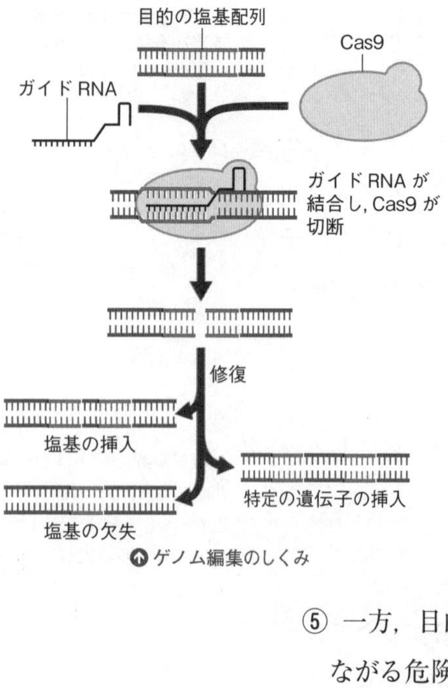

⬆ ゲノム編集のしくみ

② 現在ではCRISPR-Cas9（クリスパーキャスナイン）◈7という手法が主流で，Cas9（キャスナイン）というDNAを切断する**酵素**と，DNA上の目的の塩基配列と相補的なRNA（**ガイドRNA**）を用いる。

③ Cas9とガイドRNAを同時に細胞に導入すると，複合体となってDNA上の目的の場所に結合し，その部分でDNAの2本鎖を（㉓　　　　）する。

④ 細胞にはゲノムを（㉔　　　　）するしくみがあるため，DNAの切断部位は連結される。そのときに，高頻度で塩基の**挿入**や**欠失**が起こる。すると，その付近の遺伝子は（㉕　　　　）を消失する。これに加え，切断されたDNAが修復されるときに，任意の遺伝子を**挿入**することもできる。

⑤ 一方，目的としていなかった配列を編集してしまい，思わぬ結果につながる危険もあるので，ヒトや食品への応用は慎重に進められている。

C. DNA型鑑定

① ヒトゲノムにも多くの個体差(遺伝子多型)がある。ゲノムに含まれている塩基配列のくり返し部分(反復配列)のパターンを調べることで個人の識別をすることができる。このような方法を(㉖　　　　)といい，刑事捜査などに利用されている。

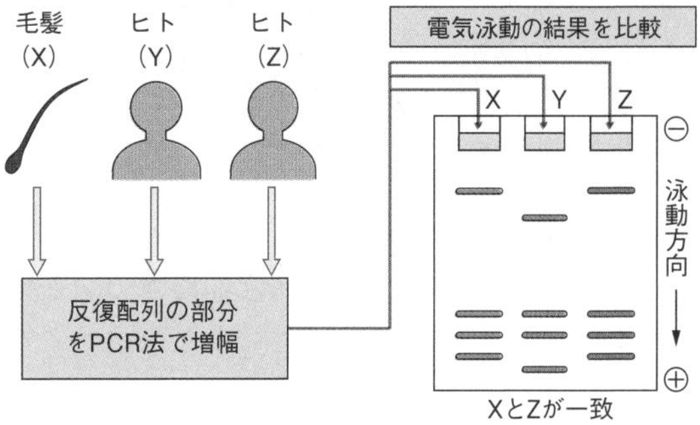

↑ DNA型鑑定

② DNA型鑑定では，毛髪などから(㉗　　　　)を採取し，その反復配列の部分を(㉘　　　　法)で増幅する。これを(㉙　　　　)にかけてDNA断片の長さのパターンを調べ，その一致を鑑定する。[8]

> **重要** ［DNA型鑑定］
> **DNAの反復配列のパターンを調べる→刑事捜査などに利用**

[8] 仮に，ある毛髪の遺伝子の反復配列のパターンが，ある人物の細胞のパターンと一致すれば，その毛髪がその人物のものである可能性が高いといえる。

D. バイオテクノロジー応用の課題

1 自然への影響

遺伝子組換え技術などによって作出された生物は，もともと自然界には存在しない生物であるため，(㉚　　　　系)に悪影響を及ぼさないか十分に検証する必要がある。

2 遺伝子組換え食品の安全性に関する課題

遺伝子組換え食品を食べたことによって(㉛　　　　)などを引き起こさないか，その安全性を十分に検証する必要がある。

3 遺伝情報に関する倫理的問題[9]

① ゲノムの情報は究極の(㉜　　　　情報)であるので，その利用には慎重を期する必要がある。

② 推定される遺伝病の扱いなどに倫理的問題が発生する可能性がある。

[9] **ポストゲノム時代**
ゲノムの塩基配列の解析が容易にできる時代となったので，そのゲノム情報をどのように活用するかを考えるポストゲノム時代となってきている。

> **重要** ［バイオテクノロジー応用の課題］
> **生態系への影響，食品の安全性，ゲノム情報の保護・倫理的問題**

ミニテスト ［解答］別冊p.13

1 細菌や動植物の細胞に特定のDNAを組み込む技術を何というか。 (　　　　)

2 1が行われている農作物の例を2つあげよ。 (　　　　)(　　　　)

3 クラゲから発見された遺伝子研究に用いられる蛍光タンパク質をアルファベット3文字で何というか。 (　　　　)

4 特定の遺伝子が発現しないようにして生み出されたマウスを何というか。 (　　　　)

練習問題　2章　発生と遺伝子発現

[解答] 別冊p.29

1 〈動物の配偶子形成〉

▶わからないとき→p.102

動物の配偶子形成の過程を示した次の図を見て，下の各問いに答えよ。

A　精原細胞 —a→ 一次精母細胞 —b→（　①　）—c→（　②　）—d→ 精子

B　卵原細胞 —e→（　③　）—f→ 二次卵母細胞 —g→ 卵細胞 —h→ 卵
（③）—f→（　④　）、二次卵母細胞 —g→（　⑤　）

(1)　上の①～⑤の空欄に適当な名称を答えよ。

(2)　染色体が半減して，核相がnの細胞ができるのは**a**～**h**のどこか。

ヒント　(2)　減数分裂の第一分裂で核相はnになる。

2 〈受精〉

▶わからないとき→p.103

右図は，ヒトの精子とウニの精子で共通する構造を模式的に示したものである。次の各問いに答えよ。

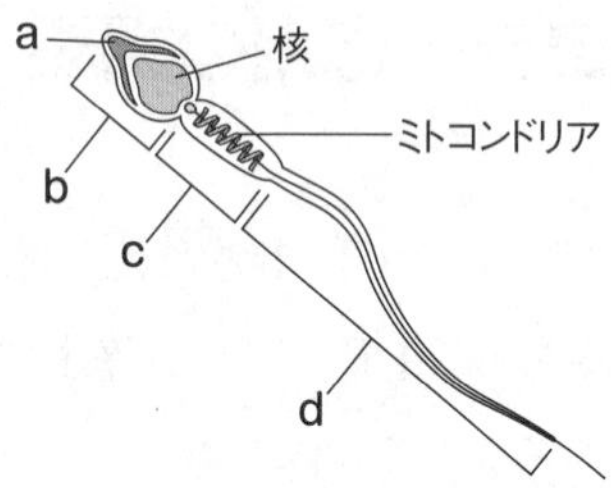

(1)　図中の**a**～**d**の各部分の名称をそれぞれ答えよ。

(2)　**d**の部分をつくっている運動器官を何というか。

(3)　核の内部にあり，遺伝情報をもつ化学物質を何というか。

(4)　ウニでは，精子が卵の表面のゼリー層に接触した後，頭部の一部が突き出して，卵の細胞膜に結合する。このとき突き出した部分を何というか。

(5)　受精膜は卵のどの部分から形成されるか。

3 〈カエルの発生過程〉

▶わからないとき→p.106～107

下の図は，カエルのいろいろな発生時期における胚の断面図である。これについて，あとの各問いに答えよ。

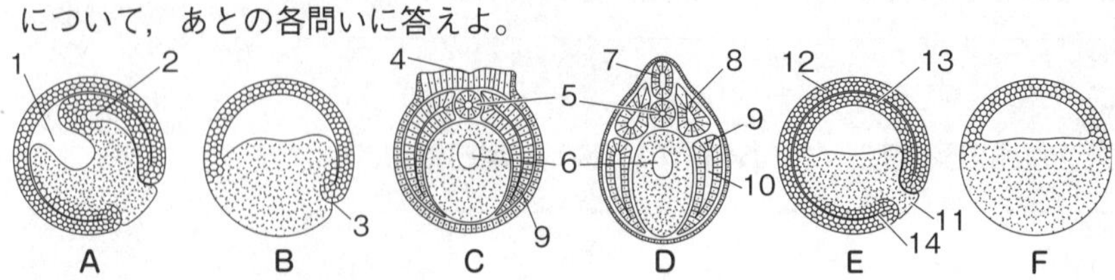

(1)　**A**～**F**を発生順に並べよ。

(2)　図の1～11の各部の名称を答えよ。

(3)　図の4～14から，外胚葉または外胚葉性器官をすべて選び，番号で答えよ。

(4)　図の4～14から，中胚葉または中胚葉性器官をすべて選び，番号で答えよ。

ヒント　(1)　胞胚から原腸胚にかけては，原口からの陥入にともなう原腸の形成によって胞胚腔は少しずつせばまり，原腸は少しずつ広くなる点に注意して並べかえる。

1
(1) ①＿＿　②＿＿　③＿＿　④＿＿　⑤＿＿
(2) ＿＿

2
(1) a＿＿　b＿＿　c＿＿　d＿＿
(2) ＿＿
(3) ＿＿
(4) ＿＿
(5) ＿＿

3
(1) ＿＿
(2) 1＿＿ 2＿＿ 3＿＿ 4＿＿ 5＿＿ 6＿＿ 7＿＿ 8＿＿ 9＿＿ 10＿＿ 11＿＿
(3) ＿＿
(4) ＿＿

4 〈誘導〉

▶わからないとき→p.109〜110

カエルの胞胚を使って行った下の培養実験について，あとの各問いに答えよ。

	培養した部分	結果
①	アニマルキャップのみ	表皮などの外胚葉組織ができた。
②	植物極側の領域のみ	内胚葉性の組織ができた。
③	アニマルキャップ＋植物極側の領域	中胚葉性の組織もできた。

(1) 実験③のような現象を何というか。
(2) 中胚葉性の組織で，神経誘導に関係する部分はどこか。

4
(1) ______
(2) ______

5 〈眼の形成のしくみ〉

▶わからないとき→p.110

イモリの眼の形成過程に関する，あとの各問いに答えよ。

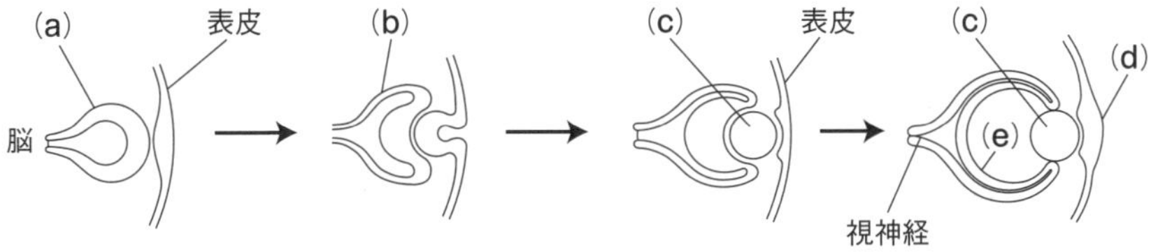

(1) 図中の(a)〜(e)の各部の名称を答えよ。
(2) 形成体が，胚の一部を特定の器官に分化させることを何というか。
(3) 形成体が次々とつくられて(2)の現象が起こり，器官や組織が形成されていくことを何というか。

ヒント (2) 形成体が未分化の細胞に対して何の組織になるのか導いていくという意味合い。

5
(1) (a) ______
(b) ______
(c) ______
(d) ______
(e) ______
(2) ______
(3) ______

6 〈発生と遺伝子発現〉

▶わからないとき→p.112〜113

ショウジョウバエの発生と遺伝子発現について，次の各問いに答えよ。

(1) ショウジョウバエのからだの前後軸の決定に重要な遺伝子のなかで，前方向の決定にはたらく遺伝子がつくる調節タンパク質の名称を答えよ。
(2) ショウジョウバエの体節の形成を促す遺伝子を総称して何というか。
(3) ショウジョウバエの体節ごとの特徴的な構造をつくるときにはたらく遺伝子を何というか。

6
(1) ______
(2) ______
(3) ______

7 〈遺伝子を扱う技術〉

▶わからないとき→p.114〜121

遺伝子を扱う技術に関する次の各問いに答えよ。

(1) ある遺伝子のDNAを制限酵素で切り取り，DNAリガーゼで遺伝子に組み込むなどして遺伝子の新しい組み合わせをつくることを何というか。
(2) 温度の上昇・下降をくり返し，DNAを急速に増幅させる方法を何というか。
(3) 電気泳動を行ったときに，DNA断片が短いほど，移動距離はどうなるか。
(4) ゴールデンライスやスーパーマウスのように，外来の遺伝子を導入してつくられた生物を何というか。
(5) 遺伝子を操作して特定の遺伝子が発現しないようにする技術を何というか。
(6) 染色体上の特定の遺伝子の塩基配列を特殊な酵素で切断し，目的の遺伝子の機能を消失させたり，遺伝子断片を導入したりすることを何というか。

7
(1) ______
(2) ______
(3) ______
(4) ______
(5) ______
(6) ______

定期テスト対策問題　3編　遺伝情報の発現と発生

［時 間］50分
［合格点］70点
［解 答］別冊p.31

1　次のa～eの文および図は真核生物のタンパク質合成の過程を説明したものである。あとの各問いに答えよ。
〔問1…5点，問2・3…各2点，問4…8点　合計43点〕

a. 細胞質基質中の(①) RNAはそれぞれ特定の(②)と結合し，これをリボソームへ運ぶ。

b. DNAの遺伝情報を写し取った(③) RNAは核膜孔を通って細胞質基質へ移動し，これにリボソームが付着する。

c. DNAの塩基対の結合が切れて2本の鎖になり，そのうち一方を鋳型として(④) RNAが合成される。

d. リボソームが(⑤) RNA上を移動するにつれて(⑥)は長くなり，タンパク質が合成される。

e. (⑦) RNAは，リボソーム上で(⑧) RNAのコドンと相補的に結合し，運ばれてきた(⑨)どうしが(⑩)結合でつながる。

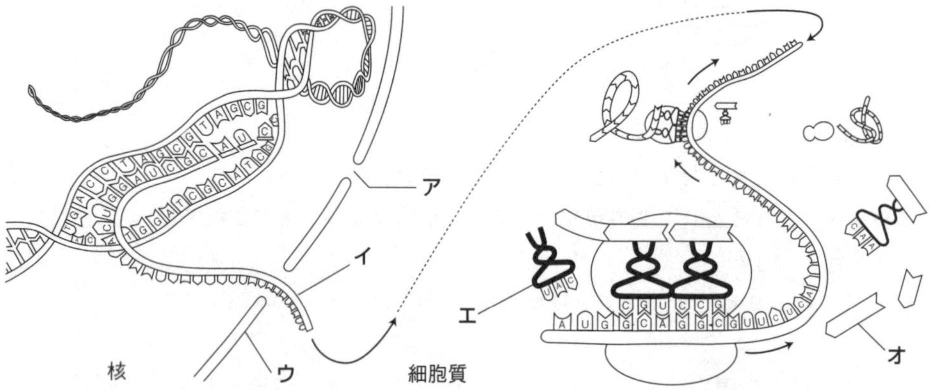

問1　上記a～eをタンパク質合成の正しい順序に並べかえよ。

問2　文中の①～⑩に適当な語句を入れて文章を完成せよ。ただし，同じ語句を何回使用してもよい。

問3　上図の記号**ア**～**オ**にあてはまる名称をそれぞれ答えよ。

問4　GGTAAAGAAAATGGGで示されるDNAの遺伝情報からつくられるタンパク質のアミノ酸配列を，右の表を参考にして答えよ。ただし，示した塩基配列はすべてアミノ酸に翻訳されるものとする。

コドン	対応するアミノ酸
UUU，UUC	フェニルアラニン
CUU，CUC，CUA，CUG，UUA，UUG	ロイシン
UCU，UCC，UCA，UCG，AGU，AGC	セリン
CCU，CCC，CCA，CCG	プロリン

問1				
問2	①	②	③	④
	⑤	⑥	⑦	⑧
	⑨	⑩		
問3	ア	イ	ウ	エ
	オ			
問4				

2 カエルの発生のある時期の胚の外形および断面を示した下の図について，各問いに答えよ。ただし，図A－2は図A－1の胚の①の部分の断面図である。

〔問1・3…各3点，問2…各1点，問4…各2点　合計37点〕

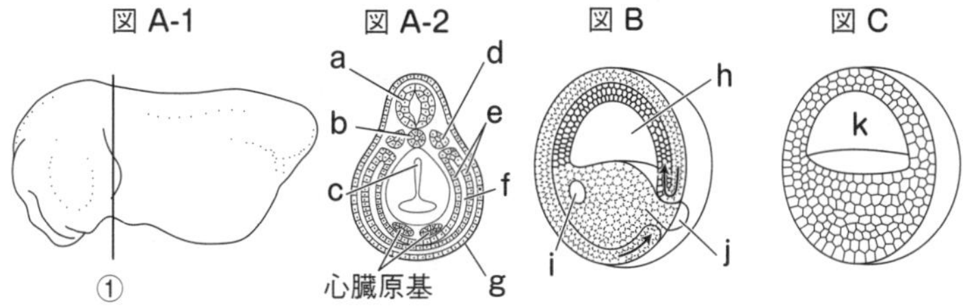

問1　図A～Cは，それぞれ何とよばれる時期の胚か。

問2　図のa～kの各部の名称をそれぞれ答えよ。

問3　図A－2のa～gの各部のうち中胚葉から形成されるものをすべて選び，記号で答えよ。

問4　次のi～viiの各器官は，図A－2のa～gのうちどの部分から形成されるか。

i 肝臓　　ii 脳　　iii 肺　　iv 脊椎骨

v 網膜　　vi 骨格筋　　vii 表皮(皮膚)

問1	図A		図B		図C		
問2	a	b	c	d			
	e	f	g	h			
	i	j	k				
問3		問4	i	ii	iii	iv	v	vi	vii

3 シュペーマンが行った下記の実験1～4について，あとの各問いに答えよ。

〔問1～3…各4点，問4…8点　合計20点〕

【実験1】　2種類の胚の色の異なったイモリの初期原腸胚の予定神経域と予定表皮域からそれぞれ一部を切り出して交換移植したところ，移植片はまわりの組織と同じ組織に分化した。

【実験2】　初期神経胚を使って実験1と同じことをすると，移植片はまわりの組織とは関係なく，それぞれの運命にしたがった組織に分化した。

【実験3】　イモリの初期原腸胚から原口のすぐ上側の部分を除去すると胚は発生を停止したが，ほかの部分を同程度除去しても胚は正常に発生した。

【実験4】　イモリの初期原腸胚から実験3の下線の部分を切り取り，これを別のイモリの初期原腸胚の腹側赤道部に移植したところ，腹側に神経管ができ，二次胚が形成された。移植した下線の部分は二次胚の脊索と体節の一部に変化していた。

問1　実験1～4から，移植片の発生運命が決定されるのはいつ頃といえるか。

問2　実験3の下線の部分はふつう何とよばれるか。

問3　実験3の下線の部分のように胚のほかの部分の分化に影響を与える部位を何というか。

問4　実験4から，実験3の下線の部分はどのようなはたらきがあると考えられるか。25字程度で説明せよ。

問1		問2		問3	
問4					

1章 動物の反応と行動

1 ニューロンと興奮の伝わり方

[解答] 別冊p.13

A. ニューロン(神経細胞)

1 ニューロンの構造　神経系[1]の主要な機能を担う基本単位は**ニューロン**(**神経細胞**)である。基本的には次の3つの部分からなる。

① (❶　　　　)…核のほか，ミトコンドリアや中心体などを含む。

② (❷　　　　)…細胞体から長く伸びた突起(とっき)。**神経鞘**(しんけいしょう)[2]という薄い膜におおわれたものを(❸　　　　)[3]という。

③ (❹　　　　)…細胞体から周囲へと細かく枝分かれした多数の短い突起。

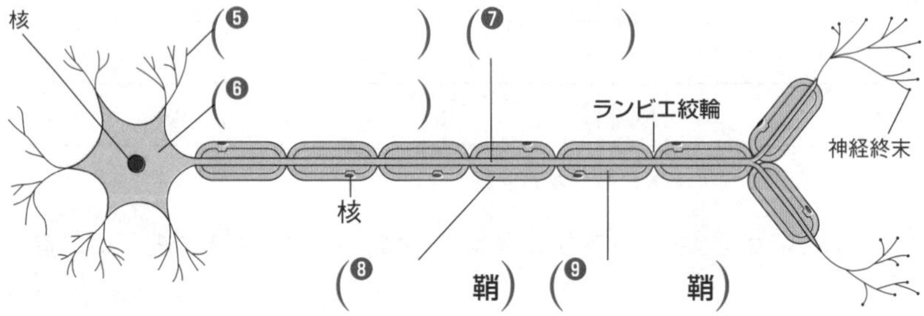

ニューロン(神経細胞)のつくり

2 神経繊維の種類　神経繊維は軸索(じくさく)と神経鞘の間に髄鞘があるかないかで，次の2つに分けられる。

① (❿　　　　繊維)…髄鞘(ずいしょう)[4]がない神経繊維。

例 無脊椎(むせきつい)動物の神経。

② (⓫　　　　繊維)…軸索が髄鞘と神経鞘でおおわれた神経繊維。髄鞘の切れ目を(⓬　　　　絞輪)という。

└→ 軸索がむき出しになっている。

例 脊椎動物の多くの神経。

3 ニューロンの種類　はたらきから次の3つに分けられる。

① (⓯　　　　ニューロン)…受容器で受けた刺激を**興奮**(こうふん)として中枢に伝える。

② (⓰　　　　ニューロン)…**中枢**で，感覚ニューロンと運動ニューロンを連結する。刺激を感覚として感じ，状況に応じて処理する。

③ (⓱　　　　ニューロン)…中枢からの興奮を効果器に伝える。

[1] 神経系の細胞で数が多いのは**グリア細胞**であり，ニューロンを補助している。具体的には，機械的にニューロンを支えたり，ニューロンへ養分を補給したり，髄鞘を形成したりする。

[2] **神経鞘**は，**シュワン細胞**などでできている，軸索を包む薄い膜である。

[3] **神経繊維**は，軸索と神経鞘を合わせたものをいう。

[4] **髄鞘**は，シュワン細胞やオリゴデンドロサイト(グリア細胞の一種)の細胞膜が何重にも巻き付いてできている。

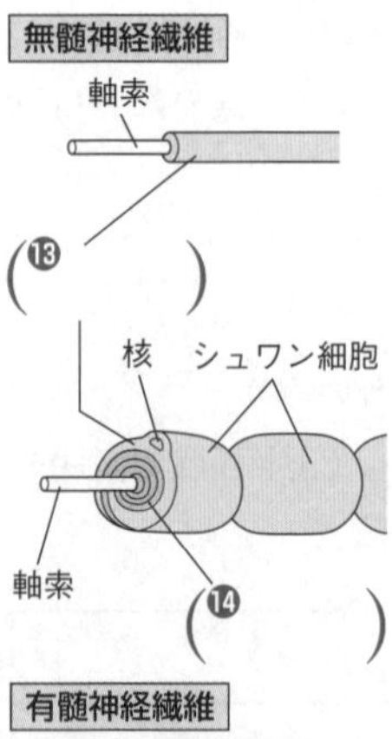

無髄神経繊維と有髄神経繊維

B. 興奮とその伝導 出る

1 静止電位

① ニューロンは，刺激を受けていないときは**静止状態**とよばれる状態をとる。静止状態では，（⑱　　　　　輸送）によって細胞膜の内側に（⑲　　　　）（イオン）が，外側に（⑳　　　　）（イオン）が多く分布し，内側が（㉑　　　　）に，外側が（㉒　　　　）に帯電している。

② このとき生じる電位差を（㉓　　　　電位）という[5]。細胞膜の内側が外側に対しておよそ－60mV（ミリボルト）になる。

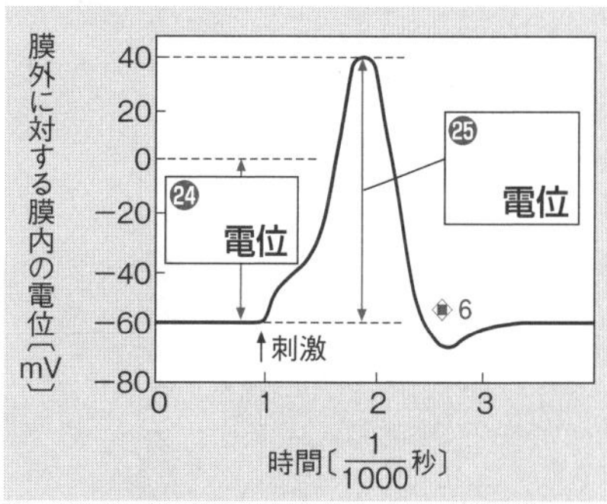

神経繊維の興奮と電位の変化

2 興奮と活動電位

① ニューロンが刺激を受けると，その部分で細胞膜内外の電位が瞬間的に逆転し[5]，隣接（りんせつ）部と約100mVの電位差が生じる。

② 電位変化はすぐもとにもどる（約1000分の1秒後）。**この一連の変化を**（㉖　　　　電位）**といい**，活動電位が発生することを**神経の**（㉗　　　　）という。

> **重要**
> **静止電位…外側が正（＋），内側が負（－）。**
> **活動電位…内外の電位が逆転し，すぐもとにもどる。➡興奮**

◆5
静止電位が保たれている状態を**分極**といい，膜電位が静止状態から正の方向に変化することを**脱分極**という。

◆6
膜電位が一時的に静止電位よりさらに分極が進んだ状態を**過分極**という。

◆7
電位依存性のNa^+チャネルとK^+チャネルが一連の開閉をしている最中や直後の短い時間（0.001～0.002秒）は，別の刺激を受けても応答して興奮することができない。この期間を**不応期**という。

3 静止電位と活動電位が生じるしくみ

① 細胞膜にあるNa^+**ポンプ**（→p.59）がはたらいて，細胞内には（㉘　　　　）が多く，細胞外にはNa^+が多く保たれている。

② 静止状態では，（㉙　　　　チャネル）だけが開いていて，ここから細胞内に多いK^+が細胞外に流出することで，細胞内は（㉚　　　　）に帯電し，静止電位が生じる。

③ 閾値（いきち）（→p.128）以上の刺激が加わると，Na^+チャネルが開いて，細胞外に多い（㉛　　　　）が細胞内に流れ込むので，細胞内の電位が逆転して（㉜　　　　）となる。これにより（㉝　　　　電位）が生じる。

④ Na^+チャネルはすぐに閉じる。次に，電位依存性のK^+チャネルが開き，（㉞　　　　）が細胞内から流出して細胞内の電位が負となり，やがて元の静止電位にもどる[7]。

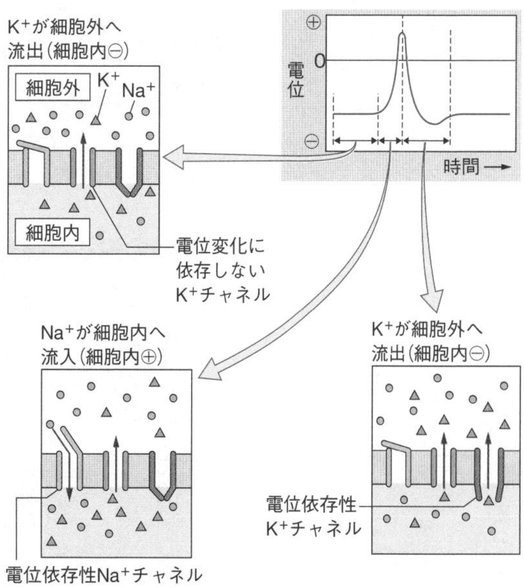

活動電位の発生とイオンチャネルのはたらき

4 興奮の伝導

〔無髄神経繊維での興奮の伝導〕

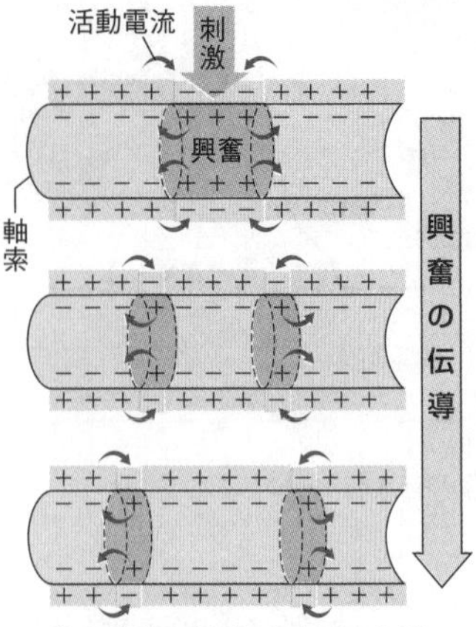

無髄神経繊維での興奮の伝導

① 活動電位が発生すると，隣接部との間で電位差が発生し，(㉟　　　**電流**)(局所電流)が流れる。（+→−の向き）

② すると，これが刺激となって隣接部が興奮し，興奮部位が両隣に移る。その後，同じようにして，興奮部位が次々と隣接部に移っていく。このとき，一度興奮した部位のイオンチャネルはしばらく不活性になるため，興奮が逆戻りすることはない。

③ これを**興奮の**(㊱　　　)といい，(㊲　　　**方向**)に伝わる。

〔有髄神経繊維での興奮の伝導〕

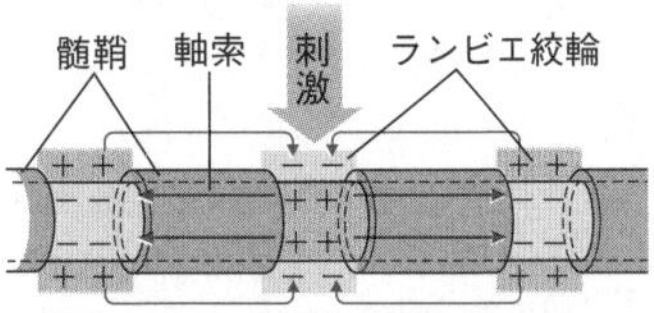

有髄神経繊維での興奮の伝導

有髄神経繊維には絶縁性の高い(㊳　　　)があるため，興奮によって生じた(㊴　　　**電位**)は，**ランビエ絞輪**からその両隣のランビエ絞輪へととびとびに伝わっていく。これを(㊵　　　**伝導**)といい，**無髄神経繊維より興奮が速く伝わる。**

> **重要**　［跳躍伝導］
> **ランビエ絞輪からランビエ絞輪へ。**
> **➡有髄神経繊維のほうが速く伝わる。**

5 刺激の強さと興奮の発生

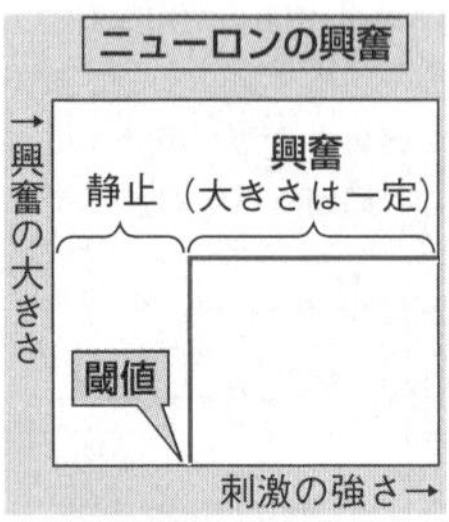

全か無かの法則

① ニューロンに興奮が起こる最小の刺激の強さを(㊶　　　**値**)という。（限界値ともいう。）

② 刺激を㊶以上に強くしても，興奮の大きさは一定で変わらない。これを(㊷　　　**の法則**)という。

> **重要**
> **閾値…興奮が起こる最小の刺激の強さ**
> **全か無かの法則…刺激を閾値以上に強くしても，興奮の大きさは一定で変わらない。**

6 刺激の強さと感覚の強さ

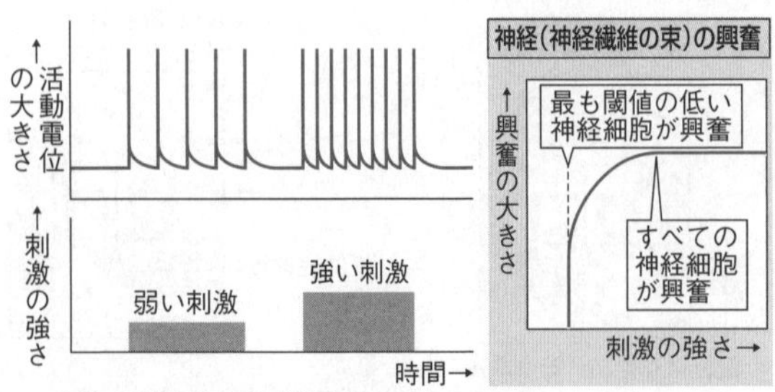

刺激の強さと感覚の強さ

① 閾値以上の刺激では，刺激が強くなっても1回の興奮の大きさは変化しないが，興奮の(㊸　　　)が高くなることで刺激の強さを伝えることができる。

② 神経は(㊹　　　)が異なる多数の軸索の束からなるため，ある程度の刺激の強さ（すべてのニューロンが興奮する強さ）までは，刺激が強いほど多くのニューロンが興奮し，大脳に伝わる興奮は大きくなる。

C. 興奮の伝達 出る

1 シナプス 軸索末端((㊺)という)から次のニューロンまたは(㊻)(筋肉など)への接続部。すきまがあるため活動電流は伝わらない。
└→ シナプス間隙ともいう。 伝導は起こらない。←┘

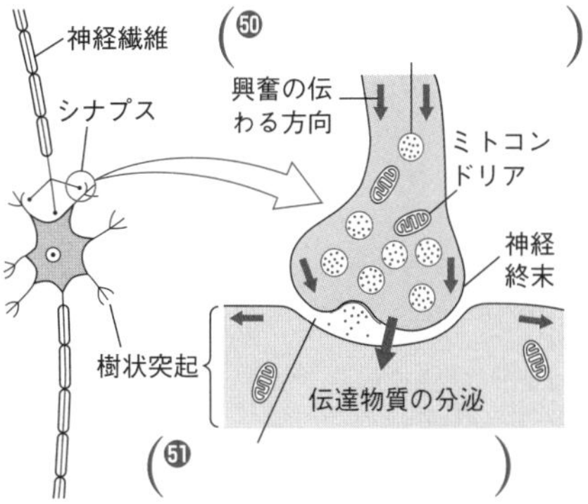

⬆ シナプスでの興奮の伝達

2 興奮の伝達

① 軸索を伝導してきた興奮がシナプスに達すると，神経終末の**シナプス小胞**から(㊼ **物質**)が放出され，次のニューロンを興奮させる。これを**興奮の**(㊽)という。[8] ➡伝達は一方向。

② 神経伝達物質には，(㊾)や**ノルアドレナリン**，γ(ガンマ)-アミノ酪酸などがある。
(㊾: 運動神経や副交感神経から分泌される。)
(ノルアドレナリン: 交感神経から分泌される。)
(γ-アミノ酪酸: GABA(ギャバ)ともいう。)

3 興奮の伝達のしくみ

① 活動電位が軸索末端に達すると，(52)が開いてCa^{2+}**が軸索内に流入**し，これがシナプス小胞と神経終末の細胞膜の融合を促進して**神経伝達物質**をシナプス間隙(かんげき)に放出させる。

② 神経伝達物質がシナプス後細胞の樹状突起にある(53)に結合すると，これが開いてNa^{+}などが**樹状突起内に流入**し，活動電位を発生させて興奮が(54)される。そのため，興奮は軸索側から樹状突起側への一方向にしか伝わらない。このようにしてシナプス後細胞に生じる活動電位を，**興奮性シナプス後電位**(EPSP)という。[9]
(53: 伝達物質依存性のチャネル)

③ 神経伝達物質は，活動電位発生後すみやかにシナプス後細胞の酵素によって分解されたり，シナプス前細胞に回収されたりする。

[8] 興奮が伝達されるとき，神経伝達物質を放出する側の細胞を**シナプス前細胞**，受け取る側(伝達される側)の細胞を**シナプス後細胞**という。

[9] 神経伝達物質には抑制作用をもつものもあり，これが軸索から放出されたときには，樹状突起や効果器側のCl^{-}**チャネル**が開いてCl^{-}**が細胞内に流入**する。すると細胞内部の静止電位以上の負の電位が生じ，興奮の伝達が抑制される。これを**抑制性シナプス後電位**(IPSP)という。

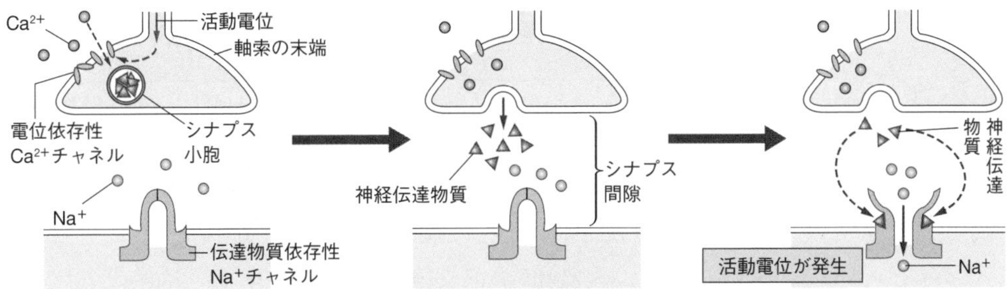

⬆ 興奮性シナプス後電位(EPSP)

ミニテスト [解答] 別冊p.13

1 軸索末端(神経終末)から次のニューロンや効果器への接続部を何というか。 ( )
2 有髄神経繊維で，活動電位がランビエ絞輪間を伝わることを何というか。 ( )
3 興奮の伝導と興奮の伝達の違いを説明せよ。
( )

2 受容器

［解答］別冊p.14

A. 刺激の受容と反応

1 刺激の受容と感覚

① 光は眼，音は耳というように，特定の刺激が特定の（❶　　　　）で受け取られる。

② 受容器には（❷　　　細胞）が集まっており，（❸　　　刺激[※1]）によって興奮（こうふん）[※2]する。

③ 受容器の興奮は，（❹　　　神経）を通じて**大脳**の（❺　　　　）へ伝えられる。

④ 大脳では，刺激の種類に応じた（❻　　　　）が生じる。

※1
感覚細胞が受け取ることのできる刺激はそれぞれ決まっていて，それを**適刺激**という。ただし，適刺激であっても**閾値**（いきち）(限界値)以上の強さでなければ，興奮は生じない。

※2
刺激を受けた細胞がそれまでと異なる活動状態になることを**興奮**という。
例ニューロンの興奮(→p.127)

適刺激	受容器		感覚
光(可視光線)	眼	(❼　　　　)	視覚
音波(空気の振動)	耳	うずまき管(コルチ器)	聴覚
からだの傾き（かたむ）		(❽　　　　)	平衡覚（へいこう）
からだの回転		(❾　　　　)	
気体の化学物質	鼻	嗅上皮（きゅう）	(❿　　覚)
液体の化学物質	舌	(⓫　　　　)	味覚
圧力，強い圧力など	皮膚（ひふ）	圧点・痛点	圧覚・痛覚
高い温度，低い温度		温点・冷点	温覚・冷覚

重要

（刺激の受容）　感覚神経　（感覚の成立）
適刺激 ┄┄→ 受容器(感覚細胞) ──→ 大脳(感覚中枢)

2 刺激の受容から反応まで

外界からの情報を受け取ると，**中枢**（ちゅうすう）(→脳や脊髄)からの命令によって，筋肉などの（⓬　　　　）がそれに応じた反応や行動を起こす。

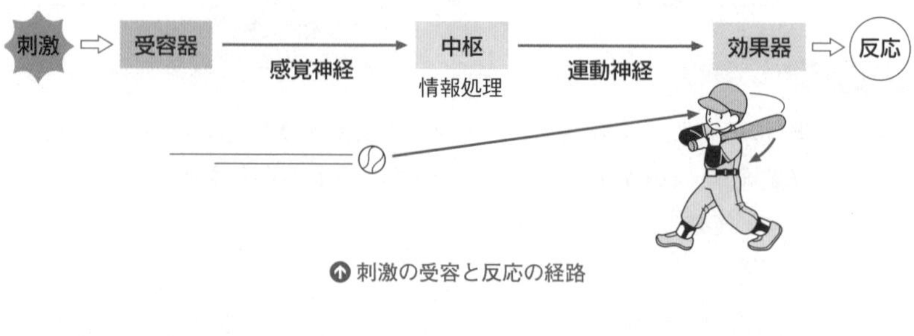

刺激の受容と反応の経路

B. 光受容器 出る

1 視覚の成立

① **角膜**を通った光は，（⑬　　　　）の伸縮によって**瞳孔**から入射する光量が調節される。

→「ひとみ」ともいう。

② 瞳孔から入射した光は，（⑭　　　　）で屈折して（⑮　　　**膜**）上に像を結ぶ。

角膜でも屈折。 カメラのレンズに相当する。 → デジタルカメラのイメージセンサーに相当する。

③ 光刺激によって網膜にある（⑯　　　　）が興奮し，（⑰　　　**神経**）を通じて（⑱　　　**脳**）の**視覚中枢**に伝えられ，そこで**視覚**が成立する。

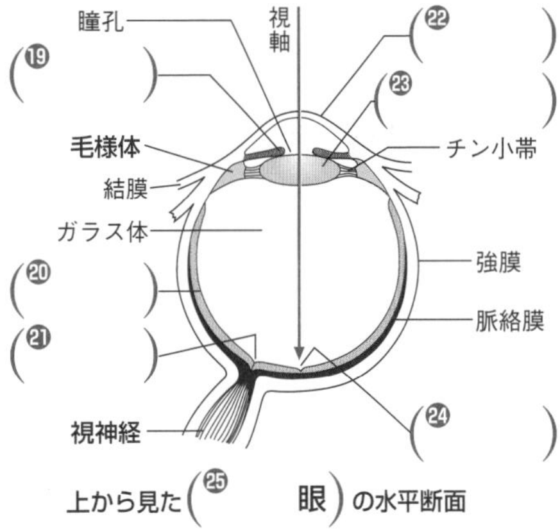

ヒトの眼のつくり

2 視細胞

光の刺激を受容する視細胞には，次の2種類がある。

（㉖　　　**細胞**）…網膜中央の（㉗　　　）部に集中して分布する。明所ではたらき，**色の識別**ができる。

→ フォトプシンをもつ。 → 青・緑・赤色の光を特に受容する3種類の細胞がある。

（㉘　　　**細胞**）…黄斑周辺に分布する。感光物質である**ロドプシン**※3をもち，色は識別できないが，弱い光を受容できる。

- 視神経の束が網膜を貫いて眼球の後方に出る部分は，視細胞が分布せず，**光を受容できない**。この部分を（㉙　　　）という。

盲点とよばれることもある。

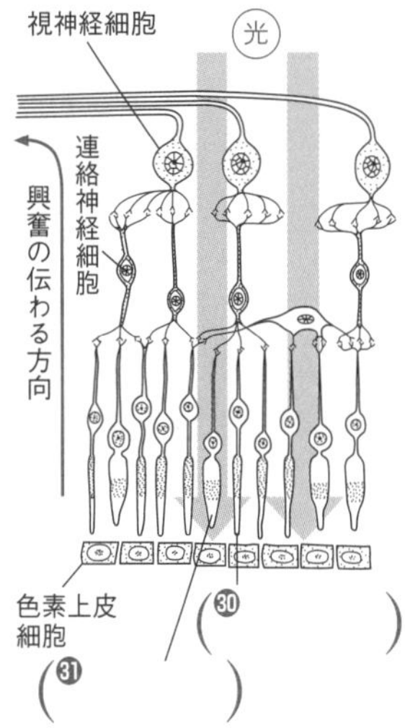

網膜のつくり

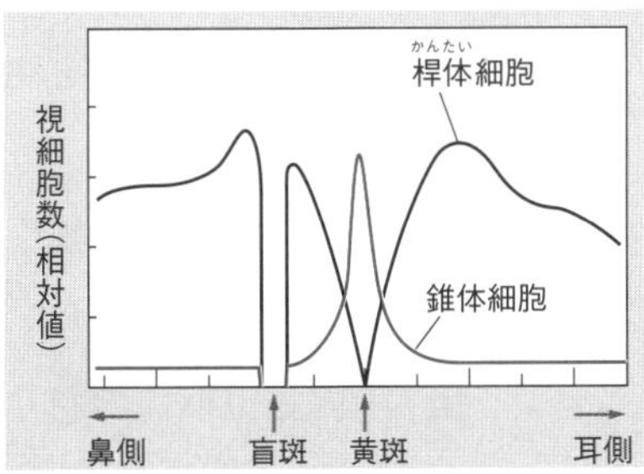

視細胞の分布

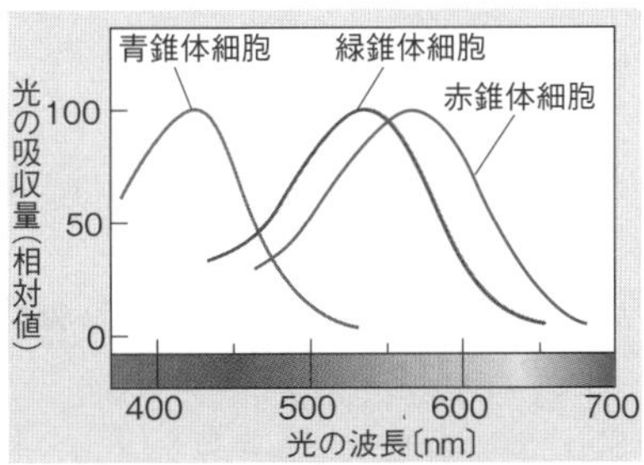

ヒトの錐体細胞と光の吸収量

※3
ロドプシンはビタミンAの一種であるレチナールという物質とオプシンとよばれるタンパク質が結合してつくられる。

3 明順応と暗順応

（㉜　　　**順応**）…（明所→暗所）➡最初は暗くて何も見えないが，やがて，**桿体細胞の感受性が高まり**，見えるようになる。

（㉝　　　**順応**）…（暗所→明所）➡最初はまぶしく感じるが，すぐに，**桿体細胞の感受性が低下し**，ふつうに見えるようになる。

4 遠近調節

近点調節…毛様筋が（㉞　　　**する**）➡チン小帯がゆるむ ➡水晶体が（㉟　　　**く**）なる。

毛様体の筋肉。

遠点調節…毛様筋が（㊱　　　）➡チン小帯が引かれる ➡水晶体が（㊲　　　**く**）なる。

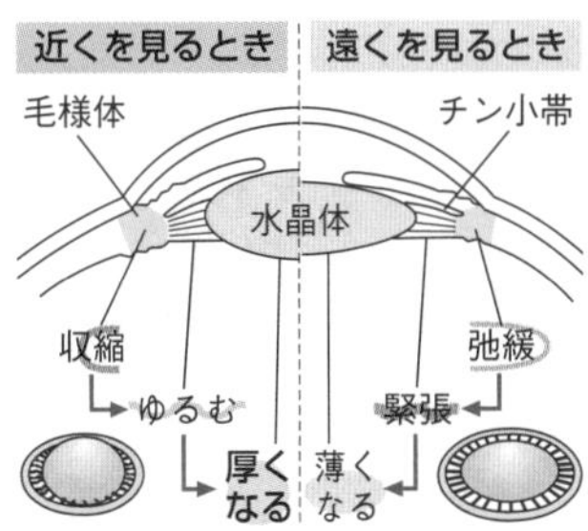

遠近調節のしくみ

5 視交叉

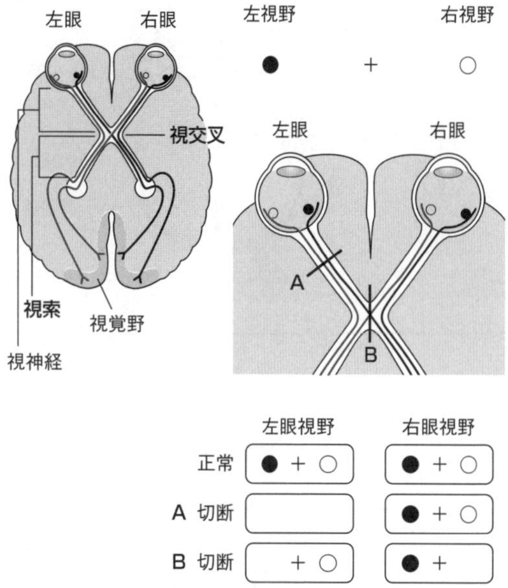

視交叉と視覚情報の伝わり方

① 神経は間脳に入る直前で交叉して視索となり間脳に入る。これを（㊳　　　　）という。情報は間脳を経て大脳の視覚野に入る。

② 視交叉の部分で，左右の眼の内側（鼻側）の網膜から出た視神経は交叉して反対側の視覚野につながり，左右の眼の外側（耳側）の網膜から出た視神経は交叉せず，そのまま視覚野につながっている。そのため，**両眼の右視野の情報は（㊴　　　）脳へ，左視野の情報は（㊵　　　）脳へ入る。**

③ 図のAで視索が切断されると，左眼全体の視野が知覚できなくなる。図のBで視神経（視交叉）が切断されると，左眼の左視野と右眼の右視野が知覚できなくなる。

C. 音受容器・平衡（へいこう）受容器 出る

1 音受容器と聴覚

① 音波は外耳道（がいじどう）を通り，（㊶　　　**膜**）を振動させる。その振動は**耳小骨**（じしょうこつ）で増幅されて内耳の（㊷　　　　**管**）に伝わり，その内部を満たす外リンパ液（→体液の一種）を振動させる。

② 振動は**基底膜**に伝わり，その上の（㊸　　　　）にある聴細胞の感覚毛が**おおい膜**に触れ，聴細胞を興奮させる。

③ 生じた興奮は，聴神経を通じて（㊹　　　**脳**）の聴覚中枢に伝わり，聴覚を生じる。◈4

◈4
ヒトの耳は20Hz（ヘルツ）（低音）～20000Hz（高音）を受容でき，高音ほど基部に近い部分で受容する。

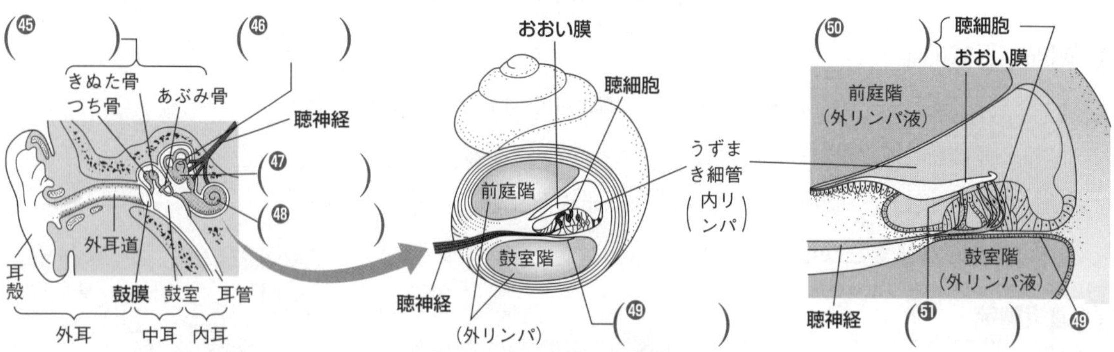

ヒトの耳のつくりと聴覚器官

> **重要** ［聴覚の成立］ 音波➡鼓膜（こまく）→耳小骨→うずまき管のコルチ器→聴細胞→聴神経→大脳の聴覚中枢

2 平衡受容器と平衡覚

① 内耳にあり，重力や運動の方向を受容する。
- (52 　　　)…**耳石の移動**を感知して，からだの**傾き**を知る器官。
- (53 　　　)…**リンパ液の流れ**の変化を感知して，からだの**回転**を知る器官。

② 平衡受容器で受容した興奮が大脳に伝わり(54 　　　**覚**)を生じる。

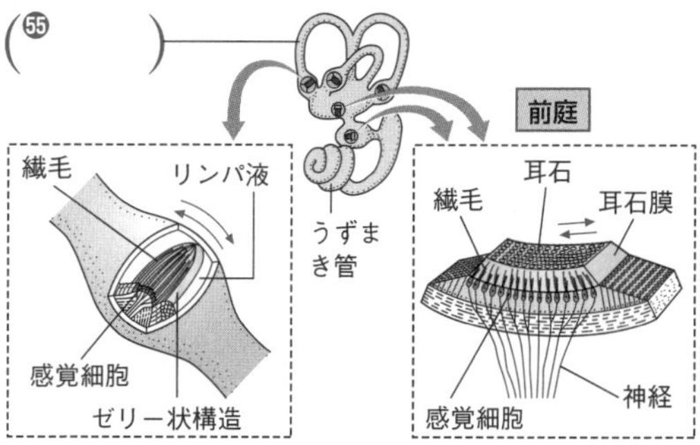

前庭と半規管のつくり

D. その他の受容器 ※5

① **味覚器**…舌の(56 　　　)である。56にある(57 　　　**細胞**)は，水に溶けた化学物質を受容する。味覚には，甘味，苦味，酸味，塩味，(58 　　　**味**)の5つがあり，それらの化学物質は異なる受容体に結合する。

② **嗅覚器**…鼻腔の(59 　　　)である。59にある(60 　　　**細胞**)は，空気中の化学物質を受容する。60の先端の(61 　　　)には，ヒトの場合は細胞ごとに異なる約350種類の嗅覚受容体がある。1種類の物質は複数の受容体と結合できる。味覚に比べて感度が高い。

※5 このほか，皮膚には接触や温度などの刺激を受容する圧点・痛点・温点・冷点などの**感覚点**がある。

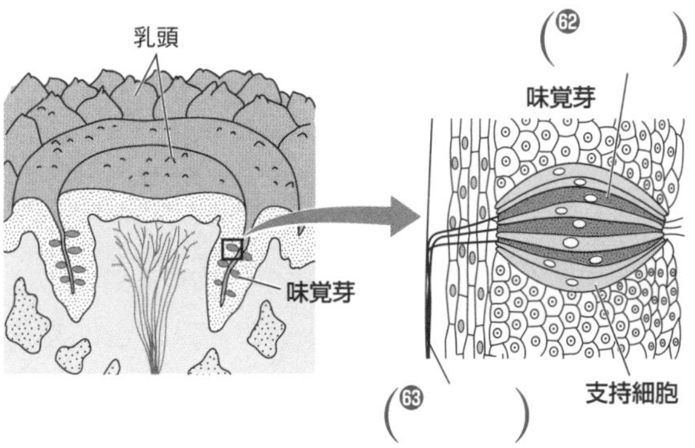

ヒトの味覚器（味覚芽）

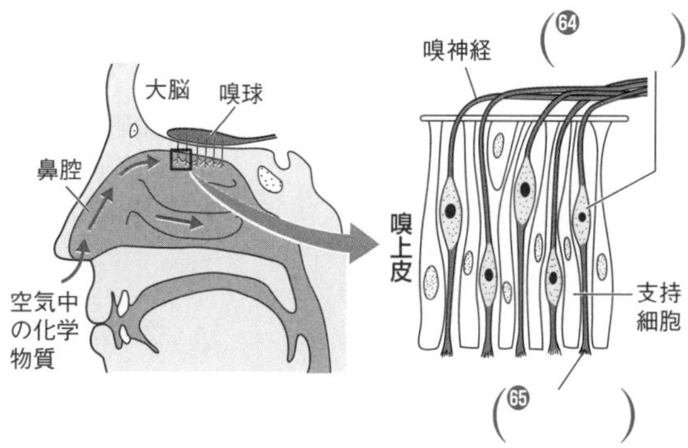

ヒトの嗅覚器（嗅上皮）

ミニテスト [解答] 別冊p.14

1 次の適刺激を受容する受容器は何か。

(a)光刺激 (　　　) (b)音波の刺激 (　　　) (c)からだの傾き (　　　)
(d)からだの回転 (　　　) (e)空気中の化学物質 (　　　)

2 次の**ア**～**エ**のうち，正しいものはどれか。 (　　　)

ア 眼に入った光は，ガラス体で屈折する。
イ ヒトの聴細胞は，うずまき管にある。
ウ からだの回転は，前庭で感知する。
エ 半規管は片方の耳に1つずつある。

3 中枢神経系と末梢神経系

［解答］別冊p.14

A. 脊椎動物の神経系

① ヒトを含めた脊椎動物の神経系は，次の2つからなる。

- (❶　　　　神経系)…(❷　　　　)と脊髄
- (❸　　　　神経系)…中枢神経系とからだの各部をつなぐ神経。

② 末梢神経系には，脳から出る**脳神経**と脊髄から出る**脊髄神経**がある。

③ 末梢神経系は，そのはたらきで分けると次のように分けられる。

- (❹　　　　神経系)…(❺　　　　神経)と**運動神経**
- (❻　　　　神経系)…交感神経と副交感神経

> **重要**
> **脊椎動物の神経系**
> - **中枢神経系…脳，脊髄**
> - **末梢神経系**
>   - **体性神経系…感覚神経，運動神経**
>   - **自律神経系…交感神経，副交感神経**

B. ヒトの中枢神経系——脳 出る

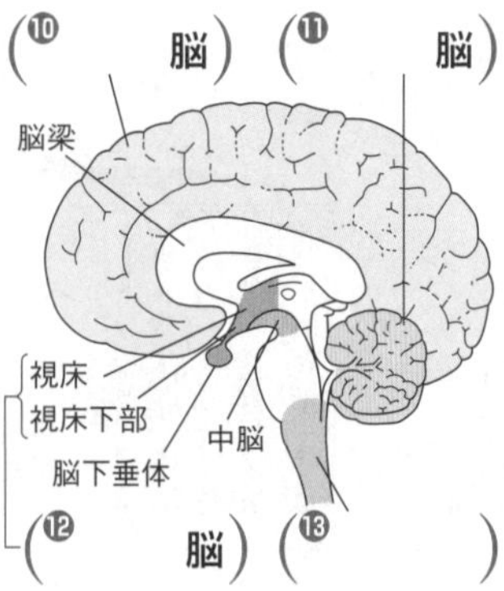

ヒトの脳のつくり

1 ヒトの脳

① ヒトの脳は，(❼　　　　)・**間脳**・**中脳**・**小脳**・(❽　　　　)の5つに分けられ，ヒトでは特に❼が著しく発達している。

② 間脳・中脳・延髄をあわせて(❾　　　　)という。

2 ヒトの大脳

左右の半球に分かれ，脳梁(太い神経繊維の束)で連絡している。大脳の内側を**大脳髄質**，外側を**大脳皮質**という。

① **大脳髄質**…多くの神経繊維(軸索)が通っており，白色に見えるので(⓮　　　　)という。

② **大脳皮質**…表面から2～5mmの厚さの細胞体が集まった部分で，その色から(⓯　　　　)ともいう。ヒトでは，(⓰　　　　)と**辺縁皮質(大脳辺縁系)**からなる。⓰や辺縁皮質から出る神経繊維は，大脳髄質を通って脳幹などに連絡している。

└→ 古皮質と原皮質に分けられる。

③ **新皮質**の区分…部位の違いから，前頭葉，頭頂葉，側頭葉，後頭葉に分けられる。(⓱　　　　葉)には連合野(思考，意志の中枢)や運動野が，頭頂葉には連合野(空間的認識)や皮膚の感覚野が，側頭葉には聴覚野や言語野が，(⓲　　　　葉)には視覚野がある。

④ 運動野は(⓳　　　　運動)の調節にかかわり，感覚野は皮膚感覚，視覚，聴覚などにかかわっている。

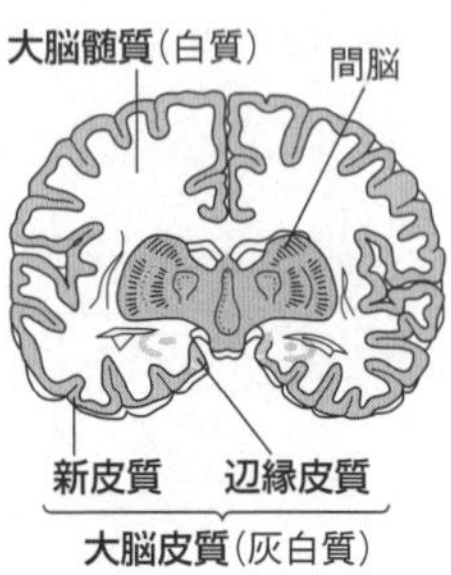

大脳の内部構造

⑤ **辺縁皮質**は脳内部に位置する皮質で，欲求や感情などにかかわる扁桃体や記憶の形成にかかわる（⑳　　　　）などがある。

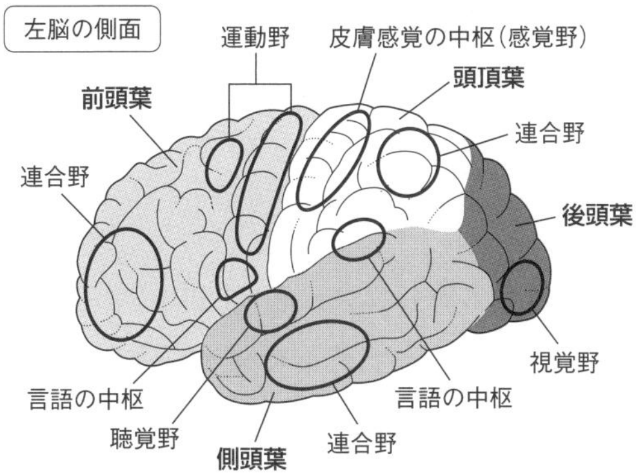

↑ 大脳新皮質の区分と機能

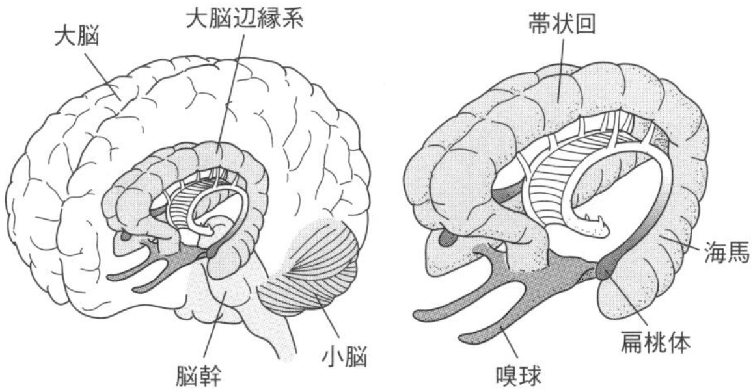

↑ 大脳の辺縁皮質（大脳辺縁系）

3 ヒトの脳とそのはたらき　まとめると，次のようになる。

脳の区分		おもな特徴とはたらき
大脳		• 内側…（㉑　　　　），神経細胞の軸索の束。 外側…（㉒　　　　），神経細胞の細胞体の集まり。 • 視覚・聴覚・運動・記憶(きおく)などの中枢…新皮質 食欲・性欲・感情などの中枢…辺縁皮質
㉓		• 随意(ずいい)運動の調節やからだの平衡(へいこう)保持の中枢。
㉔	㉕	• 視床(ししょう)と（㉖　　　　）に分かれている。 • （㉗　　　　**神経系**）と内分泌系の中枢で，代謝の調節や血糖濃度・体温・睡眠などの調節に関与している。
	㉘	• 眼球運動，瞳孔(どうこう)調節，姿勢保持の中枢。
	㉙	• 心臓の拍動，呼吸運動，消化器の機能調節の中枢。

> **重要**
> **大脳…視覚・聴覚・記憶・理解・感情・本能など。**
> **小脳…随意運動の調節，からだの平衡を保つ中枢。**
> **間脳…自律神経系と内分泌系の中枢。**
> **中脳…眼球運動，姿勢保持の中枢。**
> **延髄(えんずい)…心拍調節，呼吸運動，消化の中枢。**
> （間脳・中脳・延髄）**脳幹**

C. ヒトの中枢神経系——脊髄　出る

1 脊髄の構造　延髄から伸びて脊椎骨の中を通っている円柱状の構造であり，外側の脊髄皮質は神経繊維からなる（㉚　　　　），内側の脊髄髄質はニューロンの細胞体が集まる（㉛　　　　）となっている。[1]

◈1　脊髄と大脳では，灰白質と白質の位置関係（外側と内側）が逆である。

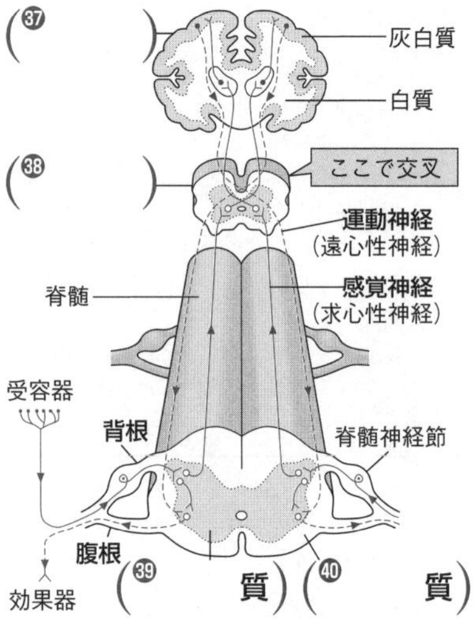

⬆ 脊髄のつくりと興奮の伝達経路

2 背根と腹根

① 脊髄からは(㉜　　)対の脊髄神経が束になって出ていて，**背根**と**腹根**とよばれる束が左右対になっている。

② 背根には(㉝　　)が通っており，腹根には(㉞　　)と自律神経が通っている。

3 脊髄のはたらき

① 感覚神経からの興奮を大脳に伝え，また，大脳から出された命令を(㉟　　)に伝える経路となる。

② 発汗・排尿・排便・血管の伸縮などの中枢となる。

③ 屈筋反射や膝蓋腱(しつがいけん)反射など(㊱　　)の中枢となる。
└→ 手が熱いものに触れたとき，無意識に手を引っ込める反射。

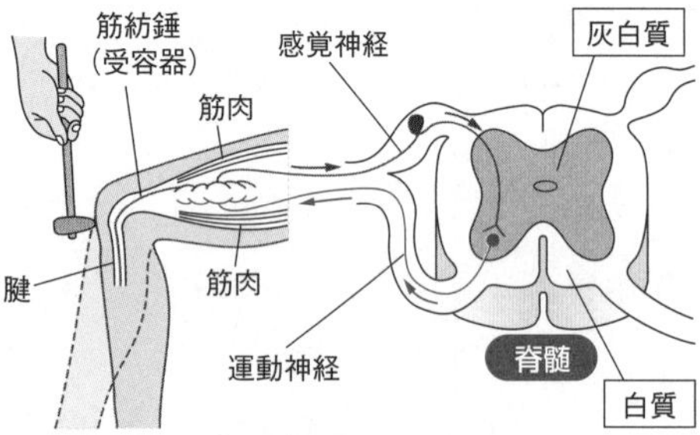

⬆ 膝蓋腱反射の反射弓

D. 反射

1 反射　意思とは無関係に，瞬時に起こる大脳以外を中枢とした反応。受容器で受容した刺激による興奮が大脳を経由せず効果器に伝えられるので，すばやい反応が起こり，危険から身を守るのに役立つ。

① (㊶　　)…膝蓋腱(しつがいけん)反射，屈筋反射

② **延髄**…だ液分泌反射，くしゃみ，せき，嚥下(えんげ)
のみ込むこと。↵

③ **中脳**…姿勢保持の反射，(㊷　　)反射

2 (㊸　　)…反射における興奮の伝達経路。

受容器→感覚神経→反射中枢→運動神経→効果器

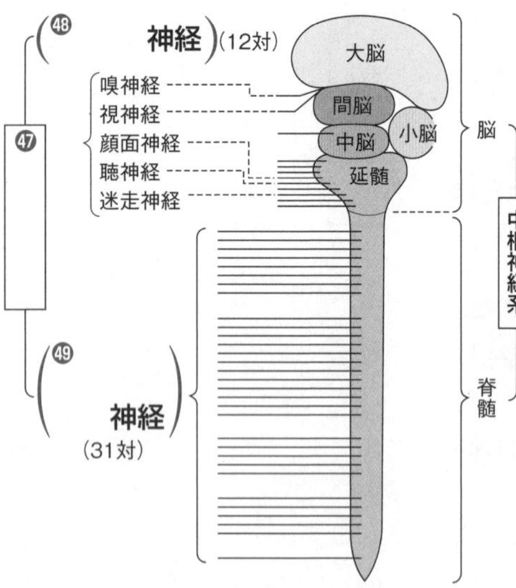

⬆ ヒトの神経系の構造

E. ヒトの末梢神経系

1 末梢神経系　脳・脊髄などの(㊹　　)から出て，各器官まで達している神経。

2 脳神経と脊髄神経(構造による大別)

① (㊺　　)…脳に出入りする神経。
12対ある。↵

例 視神経，顔面神経，迷走神経

② **脊髄神経**…(㊻　　)に出入りする神経。
31対ある。↵

例 感覚神経，運動神経，自律神経

ミニテスト　[解答] 別冊p.14

1 瞳孔の大きさの調節や姿勢保持などの中枢となる脳の部分を答えよ。　(　　)

2 反射的にからだの平衡を保つ中枢となる脳の部分を答えよ。　(　　)

3 呼吸運動や心拍を調節する中枢となる脳の部分を答えよ。　(　　)

4 効果器

[解答] 別冊p.14

A. 筋肉の構造と収縮 出る

1 筋肉の種類 脊椎(せきつい)動物では，次の2つに分けられる。

- (❶　　　　筋)…横じまが見られる筋肉。**骨格筋**(随意筋)と**心筋**(不随意筋)がある。
- (❷　　　　筋)…内臓や血管をつくる筋肉。不随意筋(意思に関係なく動く筋肉)。

2 骨格筋(横紋筋)のつくり

① 骨格筋をつくるのは多核[※1]で細長い細胞で，(❸　　　　)(**筋細胞**)とよばれる。

② 筋繊維には多数の(❹　　　　**繊維**)の束がつまっている[※2]。

③ 筋原繊維を顕微鏡で観察すると，明るく見える(❺　　　　)と暗く見える(❻　　　　)の部分があり，しま模様(**横紋**)になっている。

④ 明帯の中央には，(❼　　　　**膜**)というしきりがある。

⑤ Z膜からZ膜までを(❽　　　　)(**筋節**)といい，**筋収縮の単位**となる。

⑥ Z膜の左右には細い(❾　　　　)(タンパク質であるアクチンが多数結合してできている。)が結合しており，暗帯の部分には太い(❿　　　　)(タンパク質であるミオシンが多数結合してできている。)がある。

※1 骨格筋の筋細胞は多数の細胞が融合してできたものであるため，多数の核をもつ。1つの筋細胞は，数百個の核をもつ。

※2 筋原繊維のまわりは，**筋小胞体**という特有の小胞体が取り囲んでいる。

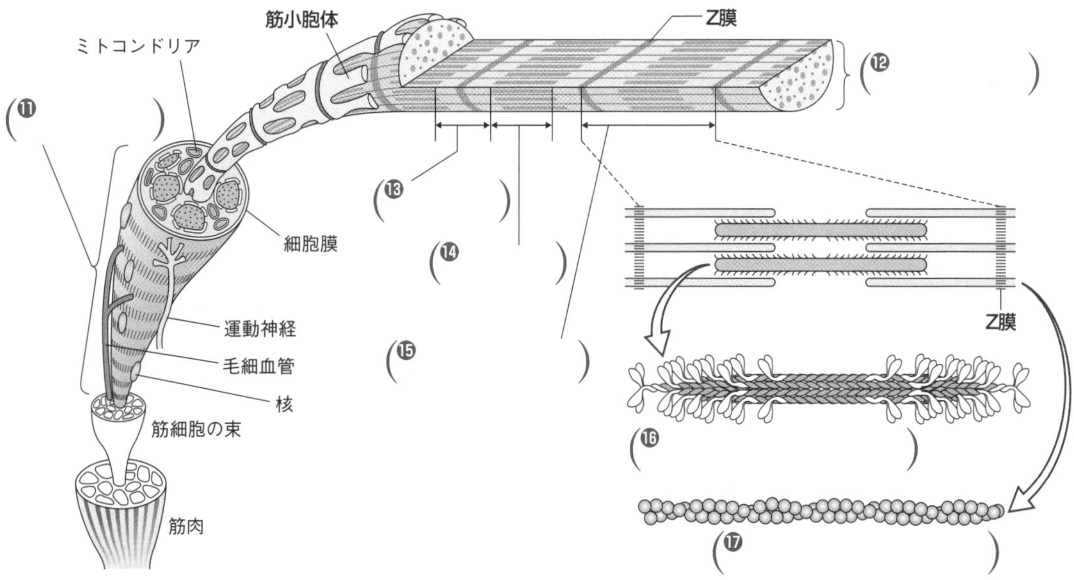

↑ 骨格筋(横紋筋)のつくり

> **重要** [骨格筋(横紋筋)のつくり]
> **筋原繊維には明帯と暗帯があり，明帯の中央にはZ膜がある。**
> **筋原繊維…アクチンフィラメント＋ミオシンフィラメント**

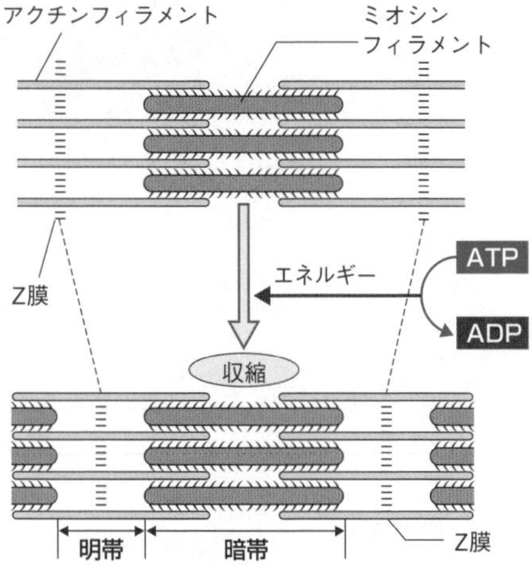

筋収縮時のサルコメアの変化

B. 筋収縮のしくみ 出る

1 滑り説

① 筋収縮は，(⑱　　　　)のエネルギーを使って行われている。

└→ 物質名。高エネルギーリン酸結合にエネルギーが蓄えられている。

② 筋収縮は，(⑲　　　　**フィラメント**)の間に(⑳　　　　**フィラメント**)が滑り込むことで起こる。これを(㉑　　　　**説**)という。

③ 筋収縮が起こると，サルコメアの長さは短くなるが，(㉒　　　**帯**)の長さは変わらず(㉓　　　**帯**)の長さが短くなる。

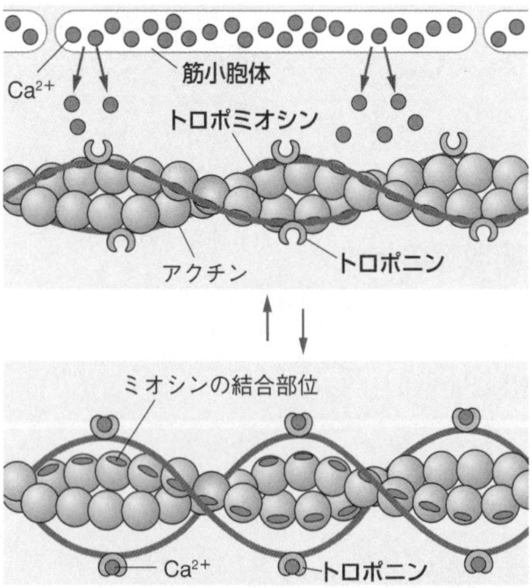

Ca^{2+}のアクチンフィラメントへの作用

2 筋収縮のコントロール

筋収縮はCa^{2+}と**トロポミオシン**，**トロポニン**によって制御されている。

① **アクチンフィラメント**には(㉔　　　　　　)というタンパク質が巻き付いていて，ミオシンフィラメントと結合できないように，アクチンのミオシン結合部位をブロックしている。

② 興奮が運動ニューロンを伝わると，筋繊維との接続部(シナプス)で，**運動ニューロン末端**から神経伝達物質である(㉕　　　　　　)が放出され，筋繊維に興奮が伝達される。

③ 筋繊維の細胞膜を経由して興奮が(㉖　　　　　)に伝わり，㉖がCa^{2+}を放出する。

④ Ca^{2+}が(㉗　　　　　　)と結合すると立体構造が変化して**トロポミオシン**を**移動**させ，アクチンにミオシンが結合できるようになる。

⑤ すると，(㉘　　　　　)の頭部は**ATPを分解**する。このとき生じるエネルギーで頭部の角度を変えてアクチンフィラメントを捕まえ，かき込むようにしてミオシンフィラメントの間に滑り込ませる。その結果，筋収縮が起こる。

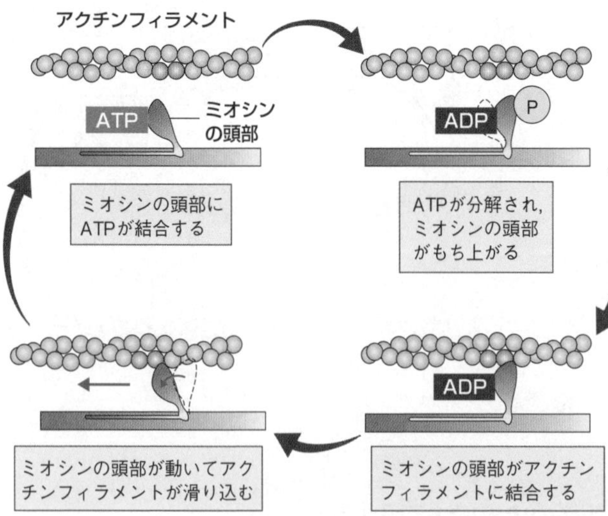

筋収縮のしくみ

3 骨格筋の収縮の起こり方

① 運動神経を1回刺激すると，運動神経の先の骨格筋では，約0.1秒ほどの（㉙　　　**収縮**）とよばれる収縮が起こる。

② 連続的な刺激を与えると，単収縮よりも大きい**不完全強縮**が起こる。

③ ②よりもさらに連続的な刺激の間隔をつめる（頻度を増す）と，（㉚　　　　　）が起こる。

> **重要** **刺激の頻度が増すことで，収縮は 単収縮 ⇨ 強縮　となる。**

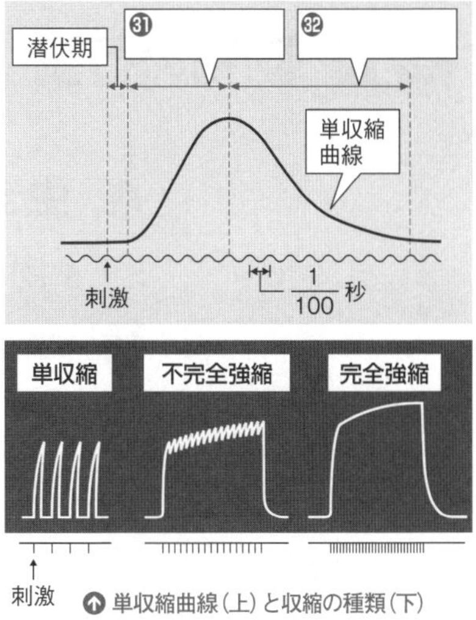

単収縮曲線（上）と収縮の種類（下）

4 クレアチンリン酸のはたらき

筋収縮で不足したATPの補充は，解糖や（㉝　　　　）では間に合わないときがある。

① 安静時にATPを使って（㉞　　　　　　　　）を合成しておく。

② 筋収縮による（㉟　　　　）不足時にはクレアチンリン酸のリン酸をADPに結合して，素早くATPを補充して筋収縮に利用する。

C. その他の効果器

1 繊毛

ヒトの気管表面の繊毛は，ごみをかき出すはたらきをもつ。繊毛は**微小管**が規則正しく並んだ構造で，微小管どうしがタンパク質のはたらきで滑ることで，**繊毛運動**が起きている。

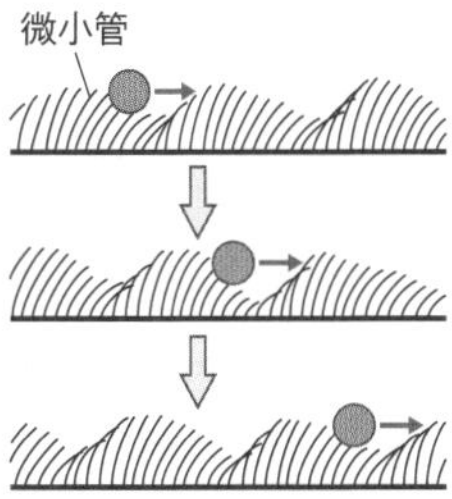

気管表面の繊毛

2 分泌腺（ぶんぴせん）

刺激により作動して特定の物質を分泌する。排出管から体外へ分泌する分泌腺を（㊱　　　　）といい，体液中に分泌する分泌腺を（㊲　　　　）という。

3 発光と発電

① （㊳　　　**器**）…光を発する器官。ホタルでは蛍光タンパク質（ルシフェリン）が，ATPのエネルギーによって発光する。
（→ルシフェラーゼという酵素が発光反応を触媒している。）

② **発電器官**…シビレエイやデンキウナギなどがもつ器官で，放電して身を守るためなどに使われる。
（→筋肉が変化してできた器官）

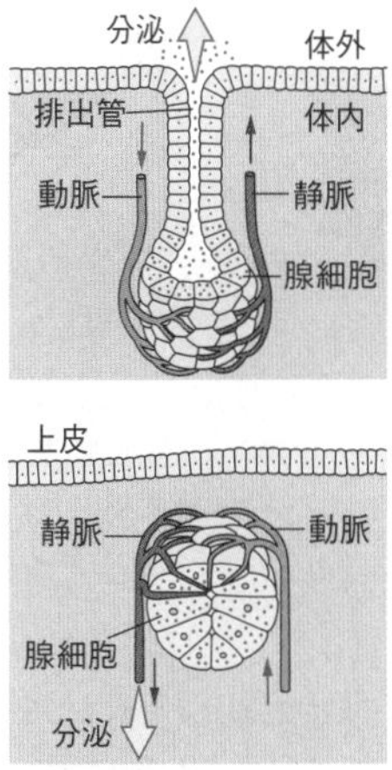

外分泌腺と内分泌腺

ミニテスト　［解答］別冊p.14

1. 骨格筋をつくる多核の細胞（筋細胞）は，細長い形状から何とよばれるか。（　　　　）
2. 筋収縮の単位となる，筋原繊維のZ膜からZ膜までの部分を何というか。（　　　　）
3. 筋原繊維の明帯と暗帯のうち，筋収縮時に幅が変わるのはどちらか。（　　　　）
4. 筋肉をつくる繊維を形成するタンパク質の名称を2つ答えよ。（　　　　）（　　　　）
5. 筋収縮に必要な筋小胞体から放出されるイオンは何か。（　　　　）
6. 筋収縮に直接利用できるエネルギーを供給する物質は何か。（　　　　）

5 動物の行動

［解答］別冊p.15

A. 生まれつき備わっている行動 出る

動物に生まれつき備わっている行動を（❶　　　　行動）という。

1 かぎ刺激

① 動物の特定の行動を引き起こす刺激を（❷　　　　）という。
└→信号刺激ともいう。

┌→トゲウオの一種の淡水魚
② イトヨの生殖行動

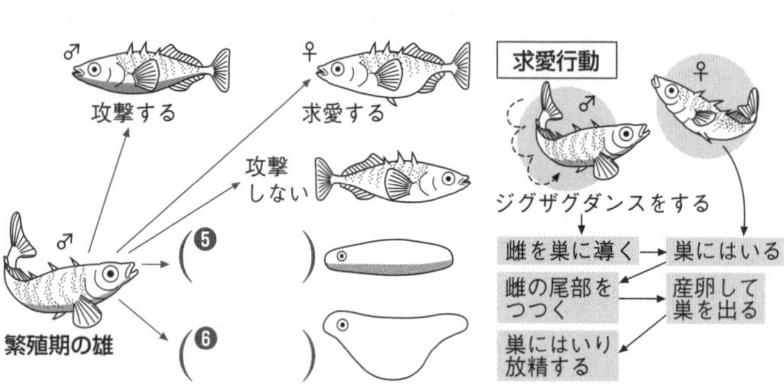

⬆ イトヨの攻撃行動と求愛行動

- **攻撃行動**…相手（雄）の腹部が赤いことが（❸　　　　）となり，同種の雄を攻撃する。
- **求愛行動**…相手（雌）の腹部が卵で膨らんでいることがかぎ刺激となり，ジグザグダンスなどの（❹　　　　）による求愛行動をする。

2 定位　動物が，光・化学物質・音・地磁気などの刺激を目印にして，特定の方向を定めることを（❼　　　）といい，❼に基づいて移動する定位行動には，次のようなものがある。

⬆ ガの光走性

① （❽　　　）…動物が刺激源に対して近づく，または遠ざかるように移動すること。刺激源が光であれば**光走性**，化学物質（におい）であれば**化学走性**，水などの流れであれば**流れ走性**という。
- （❾　　　**の走性**）…刺激源に近づく走性。
  例 ミドリムシの光走性，ガの光走性
- （❿　　　**の走性**）…刺激源から遠ざかる走性。
  例 ダンゴムシの光走性

② **夜行性動物の定位**…メンフクロウは完全な暗闇の中でも，獲物が発した（⓫　　　）[＊1]を左右非対称な耳で感知し，脳内でその正確な位置を把握することで，捕らえることができる。

③ 伝書バトの帰巣…伝書バトは，太陽の位置情報をもとに定位するうえ，内耳にある耳石（生体磁石）によって，（⓬　　　　）の情報をもとに定位して，見知らぬ土地からでも帰巣することができる。

④ 鳥の渡り…渡り鳥が，目的地へと渡りをするときには，太陽や星座の位置情報をもとに定位を行っていることが知られている。
└→太陽コンパス，星座コンパスといわれる。

＊1
耳が左右非対称であることで，右耳が上方からの音，左耳が下方からの音に敏感になっていて，その強度差から獲物（音源）の上下方向の位置情報を把握している。また，左右の耳に音が届いたときの時間差から，獲物の水平方向の位置情報を把握している。

3 コミュニケーション　同種の個体どうしでの情報のやりとりを，(⑬　　　　　　)という。コロニーをつくる社会性昆虫など（ミツバチやシロアリなど）が行い，**フェロモン**や**ダンス**などによって情報を伝達する。

① (⑭　　　　　)…体外に放出され，同種の個体に特有の行動を起こさせる化学物質。

- (⑮　　　**フェロモン**)…異性の個体を誘引する。例 カイコガ（雌が雄を誘引。）
- **集合フェロモン**[◈2]…集団の形成・維持にはたらく。例アリ
- (⑯　　　　　**フェロモン**)…仲間にえさ場を教える。例 アリ
- **警報フェロモン**…仲間に危険を知らせる。例 ミツバチ，アリ

② **ミツバチのダンス**…えさ場の方向と距離を仲間に知らせる。（フリッシュによって明らかにされた。）

- **えさ場との距離**…距離が遠いほど，ダンスの速度は遅い。
  - 近いとき(80m以内)…(⑰　　　　**ダンス**)
  - 遠いとき…(⑱　　　　**ダンス**)
- **えさ場の方向**…太陽の方向とえさ場の方向のなす角度が，鉛直上方とダンスの直進方向のなす角度に対応することで，えさ場の方向を示す。

◈2
ゴキブリの集合フェロモン
ゴキブリの糞(ふん)には**集合フェロモン**が含まれている。掃除をしていない台所などでは，ゴキブリは集合フェロモンを感知して**安全な場所**であることを察知できる。逆に，頻繁に掃除を行ってゴキブリの糞を常に除去していると，その場所にはゴキブリは寄り付きにくくなる。

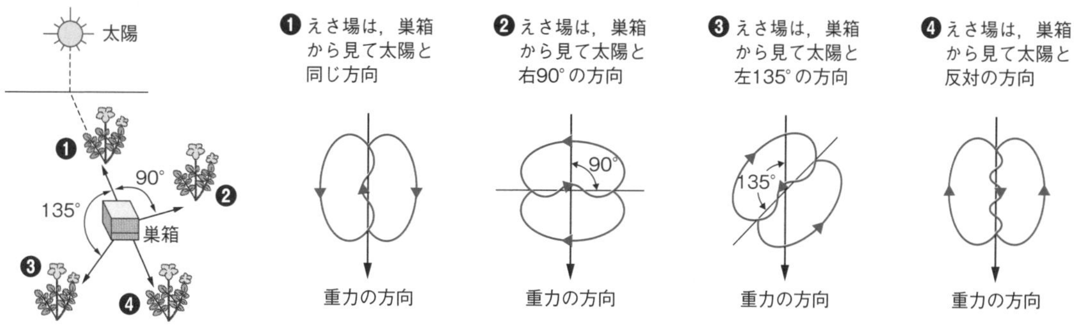

太陽
90°
135°
巣箱
❶えさ場は，巣箱から見て太陽と同じ方向
❷えさ場は，巣箱から見て太陽と右90°の方向
❸えさ場は，巣箱から見て太陽と左135°の方向
❹えさ場は，巣箱から見て太陽と反対の方向
重力の方向

ミツバチの8の字ダンスとえさ場の方向

> **重要**　［生得的行動］
> **生得的行動…生まれつき備わっている行動。**
> **かぎ刺激による行動，定位(走性，地磁気による帰巣など)，**
> **コミュニケーション(フェロモンやミツバチのダンス)**

B. 学習による行動

経験を通して行動の変化を獲得することを(⑲　　　　)という。

1 慣れと脱慣れと鋭敏化　くり返しの刺激に対して反応しなくなることを(⑳　　　　)という。これは簡単な(㉑　　　　)である。(筋肉の疲労で反応しないのは慣れではない)

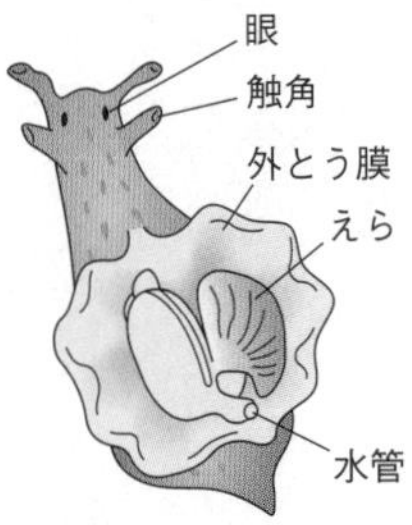

↑アメフラシ

① **えら引っ込め反射**　アメフラシの水管に触れるとえらを引っ込める。

② **慣れ**　刺激をくり返すとえらを引っ込めなくなる。これを**慣れ**という。慣れは，感覚ニューロンと運動ニューロンのシナプス部分で，感覚ニューロンの末端部にある（㉒**電位依存性**　　　　**チャネル**）の**不活性化**と**シナプス小胞の減少**によって，放出される**神経伝達物質が**（㉓　　　　）することで起こる。これを短期の（㉔　　　　）という。

└→ 馴化（じゅんか）ともいう。

③ さらに，長期間刺激をくり返すと，シナプス小胞が放出される**開口部の領域が**（㉕　　　　）することで，慣れが回復しにくくなる。これを（㉖　　　　**の慣れ**）という。

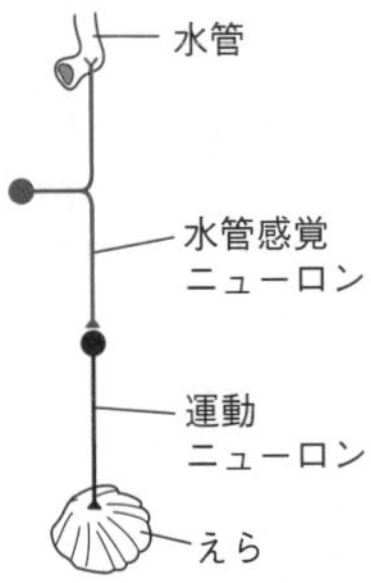

↑慣れにかかわる神経回路

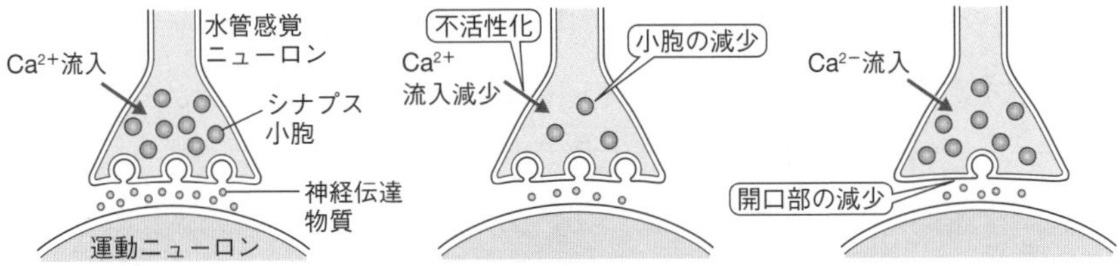

↑慣れが成立するしくみ

④ **脱慣れ**　慣れを起こしたアメフラシの尾部に電気ショックを与えると，慣れが**解除**される。これを（㉗　　　　）という。

⑤ **鋭敏化**　尾部に強い電気ショックを与えると，弱い水管への刺激でもえらを引っ込めるようになる。これを短期の（㉘　　　　）という。

└→ 感作（かんさ）ともいう。

脱慣れや鋭敏化は，**介在ニューロン末端**からの**セロトニン**放出で，感覚ニューロンからの神経伝達物質の放出が増加することによる。

└→ 感覚ニューロンの末端部にシナプスを介して接続している。

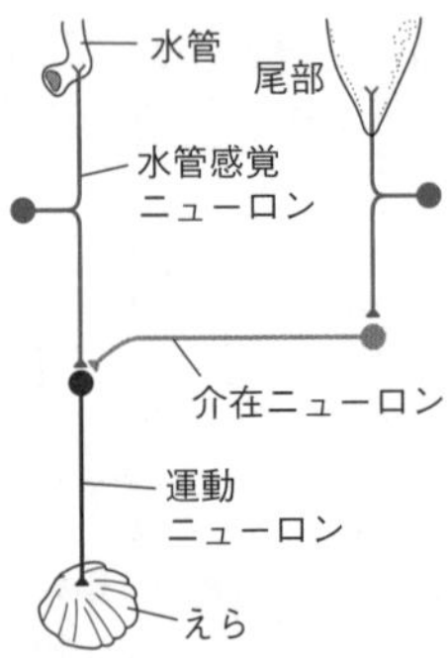

↑脱慣れ・鋭敏化にかかわる神経回路

⑥ 尾部へより強い刺激をくり返すと，鋭敏化が持続するようになる。この状態を（㉙　　　　**の鋭敏化**）という。

これは，感覚ニューロンの軸索末端が枝分かれして，**開口部領域が増加**することによる。この鋭敏化は長く持続する。

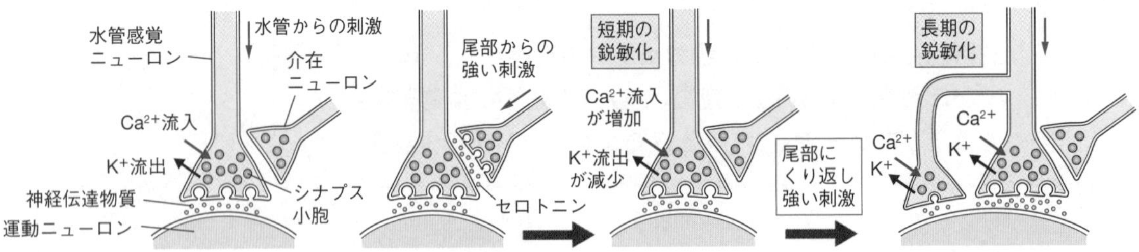

↑鋭敏化が成立するしくみ

2 **連合学習**　2つの出来事（刺激）を結び付けて学習することを，（㉚　　　　）という。

① **古典的条件付け**

・ある刺激に対して生まれつき特定の反応が起こるとき，この反応を（㉛　　　　**反応**）という。このときの刺激を**無条件刺激**という。

・ある反応(行動)が無条件刺激ではなく，経験によって本来無関係であった刺激によって引き起こされるときの反応を(㉜　　　　反応)という。このときの刺激は**条件刺激**という。

・**パブロフの実験**：

前提 犬の舌に肉片((㉝　　　　刺激))を載せると，犬は唾液を出す((㉞　　　　反応))。

実験方法と結果 犬にベル((㉟　　　　刺激))を聞かせた後，舌に肉片((㊱　　　　刺激))を載せ，唾液を出させる**経験**をさせると，ベルを聞くだけで唾液を出す((㊲　　　　反応))ようになる。

② **オペラント[＊3]条件付け**…**自発的な行動**とその結果生じる**報酬**や**罰**などの出来事を結び付ける**学習**をいう。

・レバーの付いた容器にネズミを入れる。ネズミは，偶然レバーを押すこと((㊳　　　　行動))で食物(**報酬**)が出ることを経験すると，レバーを押し続けるようになる。

＊3
オペラントは「操作」という意味の語で，ここでは，環境に対して行う操作という意味合いをもっている。

3 洞察学習 新しく遭遇した状況に，蓄積した(㊴　　　　)と思考や推理を加えて適切な行動をとる学習を**洞察学習**，または**見通し学習**という。**知能行動**ともいう。

① チンパンジーに高い所に吊られた餌と数個の箱を見せると，餌を取るために箱を重ねて踏み台にする，(㊵　　　　学習)が見られる。

↑チンパンジーの洞察学習

② 右の図の状況で，アライグマは回り道をしようとしない。一方サルはからだにつけられた紐の(㊶　　　　)を考慮して，すぐに回り道をして餌にたどり着ける。

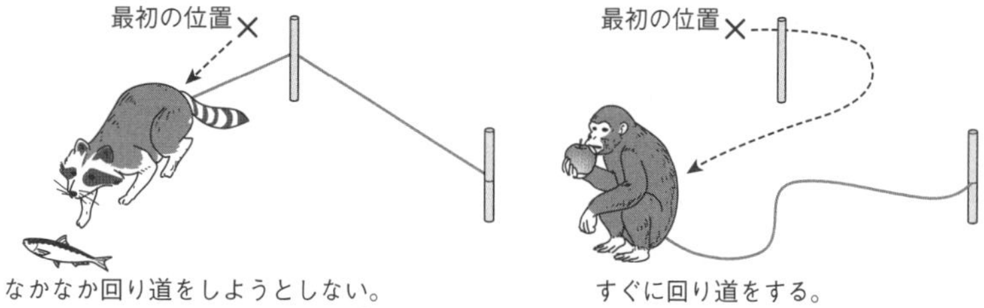

最初の位置
最初の位置
なかなか回り道をしようとしない。
すぐに回り道をする。

↑アライグマとサルの違い

> **重要** 学習…経験を通して行動の変化を獲得すること。
> 慣れ，連合学習，洞察学習などがある。

ミニテスト [解答] 別冊p.15

1 イトヨは繁殖期に攻撃行動をするべき相手をどのような特徴で知るか。(　　　　)

2 生物が体外に放出し，同種の個体に特有の行動を起こさせる物質を何というか。(　　　　)

3 慣れを生じたアメフラシの尾部に強い電気刺激を与えるとどうなるか。(　　　　)

練習問題　1章　動物の反応と行動

［解答］別冊p.32

1 〈ニューロン（神経細胞）の構造〉

▶わからないとき→p.126

次の図は，運動ニューロンの模式図である。下の各問いに答えよ。

(1)　図中の(ア)～(エ)の各部の名称をそれぞれ答えよ。

(2)　ニューロンには，a図中のAをもつ(エ)とbAをもたない(エ)とがある。それぞれの名称を答えよ。

(3)　次の①，②の神経は，それぞれ，(2)のa，bのいずれか。

①　ヒトの多くの神経　　②　イカの巨大神経

ヒント　(3)　脊椎動物では多くが有髄神経繊維，無脊椎動物では無髄神経繊維である。

1

(1) (ア) ＿＿＿＿
(イ) ＿＿＿＿
(ウ) ＿＿＿＿
(エ) ＿＿＿＿

(2) a ＿＿＿＿
b ＿＿＿＿

(3) ① ＿＿＿＿
② ＿＿＿＿

2 〈ヒトの眼の構造〉

▶わからないとき→p.131

右図は，ヒトの眼の構造を示している。次の各問いに答えよ。

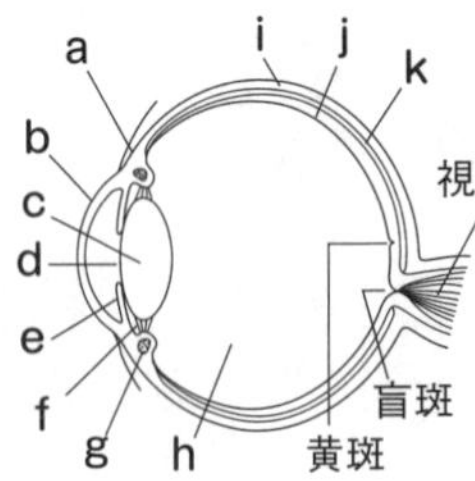

図1

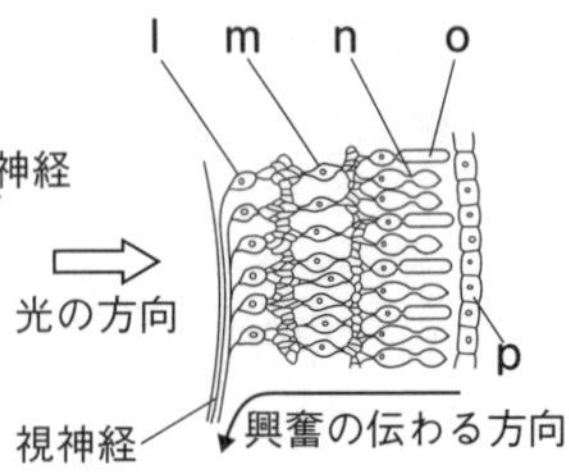

図2

(1)　図1のa～kから，光を屈折させる部分を2つ選べ。

(2)　図1のa～kから，網膜に届く光の量を調節するために伸縮する部分を1つ選べ。

(3)　図2は図1のどの部分を拡大した図か。図1のa～kから選べ。

(4)　明暗のみを受容する細胞を，図2のl～pから選び，その名称も答えよ。

(5)　図2のなかで，特定の3種類の色を強く吸収している細胞をl～pから記号で選べ。

(6)　黄斑に密に分布している細胞を，図2のl～pから選べ。

2

(1) ＿＿＿＿
(2) ＿＿＿＿
(3) ＿＿＿＿
(4) 記号 ＿＿＿＿
名称 ＿＿＿＿
(5) ＿＿＿＿
(6) ＿＿＿＿

3 〈脳のつくりとはたらき〉

▶わからないとき→p.134～136

右図は，ヒトの脳と脊髄の断面の模式図である。次の各問いに答えよ。

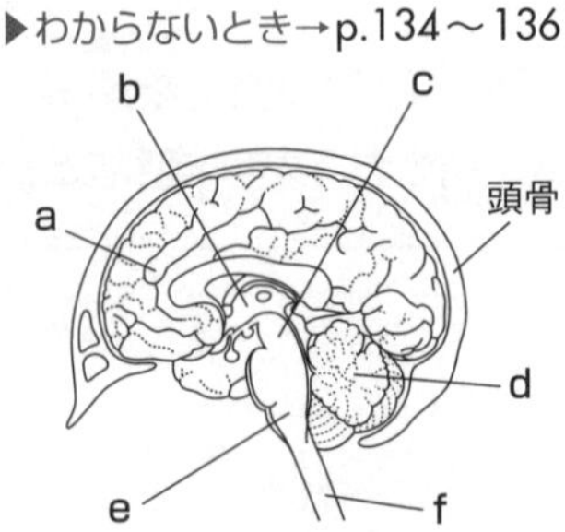

(1)　図中のa～fの各部の名称を答えよ。

(2)　次の①～③の中枢である部分を，図中のa～fからそれぞれ選べ。

①　記憶や判断，感情，感覚などの中枢

②　体温や血糖濃度，睡眠などを調節する中枢

③　屈筋反射や膝蓋腱（しつがいけん）反射の中枢

3

(1) a ＿＿＿＿
b ＿＿＿＿
c ＿＿＿＿
d ＿＿＿＿
e ＿＿＿＿
f ＿＿＿＿

(2) ① ＿＿＿＿
② ＿＿＿＿
③ ＿＿＿＿

4 〈脊髄のつくりとはたらき〉

▶わからないとき→p.135～136

右図は，ヒトの脊髄の断面の模式図である。次の各問いに答えよ。

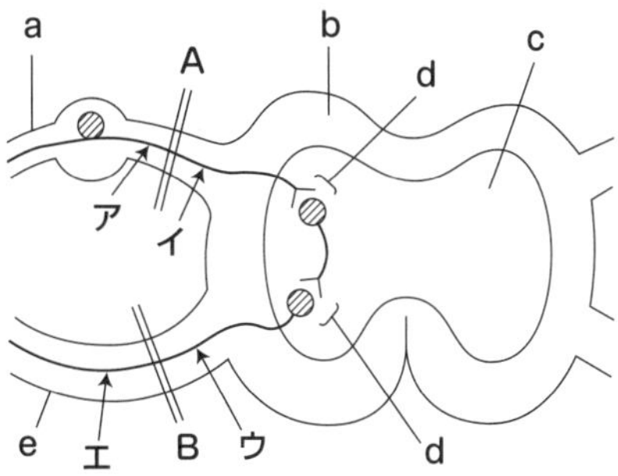

(1) 次の①～④の文に該当するのは，図中のa～eのどの部分か。それぞれ記号で答えよ。

① 多数の細胞体が集合した部分。

② 軸索が集まった部分。

③ 受容器の興奮を中枢に伝える感覚神経繊維の束が通っている部分。

④ 中枢からの情報を効果器に伝える運動神経繊維の束が通っている部分。

(2) 図中のa～eの各部分の名称を答えよ。

(3) Aの部分を切断してア～エをそれぞれ単独で刺激したとき，効果器が反応するのはどれを刺激したときか。記号ですべて答えよ。

(4) Bの部分を切断してア～エをそれぞれ単独で刺激したとき，効果器が反応するのはどれを刺激したときか。記号ですべて答えよ。

4

(1) ①

②

③

④

(2) a

b

c

d

e

(3)

(4)

5 〈筋肉の収縮〉

▶わからないとき→p.139

右の図は，カエルのふくらはぎの筋肉を取り出し，そこから出る神経に電気刺激を与えたときの筋収縮を記録したものである。

(図 1)

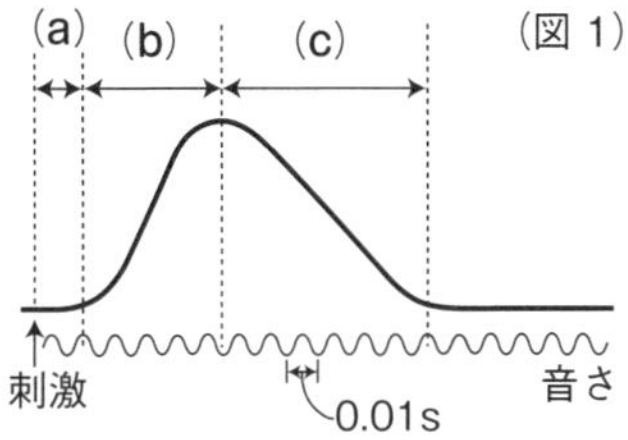

(図 2)

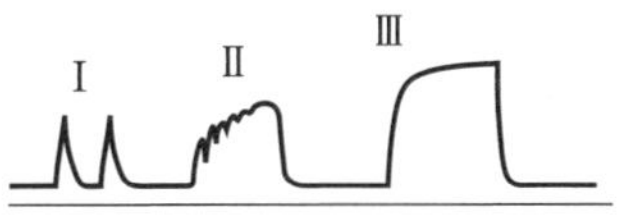

(1) 図1の(a)～(c)の名称を答えよ。

(2) この筋肉が収縮し始めてからもとの長さにもどるまでに要する時間は約何秒か。

(3) 図2は連続した刺激を間隔を変えて与えた結果である。Ⅰ～Ⅲの各収縮を何というか。

ヒント (2) 音(おん)さの振動数から読み取る。

5

(1) (a)

(b)

(c)

(2) 秒

(3) Ⅰ

Ⅱ

Ⅲ

6 〈動物の行動〉

▶わからないとき→p.140～141

動物の行動に関する次のa～dの文を読んで，下の各問いに答えよ。

a 暗闇の中でも獲物を捕らえることができる。

b 食物を見つけた個体が巣にもどると，その後，別の個体が迷わずにその食物がある場所に行くことができる。

c 目が見えない状態でも雄の個体が同種の雌に近づき，交尾する。

d 光の点滅により同種の異性を見つけ，交尾する。

(1) フェロモンが関係している現象をa～dのなかからすべて選べ。

(2) a～dの動物例を下の語群より選べ。

ア カイコガ　**イ** メンフクロウ　**ウ** ホタル　**エ** アリ

ヒント (1) フェロモンには性フェロモン，集合フェロモン，道しるべフェロモンなどがある。

6

(1)

(2) a　b

c　d

2章 植物の環境応答

1 植物の生殖と発生

［解答］別冊p.15

A. 被子植物の配偶子形成と受精 出る

1 被子植物の配偶子の形成　被子植物では，減数分裂によって葯(やく)の中で(❶　　　)，胚珠(はいしゅ)の中で(❷　　　)がつくられる。

{ **花粉**…1個の(❸　　　)(2*n*)から4個の**花粉**ができる。
{ **胚(はい)のう**…1個の**胚のう母細胞**(2*n*)から(❹　　**個**)の**胚のう**ができる。

※1 精細胞(*n*)は，雄原(ゆうげん)細胞(*n*)が分裂してできる。

❶ 被子植物の配偶子形成

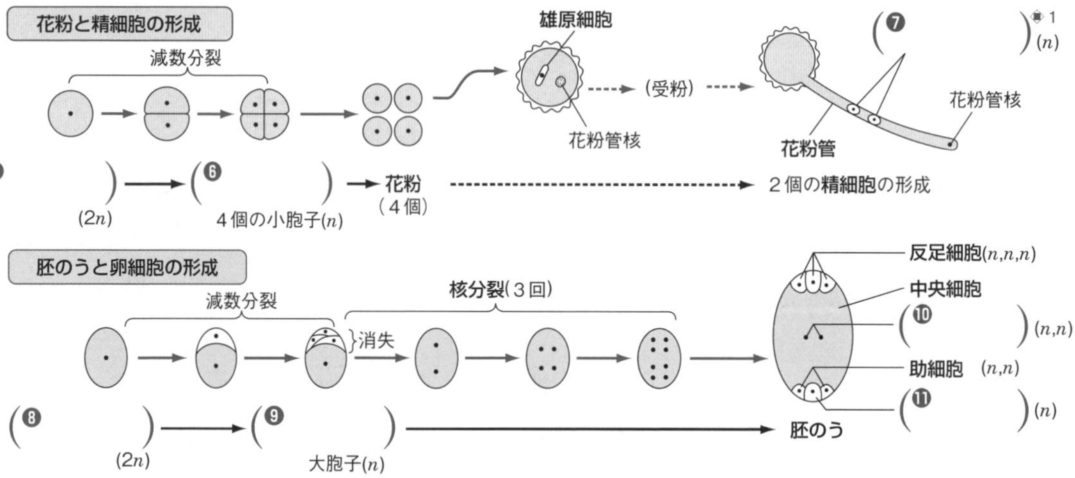

2 被子植物の受精　被子植物の受精は，(⓬　　　)と**中央細胞**の2か所で同時に行われ，(⓭　　　)とよばれる。

3 重複受精のしくみ

① 多数の花粉がめしべの先端に(⓮　　　)すると，花粉がいっせいに発芽し，柱頭内部へと(⓯　　　)を伸ばす。

❶ 重複受精のしくみ

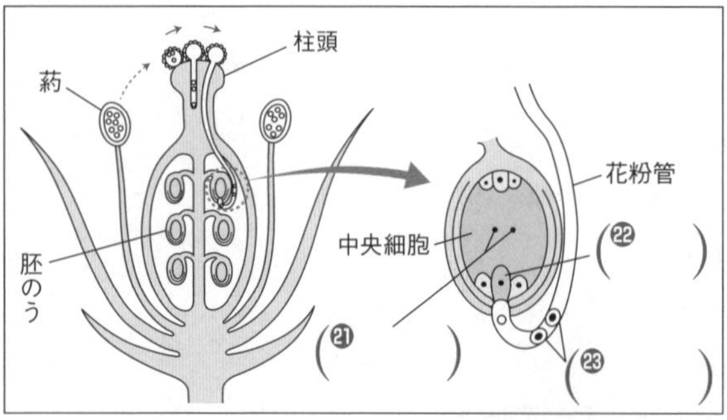

② 花粉管内で，雄原(ゆうげん)細胞が分裂して2個の(⓰　　　)となり，花粉管の中を移動して**胚のう**に到達する。

③ 2個の精細胞のうち1個は(⓱　　　)と受精し，**受精卵**となり，成長して(⓲　　　)になる。※2

④ もう1個の精細胞は，2個の(⓳　　　)をもつ**中央細胞**と受精し，成長して(⓴　　　)を形成する。※2

胚乳核(3*n*)をもつ胚乳細胞となる。

重要	被子植物の重複受精	卵細胞(n)＋精細胞(n) ➡ 受精卵($2n$) ➡ 胚($2n$) 中央細胞($n+n$)＋精細胞(n) ➡ 胚乳($3n$)

◈2 胚のうを形成する細胞のうち，直接受精に関係しなかった**助細胞**と**反足細胞**は，やがて退化・消失する。

B. 被子植物の発生

1 胚の形成 ① 受精卵($2n$)はすぐに発生を始め，体細胞分裂を続けて球形の**胚球(球状胚)**と，その基部の**胚柄**になる。

② 胚球の細胞はさらに分裂して，しだいに分化し，**子葉**，(㉔　　　　)，**胚軸**，**幼根**からなる(㉕　　　　)を形成する。また，胚柄は退化する。
└→ $2n$

2 胚乳の形成

① 受精で生じた**胚乳細胞**の中の(㉖　　　　)が，核分裂をくり返す。

② 胚乳細胞の細胞質が分かれて，核を1個ずつ含む細胞となり，その中にデンプンなどの養分をたくわえて(㉗　　　　)が形成される。
└→ $3n$

3 種子の形成 胚や胚乳の形成にともなって，めしべの組織であった(㉘　　　　)($2n$)が**種皮**($2n$)となり，種皮と胚と胚乳から**種子**が形成される。種子は，成熟して乾燥すると，休眠する。◈3
└→ 胚珠の皮

◈3 休眠した種子は乾燥や低温などに強く，水・温度・酸素といった外的条件が整うと休眠が解除され，発芽を開始する。

4 有胚乳種子と無胚乳種子

- (㉙　　　　種子)…**胚乳が発達**。
  例 イネ，ムギ，トウモロコシ，カキ
- (㉚　　　　種子)…胚乳が発達せず，胚の**子葉に養分が蓄えられる**。
  例 マメ科，アブラナ科

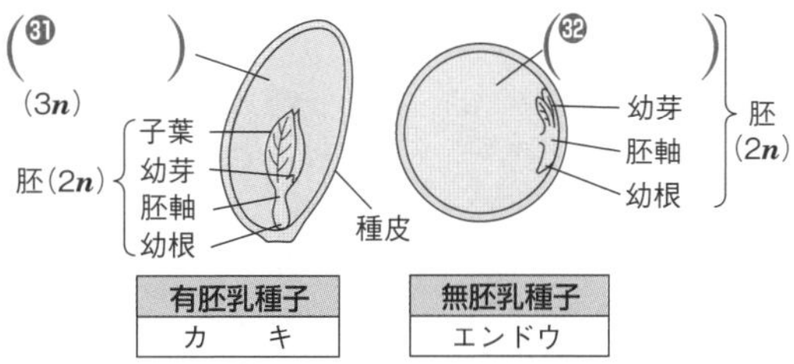

⬆ 有胚乳種子と無胚乳種子

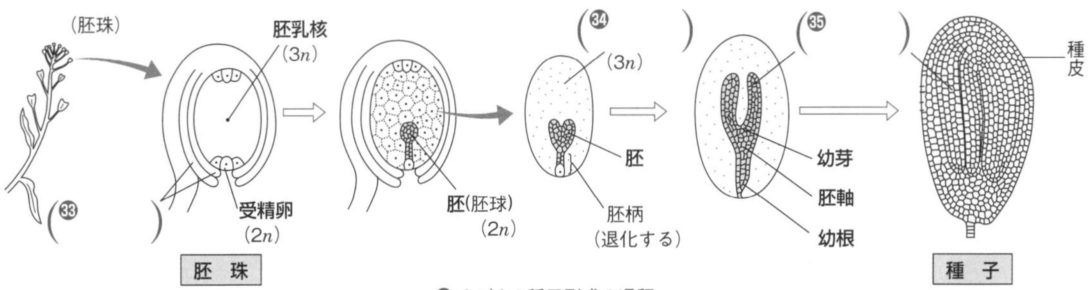

⬆ ナズナの種子形成の過程

重要	受精卵($2n$) ⟶ 胚($2n$) 胚乳核($3n$) ⟶ 胚乳($3n$) 珠　皮($2n$) ⟶ 種皮($2n$)	種子 ➡ (成熟・乾燥後)休眠

2 発芽の調節

［解答］別冊p.15

A. 種子の休眠と発芽 出る

1 休眠と発芽にかかわる植物ホルモン

◈1
植物において，情報の伝達にはたらく低分子の有機化合物の総称。

① **植物ホルモン**[◈1]である（❶　　　　　　）は，生育に適さない環境で発芽しないように，発芽を抑制して（❷　　　　）を維持する。

② 種子は，温度・水分・酸素などの適当な条件がそろうと，次のようなしくみで発芽する。

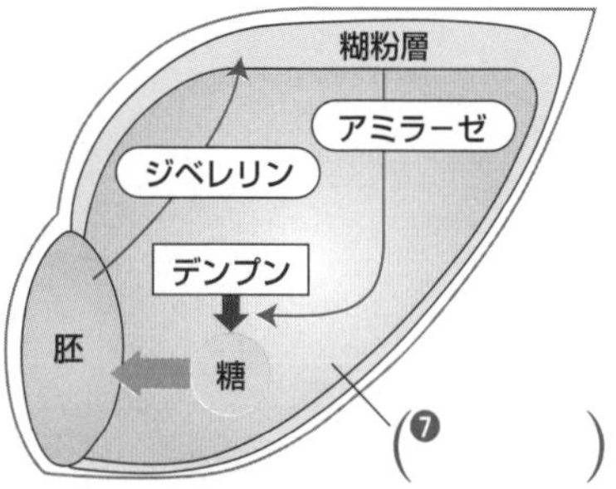

⬆ 発芽とジベレリン

胚が（❸　　　　　　）を分泌する。

➡❸が**糊粉層**（→胚乳の外側にある層）に作用し，**アミラーゼ**の遺伝子の（❹　　　　）が誘導される。

➡**アミラーゼ**が胚乳の（❺　　　　　　）を分解して，最終的に胚へグルコースを供給する。

➡胚での（❻　　　　）が活発になり，吸水も促進される。

➡発芽して根や芽が成長する。

2 光発芽種子と暗発芽種子

◈2
光発芽種子は小さくて種子内に貯蔵されている栄養分が少ないものが多く，光合成をすぐに行える環境で発芽するように調節している。一方，暗発芽種子は大きくて種子内にある程度栄養分を貯蔵しているため，光の届かない地中で発芽し，根を伸ばしてから地表に芽を出すことができる。

① （❽　　　　　**種子**[◈2]）…発芽の条件として，温度・水分・酸素に加えて，光を必要とする種子。

例 レタス，タバコ，シソ，シロイヌナズナ，オオバコ，マツヨイグサ

② （❾　　　　　**種子**[◈2]）…光が発芽を抑制する種子や，光が発芽に影響しない種子。

例（光が発芽を抑制する）カボチャ，ケイトウ
（光が発芽に影響しない）イネ，エンドウ

B. 光による発芽の調節 出る

1 光発芽種子が発芽する条件

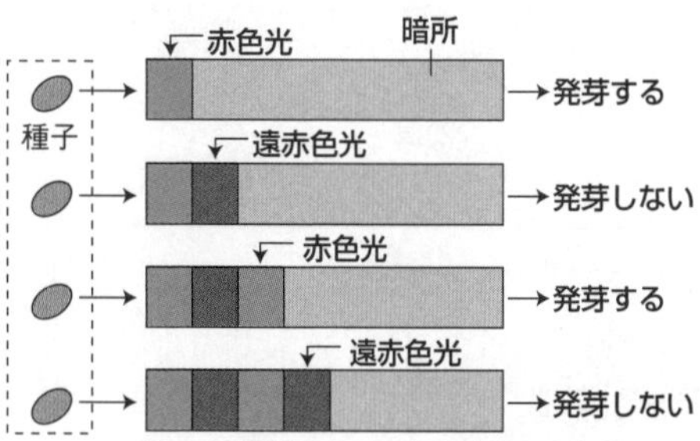

⬆ 光発芽種子（レタス）の発芽と光条件

① 暗所で光発芽種子に**赤色光**（→波長660nm付近の光）を照射すると，発芽（❿　　　　）。

② 暗所で光発芽種子に**遠赤色光**（→波長730nm付近の光）を照射すると，発芽（⓫　　　　　）。

③ 暗所で光発芽種子に，赤色光と遠赤色光を交互に照射すると，最後に（⓬　　　　**光**）を照射したときに発芽する。

2 光受容体

① 植物にとって非常に重要な環境要因である光を感知するタンパク質を，（⑬　　　　）という。

② **光発芽種子**が発芽するときには，（⑰　　　　）という光受容体がはたらく。

光受容体	受容光	関与する現象
（⑭　　　　）	赤色光・遠赤色光	発芽，花芽形成，落葉・落果
（⑮　　　　）	青色光	光屈性，気孔の開口，葉緑体の定位運動
（⑯　　　　）	青色光	茎の成長抑制，花芽形成

⬆ 光受容体の受容光と関与する現象

③ ⑰の分子構造はPr型（赤色光吸収型）とPfr型（遠赤色光吸収型）の2種類があり，Pr型は（⑱　　　　光）を吸収するとPfr型へ，Pfr型は（⑲　　　　光）を吸収するとPr型へと，可逆的に変化する。

→Pはフィトクロム（phytochrome）の頭文字，rは赤色光（red light）を表す。
→frは遠赤色光（far red light）を表す。

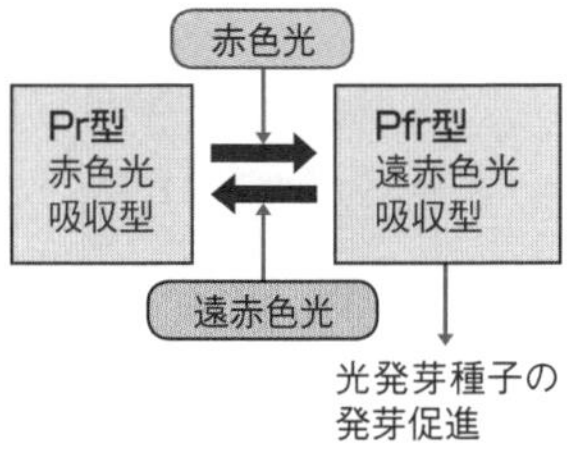

⬆ フィトクロムの変化

3 光発芽種子が発芽するしくみ

① 暗所では，Pr型の**フィトクロム**は胚の細胞の細胞質基質に存在する。

② フィトクロムはPfr型に変化すると核内に移動し，ジベレリン合成を（⑳　　　　）するタンパク質合成を阻害する。その結果，胚でのジベレリン合成が（㉑　　　　）される。

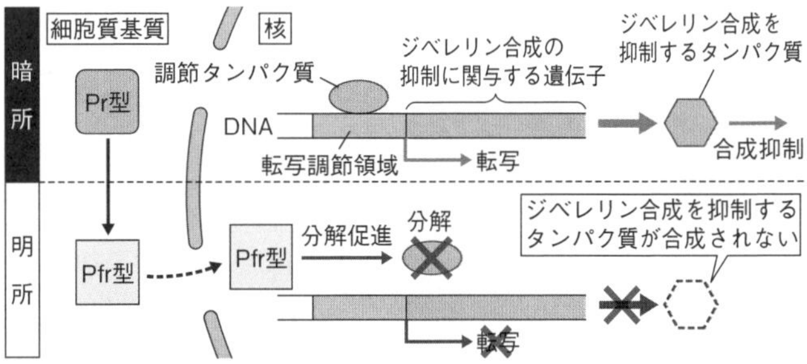

⬆ フィトクロムが発芽を調節するしくみ

③ 赤色光と遠赤色光はフィトクロムのPr型とPfr型を可逆的に変えるので，相対的に（㉒　　　　型）が多くなる環境では発芽のスイッチがonになり，相対的に（㉓　　　　型）が多くなる環境では発芽のスイッチがoffになる。

④ 太陽光は赤色光も遠赤色光も含むが，（㉔　　　　光）の割合が大きい。一方，林床のような場所では，他の植物の葉に赤色光を含む大部分の光が吸収されるため，相対的に（㉕　　　　光）が多くなる。つまり，光発芽種子は光合成に適した環境では発芽が（㉖　　　　）され，光合成に適さない環境では発芽が（㉗　　　　）されるようになっている。

> **重要** **光発芽種子…発芽に光を必要とする種子。フィトクロムが光受容体としてはたらく。**

ミニテスト

［解答］別冊p.15

1 種子の休眠状態を維持する植物ホルモンは何か。（　　　　）

2 光発芽種子のフィトクロムが赤色光を受容すると合成される植物ホルモンは何か。（　　　　）

3 植物の成長と植物ホルモン

[解答] 別冊p.15

A. 成長の調節とオーキシン 出る

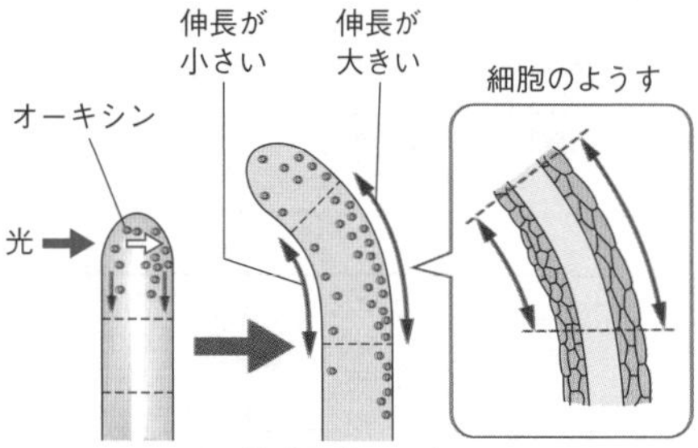

光屈性のしくみ

1 茎の光屈性

（天然の物質はインドール酢酸（IAA）である。）

① **茎の先端部**でオーキシンが合成され，左右均等に下降して，細胞の（❶　　　）を促進する。そのため茎はまっすぐに伸びる。

② 茎の先端部に左側から光が当たると，**青色光**受容体である（❷　　　　※1）が光を感受して細胞膜上の**オーキシン輸送タンパク質**の分布を変え，茎の先端部でオーキシンを（❸　　　）側に輸送する。

③ オーキシンは光の当たる反対側の内部組織の細胞を通って下方に運ばれ，茎の右側で高濃度になり細胞の伸長を促進する。そのため茎は（❹　　　）側に屈曲する。つまり（❺　　　）の光屈性（→p.155）を示す。

> **重要** ［オーキシンと茎の光屈性］
> **光⇨茎の先端部で受容⇨オーキシンは光の当たらない側に移動⇨下方に移動⇨細胞の伸長を促進⇨正の光屈性**

※1
フォトトロピンは弱光下では細胞内の葉緑体を葉の表側と裏側の面に集合させてより多くの光を受容できるようにし，強光下では葉緑体を細胞の側面に重ねて配置して強光による光障害から葉緑体を守る（葉緑体の定位運動）。

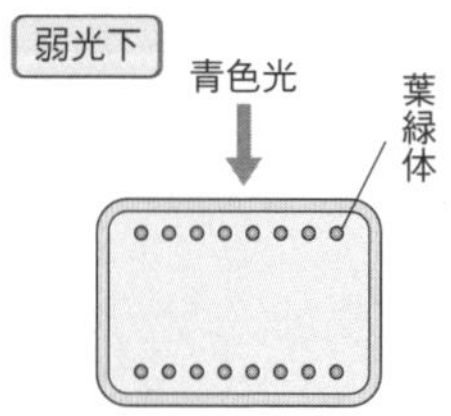

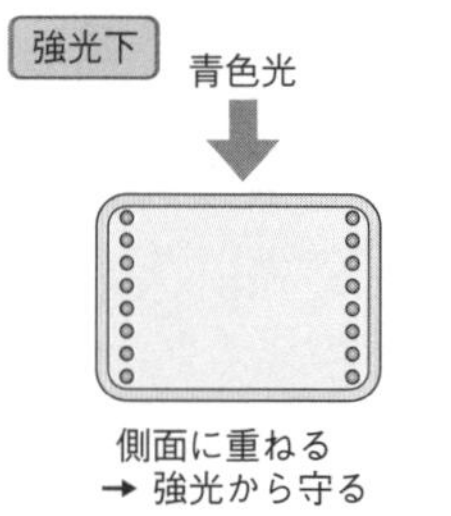

2 細胞の伸長成長

① 細胞が成長するときは，（❻　　　　　）がはたらくことで細胞壁がやわらかくなって，細胞が吸水することにより大きくなる。

② 細胞の成長する方向は，（❼　　　　）の**セルロース繊維**のできる方向で決まる。

③ 植物ホルモンの1つのジベレリンが作用すると，細胞壁のセルロースが横方向に多く合成されて，細胞を横方向からきつく縛りつけた状態となるので，細胞は（❽　　　**方向**）に成長しやすい状態となる。そこにオーキシンが作用すると，細胞壁がやわらかくなり，吸水して縦方向に成長する。

（ジベレリン：ブラシノステロイドも同様に作用。）

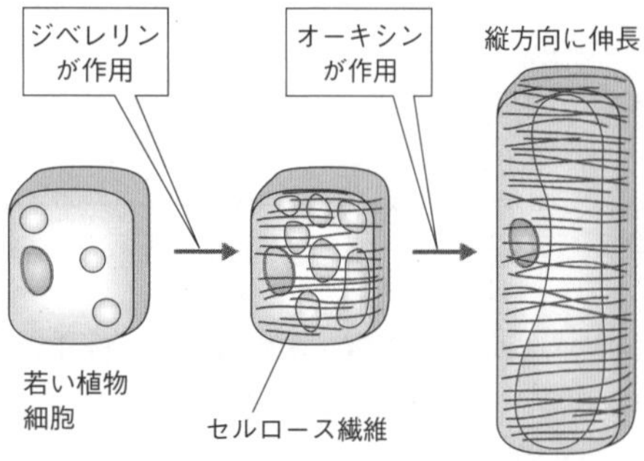

ジベレリンとオーキシンの共同作用

> **重要** ［茎の伸長成長―ジベレリンとオーキシンの協調］
> **ジベレリンが作用（縦方向に伸長可能）⇨オーキシンが作用（細胞壁がやわらかくなり吸水）⇨細胞が伸長⇨茎の伸長・屈曲**

3 オーキシンの極性移動

① 茎でのオーキシンの移動には方向性があり，頂端部側から基部側に移動する。これを(⑨　　　　**移動**)という。

② オーキシンは，細胞膜にある**オーキシン排出輸送体(PINタンパク質)**を通って運ばれることが多い。[※2]

③ PINは細胞の(⑩　　　　**部**)側に局在し，(⑪　　　　**方**)にだけオーキシンを輸送する。そのため，オーキシンは植物体の頂端部側から基部側へと(⑫　　　　**移動**)する。

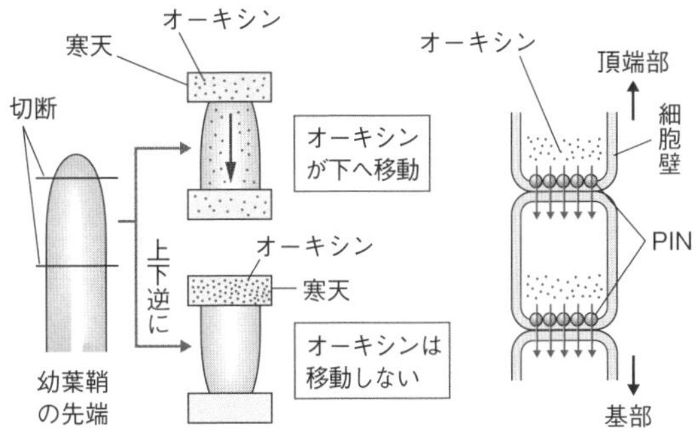

オーキシンの極性移動

※2
オーキシンは，拡散と細胞膜上の**オーキシン取り込み輸送体(AUXタンパク質)**のはたらきにより細胞内に入るが，細胞外に出るときは，必ず**PINタンパク質**を通る。

4 頂芽(ちょうが)優勢

① 茎の先端にある**頂芽**での成長が盛んなときには，**側芽**の成長は(⑬　　　　)される。このことを(⑭　　　　)という。

② 頂芽を切除すると側芽の成長は(⑮　　　　)される。

③ 頂芽を切除してその切り口に**オーキシン**を含む寒天片を置くと，側芽の成長は(⑯　　　　)される。

　したがって，頂芽では(⑰　　　　)がつくられ，これが下方に移動して，側芽の成長を(⑱　　　　)していると考えられる。

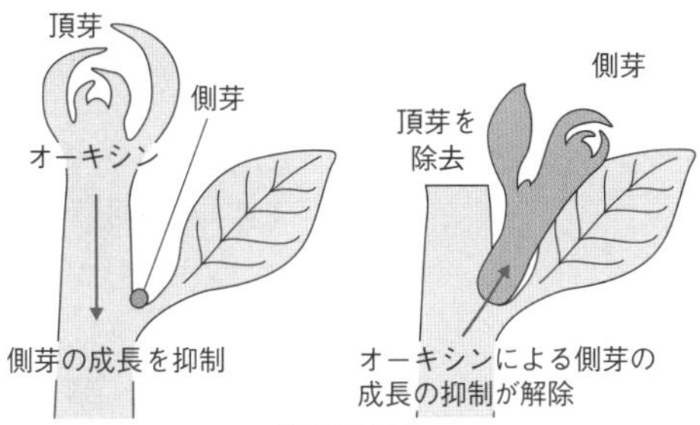

頂芽優勢

5 オーキシン感受性の違い

① オーキシンは茎や根の成長を(⑲　　　　)するが，高濃度すぎると(⑳　　　　)にはたらく。

② 茎はオーキシンに対する感受性が低いため，根よりも高濃度で成長が(㉑　　　　)される。

③ したがって，茎の成長が促進されるオーキシンの最適濃度では，根や側芽の成長は(㉒　　　　)される。

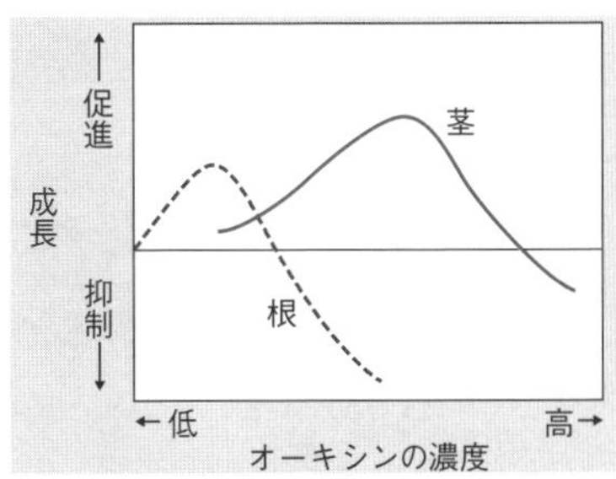

オーキシン濃度と各部の成長

> **重要**　[オーキシンの極性移動と頂芽優勢]
>
> **極性移動…オーキシンは茎の先端側から基部側にのみ移動**
>
> **頂芽優勢…オーキシンが側芽の成長を抑制**
>
> **→頂芽を切除すると，側芽が成長**
>
> **オーキシンの感受性…根 > 茎**

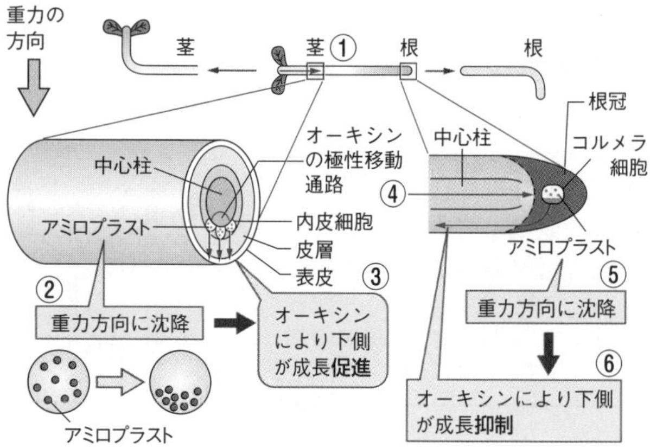

↑重力屈性のしくみ

6 重力屈性

① 茎の先端部で合成されたオーキシンは，中心柱を通り，基部側へと極性移動している。

② 植物体を水平に置くと，茎の中心柱の外側にある内皮細胞内の**アミロプラスト**が重力方向に沈降してオーキシン排出輸送体（→p.151）の配置が変わり，オーキシンは茎の（㉓　　**側**）の皮層に多く輸送される。

③ 茎では下側のオーキシン濃度が高くなるので，下側の細胞の成長が促進されて（㉔　　）**の重力屈性を示す**。

④ 茎から極性移動してきたオーキシンは，根の（㉕　　）に達する。

⑤ 根の根冠の**コルメラ細胞**に含まれるアミロプラストが重力で下方に集まる。すると，オーキシン輸送タンパク質の配置が変わって，オーキシンが根冠部で下側に移動する。

⑥ オーキシンが下側の伸長帯に多く輸送されるため，根の伸長帯の成長は抑制され，（㉖　　）**の重力屈性を示す**。

> **重要**　［オーキシンと重力屈性］
> **茎…下方のオーキシンが高濃度⇨下方を成長促進**
> **⇨負の重力屈性**
> **根…下方のオーキシンが高濃度⇨下方を成長抑制**
> **⇨正の重力屈性**

B. その他の植物ホルモン

1 ジベレリン

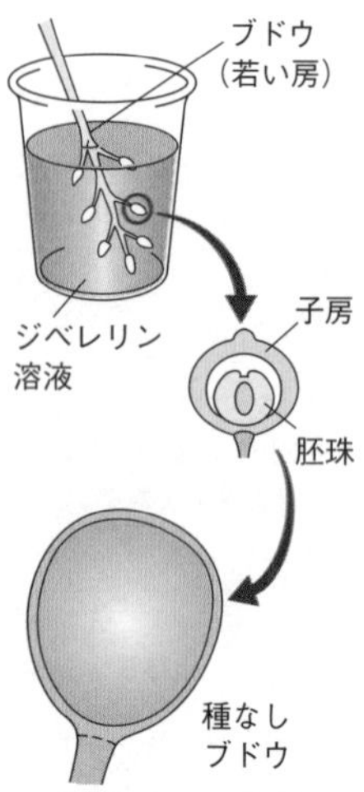

↑ジベレリン処理

① 茎の伸長成長の促進…ジベレリンが細胞壁のセルロース繊維を横方向に多くつくらせるため，頂端－基部方向の（㉗　　**成長**）を促進する（→p.150）。

② 受粉後，種子から出るオーキシンやジベレリンにより（㉘　　）は発達。

例 ジベレリン処理により種なしブドウができる。

③ 種子が適当な温度・水分を感知すると，胚でジベレリンが合成されて種子の発芽を（㉙　　）する（→p.148）。

2 エチレン

① 植物体が絶えず接触刺激を受けたり揺すられ続けたりすると，エチレンが合成され，茎の節間伸長を（㉚　　　　）する。これは，エチレンが細胞壁の**セルロース繊維**を（㉛　　　　）方向につくらせるためで，**肥大成長**(横方向への成長)が（㉜　　　　）されて茎が太くなり，風などにより倒れにくくなる。

（→常に風を受け続けるような環境に相当する。）

② リンゴやバナナなどの**果実の**（㉝　　　　）**を促進**する(→p.162)。

③ アブシシン酸とともに，**葉の**（㉞　　　　）**を促進**する(→p.162)。

④ エチレンは葉柄(ようへい)の付け根にある**離層**の形成を促進する。離層の細胞がエチレンを受容すると，細胞壁の接着をゆるめる酵素が合成され，最終的には（㉟　　　　）する。エチレンは**落果**も同様にして促進する(→p.162)。

⑤ 病原体に感染した細胞の周囲ではエチレンが合成され，さらなる感染を防御する(→p.156)。

⑥ ダニなどに食害を受けて放出された気体にさらされると，エチレンが合成され，食害に対する防御物質が合成される(→p.156)。

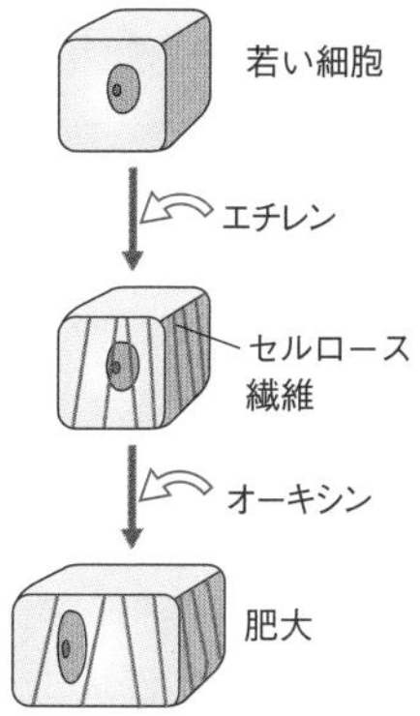

細胞の肥大成長

3 アブシシン酸

① 種子の発芽を（㊱　　　　）して**休眠を維持**する(→p.148)。

② エチレンとともに，**葉の**（㊲　　　　）**を促進**する(→p.162)。

③ **気孔を**（㊳　　　　）(→p.157)。

（→乾燥時などには，葉でアブシシン酸が合成される。）

④ 水陸両生の植物において，気孔の密度が高い葉の形成に関与する。

※3 ここでは，花芽形成を促進するフロリゲン(→p.159)は，高分子であるため植物ホルモンに含めていない。

植物ホルモン	はたらき
（㊴　　　　）	・細胞の成長促進(光屈性，重力屈性) ・離層形成の抑制➡落葉，落果の抑制 ・果実の形成(イチゴなどの食用部分(花床)の成長)
（㊵　　　　）	・茎の伸長成長(細胞壁のセルロース繊維の合成方向の制御) ・種子の休眠打破➡発芽促進 ・果実の肥大成長
（㊶　　　　）	・茎の肥大成長(細胞壁のセルロース繊維の合成方向の制御) ・果実の成熟 ・葉の老化促進 ・離層形成の促進➡落葉，落果の促進 ・病原体に対する防御 ・食害に対する防御
（㊷　　　　）	・種子の休眠維持(発芽抑制) ・葉の老化促進 ・気孔の閉鎖

おもな植物ホルモンとそのはたらき※3

C. 植物ホルモン(オーキシン)発見への道

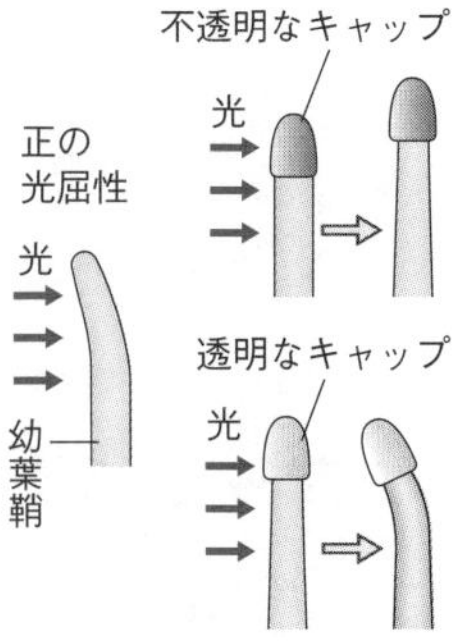

⬆ ダーウィンの実験

1 ダーウィンの実験

① クサヨシの幼葉鞘(ようようしょう)に左から光を当てると，左に屈曲(㊸　　　　)。

（するかしないか。）

（↳ イネ科の草本。カナリアソウともよばれる。）

② ①で，光を通さないキャップをかぶせると，屈曲(㊹　　　　)。

③ ①で，光を通すキャップをかぶせると，左に屈曲(㊺　　　　)。

④ ①～③から，「光を受容するのは(㊻　　　　部)であり，屈曲するのはその下方である」といえる。

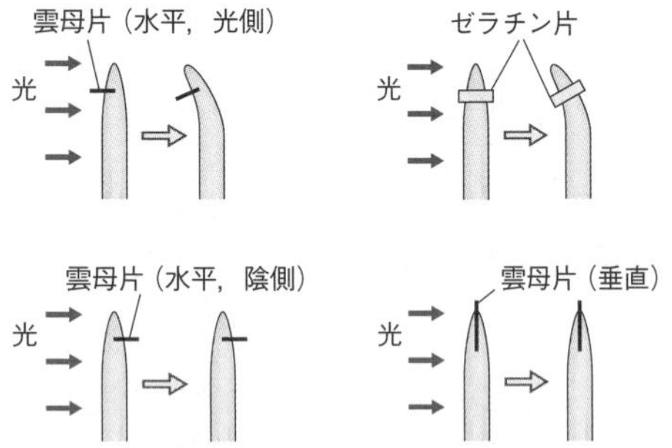

⬆ ボイセン・イェンセンの実験

2 ボイセン・イェンセンの実験

① マカラスムギの幼葉鞘に左から光を当て，左に水平に雲母(うんも)片を差し込むと左に屈曲(㊼　　　　)が，右に差し込むと屈曲(㊽　　　　)。

② 雲母片のかわりにゼラチン片をはさむと，左に屈曲(㊾　　　　)。

③ 雲母片を光に垂直に差し込むと屈曲(㊿　　　　)。

④ ①～③から，「先端部で光刺激により生じた何かは，雲母片により(51　　　　)され，ゼラチン片は(52　　　　)する」といえる。

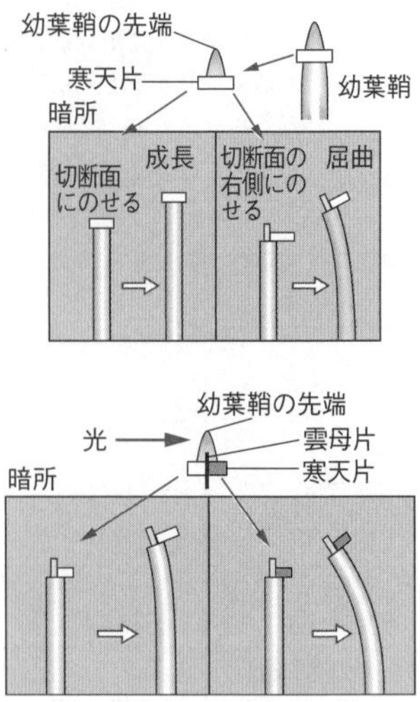

⬆ ウェントの実験

3 ウェントの実験

① マカラスムギの幼葉鞘の先端を寒天片の上にのせておき，幼葉鞘の切断面にその寒天片をのせると，成長や屈曲が起こる。

② ①の寒天片を右側にのせ，暗所に置くと(53　　　　)に屈曲した。

③ ①で寒天片の中央を雲母片で仕切っておき，幼葉鞘の左から光を当てた後，その寒天片を左右それぞれ別の幼葉鞘の右側にずらしてのせ，暗所に置いた。すると，(54　　　　)側の寒天片を置いた幼葉鞘が強く(55　　　　)側に屈曲した。

④ 屈曲した茎では片側の細胞が成長していた。この成長に作用する成長促進物質は(56　　　　　　)とよばれ，後の研究により(57　　　　　　)(IAA)という化合物だとわかった。

D. 刺激に対する植物の反応

植物も光・重力・水分・温度などの外界の刺激に対して反応する。植物の反応は，刺激の種類や反応の方向性により**屈性**と**傾性**に分けられる。また，反応(運動)のしかたにより**成長運動**と**膨圧運動**に分けることもできる。

1 刺激の方向と植物の反応

① (❺❽　　　)…植物が外界からの刺激に対して屈曲する性質。刺激源に対して近づく場合を(❺❾　　　)の屈性，遠ざかる場合を(❻⓪　　　)の屈性といい，刺激の種類によって次のようなものがある。

性質	刺激	例(屈性の正負)
(❻❶　　　)	光	茎(正)，根(負)
重力屈性	(❻❷　　　)	茎(負)，根(正)
(❻❸　　　)	水	根(正)
接触屈性	接触	巻きひげ(正)

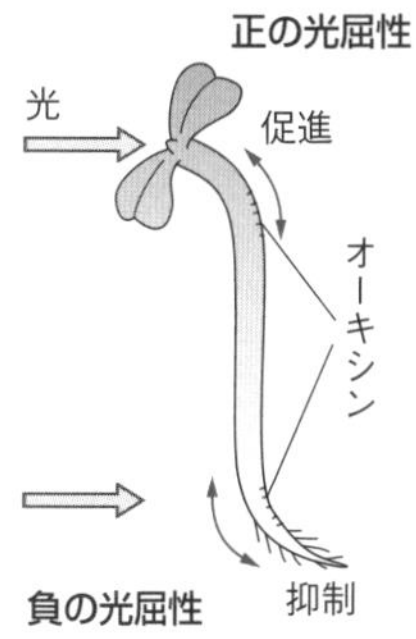

⬆ 光屈性

② (❻❹　　　)…植物の器官が刺激の方向とは無関係に一定の方向に曲がる性質。刺激の種類によって次のようなものがある。

性質	刺激	例
(❻❺　　　)	**接触**	オジギソウの葉(触れると閉じて垂れ下がる)
(❻❻　　　)	**温度**	チューリップの花弁(気温が上がると開く)

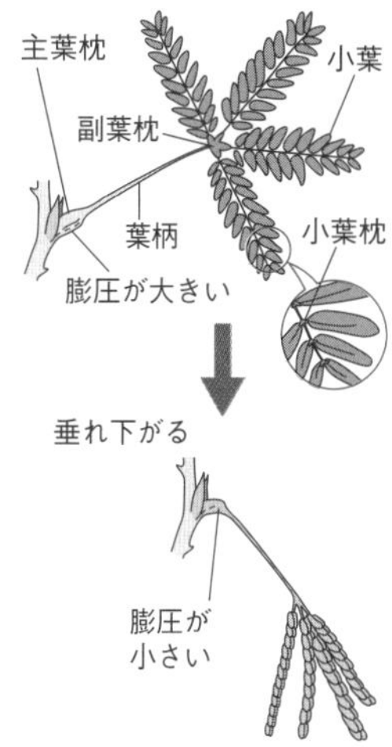

⬆ オジギソウの接触傾性

2 成長運動と膨圧運動

① すべての屈性は部分的な成長速度の違いによって起こり，これを(❻❼　　　運動)という。チューリップの花の開閉も❻❼である。

② オジギソウの葉に触れると葉が垂(た)れ下がる接触傾性は，葉のつけ根にある葉枕(ようちん)の細胞の(❻❽　　　)が減少することによって起こる膨圧運動である。[4]

└→ 細胞壁を押し広げようとする力

③ 膨圧運動は，成長運動に比べて比較的短時間で運動が起こる。

重要

成長運動─屈性…刺激源に対して一定方向に屈曲する。
（正：刺激源に向かう　負：刺激源から遠ざかる）
膨圧運動─傾性…刺激源の方向に関係なく一定の方向に曲がる。

[4] オジギソウは，刺激がなくても夜には葉が垂れ下がる。これも葉枕の細胞の膨圧が下がって起こる**膨圧運動**の1つで，**就眠運動**(しゅうみん)とよばれる。
就眠運動は，オジギソウがもつ24時間周期のリズム(**概日リズム**(がいにち))で起こる現象である。

ミニテスト

[解答] 別冊p.16

1 茎の先端の頂芽で合成され，側芽の成長を抑制している植物ホルモンは何か。(　　　)
2 根と茎では，オーキシンに対する感受性が高いのはどちらか。(　　　)
3 種子の発芽を抑制し，休眠を維持する植物ホルモンは何か。(　　　)
4 オーキシンとともにはたらいて茎の伸長成長を促進する植物ホルモンは何か。(　　　)
5 オーキシンとともにはたらいて茎の肥大成長を促進する植物ホルモンは何か。(　　　)
6 植物の茎が光の方向に向かって屈曲する性質を何というか。(　　　)

4 環境変化に対する応答

[解答] 別冊p.16

A. 病原体や食害に対する応答

1 病原体に対する防御

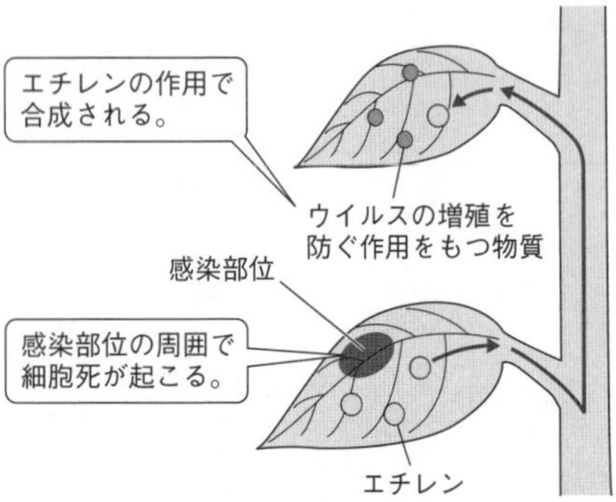
エチレンの作用で
合成される。
ウイルスの増殖を
防ぐ作用をもつ物質
感染部位
感染部位の周囲で
細胞死が起こる。
エチレン

⬆ 病原体に対する防御の例

① 植物のからだの一部の細胞がウイルスなどの病原体に感染すると，感染した細胞の周囲の細胞が自発的に(❶　　　)を起こす。これにより，周囲に感染が広がることを防ぐ。

② 病原体に感染した部位の近くで，植物ホルモンである(❷　　　)がつくられる例もある。❷は他の場所で**ウイルスの増殖を防ぐ作用をもつ物質**(抗菌物質ともよばれる。)を合成させ，感染が広がることを防ぐ。

2 動物の食害に対する防御

① 葉や茎を切断すると，その断面から白い(❸　　　)がにじみ出るものがある。この❸は，葉を食べる昆虫に付着するとやがて固くなり，昆虫を動けなくする作用をもつ。

② ダニによる食害を受けると，そのダニを(❹　　　)する肉食性のダニを誘引する気体を放出する植物もいる。

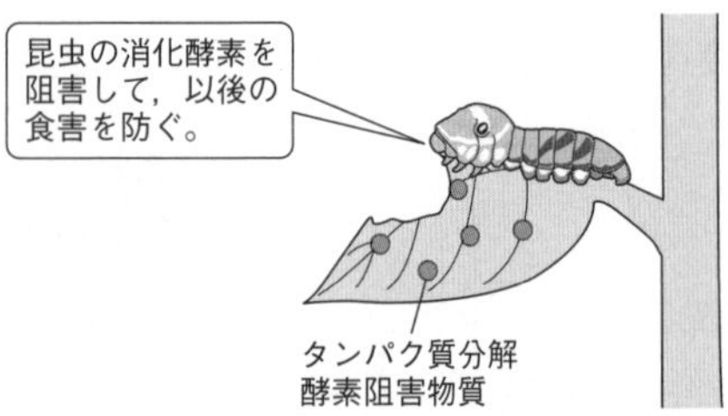
昆虫の消化酵素を
阻害して，以後の
食害を防ぐ。
タンパク質分解
酵素阻害物質

⬆ 食害に対する防御の例

③ ②の気体にさらされた別の植物で(❺　　　)が合成され，これがきっかけとなって，**食害に対する防御物質**を合成する例もある。この防御物質の代表的なものはタンパク質分解酵素(消化酵素)の阻害物質であり，昆虫が葉を食べても(❻　　　)しにくくすることで，食害を受けにくくする。

B. 環境要因の変化に対する応答

植物は，土壌中や空気中の水分量，光，重力，温度，塩分濃度など，さまざまな環境要因を感知し，それに対して応答するしくみを備えている。

1 気孔の開閉

① 気孔の開閉は，(❼　　　**細胞**)が光や二酸化炭素，周囲の水分量などに応答することで調節される。

② 孔辺細胞の細胞壁は，内側(気孔側)と外側で厚さが違い，内側のほうが(❽　　　**く**)て伸びにくい。

③ 孔辺細胞に(❾　　　　)が流入して浸透圧が高くなると，孔辺細胞内に(❿　　　)分子が浸透して膨圧が上昇し，孔辺細胞の外側が伸びて湾曲して，気孔が(⓫　　　　)。逆に孔辺細胞から❾が流出すると，孔辺細胞の形はもとに戻り，気孔が(⓬　　　　)。

④ 気孔の開口に有効な青色光は(⓭　　　　　　　)という光受容体(→p.149)である。青色光を感知した⓭は，孔辺細胞へのK^+の(⓮　　　　)を促進するので，気孔[1]は開く。

⑤ 植物が乾燥状態におかれると，葉では(⓯　　　　　　)が急速に合成され，孔辺細胞内から外へK^+を(⓰　　　　)させ，気孔を閉じる(＝蒸散を抑制する)。

[1] 青色光が当たっていることは，光合成に適した光の条件であることを意味する。そこで，気孔を開いて光合成に必要な二酸化炭素を取り込むのである。

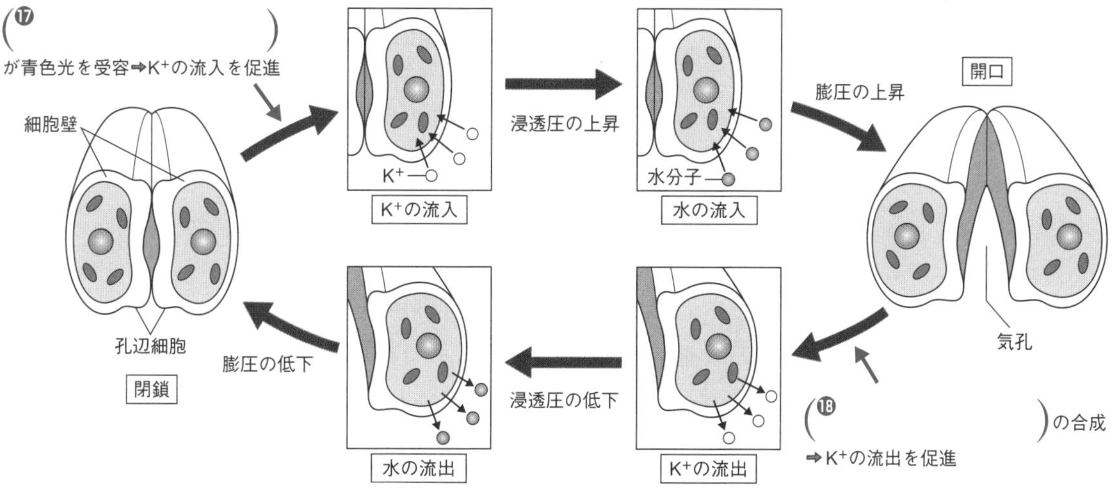

⬆ 気孔が開閉するしくみとその要因

> **重要**
> **青色光➡フォトトロピン➡(孔辺細胞) K^+流入➡(気孔)開口**
> **乾燥➡アブシシン酸合成➡(孔辺細胞) K^+流出➡(気孔)閉鎖**

2 その他の環境応答

① 植物の**屈性**と**傾性**は，外界の刺激に対する応答である(→p.155)。

② 根の周辺の塩分濃度が(⓳　　　　)すると，根の浸透圧を上昇させて，積極的に水の吸収力を高める。

③ 外界の温度が低下すると，糖やアミノ酸を合成することで凝固点を(⓴　　　　)させ，細胞を凍結しにくくする[2]。

[2] このことを利用して，冬場の寒さにさらし，甘味やうま味を増した野菜もつくられている。

ミニテスト　［解答］別冊p.16

1 青色光を受容して，気孔が開くように作用する光受容体は何というか。　(　　　　　　)

2 乾燥状態の植物が合成し，気孔を閉じるように作用する植物ホルモンは何か。　(　　　　　　)

5 花の形成とその調節

[解答] 別冊p.16

A. 花芽形成と光 出る

1 花芽(かが)形成と日長

① 日長(→昼の長さ（明期や暗期の長さ）)の影響を受けて生物が反応する性質を（❶　　　　　）という。

② 植物の花芽[※1]形成は代表的な光周性の現象で，連続した暗期の長さに支配される。花芽形成に必要な暗期の長さを（❷　　　　　）という。

※1 **花芽**
成長すると花になる芽を花芽という。

2 光周性による植物の分類　次の3つに分けられる。

	日長と花芽形成の関係[※2]	植物例
❸　　　植物	**連続した暗期が一定の長さ以下に**ならないと花芽を形成しない。	アブラナ，ダイコン，ホウレンソウ
❹　　　植物	**連続した暗期が一定の長さ以上に**ならないと花芽を形成しない。	キク，オナモミ，コスモス，ダイズ
❺　　　植物	**日長とは関係なく**，成長すると花芽をつける。	エンドウ，トウモロコシ，トマト

※2
長日植物には春咲き（日長が長くなっていく時期に花を咲かせる），短日植物には夏咲きから秋咲き，中性植物には四季咲きのものが多い。

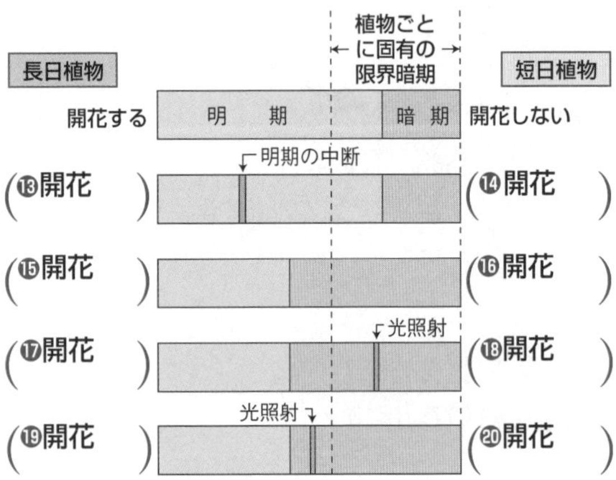

花芽形成と暗期の関係

3 光周性と光中断

① 短日植物は，（❻　　　　　）以上の長さの暗期で花芽を形成するが，**光中断**(短時間光を照射すること。)で，**連続した**（❼　　**期**）**が**（❽　　　　　）より短くなると，花芽を形成しない。

② 長日植物は，限界暗期以上の長さの暗期では花芽を形成（❾　　　）が，暗期を限界暗期より短く区切る**光中断**を行うと，花芽を形成（❿　　　）。

③ 人工的に植物を限界暗期以上の暗期に置くことを（⓫　　　　　），逆に暗期の長さを限界暗期以下にすることを（⓬　　　　　）という。

> **重要**
> **短日植物…連続した暗期の長さが限界暗期以上で花芽形成。**
> **長日植物…連続した暗期の長さが限界暗期以下で花芽形成。**

4 花芽形成のしくみ

① 花芽形成では，赤色光を受容する（㉑　　　　　　　）により日長を感知している。さらに，長日植物の一部では，㉑とともに青色光を受容する（㉒　　　　　　　）も花芽形成に関与している。

② 植物が暗期の長さを葉の光受容体で感じ取り，そこで，花芽形成を促進する物質である(㉓　　　　　[※3])をつくる。
　└→花成ホルモンとよばれたこともある。

③ この物質は(㉔　　　管)を通って植物体の各部へ移動し，(㉕　　　　)を分化させる。

④ イネが**短日条件**を葉のフィトクロムで感じると，***Hd3a*遺伝子**がはたらいて**Hd3aタンパク質**が合成され，これが**師管**を通じて移動し，**花芽形成遺伝子**をはたらかせる。長日植物のシロイヌナズナでは**FTタンパク質**が同様に作用する。これらのタンパク質がフロリゲンの正体である。[※3]

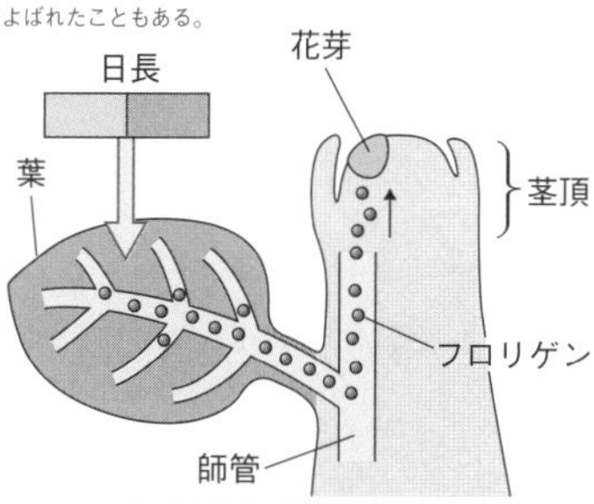

花芽形成促進のしくみ

※3
植物ホルモンは低分子の生理活性物質である，という前提に立てば，タンパク質(高分子)であるフロリゲンは植物ホルモンには含まれない。ただし，分子の大きさに関係なく生理活性物質を植物ホルモンであるとして，フロリゲンを植物ホルモンに含める考え方もある。

5 オナモミを使った花芽形成の実験

① 短日植物であるオナモミAの葉を短日処理すると，花芽が形成(㉖　　　　)。一方，葉を除去して短日処理したBでは，花芽が形成(㉗　　　　)。➡短日条件を感知するのは(㉘　　　)である。

② Cのように，左右に枝分かれした右側の枝を(㉙　　　処理)すると，(㉚　　　　　)が㉙していない部分にも伝わり，全体で花芽が形成される。しかし，Dのように(㉛　　　除皮)を行った場合，㉚は(㉜　　　)を通って移動するため㉛を行った部分より先には花芽が形成されない。

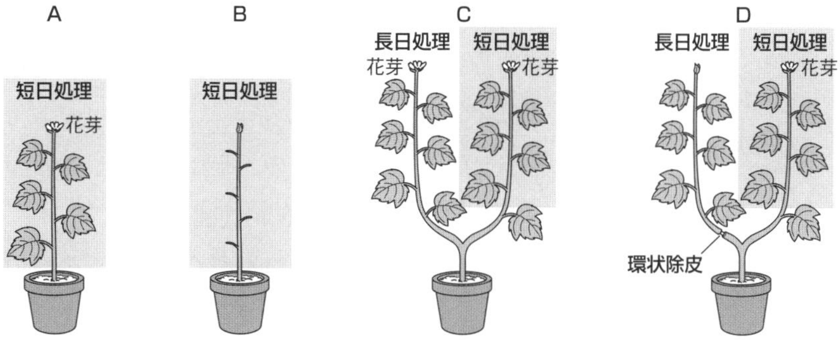

オナモミを使ったフロリゲンの合成と移動に関する実験

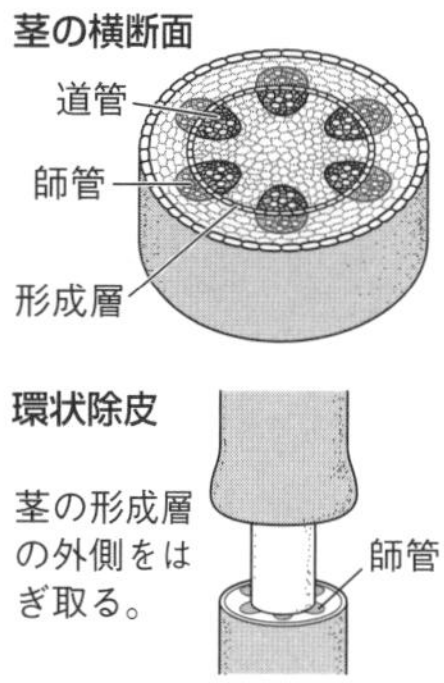

茎の横断面と環状除皮

重要　［花芽形成のしくみ］
師管
葉で暗期の長さを受容⇨フロリゲン合成⇨花芽形成

6 花芽形成と温度の関係

秋まきコムギやダイコンは，冬の寒さ(一定期間以上の低温状態)を経験することにより，花芽形成が促進される。この環境応答を(㉝　　　　)といい，低温処理して㉝を促進することを(㉞　　　　　)という。

B. 植物の器官の分化 出る

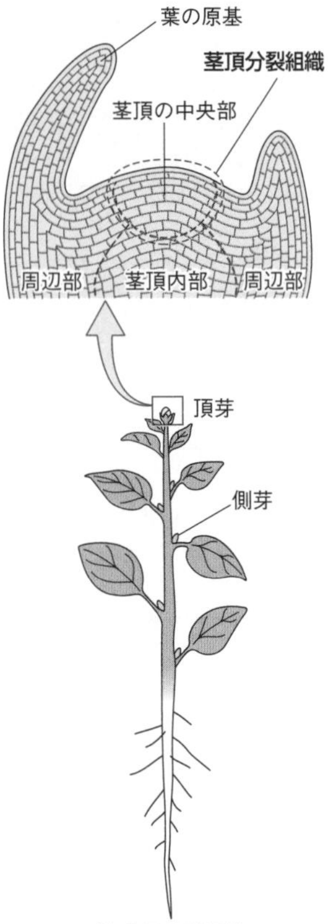

⬆ 茎頂分裂組織

1 茎頂分裂組織と花芽

① 植物の茎の先端にある芽を(㉟　　　　)といい，葉の付け根と茎の間にある芽を(㊱　　　　)という。

② 頂芽や側芽は，(㊲　　　　組織)が若い葉に囲まれたものである。㊲は幹細胞が集まった部分で，(㊳　　　　)がさかんに行われている。

③ **フロリゲン(花成ホルモン)**が茎頂分裂組織に作用すると，花の原基である(㊴　　　　)が形成される。

④ 花芽形成の後，動物の調節遺伝子と似たようなはたらきをする(→p.98, 113)(㊵　　　　**遺伝子**)が発現することで花の各部分が分化していき，花全体の構造ができあがる。

> **重要** ［花芽(花の原基)の分化］
>
> **茎頂分裂組織**
> ⇩ **←フロリゲン(植物ホルモン)**
> **花芽(花の原基)に分化**
> ⇩ **←ホメオティック遺伝子(調節遺伝子)**
> **おしべ，めしべ，花弁などに分化**

2 花の構造

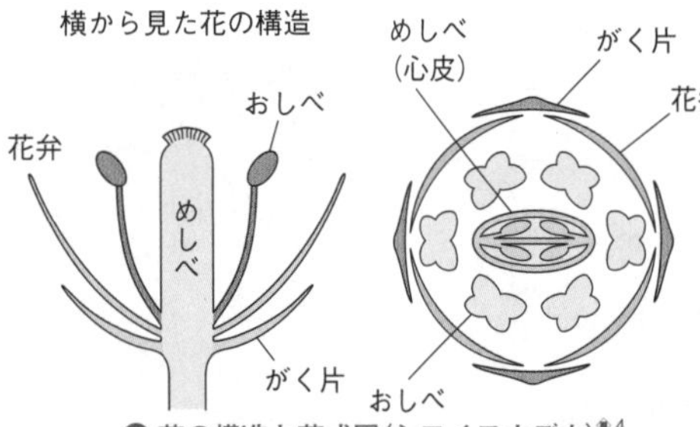

⬆ 花の構造と花式図(シロイヌナズナ)※4

① 一般的な被子植物の花は，外側から順に，がく片(がく)，(㊶　　　　)，(㊷　　　　)，めしべが規則正しく並んでいる。

② 花を上面から見たときの，それぞれのつくりの配置を模式的に示した図を花式図という。

③ 花芽の各部分がどの構造をつくるかは，複数のホメオティック遺伝子がつくる(㊸　　　　)によって決定される。

④ 花の各部分の構造を決定するホメオティック遺伝子に突然変異が起こると，(㊹　　　　**突然変異体**)が生じる。さまざまな㊹を調べることで，花の構造を決定するしくみが解明された。

> **重要** ［花の構造］
>
> **被子植物の花の構造…がく片(がく)，花弁，おしべ，めしべ**
> **何に分化させるかはホメオティック遺伝子が決定する。**

※4
シロイヌナズナ
アブラナ科の植物で，花弁の長さは3 mm程度。種をまいてから開花までが約1か月と短く，実験に適している。ゲノムサイズおよび全塩基配列が明らかにされている。

3 花の分化のしくみ(ABCモデル)

① シロイヌナズナでは，茎頂にある葉原基から葉が分化して，植物体は成長している。

② ここに**フロリゲン**がはたらくと，葉原基が花の原基に分化する。

③ 原基の外側から順に，がく片・(㊺　　　　)・おしべ・(㊻　　　　)が分化して花の構造が形成される。

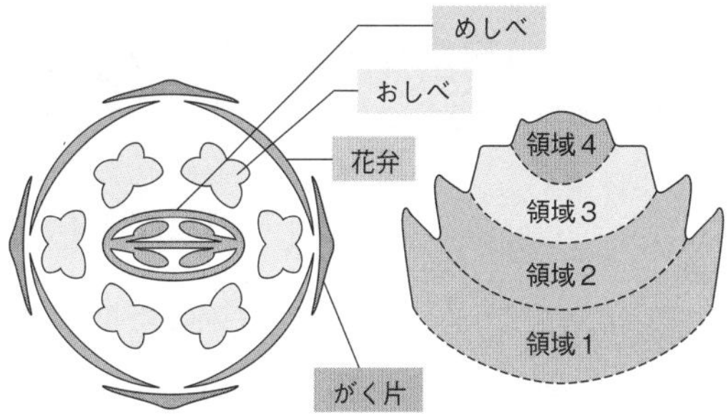

花の構造と茎頂原基の縦断面図

④ 花弁・おしべ・めしべなどの分化は，A，B，Cの3つのクラスの(㊼　　　　**遺伝子**)の組み合わせと，それがはたらく領域によって，次のように支配されていて，このしくみを(㊽　　　　)という。

調節遺伝子としてはたらく。

領域1にA遺伝子だけが発現→(㊾　　　　)を形成
領域2にAとB遺伝子が発現→(㊿　　　　)を形成
領域3にBとC遺伝子が発現→(51　　　　)を形成
領域4にC遺伝子だけが発現→(52　　　　)を形成

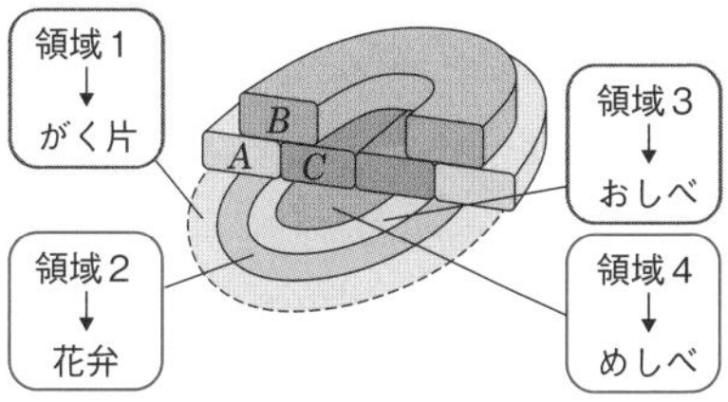

茎頂原基の領域と遺伝子発現

⑤ A遺伝子とC遺伝子は互いに抑制しあうはたらきがあるため，A，B，Cの遺伝子に変異が起こると，それぞれ下図のようにホメオティック突然変異体が生じる。

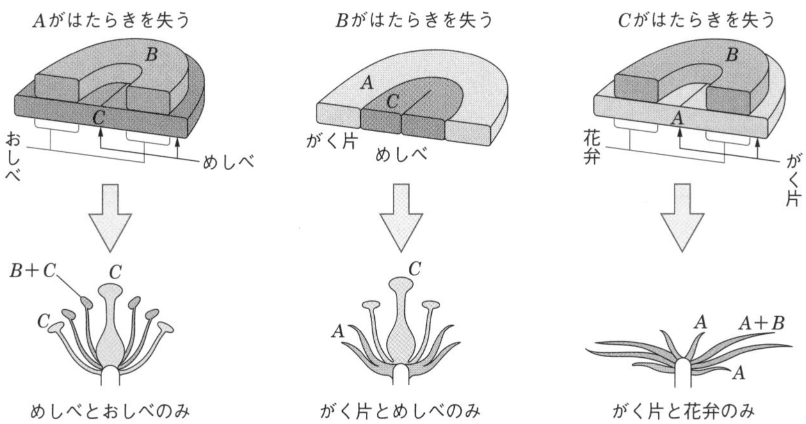

シロイヌナズナのホメオティック突然変異体の例

ミニテスト

[解答] 別冊p.16

1 短日植物であるコスモスの開花期は，次のうちのどれか。　(　　　)
ア 冬から春　**イ** 春から夏　**ウ** 夏から秋

2 花芽形成を促進するタンパク質の総称を何というか。　(　　　)

3 3つのクラスのホメオティック遺伝子による花の器官分化の制御のしくみを何というか。
(　　　)

6　果実の成熟・器官の老化と脱落

［解答］別冊p.17

A. 果実の形成・成熟と植物ホルモン

1　果実の形成にはたらくホルモン

① いくつかの植物では，受粉の刺激により**めしべ**で（❶　　　　）が合成され，**果実を形成・成長**させる。これを利用して，ブドウの受精前の花を❶に浸け，（❷　　　　）ブドウが生産されている。

② 受粉によって生じた種子では（❸　　　　）が合成され，これが果実の**肥大成長**を促進する。

2　果実の成熟にはたらくホルモン

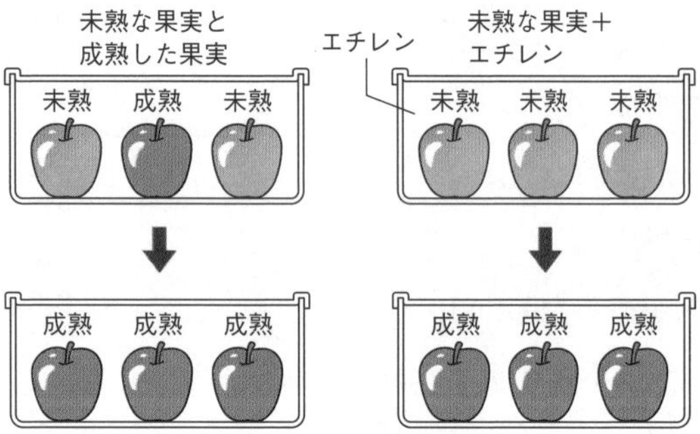

↑ リンゴの果実の成熟

① リンゴ，バナナ，トマトなどの果実の成熟は，（❹　　　　）により促進される。成熟したこれらの果実は❹を放出するため，未熟なリンゴが近くにあると成熟が促進される。

② **エチレン**は，（❺　　　　）やデンプン分解酵素の遺伝子の発現を誘導し，細胞の接着を弱めて果肉を軟らかくしたり，デンプンから水溶性の糖を生成して糖度を高めたりする。

B. 器官の老化と脱落

1　葉の老化と植物ホルモン

① 葉の**老化**は**温度**，**日長**などの環境要因に影響され，特に暗所で促進，明所で抑制される。光受容体の（❻　　　　）が関与する。

② 老化は植物ホルモンの（❼　　　　）や**エチレン**により促進される。

③ 老化が進むと葉の成分が分解され，（❽　　　　）が減少するため，葉の緑色が薄くなる(紅葉する)。また，タンパク質分解産物のアミノ酸などが回収され，（❾　　　　）されて再利用される。

2　葉の脱落と植物ホルモン

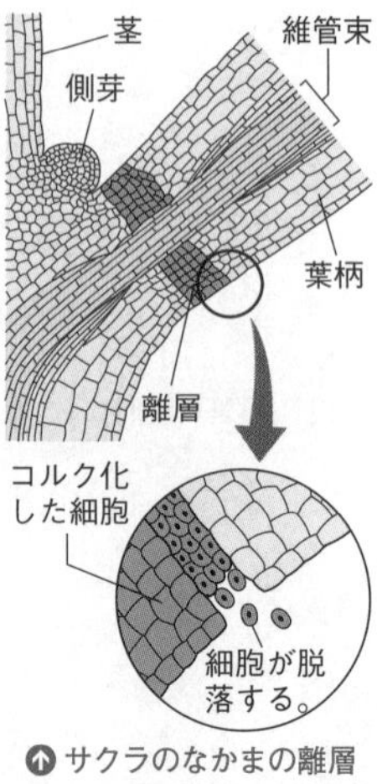

↑ サクラのなかまの離層

① 葉の老化が進むと**葉柄**(ようへい)で（❿　　　　）が合成され，葉柄の付け根に（⓫　　　　）が形成されて葉が脱落する。これを**落葉**という。（→ 落果でも形成される。）

② 若い葉では，**オーキシン**が合成される。オーキシンは葉柄のエチレンに対する感受性を（⓬　　　　）させることで，老化を抑制する。

③ 夏緑樹林は冬に，雨緑樹林は乾季に葉を一斉に落として，生育不適期の無駄な水分損失を防ぐ。照葉樹林の葉も古くなると落葉する。

重要実験

リンゴを使ったツバキの葉の脱落の実験

方法(操作)

葉の付いたツバキの枝とリンゴの果実を一緒に入れて，葉の落下(**落葉**)のようすを観察する。また，ツバキの枝にエチレン処理(エチレン誘導剤の噴霧)をしたときの影響についても観察する。

(1) 葉が6～9枚付いたツバキの枝先を3本用意する。そして，葉が容器の側壁に触れないように入れて，密閉できる透明な容器に枝を入れる。

(2) a (容器にリンゴを入れない)，b (容器に**リンゴを入れる**)，c (**エチレン処理**した枝・リンゴを入れない)の3つの条件の容器を用意し，他の条件はそろえる。

(3) 実験開始後10日間，毎日一定の時間に“枝に付いている葉の枚数”を計測することで，落葉の早さの違いを比較する。

結果と考察

① 無処理の実験(対照実験)であるaに比べて，b (容器にリンゴを入れた場合)やc (エチレン処理した場合)では，葉が(⓭　　　　)落葉する。

② bとcで同じ傾向が見られる。➡リンゴが(⓮　　　　　)を放出しているのかもしれない。

C. 植物の一生における光受容体や植物ホルモン

※(＋)は促進，(－)は抑制を表す。
――― は光受容体を表す。

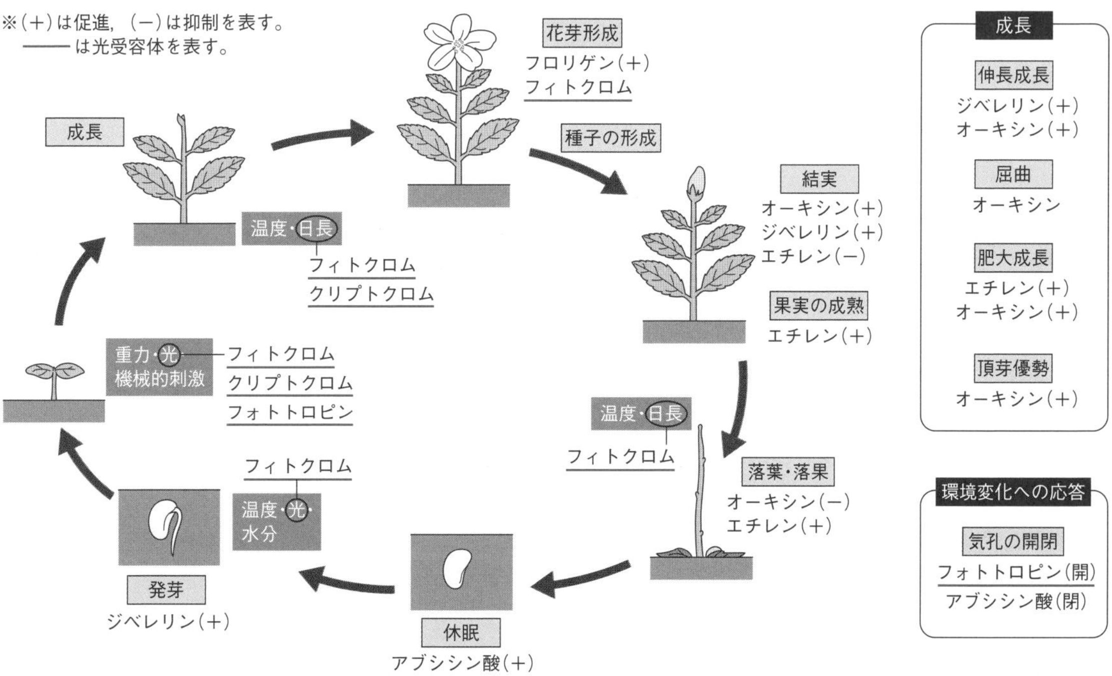

ミニテスト　[解答] 別冊p.17

1 花での受粉後，めしべでつくられ果実の形成・成長を促進する植物ホルモンは何か。　(　　　　　)

2 成熟した果実で合成されて放出される気体で，他の果実を成熟させるはたらきのある植物ホルモンは何か。　(　　　　　)

練習問題　2章　植物の環境応答

[解答] 別冊p.33

1 〈被子植物の受精と発生〉

▶わからないとき→p.146〜147

図1は，ある被子植物の配偶子形成の過程を示したものである。これについて，次の各問いに答えよ。

図1

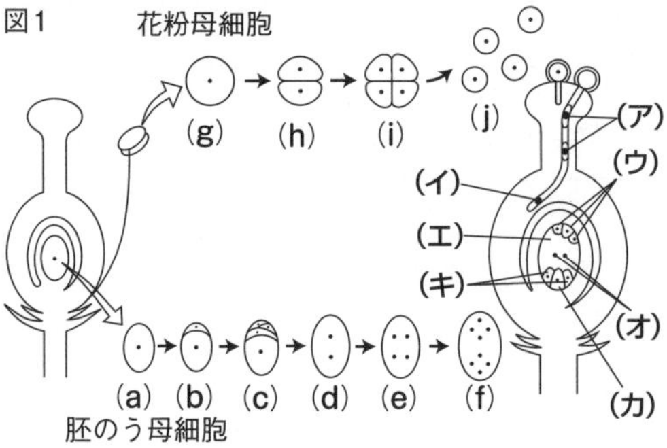

(1) 図1の(ア)〜(キ)の各部の名称を答えよ。

(2) 減数分裂が行われるのは，どこからどこの間か。(a)〜(j)の記号で示せ。

(3) 図1の(ア)と(カ)，(ア)と(エ)が合体してできるものを，それぞれ何というか。

(4) この植物に見られるような受精を何というか。

(5) 図2はナズナの種子の形成過程である。(A)〜(D)の名称を答えよ。

図2

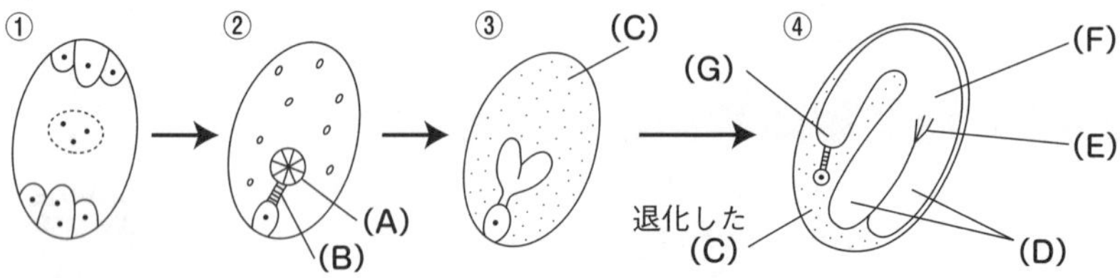

(6) 図2の②の(A)は，④ではどの構造に発達するか，すべて記号で示せ。

ヒント (6) (A)は，将来は子葉，幼芽，胚軸，幼根になる。

2 〈光と種子の発芽〉

▶わからないとき→p.148〜149

種子には，$_a$発芽に光を必要とするものと，$_b$光を必要としないものがある。光を必要とする種子に，赤色光を照射すると発芽が（ ① ）され，遠赤色光を照射すると発芽が（ ② ）される。次の各問いに答えよ。

(1) 文中の下線部a，bのタイプの種子をそれぞれ何というか。また，bに該当する植物例を，次のア，イから1つ選べ。

ア　カボチャ　　　イ　レタス

(2) 文中の①，②の空欄に適当な語句を記入せよ。

(3) 下線部aのタイプの種子で，光を受容するタンパク質を何というか。

3 〈ジベレリンのはたらき〉

▶わからないとき→p.152

植物ホルモンの1つであるジベレリンについて，次の各問いに答えよ。

(1) ジベレリンは，どのようにして伸長成長を促進するか。

(2) 種なしブドウはジベレリンのどのようなはたらきを利用しているか。

(3) ジベレリンは，どのようにして種子の発芽を促進するか。

1

(1) (ア) ＿＿＿
(イ) ＿＿＿
(ウ) ＿＿＿
(エ) ＿＿＿
(オ) ＿＿＿
(カ) ＿＿＿
(キ) ＿＿＿

(2) ＿＿＿

(3) (ア)と(カ) ＿＿＿
(ア)と(エ) ＿＿＿

(4) ＿＿＿

(5) (A) ＿＿＿
(B) ＿＿＿
(C) ＿＿＿
(D) ＿＿＿

(6) ＿＿＿

2

(1) a ＿＿＿
b ＿＿＿
bの植物例 ＿＿＿

(2) ① ＿＿＿
② ＿＿＿

(3) ＿＿＿

3

(1) ＿＿＿

(2) ＿＿＿

(3) ＿＿＿

4 〈植物ホルモン〉

▶わからないとき→p.150～153

次の(1)～(3)の文は，植物ホルモンのはたらきについて説明したものである。各文に該当するホルモンの名称を答えよ。

(1) 気孔を急に閉じさせたり，離層形成を促進して落葉をうながすとともに，種子の発芽を抑制する。

(2) 果実の中で生成される気体の植物ホルモンで，果実の成熟を促進する。

(3) 茎の先端部で生成され，下方に移動して植物の成長を促進する。植物の光屈性は，このホルモンによって起こされる。

ヒント おもな植物ホルモンにはオーキシン，ジベレリン，エチレン，アブシシン酸などがある。

4
(1)
(2)
(3)

5 〈マカラスムギの屈性〉

▶わからないとき→p.150～151,154

マカラスムギの幼葉鞘（ようようしょう）で ⓐ～ⓙの実験を行うとどうなるか。幼葉鞘が右に屈曲するときはR，左に屈曲するときはL，屈曲しないときは×と記せ。

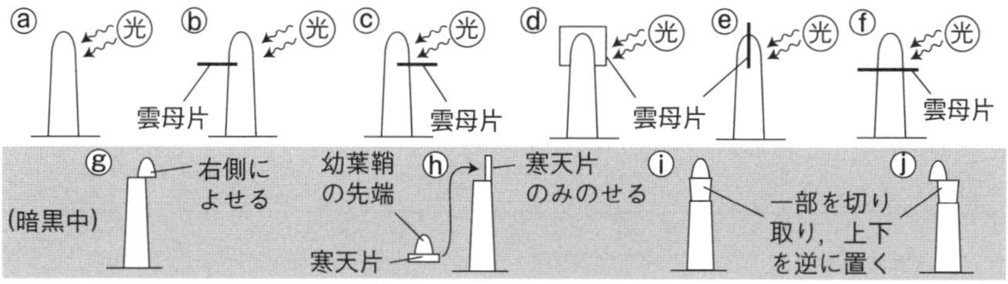

ヒント 光屈性の原因となる成長促進物質は幼葉鞘の先端部でつくられ，基部方向に移動する。このとき，光の当たる側の反対側で濃度が高くなる。雲母片は通過できない。

5
ⓐ ⓑ
ⓒ ⓓ
ⓔ ⓕ
ⓖ ⓗ
ⓘ ⓙ

6 〈植物の光周性〉

▶わからないとき→p.158～159

短日植物と長日植物に，右の①～⑤のような明期と暗期を与える実験を行った。限界暗期は10時間として次の各問いに答えよ。

(1) 短日植物が開花するのは①～⑤のどれか。すべて選べ。

(2) 長日植物が開花するのは①～⑤のどれか。すべて選べ。

(3) ④，⑤のように，暗期の途中で光を照射することを何というか。

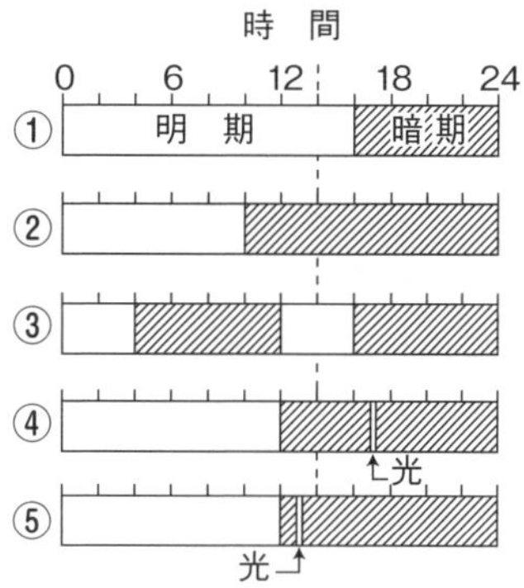

ヒント 短日植物も長日植物も花芽形成に影響を与えるのは連続した暗期の長さ。

6
(1)
(2)
(3)

7 〈花の分化のしくみ〉

▶わからないとき→p.160～161

シロイヌナズナの花の構造は，*A*，*B*，*C*遺伝子とそれがはたらく領域によって決まる。領域1に*A*遺伝子のみ発現するとがく片，領域2に*A*と*B*遺伝子が発現すると花弁，領域3に*B*と*C*遺伝子が発現するとおしべ，領域4に*C*遺伝子のみ発現するとめしべを形成した。①*A*遺伝子，②*B*遺伝子，③*C*遺伝子がはたらきを失った場合，それぞれどのような構造の花になるか。ただし，*A*遺伝子と*C*遺伝子は，どちらか一方のはたらきが失われた場合は，他方の遺伝子が発現するようになる。

7
①
②
③

定期テスト対策問題　4編　生物の環境応答

［時 間］50分
［合格点］70点
［解 答］別冊p.34

1　図1は，運動ニューロンと，その興奮の伝導のようすを調べるための装置を示したものである。また，図2はそのとき記録された電位変化を示したものである。あとの各問いに答えよ。

〔問1…各2点，問2…各3点　合計16点〕

図1

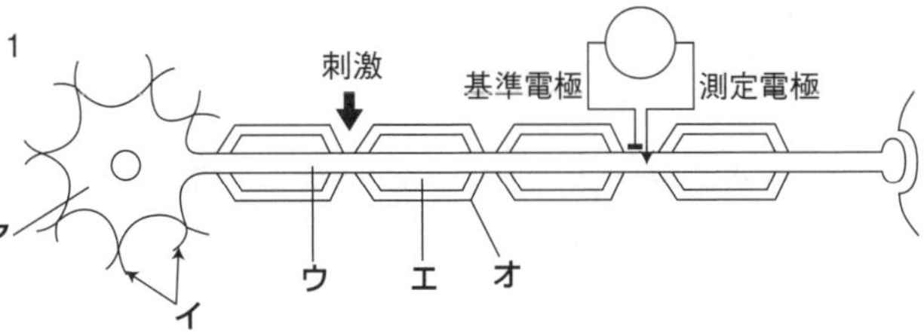

図2

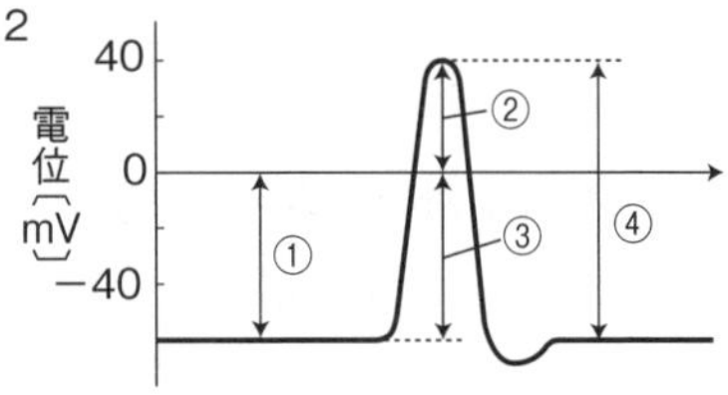

問1　図1の**ア**～**オ**の各部の名称をそれぞれ答えよ。

問2　静止電位，活動電位を示すものはそれぞれ図2の①～④のいずれか答えよ。

問1	ア		イ		ウ		エ		オ	
問2	静止電位		活動電位							

2　右の図1はヒトの骨格筋の構造を示したものであり，図2は図1の**d**の部分の拡大図である。次の各問いに答えよ。

〔問1～3…各2点，問4・5…各3点　合計24点〕

図1

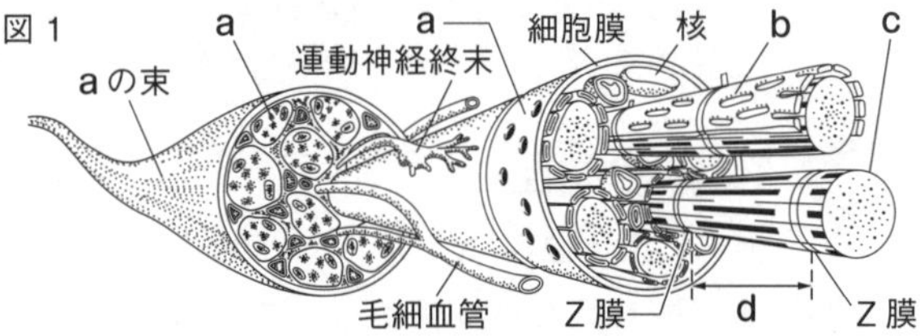

図2

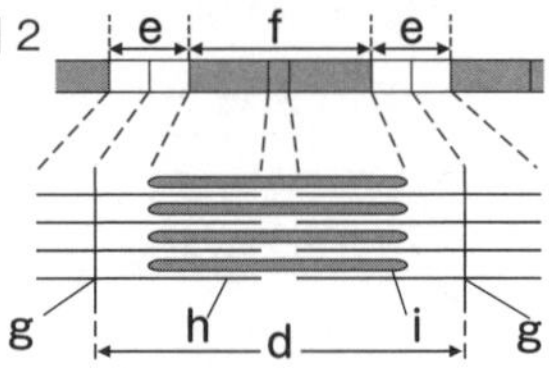

問1　図1の**a**～**c**の名称をそれぞれ答えよ。

問2　図2の**d**～**g**の各部の名称をそれぞれ答えよ。

問3　図2の**h**，**i**を構成するタンパク質の名称をそれぞれ答えよ。

問4　筋収縮時に**b**から放出されるイオンは何か。

問5　図2の**h**，**i**が結合して筋収縮ができるようになるのは，問4のイオンが何に結合するからか。

問1	a		b		c			
問2	d		e		f		g	
問3	h		i		問4		問5	

3　動物の行動について，次の各問いに答えよ。

〔各4点　合計12点〕

問1　同種の個体にとってかぎ刺激となる，体外に放出された化学物質を何というか。

問2　くり返し同じ刺激を与えると刺激を与えても反応しにくくなる，単純な学習行動を何というか。

問3　未経験なことに対して，経験したことをもとに結果を予想して解決する行動を何というか。

問1		問2		問3	

4 次の(1)〜(4)の文は，いろいろな植物ホルモンのはたらきについて説明したものである。また，a〜dはホルモンの発見や応用について説明したものである。(1)〜(4)のホルモンの名称を答え，それぞれa〜dのいずれに該当するかも答えよ。

〔名称，特徴…各3点　合計24点〕

(1) イネ科の植物では，種子の発芽時に糊粉(こふん)層にはたらきかけてアミラーゼの合成を促進する。
(2) 気孔の閉鎖を促進するほか，種子の発芽を抑制する。
(3) 芽の先端でつくられ，頂芽優勢や茎，根の伸長に関係する。
(4) 接触刺激によりつくられるホルモンで，茎の肥大成長を促進する。また，果実の成熟を促進する。

〔特徴〕

a ワタの果実を落果させるホルモンとして発見された。
b バナナの熟化を促進するのに利用されている。
c 種なしブドウをつくるのに利用されている。
d マカラスムギの幼葉鞘を使った実験(アベナテスト)でその濃度と成長との関係が確認された。

(1)			(2)			(3)		
(4)								

5 右の図は，短日植物であるオナモミの花芽形成のしくみを調べるための実験を示したものである。あとの各問いに答えよ。

〔問1…4点，問2…各3点，問3…それぞれA〜C完答で各2点　合計24点〕

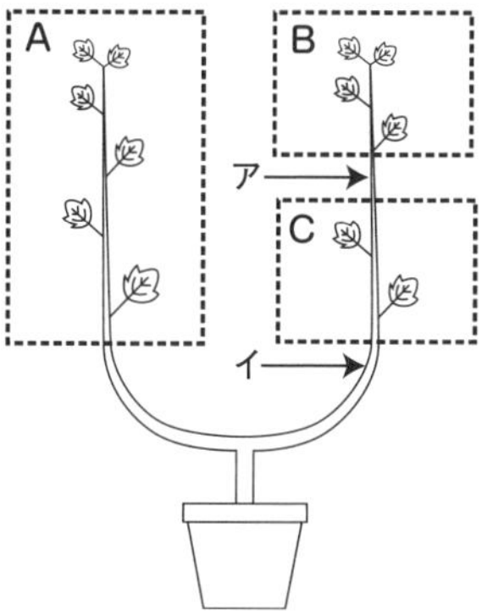

〔実験〕

① A，B，Cを長日処理した。
② A，B，Cを短日処理した。
③ Aを長日処理し，BとCを短日処理した。
④ AとBを長日処理し，Cを短日処理した。
⑤ Aを短日処理し，BとCを長日処理したが，Aの暗期の中間で a強い光を1分間照射した。
⑥ アの位置で b表皮から師部までを除去する操作をした後，AおよびCを長日処理し，Bを短日処理した。
⑦ イの位置で表皮から師部までを除去した後，AおよびBを長日処理し，Cを短日処理した。

問1 短日処理とはどのような操作か説明せよ。

問2 下線部a，bの操作をそれぞれ何とよぶか。

問3 実験①〜⑦の操作によって，A，B，Cそれぞれについて花芽が形成されるものに○，されないものに×をつけよ。

問1											
問2	a			b							
問3	①	A	B	C	②	A	B	C	③	A	B	C
	④	A	B	C	⑤	A	B	C	⑥	A	B	C
	⑦	A	B	C								

1章 生態系と環境

1 個体群と環境

[解答] 別冊p.17

A. 生物と環境 出る

1 生物集団の単位

① ある地域に生息する**同種の個体の集団**を（❶　　　　　）という。

例 ある池にすむフナの集団，ある森林のアカマツの集団

② 同じ場所に生息する異なる種の❶の集まりを（❷　　　　　）という。

2 環境要因

① 生物を取り巻く環境を構成する要因を（❸　　　　　）といい，次のものから構成される。

- （❹　　　　　**環境**）…（❺　　　　　）・光・大気・水・土壌
  （CO_2濃度など ← 大気，無機塩類 ← 土壌）
- **生物的環境**…生物に影響を与える同種・異種の生物（生物群集）。

② 非生物的環境が生物に対してはたらきかけ，その生物の生活に影響を及ぼすことを（❻　　　　　）という。※1

③ 逆に，生物の生活が非生物的環境に影響を与えることを（❼　　　　　）という。※2

④ 同種・異種の生物が互いに影響を与えあうことを（❽　　　　　）という。

⑤ 生物群集と非生物的環境のまとまりを（❾　　　　　）という。

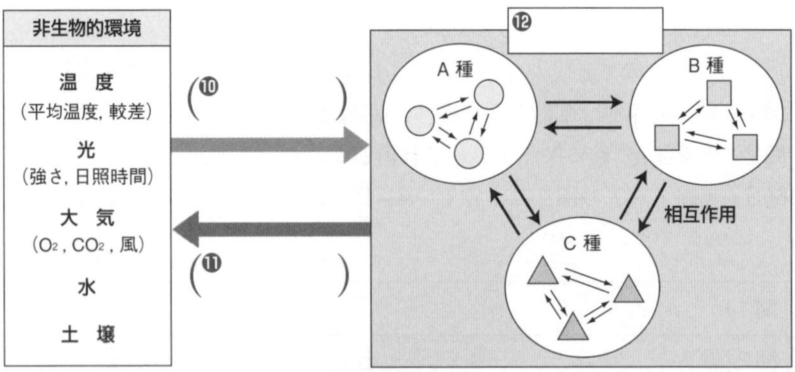

↑ 生物群集と環境

重要 ある地域の同種の生物の集団が個体群・その集まりが生物群集。生物が互いに影響を与えあうことを相互作用という。

※1
環境への生物の適応
・ベルクマンの規則(法則)
高緯度地方にすむ動物ほど，低緯度地方の同種の動物よりも大形になる傾向がある。
・アレンの規則(法則)
高緯度地方にすむ動物のほうが低緯度地方にすむ動物よりも，耳・鼻などの突出部が小さく，その表面積も小さい傾向がある。

ホッキョクギツネ

フェネック

※2
タブノキ林の１日の気温の変化

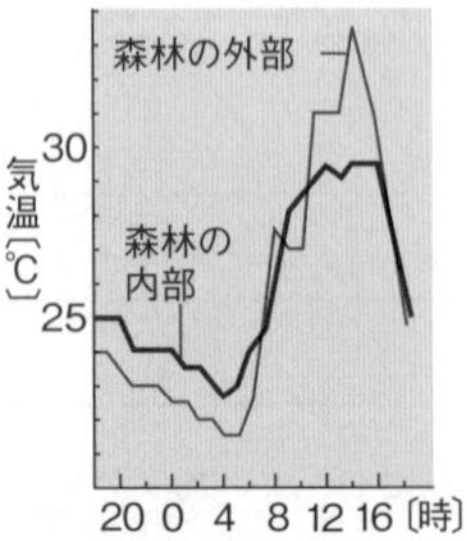

森林の内部は外部に比べて気温変動が小さい。これは環境形成作用の例である。

B. 個体群の分布と個体群密度

1 個体群の分布

個体群の分布のしかたには，次の3つのタイプがある。[3]

① (⑬　　　分布)…見かけ上不規則に散らばった分布。

② (⑭　　　分布)…規則的に等間隔になった分布。

③ (⑮　　　分布)…特定の空間に偏った分布。

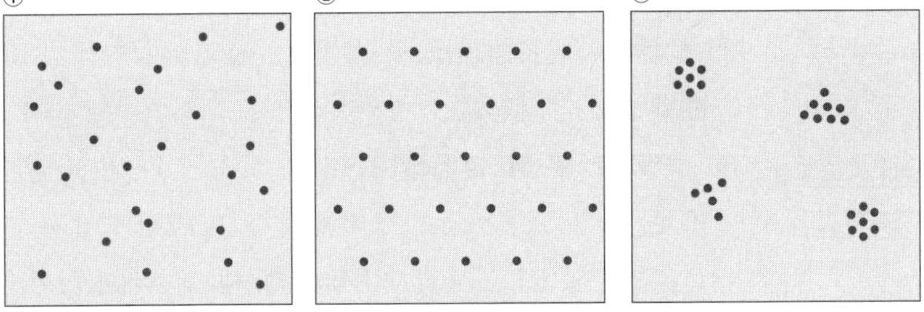

個体群の分布

2 個体群密度

① 単位生活空間（あるいは単位面積，単位体積あたり）あたりの個体群の(⑯　　　)を**個体群密度**という。

② 個体群を構成する個体数を求める場合，すべての個体を捕らえたり数えたりすることは困難なので，次のような間接的方法が使われる。

(⑰　　　法)…調査範囲を一定の広さの区画に区切って[4]，一部の区画の個体数を調べた平均値から全個体数を推定する方法。

(⑱　　　法)…捕獲した個体に標識をつけて放し，一定時間後に再び捕獲して，標識個体の割合から全個体数を推定する。[5]

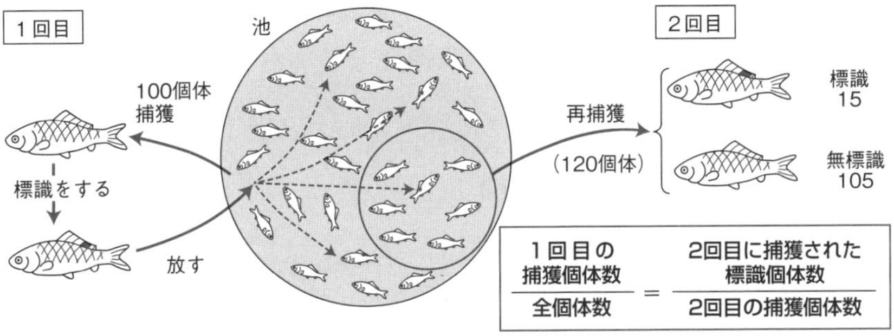

標識再捕法

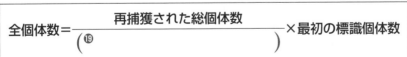

$$\text{全個体数} = \frac{\text{再捕獲された総個体数}}{(⑲\qquad\qquad)} \times \text{最初の標識個体数}$$

重要

$$\text{個体群密度} = \frac{\text{個体群を構成する個体数}}{\text{生活する面積または体積}}$$

個体群の全個体数の推定方法…区画法と標識再捕法

[3] **ランダム分布**は個体どうしが互いの位置に影響しない，風で散布された種子から育つ植物などに見られる分布。
一様分布は縄張り（→p.172）をつくる動物など，資源をめぐる競争の結果見られる分布。
集中分布は，群れ（→p.172）をつくる動物などに見られる分布。

[4] 測定区画の配置のしかたには次の2種類がある。
規則的配置：測定区画を等間隔に並べる。
機会的配置：測定区域をランダムに並べる。

[5] この方法は，調査期間中の個体の死亡や出入りが少なく調査範囲内で均一に分散しているときに適用できる。実施の際には標識が動物の行動に影響を与えない，2回の採集で採集・放流場所や時刻などの条件をそろえるなどの必要がある。

C. 個体群の成長と密度効果 出る

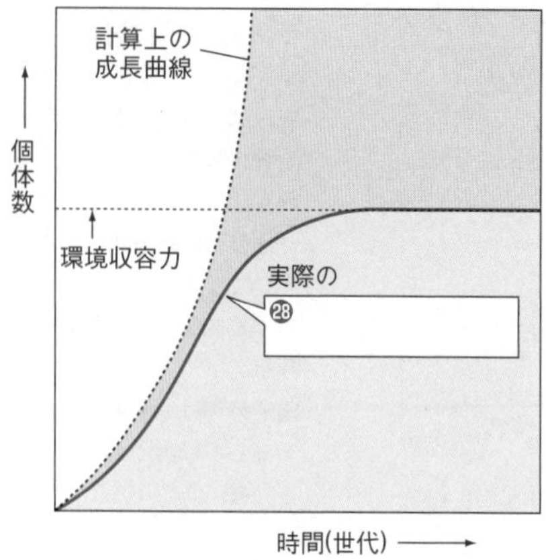

個体群の成長曲線の一般形

1 個体群の成長

① 生物の生活に必要な条件が満たされていると，生殖によって個体数がふえ，(⑳**個体群**　　　)が高くなる。これを(㉑**個体群の**　　　)といい，この過程を表したグラフを個体群の(㉒　　　)という。

② 個体群の成長曲線は，一般的に，ゆるい(㉓　　　)**曲線**となり[6]，個体数はやがて(㉔　　　)。

③ **グラフが平らになる理由**…(㉕　　　)や生活空間の不足，(㉖　　　)の蓄積などの要因によって生活環境が悪化し，発育や生殖活動が抑制されるため。

④ このような，ある条件において個体群の成長の上限となる個体数を(㉗　　　**力**)という。

◈6
このような形の曲線は，**ロジスティック曲線**ともよばれる。

重要　［個体群の成長曲線］
S字状の曲線となり，一定数(環境収容力)以上は増加しない。

2 密度効果

① 個体群密度の変化が，個体の発育・形態や，個体群の成長に影響を及ぼすことを(㉙　　　)という[7]。

◈7
植物において密度効果がはたらいた結果，単位面積あたりの個体群の質量は，密度に関係なくほぼ一定になる。これを**最終収量一定の法則**という。

② 密度効果により，同一種の形態や行動様式に著しい違いが生じる現象を(㉚　　　)という。　例 トノサマバッタ(ワタリバッタ)

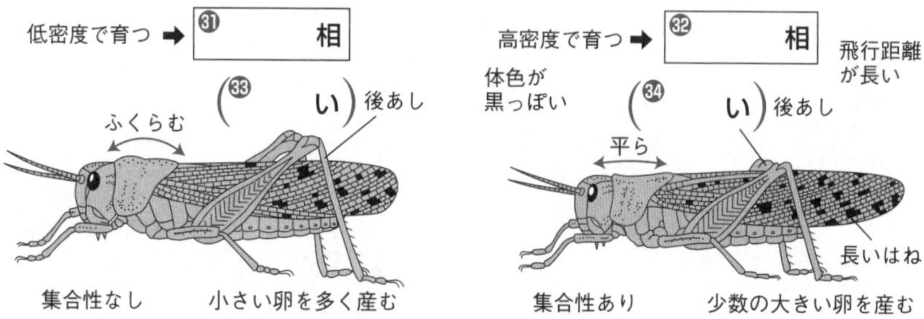

ワタリバッタの相変異

D. 生命表と生存曲線

1 生命表

① 生まれた卵(子)や種子から寿命に至るまでの各時期における生存数(生存個体数)を示した表を(㉟　　　)という。

② ①の表をグラフ化したものを(㊱　　　)という。
└→ふつう卵や子の数を1000個体に換算したグラフとして描く。

2 生存曲線　生存曲線は次の3つに大別される。

A. **早死型**：親の保護がないため，**幼齢期の死亡率が高い**。　例 水生無脊椎動物(カキ)，魚類

B. **平均型**：各時期の死亡率がほぼ一定。

例 小形の鳥類(シジュウカラ)，ハ虫類

C. (㊲　　　**型**)：親の(㊳　　　)があるため幼齢期の死亡率が低く，老齢期に死亡が集中する。

例 大形の哺乳類(クジラ)，ヒト，ミツバチ[8]

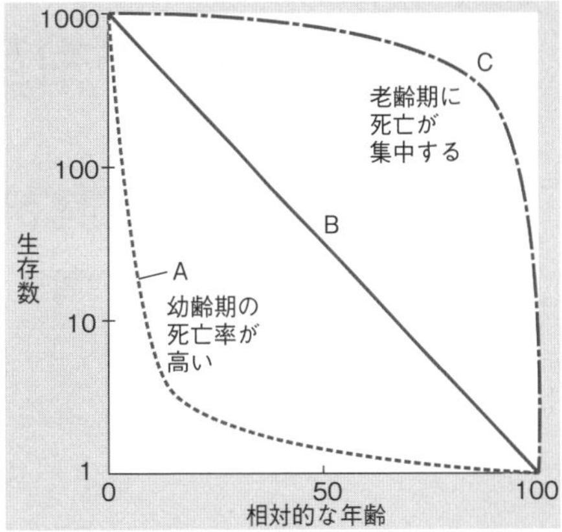

生存曲線

重要　[3タイプの生存曲線]

早死型(魚類など)　平均型(ハ虫類など)　晩死型(哺乳類など)

少ない←　幼齢期の親の保護　→多い

8 卵・幼虫・蛹の時期ははたらきバチに保護されて死亡率が低く，成虫になって巣の外に出るようになると死亡率が非常に高まる。

E. 個体群の齢構成

1 個体群の齢構成

個体群を構成する各個体を年齢や発育段階によって分け，それぞれの個体数の分布を示したものを(㊴　　　)という。

2 齢構成の3タイプ

1のデータをグラフ化したものを，(㊵　　　)[9]という。これは，次の3タイプに分けられる。

9 単に**齢ピラミッド**ともよばれる。

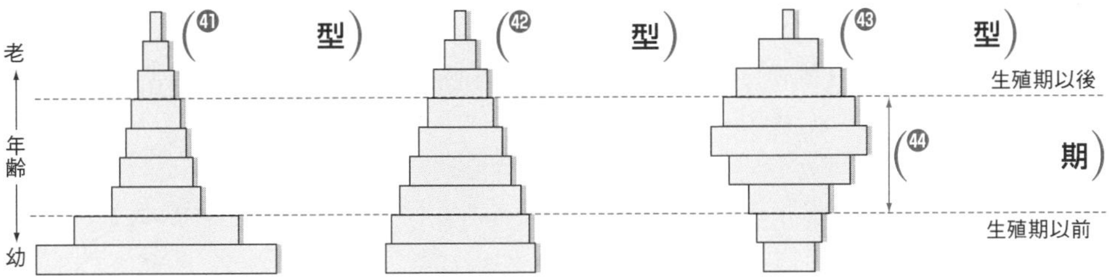

年齢ピラミッドの3つの型

ミニテスト　[解答] 別冊p.17

1 異種や同種の生物どうしが互いに影響を与えることを何というか。(　　　)

2 個体群密度を求める式を書け。(　　　)

3 個体群の全個体数を推定するおもな方法を2つあげよ。(　　　)(　　　)

4 個体群密度の変化が個体の発育・形態や個体群の成長に影響を及ぼすことを何というか。(　　　)

5 生命表をグラフ化したものを何というか。(　　　)

6 齢構成をグラフ化したものを何というか。(　　　)

2　個体群内の相互作用

[解答] 別冊p.18

A. 個体群内の個体間の関係 出る

1 種内競争

① 個体群内で見られる生活場所・(❶　　　　)・異性(配偶者)などをめぐる競争を(❷　　　　)という。

② 競争が激しくなると，弱い個体は淘汰(とうた)される。その結果，個体群密度は適度な範囲に保たれる。

└→ 密度効果(→p.170)

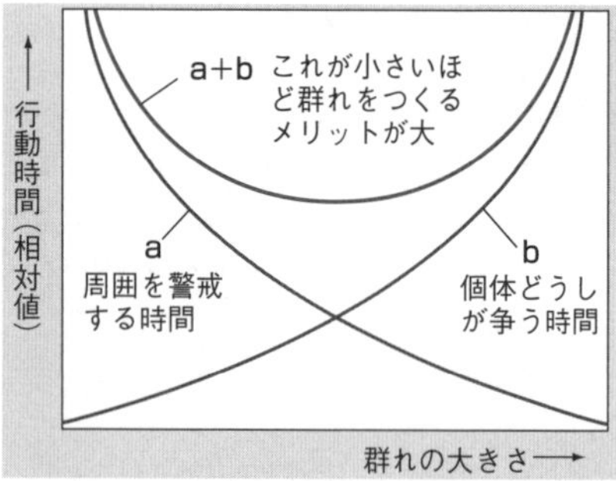

⬆ 群れの大きさと動物の行動時間

各個体にとって群れが小さいと周囲を警戒する時間が長くなり，大きいと個体間の争い(種内競争)に費(つい)やす時間が長くなる。合計が最小となるところが最も適切な群れの大きさとなる。

2 群(む)れ

① 同種の動物個体どうしが集まって，統一的な行動をとる集団を(❸　　　　)という。

例 ニホンザル，フラミンゴ，サンマ，イワシ

② 群れを形成することによって敵に対する警戒・防衛・食物発見・繁殖などの能力や効率が向上し，各個体の負担が軽減される。

└→ 配偶者との接触や子の防衛

3 縄張り

他種の動物は対象外 ←┐

① 動物の個体や群れが一定の空間を占有して，同種の他個体や他の群れを近づけない場合，占有する一定の空間を(❹　　　　)(**テリトリー**)という。これは，(❺　　　　)や繁殖場所の確保のために行われる。

採食縄張り ←┘　　└→ 繁殖縄張り

② 縄張りの習性は，魚類・鳥類・哺乳類・昆虫などで見られる。**アユ**は，(❻　　　)の確保のため，川の瀬の部分で下図のような縄張り

└ 食物か繁殖場所かを書く。

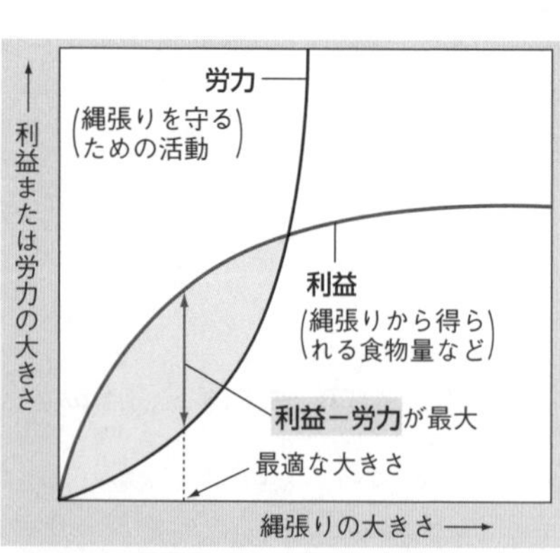

⬆ 縄張りの大きさとその決定

縄張りが大きければ確保できる食物の量も増えるが，侵入する他個体の排除に要する労力も増す。そのため，縄張りは両者の差が最大となる大きさになることが多い。

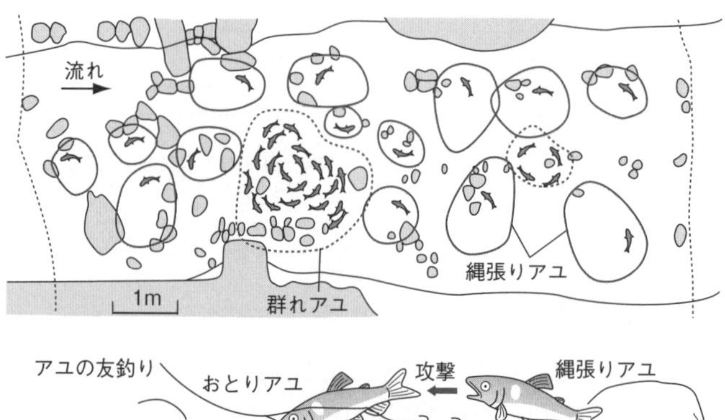

⬆ アユの縄張り

瀬で縄張りをもつアユは川底の石に付着する藻類を食べ，縄張りをもたないアユは淵(ふち)で群れを形成する。友釣りでは縄張りに侵入したおとりアユに体当たりした縄張りアユが釣り針にかかる。

をつくる。**アユの友釣り**はこれを利用したものである。

③ 動物が行動する範囲だが同種他個体を排除しない空間を（❼　　　　　）という。❼は互いに重なることが多いが，縄張りどうしはふつう重なり合わない。

> **重要**　**同種個体どうしで**｛**集まる→群れ…安全・食物・繁殖機会向上**
> 　　　　　　　　　　　　　　　　**排除　→縄張り…食物・繁殖機会の独占**

4 順位制

① 個体群内での個体の優劣の関係を（❽　　　　　）といい，これによって群れの秩序が保たれている場合を（❾　　　　　）という。❾によって個体間の無益な争いを避けることができる。

互いを傷つけるような食物・配偶者をめぐる闘争 ←

例 チンパンジー，シカ，ウマ，オオカミ[1]，ニワトリ

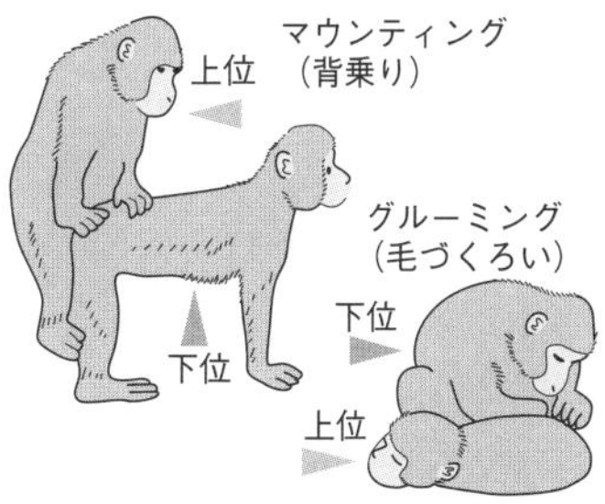

順位を示す行動

◈1
オオカミでは，劣位の個体が服従のポーズ（腹を見せる姿勢）をとることで，優位の個体の攻撃性を和らげることが知られている。これにより，群れの中での無益な争いを避けている。

② 下に示したニワトリのつつきの順位がよく知られている。下の表では，順位が最も高いのはA，低いのはIの個体である。

個体	つつく数	つつく相手
A	8羽	B C D E F G H I
B	7羽	C D E F G H I
C	5羽	D F G H I
D	5羽	E F G H I
E	5羽	C F G H I
F	3羽	G H I
G	2羽	H I
H	1羽	I
I	0羽	

（最上位）　　　　　　　　（最下位）
A → B → C ⇄ D / E ⇄ F → G → H → I

ニワトリのつつきの順位

③ 順位制の極端な例…ゾウアザラシのように，1匹の優位な雄と数十匹の雌から構成される群れを（❿　　　　　）という。❿をもつ雄は，交配のために侵入しようとする他の雄を攻撃して排除する。このように，雄が複数の雌とつくるつがい関係を（⓫　　　　　）という。

> **重要**　**順位制…群れの中の個体間の競争による損失を防ぐ。**
> 　　　　**ハレム…1匹の優位な雄と複数の雌から構成される群れ。**

B. 社会性昆虫

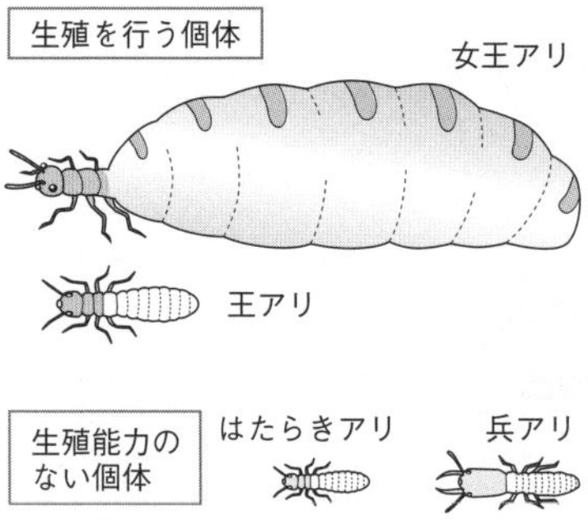

シロアリのコロニーでの分業

① ミツバチ・アリ・シロアリなどは(⑫　　　　昆虫)とよばれ，高度に分業化された(⑬　　　　)とよばれる生物集団を形成している。

② 社会性昆虫の大きな特徴として，生殖を行う個体は少数に限られ，大部分の個体は**ワーカー**とよばれる生殖能力のない労働個体になる。ワーカーは，採食・巣づくり・巣の防衛・育児などを分業して行う。

C. 哺乳類・鳥類の社会性

1 母系の血縁集団

① ライオンの**群れ**は，血縁関係のある(⑭　　　　)の群れに血縁関係のない雄が入り込んで形成される。

② 雄は，他の雄に群れを乗っ取られるまで，群れの中で繁殖に加わる。

③ 群れで生まれた(⑮　　　　)の子は群れの中にとどまり，自分の弟や妹の世話をすることがある。（⑮：性別）

④ 成長した(⑯　　　　)は群れから離れ，別の群れの雄を倒して群れを乗っ取り，繁殖に加わる。（⑯：性別）こうして(⑰　　　　交配[2])が防がれる。

2 雌が移動する集団

① チンパンジーやリカオンでは，群れの中で生まれた雌が群れから別の群れに移動して**近親交配**を防ぐ。

② 群れの内部では，無用な争いを避けるために，順位の確認行動が見られることがある。

3 共同繁殖

① **共同繁殖**…一部の哺乳類や鳥類の群れでは，親以外の個体，すなわち子の兄や姉，おじ・おばなどが(⑱　　　　)として子育てを助けることがある。⑱が子育てに関与する繁殖様式を(⑲　　　　)という。

② ⑱の個体は，自分の血縁者の子を育てることによって，自分と共通の(⑳　　　　)をもつ個体を残すことになる[3]。

[2] 血縁の近い個体どうしの交配を**近親交配**という。近親交配が続くと，近交弱勢が起こって個体群の個体数が減少しやすくなる(→p.184)。

[3] 2個体が遺伝的にどれだけ近縁かを示したものを**血縁度**という。二倍体(→p.28)の生物の場合，親子間の血縁度と兄弟姉妹間の血縁度はいずれも$\frac{1}{2}$で，自分の遺伝子を残すという点では自分の子を生存させることと自分の兄弟姉妹を生存させることは同等の意味をもつことになる。

ミニテスト [解答] 別冊p.17

1 個体が占有する一定の生活空間を何というか。（　　　　）

2 ミツバチやシロアリなどのように，各個体が分業をして集団生活する昆虫を何というか。（　　　　）

3 個体群間の相互作用

[解答] 別冊p.18

A. 競争関係(種間競争) 出る

1 種間競争

① よく似た生活様式をもち，食物や生活空間などの生活要求が共通する種どうしの間では，その要求をめぐって(❶　　　　　)が起こる。

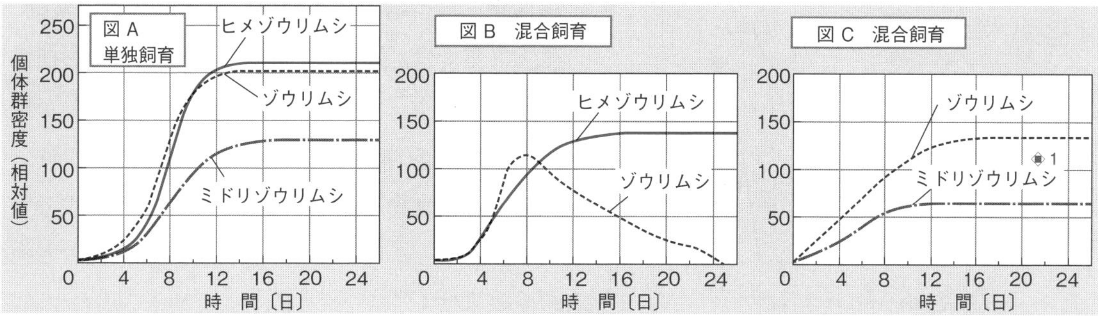

ゾウリムシの種間競争

② 一般に，競争に負けたほうは駆逐される(上図B)。種間競争により一方の種が排除されることを(❷　　　　　)といい，どちらが競争に勝つかは環境条件に左右されることが多い[*2]。

③ 同じ場所にすみ，よく似た生物どうしでも生活要求が異なれば共存し，両方とも生き残ることができる(上図C)。

2 すみわけと食いわけ

① 同じ地域にすむ異なる種類の生物が，それぞれ異なる生活の場所をもつことを(❸　　　　　)という。

例 リスとムササビ(昼行性／夜行性)，ヤマメとイワナ[*3](上流・低水温／下流)，カゲロウの幼虫(川の流れの速さの違いや砂の中・石の表面など)

② 同様に，おもな食物を違えることで，同じ地域の異なる種類の生物が共存することを**食いわけ**という。 例 ヒメウとカワウ(底にすむヒラメやエビなど／浅いところのイカナゴなど)

> **重要** **種間競争は，生活様式がよく似た生物どうしの間で起こる。生活要求が違えば共存できる。➡すみわけ・食いわけ**

*1 ミドリゾウリムシ
細胞内に緑藻を共生させているため，緑藻の光合成産物によって，ある程度は生存できる。

*2 ある2種の生物間の競争においてどちらが勝つかは絶対的なものではなく，温度など環境要因が違えば，両種の生き残る確率は変動する場合が多い。

*3 イワナとヤマメがそれぞれ単独ですんでいる川では，イワナはヤマメがいる川より下流の高水温域，ヤマメは上流の低水温域に生活範囲を広げていることが多い。

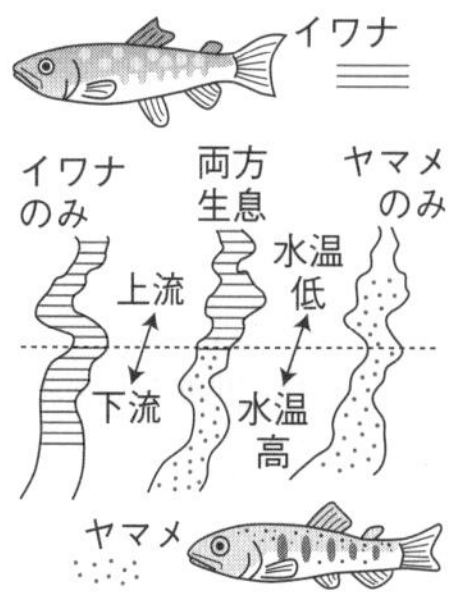

B. 捕食－被食の関係

1 ライオンとシマウマのように“食う—食われる”の関係にある生物では，食べるほうを(❹　　　　　)，食べられるほうを(❺　　　　　)といい，この両者の関係を**捕食－被食の関係**という。

2 捕食－被食の関係の「鎖」

生物群集内の捕食―被食の関係の一連のつながりを（❻　　　　）という。[4]

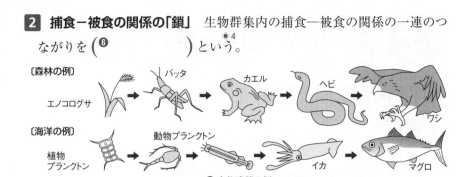

◈4
実際の生態系では，捕食―被食の関係のつながりは1本の鎖状ではなく複雑な網目状の関係になっているため，**食物網**(もう)とよばれる。

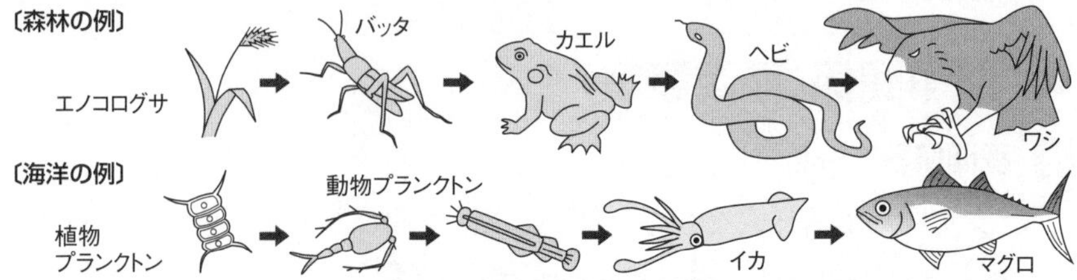

食物連鎖の例

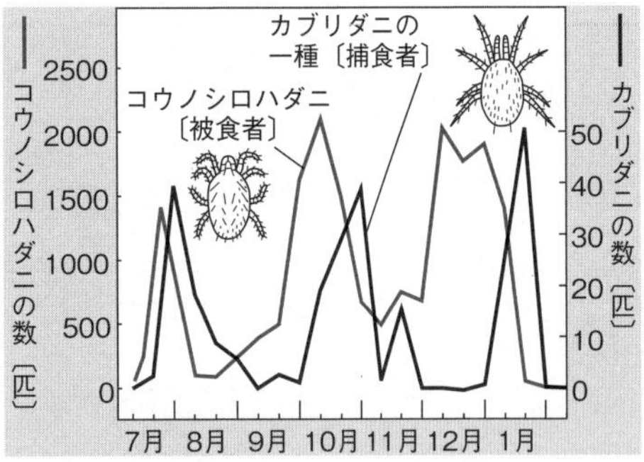

捕食者－被食者の相互関係による個体数の変化

3 捕食者－被食者の相互関係による個体数の変動

生物群集では，被食者の個体数が増加すると捕食者の個体数は（❼　　　　）し，捕食者の個体数が増加すると被食者の個体数は（❽　　　　）する。被食者が減少すると食物不足となるため，やがて捕食者も減少する（左図）。このように，自然界では被食者と捕食者の生物量は（❾　　　　**的**）に変動する場合がある。

C. 生態的地位

1 多数の種で構成される生物群集で，ある種の生物が生物群集の中で占める位置（生活様式や栄養段階，他種の生物との関係などを総合したもの）を（❿　　　　）（**ニッチ**）という。

2 異なる地域にすむ生物群集を比較したとき，同じ生態的地位を占める種を（⓫　　　　）という。

例
- カピバラ（南米）とコビトカバ（アフリカ）…水辺にすむ植食性動物
- ライオン（アフリカ）とピューマ（北米）…草原の最上位の捕食者
- 有袋類と真獣類（→ p.32の図「適応放散と収れん」）

D. 共生と寄生

1 異種の生物が深い関係をもって生活することによって，片方あるいは両方が利益を受け，**相手に害を及ぼさない場合**を（⓬　　　　），一方だけが利益を受け**他方が不利益を受ける場合**を（⓭　　　　）という。[5]

◈5
寄生には，ダニやヒルのように外部（体表）につく**外部寄生**と，カイチュウやサナダムシのように宿主の体内にすみつく**内部寄生**がある。

① **相利共生**…両方が互いに利益を受ける。

例 **マメ科植物**と**根粒菌**（→ p.180），アリとアブラムシ（アリマキ）
（外敵から守る。／糖を含んだ分泌液を与える。／有機物を与える。／窒素固定したNH_4^+を与える。）

② （⓮　　　　**共生**）…一方のみが利益を受ける。

例 ナマコとカクレウオ，サメとコバンザメ
（ナマコの体内に隠れる。／外敵から身を守り，食べ残しを得る。）

③ 寄生をする側を**寄生者**，される側を（⓯　　　　）という。

2 異種が一緒に生活してもどちらもあまり影響を受けない場合を**中立**という。[6]　例 キリンとシマウマ

*6
捕食者に対する警戒の効率が高まるので個体群の群れのような利益はある。

> **重要**
> **共生…どちらも害なし(一方または両方が利益を受ける)**
> **寄生…寄生者が利益・宿主が不利益を受ける。**

E. 植物の種内競争と種間競争

1 種内競争

① 植物も，個体群密度が高くなると(⑯　　　　　　)が起こる。(⑯→おもに光をめぐる争い)

② 自然林では，高密度になると個体差が(⑰　　　　く)なり，小さな個体は競争に負けて枯れ，自然に間引かれる。しかし高密度のまま大きくなると，一様に成長が悪くなり，風などで共倒れしやすい。

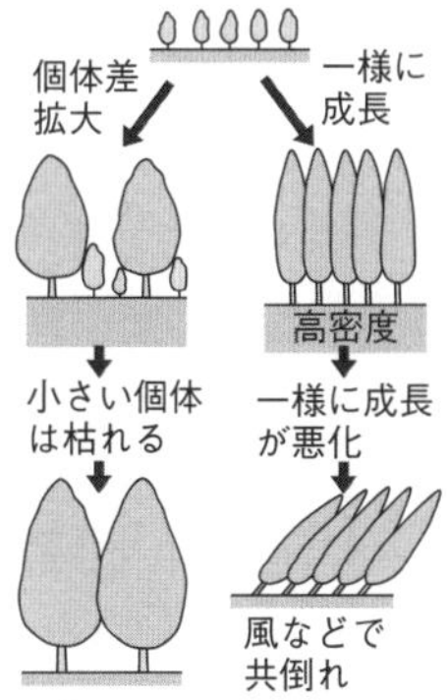

自然林での種内競争

2 種間競争

① 植物でも，動物と同じように生活要求が似ている種の間では，生活要求，特に(⑱　　　　)をめぐる(⑲　　　　　　)が起こる。

② 植物群集の同化器官(葉)と非同化器官(葉以外の器官)の空間的な分布状態を(⑳　　　　　　)といい，これを図にまとめた**生産構造図**は下左図のようになる。[7]

③ ソバとヤエナリ[8]を混植すると，下右図のように，背丈が早く高く成長する(㉑　　　　　)が上部をおおうため，(㉒　　　　　　)は単植したときよりも葉の量が減少する。

*7
生産構造図はヤエナリなどのように上部に同化器官が集中する**広葉型**と，比較的下層部に葉が多くつき非同同化器官の割合が低い**イネ科型**がある。

*8
ヤエナリはマメ科ササゲ属の植物。リョクトウともいい，もやしとして利用される。

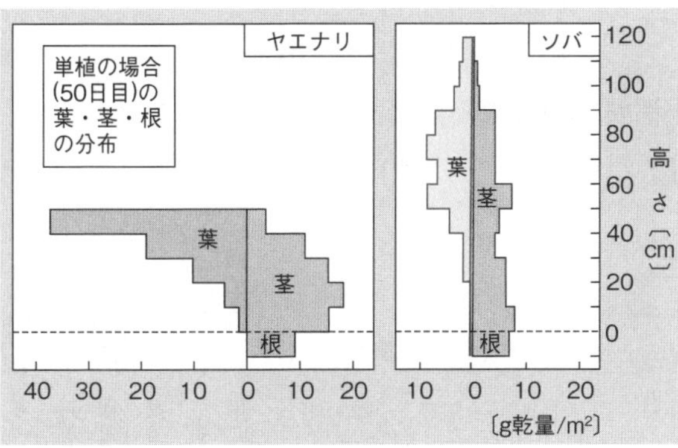

生産構造図

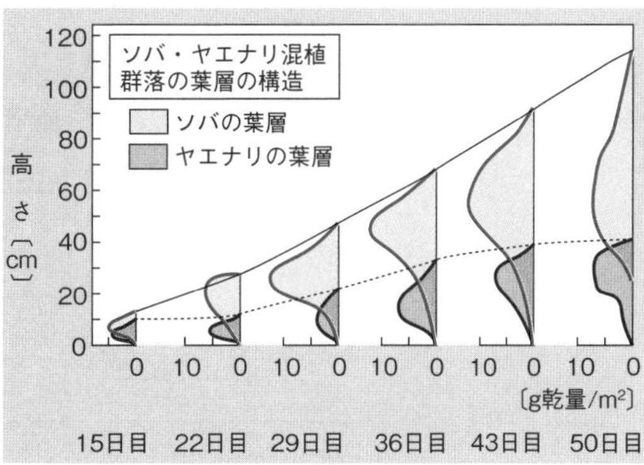

ソバとヤエナリの種間競争

ミニテスト　[解答] 別冊p.18

1 同じ地域にすむ異種の生物が，生活空間を違えることで共存することを何というか。(　　　　)
2 種間関係で，食う側に対して食われる側の生物を，何というか。(　　　　)
3 異なる地域にすみ，生態的地位(ニッチ)が同じ動物どうしのことを何というか。(　　　　)
4 異種の生物どうしが密接に結び付いて生活し，互いに利益を得る関係を何というか。(　　　　)

4 生態系の物質生産と物質循環

［解答］別冊p.18

A. 物質収支

1 生産者の生産量と成長量

① 生産者（植物）が光合成によって無機物から有機物を生産する過程を**物質生産**という。物質生産された有機物が食物連鎖によって生物群集内を移動し，生産者自身や消費者に消費される。

② （❶　　　量）…一定の面積内に存在する生物量（生体量）を，重量（質量）やエネルギー量で示したもの。

③ （❷　　　量）…一定の面積（あるいは空間）内で，一定期間に生産者が光合成で生産する有機物の量。

④ （❸　　　生産量）…見かけの光合成量に相当。

純生産量＝（❹　　　量）－（❺　　　量[1]）

⑤ **生産者の成長量**…一定期間での生産者の（❻　　　量）の変化。

成長量＝（❼　　　生産量）－（（❽　　　量）＋**枯死量**[2]）

2 消費者の同化量・生産量・成長量

① 消費者の**同化量**…生産者の**総生産量**に相当する。

同化量＝**摂食量**－（❾　　　量[3]）

② 消費者の**生産量**…生産者の**純生産量**に相当する。

生産量＝（❿　　　量）－（⓫　　　量）

③ **成長量**は，生産者・消費者の各栄養段階で同様に考えればよい。

成長量＝**生産量**－（（⓬　　　量）＋（⓭　　　量））

⓬：1段階上の栄養段階の動物に摂食された量　⓭：生産者の枯死量に相当

[1] 各栄養段階の**呼吸量**は，熱エネルギーとして生態系外に放出されるエネルギー量またはそれに相当する有機物の量。

[2] **枯死量**は，植物の一部が枯れ落ちたり個体が死んだりして失われる量。

[3] 呼吸に利用されなかった有機物（不消化排出量や枯死量・死亡量）は**分解者の呼吸**に利用される。

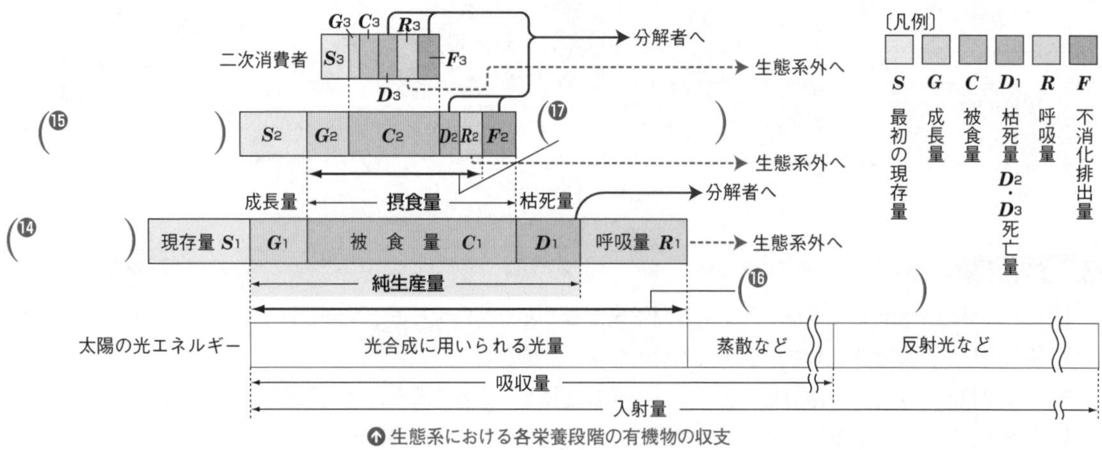

⬆ 生態系における各栄養段階の有機物の収支

B. 炭素の循環

1 生態系内では，物質は食物連鎖を通じて生物と非生物的環境の間を循環している。これを**物質循環**といい，その例として，**炭素の循環**，**窒素の循環**，**水の循環**などがある。

2 生体を構成する炭素は，もとは大気や海水中の（⑱　　　　）（大気中に約0.04%含まれる）である◈4。これが植物などの（⑲　　　者）による（⑳　　　　）で生体内に取り込まれ，（㉑　　　　）に変えられる。

> ◈4
> 地球表面には約 4.3×10^{13} t の炭素が，二酸化炭素，メタンガス，炭酸塩，有機物などとして存在する。
> その約93%は海洋に，約5%が陸上に，約2%が空気中に存在する。

3 有機物に変えられた炭素は次のように生態系内を移動する。

① （㉒　　　　）を通じて高次の栄養段階(消費者)に移行する。

② 生産者や消費者の（㉓　　　　）によって，CO_2として放出される。

③ 生物の枯死体や遺体，排出物は（㉔　　　者）の呼吸に使われて分解され，（㉕　　　　）として非生物的環境に放出される。

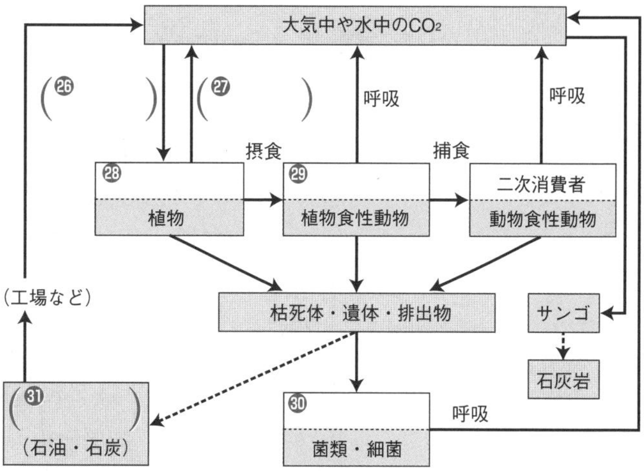

炭素の循環

> **重要** ［炭素の循環］ 大気中のCO_2 ⇄ 生物（→ 光合成，← 呼吸）

C. エネルギーの流れとエネルギー効率

1 **エネルギーの流れ**

① 太陽の光エネルギーは，（㉜　　　者）によって（㉝　　　エネルギー）に変換される。

② エネルギーは，食物連鎖を通じてさまざまな生物に移行する。

③ 生物の呼吸の際に（㉞　　　エネルギー）として放出されたエネルギーは，生態系外に出て行き，**循環しない**。

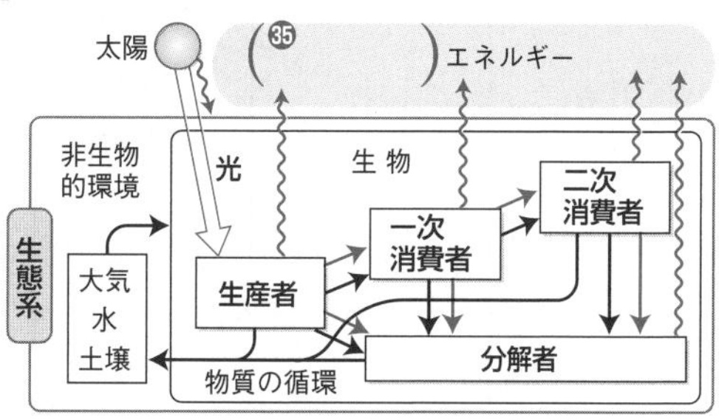

エネルギーの流れ

2 **エネルギー効率**　食物連鎖の各栄養段階において，1段階下位の栄養段階から獲得した利用可能なエネルギー量のうち，次の段階で利用される量の割合は，**エネルギー効率**とよばれ，次の式で表される。

$$\text{ある栄養段階のエネルギー効率(\%)} = \frac{\text{その栄養段階の（㊱　　　量）}}{\text{1つ前の栄養段階の（㊲　　　量）}} \times 100$$

重要 **太陽の光エネルギーは，生産者によって取り込まれ，光エネルギー➡化学エネルギー➡熱エネルギーと移り変わり，循環しない。**

D. 窒素の循環 出る

1 非生物的環境中の窒素はN_2として大気中に大量に存在し，生物群集内では，生体を構成する（㊳　　　　　），**核酸**，**ATP**，**クロロフィル**などに含まれている。

2 空気中の窒素(N_2)を利用できるのは（㊴　　　　　）を行ってアンモニウム塩に固定する**シアノバクテリア**や（㊵　　　　　）（→好気性細菌），**クロストリジウム**（→嫌気性細菌），**根粒菌**◈5などの**窒素固定細菌**だけである。

◈5
根粒菌は，マメ科植物と共生したとき空気中の窒素を固定する(→p.182)。

① アンモニウム塩（→NH_4^+）は，**亜硝酸菌**や（㊶　　　　**菌**）などの（㊷　　　　**菌**）によって（㊸　　　　**塩**）（→NO_3^-）に変えられる。

② NH_4^+やNO_3^-は，菌類や（㊹　　　　　）によって吸収され，（㊺　　　　　）によってタンパク質などの有機窒素化合物になる。

③ （㊻　　　　　）を通じて高次の栄養段階(消費者)に移行する。

④ 枯死体や遺体・排出物中の有機窒素化合物は**分解者**の呼吸に使われて分解され，（㊼　　　　　**塩**）となる。

⑤ 土壌中には，硝酸塩を窒素(N_2)に変えて空気中に放出するはたらきをする細菌が存在する。このようなはたらきを（㊽　　　　　）といい，このはたらきをする細菌を（㊾　　　　**細菌**）という。

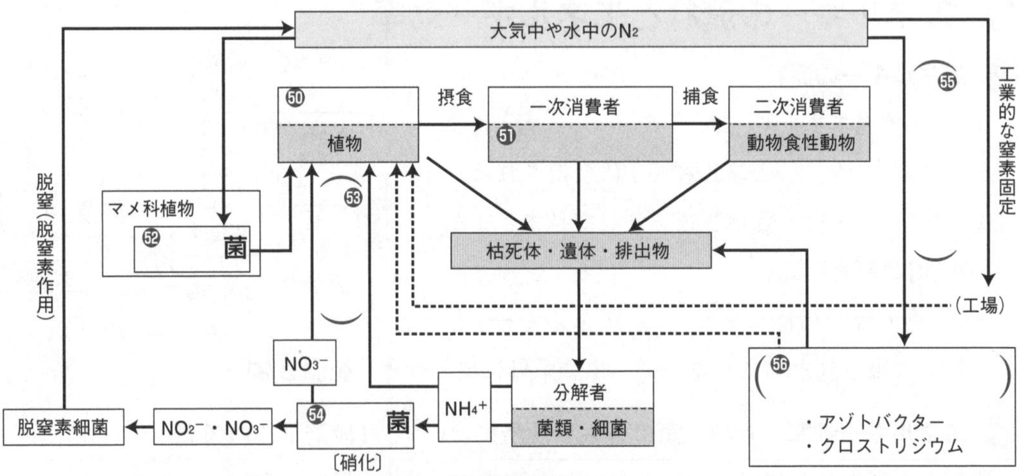

⬆ 窒素の循環

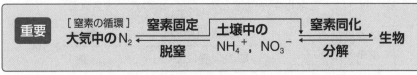

重要 ［窒素の循環］ **大気中の**N_2 ⇄（**窒素固定** / **脱窒**）**土壌中の** NH_4^+，NO_3^- ⇄（**窒素同化** / **分解**）**生物**

E. 窒素同化と窒素固定

1 植物の窒素同化

① 植物が，体外から取り入れたNO_3^-（硝酸イオン）などの無機窒素化合物からタンパク質などの有機窒素化合物[6]を合成することを，（57　　　　）という。

② 植物は，NO_3^-やNH_4^+（アンモニウムイオン）などを根から吸収し，葉に運んで，NO_3^-を（58　　　　酵素）と亜硝酸還元酵素を使って（59　　　　）に還元した後，（60　　　　）に合成する。

③ グルタミン酸の（61　　　　）（$-NH_2$）を**アミノ基転移酵素**でいろいろな有機酸に転移して，20種類のアミノ酸を合成する。

④ 20種のアミノ酸を**ペプチド結合**させて，（62　　　　）を合成する。

⑤ また，アミノ酸などから核酸，ATP，（63　　　　）（光合成色素）などのいろいろな有機窒素化合物を合成する。

[6] 有機窒素化合物は窒素を含む化合物であり，アミノ酸，タンパク質，DNA，RNA，ATP，クロロフィルなどがある。

> **重要**
> ［窒素同化］
> **無機窒素化合物(NO_3^-やNH_4^+)　→　アミノ酸を合成**
> **→タンパク質，核酸，ATP，クロロフィルを合成**

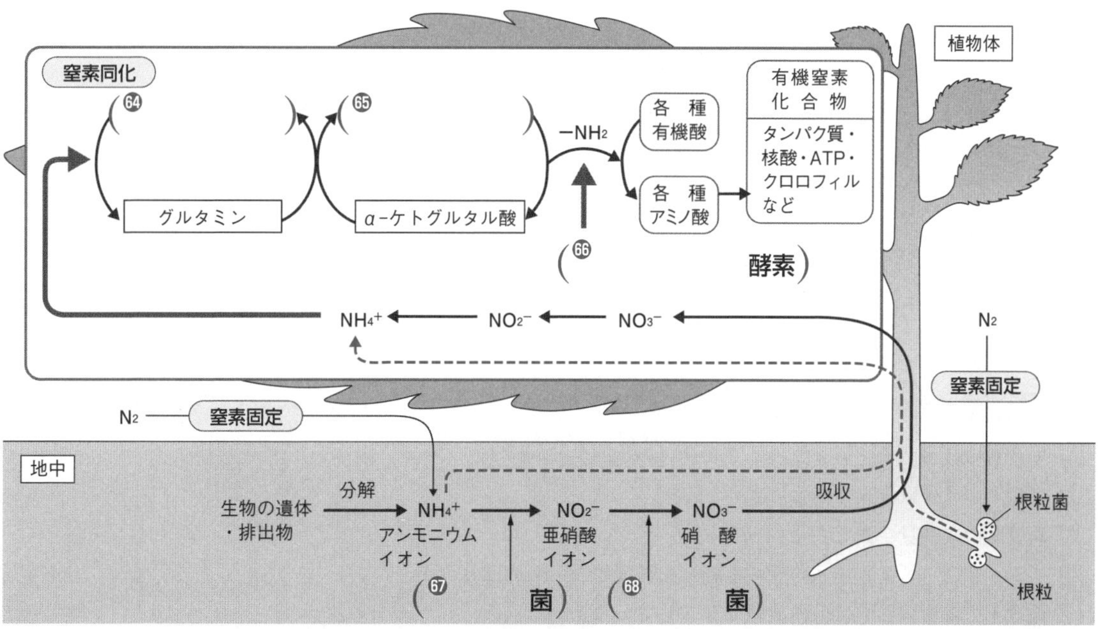

⬆ 窒素同化と窒素固定

2 窒素固定

① (❻❾)…細菌などのからだに，空気中の (❼⓪) を取り込んでNH_4^+に還元する過程をいう。
アンモニウムイオン

② 植物は窒素固定でできた (❼❶) を利用して窒素同化を行い，必要な有機窒素化合物を合成する。

◆7
窒素固定細菌の生活
根粒菌はマメ科植物と共生生活をしており，アゾトバクターやクロストリジウム，シアノバクテリアは独立生活をしている。

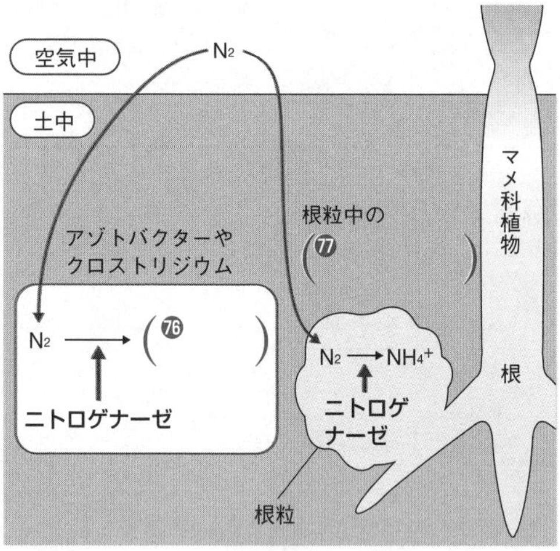

窒素固定

③ N_2を固定する**ニトロゲナーゼ**という酵素をもち，窒素固定を行う**根粒菌**・好気性の**アゾトバクター**・嫌気性の (❼❷) ・一部の**シアノバクテリア**などをまとめて (❼❸) という。◆7
(N_2→窒素)

④ 根粒菌は，マメ科植物の根に根粒をつくって (❼❹) すると，窒素固定でつくった (❼❺) をマメ科植物に供給し，マメ科植物からは光合成でつくられた有機物を得る。そのため，マメ科植物は窒素源の少ないやせた土地でも生育できる。

> **重要**　[窒素固定]
> **窒素固定細菌が，窒素からアンモニウムイオン(NH_4^+)をつくる過程**

3 動物の窒素同化

① **消化**…動物は，食物として有機窒素化合物を取り込んで，消化の過程で (❼❽) に分解する。

② アミノ酸からタンパク質を合成したり，核酸(DNA・RNA)，ATPなどを合成したりする。

ミニテスト

[解答] 別冊p.19

1 生産者の純生産量を引き算の式で表せ。 ( )
2 生産者の成長量を式で表せ。 ( )
3 消費者の成長量を式で表せ。 ( )
4 炭素・窒素・エネルギーのうち生態系を循環しないものはどれか。 ( )
5 地球上で窒素はおもに何の状態で存在しているか。 ( )
6 植物の窒素同化の材料となる無機窒素化合物は何か。 ( )
7 窒素固定とはどのような過程をいうか。 ( )
8 植物と共生生活をしたときだけ窒素固定を行う細菌は何か。 ( )

5 生態系と生物多様性

[解答] 別冊p.19

A. 生物多様性 出る

陸上・海洋・土中など地球上の多様な環境に生息する生物は，多種多様である。これを(❶生物　　　　)という。多様性は，**生態系多様性**，**種多様性**，**遺伝的多様性**の3つの視点[1]で考えることが重要である。

1 生態系多様性

① 地球上には，森林(熱帯多雨林・亜熱帯多雨林・照葉樹林・夏緑樹林・針葉樹林)，草原(サバンナ・ステップ)，荒原(砂漠・ツンドラ)，海洋，湖沼などさまざまな生態系がある。これを(❷　　　　**多様性**)という。
生態系の多様性ともいう。

② 多様な生態系がある地域では，種多様性も高くなる。

2 種多様性

① 生態系の中には，多くの生物種の生物個体群が含まれている。これを，(❸　　**多様性**)という。
種の多様性ともいう。

② 生態系内に含まれる種の数が多く，各種のバランスがよく，一部の種のみが優占していない生態系は，種多様性が高い生態系といえる。

3 遺伝的多様性

① 同じ種でも生息環境の異なる場所に生息している個体群では，遺伝子構成が少しずつ異なることが多い。このような，同種の生物の間に見られる遺伝子の多様性を(❹　　　　**多様性**)という。
遺伝子の多様性ともいう。

② 遺伝的多様性が高い個体群ほど，環境が変化したときに生存し子孫を残す個体がいる確率が高いので，適応力が(❺　　**い**)といえる。

B. 生物多様性を減少させる要因 出る

1 攪乱(かくらん)

① 火山噴火や台風，山火事，地震といった自然現象などが生態系や生物群集に影響を与えることを，(❻　　　)という。

② 攪乱のうち，森林の伐採(ばっさい)や開発，過放牧など，人間活動によるものを，**人為的攪乱**という[2]。

③ 攪乱の規模が大きいと生態系は破壊されてしまうが，中規模の攪乱は，かえって種の多様性を増し，生態系の維持にはたらくことが多い。このような考え方を**中規模攪乱説**(ちゅうきぼかくらんせつ)という[3]。

[1] 生態系多様性，種多様性，遺伝的多様性は相互に深く関係している。

[2] **人為的攪乱**は必ずしも生物多様性を減少させるとは限らない。
雑木林や水田，牧草地などが存在する伝統的な農村は，適度の人為的攪乱により，植生の遷移がある段階で維持され，生態系多様性が保たれている。このような生態系を**里山**(さとやま)という。

[3] アメリカのイエローストーン国立公園のマツやオーストラリアのユーカリは山火事の高温によって種子を一斉に放出したり，発芽が促進されたりするため，山火事によって森林の一斉更新がもたらされる。

2 個体群の孤立化と絶滅

① (❼　　　)…生物種が，子孫を残せずに消滅すること。その原因にはいろいろなものがある。

② ある生物の生息地が，道路の建設・宅地の造成などによって切り離されることを生息地の(❽　　　化)という。その結果，個体群が他の同種の個体群と切り離された状態になることを(❾　　　化)という。このようにして生じた，小さな生息地で個体数が少なくなった個体群を**局所個体群**という。

③ (❿　　　)…孤立化した個体群では(⓫　　　交配)がしだいに起こるようになり，出生率が低下したり，感染症に対する抵抗力の弱い子が生まれたりする。

④ (⓬　　　の渦(うず))…個体数がある程度以下に減少した個体群は，(⓭　　　多様性)が失われて，さらに減少[4]しやすくなり，個体数の回復が不可能になって絶滅してしまうことが多い。

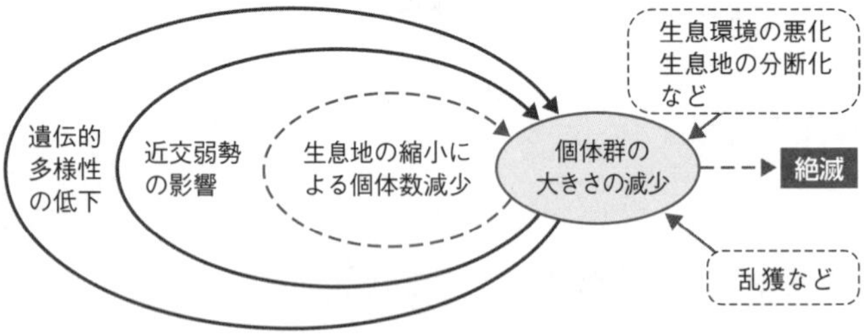

絶滅の渦

[4] 個体数が少ないと，大多数の個体が偶然死亡したり，生まれた子の雄と雌の比率が極端に偏ったりすることがある(**人口学的確率性**)。また，個体数が少ないと天敵に捕食されやすくなり，死亡率が上がる。

3 外来生物の侵入

① 人間が意図的に，あるいは意図的にではないが人間活動の影響によって，本来の生息場所から別の場所に移され，その場所に定着した生物を(⓮　　　)という[5]。これに対して，ある地域に，もともと生息している生物を(⓯　　　)という。

② 一般的に，在来生物は外来生物に対する防御のしくみをもたないことが多いため，外来生物によって一気に駆逐され，(⓰　　　)することがある。

③ 環境省は，日本の既存の生態系に大きな影響を及ぼす外来生物を(⓱　　　生物)に指定し，飼育や生体の運搬などを禁じている。

[5] 奄美群島や沖縄本島では，ハブ退治のためにもち込まれたフイリマングースが増殖して，希少な固有種であるアマミノクロウサギやヤンバルクイナなどを捕食して激減させた。

4 地球温暖化

地球の温暖化により，高山にすむ生物種の生息域が(⓲　　　)し，熱帯性の生物種の生息域が(⓳　　　)している[6]。

[6] ほかにも，地球温暖化によって海水温が高い状態が続くと，サンゴと共生している藻類(褐虫藻(かっちゅうそう))が離脱してサンゴが白っぽくなる**白化現象**が起こり，やがてサンゴが死滅することが知られている。

> **重要**　[生物多様性と多様性の減少要因]
> **生物多様性…生態系多様性，種多様性，遺伝的多様性**
> **生物多様性が減少する要因…大規模な攪乱，個体群の孤立化，外来生物の侵入，地球温暖化**

5 人間の活動による窒素循環の変化　窒素肥料を大量に施肥した結果，それが海洋に流れ込んで海水の**富栄養化**が過剰になり，それに伴う**サンゴ礁の破壊**などが問題となっている。

（富栄養化：生産者の栄養分となる窒素・リンが多くなること）

① 地下水中では，NO_3^-の量が水素イオン濃度と連動して変化することが知られている。

② 右の図のように，施肥による**窒素の量が**（⑳　　　い）と，周辺の地下水の**水素イオン濃度が高く**なる。

③ ②のようになるのは，窒素肥料に含まれるNO_3^-が，（㉑　　　　）の吸収量より多く，地下水に溶け出しているからである。

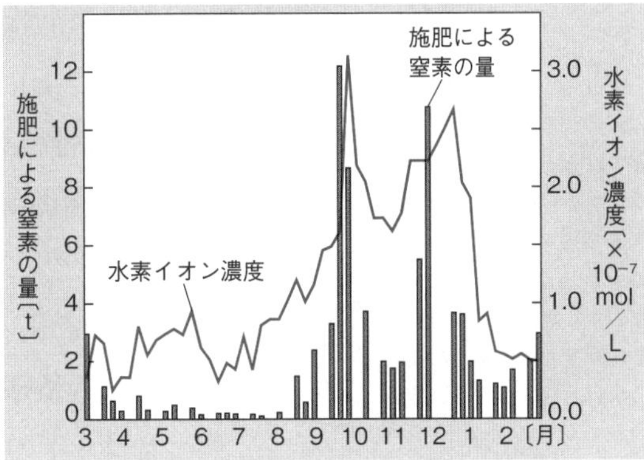

施肥による窒素の量と地下水中のH^+濃度の関係

④ 地下水中のNO_3^-は，河川などを通じて海に流れ込み，海水の（㉒　　　　化）が起きる。

⑤ 海水の富栄養化は，サンゴを（㉓　　　　）するオニヒトデの増加，海水の透明度の低下によってサンゴに共生している（㉔　　　　）の減少などを引き起こして，サンゴが減少[7]する。すると，その海域の動物も減少する。

⑥ ほかにも，水界（河川や湖沼，海洋などのこと）の富栄養化は，（㉕　　　　　　）の大量発生によって**アオコ**や**赤潮**[8]を起こし，多くの生物を死滅させることがある。また，水質の変化が水生生物や人間に影響することもある。

重要　**植物の吸収量より多い窒素肥料➡NO_3^-の河川への流入➡海水の富栄養化➡サンゴ礁の破壊➡動物の減少**

※7 富栄養化のほか，水素イオンが海に流入して**酸性化**したこともサンゴ礁の破壊の原因だと考えられている。

※8 富栄養化によって淡水域で水面が緑色に色づくものを**アオコ(水の華)**といい，海水域で水面が赤色に色づくものを**赤潮**という。

C. 生物多様性の保全

1 生物多様性の重要性

① 人間は，生態系から直接，または間接的に恩恵を受けており，これを（㉖　　　　サービス）という。

- **供給サービス**…水や食料，木材など生活に必要な物質を得る。
- **調節サービス**…河川の水質浄化など，生活に適した環境を得る。
- **文化的サービス**…登山や海水浴などを行う環境を得る。
- **基盤サービス**…上記3種類の基盤となるサービス[9]。

② 人間が生態系サービスを持続的に受けるためには，生物多様性の（㉗　　　）[10]が重要である。そのために，（㉘　　　　　　条約）に関する国際会議が開かれている。

※9 森林によるO_2の供給や土壌の形成など。

※10 日本でも，絶滅の危機にある生物（絶滅危惧種（ぜつめつきぐしゅ））についての詳しい情報を**レッドデータブック**にまとめて記載し，保護につとめている。

2 多様性の評価の方法

① **遺伝的多様性**の高さは，地域が離れている場合や，異なる環境に分布している場合に，高くなることが多い。

② **種多様性**の高さは，**種数の多さ**の他に，各種の個体数の全個体数に対する割合，つまり（㉙　　　**度**）が評価に関係する。

③ **生態系多様性**の高さは，生態系における温度，降水量，土壌，照度などの環境要因の組み合わせによる複雑さが多いほど（㉚　　　）なる。

④ 種多様性の評価の例…**種多様性**を数値化して評価する方法の1つに，シンプソンの**多様度指数**[11]がある。

たとえば，下の図の2つの生態系では，生態系（㉛　　　）のほうが種多様性が高いと評価される。

[11] シンプソンの多様度指数は，調査で得られた個体すべての中から，ランダムに選んだ2つの個体が違う種である確率を示す数値である。これは，優占度がそれぞれの種で均等に近いほど大きな値になり，「種多様性が高い」と評価される。

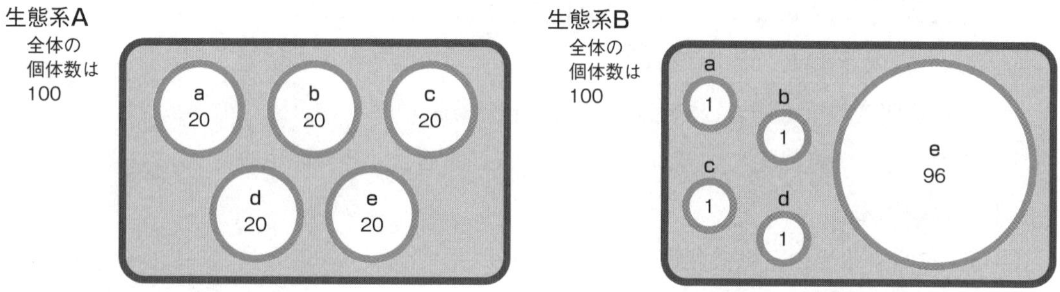

生態系Aのa～e種それぞれの優占度は，

$\frac{20}{100}=0.2$

↓

生態系Aの多様度指数は，

$1-0.2^2-0.2^2-0.2^2-0.2^2-0.2^2=0.8$

生態系Bのa～e種それぞれの優占度は，

a～d種：$\frac{1}{100}=0.01$　　e種：$\frac{96}{100}=0.96$

↓

生態系Bの多様度指数は，

$1-0.01^2-0.01^2-0.01^2-0.01^2-0.96^2=0.078$

⬆ 2つの生態系の多様度指数の比較　（図中の数字は個体数）

> **重要**　**種の数が多く，各種の個体数の優占度が均等に近いほど，種多様性は高い。**

3 生物多様性の復元

① **再導入**　ある地域で一度絶滅した在来生物を，ほかの地域からもち込んで繁殖させ，再度定着させる取り組みを（㉜　　　）という。

例 • アメリカのイエローストーン国立公園では，20世紀初頭に絶滅した高次の捕食者である（㉝　　　）を，カナダの個体群から再導入し，現在までに定着が確認された。

• 日本国内の（㉞　　　）は2003年に絶滅したが，中国から同種の個体を譲り受け，新潟県の佐渡島（さどがしま）の施設で人工繁殖させて生態系に再導入する試みが進められている[12]。

[12] トキの個体群の維持のために，草地，水田，河川などの生態系全体を復元する取り組みも同時に行われている。

② **河川や湿地の復元**　(㉟　　　　)が産卵のために海洋から河川に遡(そ)行(こう)できるように，ダムや堰堤(えんてい)※13に**魚道**をつけたり，コンクリート護岸を**石籠(せきろう)(蛇籠(じゃかご))**※14に切り替えたりする工夫がされるようになった。

また，放置された本流沿いの農地を広い(㊱　　　　)にすることで，生物多様性の高い河川・湿地とした地域もある。なお，このような㊱には洪水を防ぐ機能もある。

※13
土砂災害を防いだり，河川の流れをゆるやかにしたりする目的で築かれた小規模の堤防を堰堤という。ダムのように貯水する機能はないが，高低差のために魚類が遡行できなくなることが多い。

※14
鉄線や竹などを粗く編み，その中に石などを詰めたものを石籠(蛇籠)という。川岸がコンクリート護岸である場合よりも隙間が多く，生物が定着しやすい。

> **重要**　[生物多様性の復元]
> **再導入…絶滅した在来生物を再度定着させる取り組み**
> **河川や湿地の復元…魚道，石籠，遊水地など**

4 人間活動のあり方を考える

① 維管束植物の固有種が1500種以上生育している一方，もともとの植生の70％以上が失われている地域を(㊲**生物多様性**　　　　)という。地球全体の生物多様性を保全するうえでは，多くの固有種が絶滅の危機にある㊲を優先的に保全することが重要とされている。
（維管束植物→維管束をもつシダ植物と種子植物）

② 生物多様性を守るために，(㊳　　　　**条約**)によって，(㊴　　　　**種**)の輸出入は規制されている。また，生物多様性条約の国際会議が愛知県名古屋市で開かれ，(㊵　　　　**目標**)が定められた。これらの条約や目標は，必ずしも実現していない。
（㊳条約→正式名称は「絶滅のおそれのある野生動植物の種の国際取引に関する条約」）
（生物多様性条約→正式名称は「生物の多様性に関する条約」）

③ 2015年に国連の総会で「持続可能な開発目標」(㊶　　　　)が採択された。これは，持続可能な世界を実現するために(㊷　　　　)の大きな行動目標を設定したもので，(㊸　　　　)年までの達成を目指している。※15

※15
たとえば，13番目の目標である気候変動に具体的な対策を」には，さらに詳細な行動目標も示されており，この目標などに基づいて行動することが求められている。

> **重要**
> **生物多様性ホットスポット…多数の固有種の保全が重要。**
> **国際的な取り組み…ワシントン条約，生物多様性条約，SDGs**

ミニテスト

[解答] 別冊p.19

1 生物多様性は3つのレベルに分けられる。次の多様性はそれぞれ何とよばれるか。
(a) 生態系の中には，多様な生物種が生息している。　(　　　　)
(b) 地球上には多様な生態系が存在する。　(　　　　)
(c) 1つの個体群の生物も遺伝子は少しずつ異なる。　(　　　　)

2 生物多様性を減少させる要因となる次の現象を，それぞれ何というか。
(a) 火山噴火や台風，地震などの自然現象。　(　　　　)
(b) 開発などで生息地が分割されること。　(　　　　)
(c) (b)の結果，同種の他の個体群と切り離されること。　(　　　　)

3 ワシントン条約は何を保護する条約か。　(　　　　)

練習問題　1章　生態系と環境

［解答］別冊p.36

1 〈生物と環境〉

▶わからないとき→p.168～171,172,175

生物と環境について説明した次の文について，あとの各問いに答えよ。

一定の地域にすむ同種の個体の集団を（ a ）といい，①互いに関係をもちながら生活している（ a ）の集まりを（ b ）という。（ b ）を取り巻く環境を構成する要因を（ c ）という。生物を取り巻く，大気・光・温度・水などを（ d ）環境といい，（ b ）と（ d ）環境をまとめて（ e ）という。（ d ）環境は，②降水量や気温の変化などとして（ b ）にはたらきかけ，逆に，③（ b ）は森林の形成による湿度の上昇などのようにして（ d ）環境にはたらきかけている。

(1) 文中の空欄a～eに適当な語句を記せ。
(2) 文中の下線部①～③のようなはたらきを何とよぶか。それぞれ答えよ。
(3) 下線部①のうち，同種間，異種間で見られる競争をそれぞれ何とよぶか。

ヒント (3) 同じ種どうしなら「種内」，そうでなければ「種間」。

1

(1) a ＿＿＿＿
b ＿＿＿＿
c ＿＿＿＿
d ＿＿＿＿
e ＿＿＿＿
(2) ① ＿＿＿＿
② ＿＿＿＿
③ ＿＿＿＿
(3) 同種 ＿＿＿＿
異種 ＿＿＿＿

2 〈個体群内の相互作用〉

▶わからないとき→p.172～174,184

同種の個体群内で見られる次のようなものをそれぞれ何とよぶか。

(1) イワシに見られるような，同種の個体が集まり統一的な行動をとる集団。
(2) ニワトリに見られるような，個体群内の優劣の関係。
(3) アユに見られるような，食物や繁殖場所を確保するために占有する空間。
(4) ミツバチやアリなどのように，コロニーを形成して集団生活をする昆虫。
(5) 近親交配の結果，産子数や子の生存率が低下する現象。

ヒント (4) 分業があり，個体間でコミュニケーション手段が発達する。

2

(1) ＿＿＿＿
(2) ＿＿＿＿
(3) ＿＿＿＿
(4) ＿＿＿＿
(5) ＿＿＿＿

3 〈個体群間の相互作用〉

▶わからないとき→p.175～177

異種の個体群間で見られる次のような関係などをそれぞれ何とよぶか。

(1) 4種類のカゲロウの幼虫は，川の流れの速いところと緩やかなところに形態を変えながら分かれて生息し，互いに相手の生活圏を侵害しなかった。
(2) ミズケムシはゾウリムシをつかまえて食べる。
(3) ゾウリムシとヒメゾウリムシの混合飼育でゾウリムシが絶滅した。
(4) カクレウオは，外敵に襲われるとフジナマコのからだの中に隠れた。
(5) アリはアブラムシの尾部から出る蜜を受け取り，アブラムシは天敵であるテントウムシの幼虫からアリに守ってもらう。
(6) ダニはヒトなどの血を吸って生きる。
(7) アフリカのコビトカバと南アメリカのカピバラはともに水辺の草をおもな食物とし，生物群集における位置が同じである。

3

(1) ＿＿＿＿
(2) ＿＿＿＿
(3) ＿＿＿＿
(4) ＿＿＿＿
(5) ＿＿＿＿
(6) ＿＿＿＿
(7) ＿＿＿＿

4 〈生態系の有機物の収支〉

▶わからないとき→p.178

下図は，ある生態系における各栄養段階の有機物の収支を示したものである。各問いに答えよ。ただし，S_1〜S_3は現存量を，G_1〜G_3は成長量を示したものである。

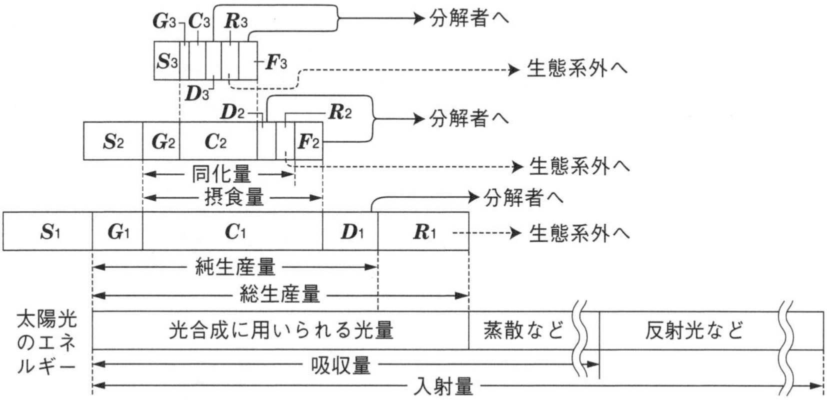

(1) 図中のC，D，R，Fで示したものは何か。下の語群からそれぞれ選べ。
語群：呼吸量，被食量，枯死量または死亡量，不消化排出量

(2) 生産者の総生産量をPとしたとき，生産者の成長量をP，C_1，D_1，R_1の記号を使って示せ。

(3) 一次消費者の成長量をC_1，C_2，D_2，R_2，F_2の記号を使って示せ。

ヒント (3) 消費者の成長量＝生産量－(被食量＋死亡量)で示される。また，生産量＝同化量－呼吸量で示され，同化量＝摂食量－不消化排出量であることを合わせて考えればよい。

4

(1) C ____

D ____

R ____

F ____

(2) ____

(3) ____

5 〈炭素の循環〉

▶わからないとき→p.179

下の図は，生態系における炭素の循環のおもな経路を示したものである。これについて，次の問いに答えよ。

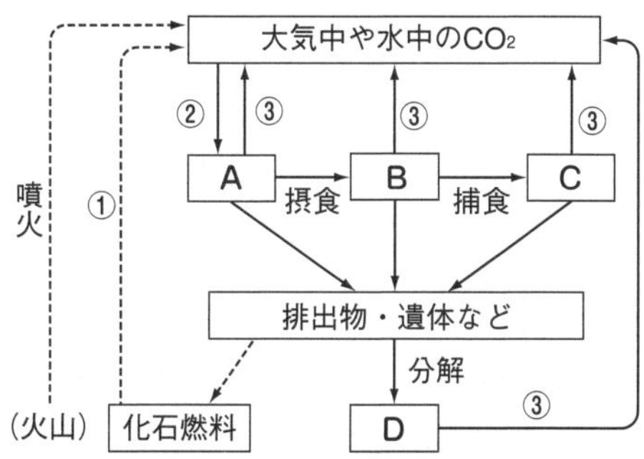

(1) 図中のA〜Dに相当するのはどのような生物か答えよ。

(2) 図中の①〜③のはたらきは何か。それぞれ答えよ。

(3) 近年，大気中のCO_2が増加するおもな原因となっているものを図中の①〜③から1つ選べ。

ヒント 炭素は，光合成によって生物に取り込まれる。

5

(1) A ____

B ____

C ____

D ____

(2) ① ____

② ____

③ ____

(3) ____

定期テスト対策問題　5編　生態系と環境

［時 間］50分
［合格点］70点
［解 答］別冊p.37

1　図1は，ともに同じ食物を食べるa）ゾウリムシと小形のb）ヒメゾウリムシ，および，ゾウリムシとは異なる食物を食べるc）ミドリゾウリムシを別々の容器で単独飼育したときの個体群密度（相対値）の変化を示したものである。図2は，aとbを同一の容器で混合飼育したとき，図3は，aとcを混合飼育したときのものである。これらについて，あとの各問いに答えよ。

〔問2①…5点，問2②・③の説明…各4点，それ以外…各3点　合計28点〕

図1
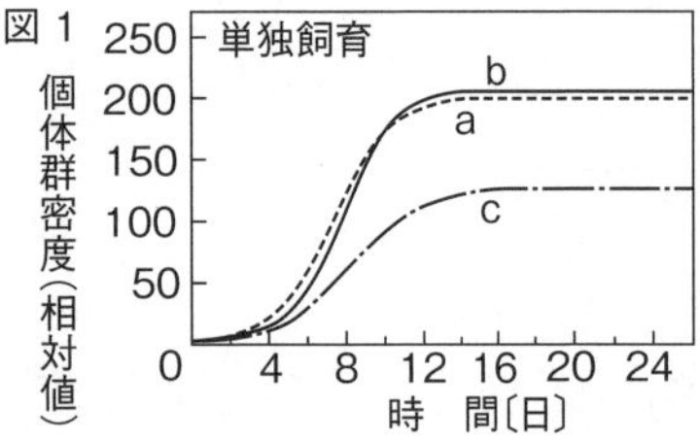

図2
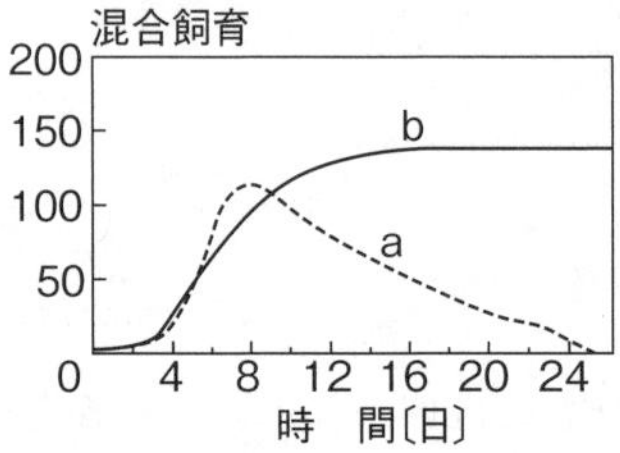

図3
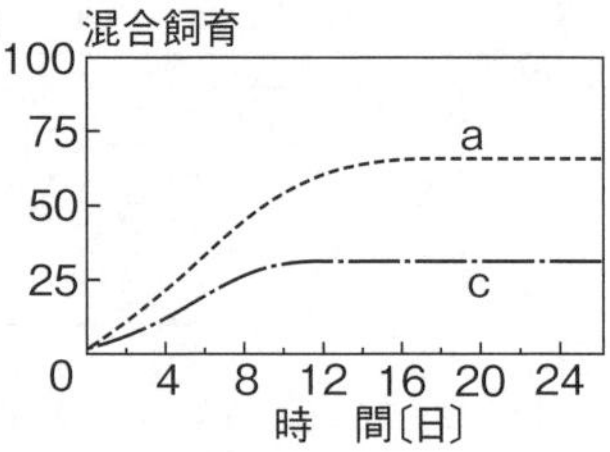

問1　単独飼育した場合，この飼育容器で飼育できる限界はそれぞれ約何個体か。a，b，c種について答えよ。ただし，個体群密度の相対値100での個体数は，いずれも500個体であるとする。

問2　混合飼育した場合，a，b，c種いずれも，単独飼育したときに比べて少ない個体数で平衡状態に達する。

① 単独飼育のときよりも少ない数で平衡状態に達するのはなぜか。その理由を簡単に説明せよ。

② a種とb種ではa種だけが絶滅した。この現象を次の**ア**～**カ**のどの用語で説明することができるか。また，そのようになる理由を簡単に説明せよ。

ア 食物連鎖　**イ** 捕食―被食　**ウ** 順位
エ 食いわけ　**オ** すみわけ　**カ** 競争

③ a種とc種ではどちらも絶滅せず共存した。この現象を表す用語を②の**ア**～**カ**から選び，この現象が起こる理由を簡単に説明せよ。

問1	a		b		c	

問2	①		
	②	現象	説明
	③	現象	説明

2　ある湖でのニゴロブナの生息数を調べるため，まず，ニゴロブナを200匹捕獲して各個体に印をつけ，直ちにもとの湖に放流した。1週間後，再び前回と同じ時刻・場所でニゴロブナを100匹捕獲し，前回つけた標識の有無を確認すると，標識のある個体が10匹いた。ニゴロブナはこの湖の中を自由に遊泳するものとして，次の各問いに答えよ。〔各5点　合計10点〕

問1　このような個体数の調査方法を何というか。

問2　この湖でのニゴロブナの推定総個体数を求めよ。

問1		問2	

3 地球生態系における窒素の循環を示した下の図について，各問いに答えよ。 〔各2点 合計26点〕

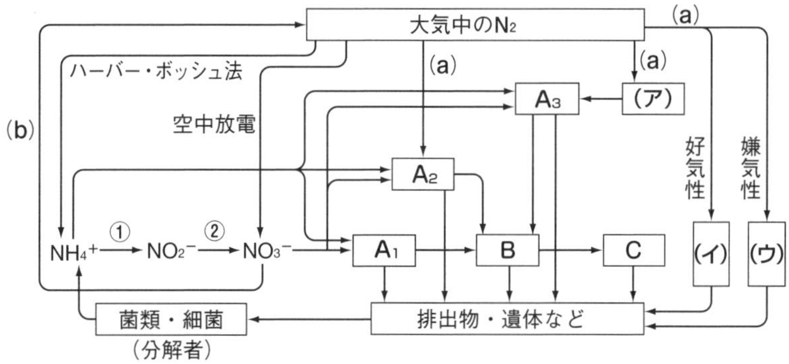

問1 A_1～A_3に適当な生物を，また，B，Cに適当な栄養段階を入れよ。ただし，Aは生産者を表す。

問2 (ア)～(ウ)に適当な細菌の名称を入れよ。

問3 ①，②のはたらきをする細菌の名称をそれぞれ答えよ。また，これらの細菌をまとめて何というか。

問4 生態系における(a)，(b)の作用を何というか。

問1	A_1	A_2	A_3
	B	C	
問2	(ア)	(イ)	(ウ)
問3	①	②	総称
問4	(a)	(b)	

4 次の①～⑤がどの事象を説明したものかを，あとのa～eからそれぞれ選べ。また，それぞれの事象に該当する動物の例を，あとのア～オから選べ。 〔各2点 合計20点〕

① 多数の個体が集合してコロニーとよばれる集団をつくって生活し，分業化が見られる。
② 個体群をつくる個体間に優劣の序列ができる。
③ 個体またはつがいごとに，採食・繁殖のために一定の生活空間を占有する。
④ 密度効果により，同一種の形態や行動様式に著しい違いが生じる現象。
⑤ 血縁関係のある雌を中心とした母系集団に，血縁関係のない雄が加わってできた集団。

〔事　象〕a 相変異　b 順位制　c 縄張り　d 社会性昆虫の社会性　e 哺乳類の社会性

〔動物例〕ア アユ　イ オオカミ　ウ ライオン　エ シロアリ　オ トノサマバッタ

①			②			③			④			⑤		

5 次の①～④の説明について，正しければ○，誤りならば×をつけよ。 〔各4点 合計16点〕

① 中規模な撹乱(かくらん)は生物多様性を増して，生態系の維持にはたらくことが多い。
② 外来生物の侵入は，多くの場合に生態系の生物多様性を増し，生態系の維持に強くはたらく。
③ 地球温暖化は生物多様性を減少させ，生態系に悪影響をおよぼす場合が多い。
④ 個体群が道路などで分断されると，個体群が孤立化して絶滅の渦(うず)に巻き込まれることがある。

①		②		③		④	

□ 編集協力　㈱アポロ企画　南昌宏　矢守那海子
□ DTP　㈱明友社
□ 図版作成　㈱明友社　小倉デザイン事務所　藤立育弘

シグマベスト
必修整理ノート 生物

編　者　文英堂編集部
発行者　益井英郎
印刷所　岩岡印刷株式会社
発行所　株式会社文英堂
〒601-8121　京都市南区上鳥羽大物町28
〒162-0832　東京都新宿区岩戸町17
(代表)03-3269-4231

●落丁・乱丁はおとりかえします。

ΣBEST シグマベスト

必修整理ノート

生物

解答集

文英堂

空欄・ミニテストの解答

1編1章
生物の起源と進化

〈p.6～7〉

1 生命の誕生

❶46億 ❷原始大気
❸水蒸気 ❹酸素
❺ミラー ❻放電
❼アミノ酸 ❽熱水噴出孔
❾メタン ❿硫化水素
⓫タンパク質 ⓬化学
⓭リン脂質 ⓮アミノ酸
⓯複製
⓰RNA[リボザイム]
⓱DNA ⓲RNA
⓳DNA

ミニテスト

(解き方) 1 原始大気には酸素がほとんど含まれていなかったこと，**ミラー**が実験で使ったメタン，アンモニア，水素もおもな成分ではない点をおさえておく。原始大気は現在の大気と同様に窒素が多く，二酸化炭素と水蒸気も多かったと考えられている。

4 現在の世界は**DNAワールド**とよばれているが，始原生物の世界は**RNAワールド**だったと考えられている。

答 1 酸素
2 熱水噴出孔
3 化学進化
4 RNA

〈p.8～11〉

2 細胞の進化と生物界の変遷

❶原核 ❷40億
❸原核 ❹細胞小器官
❺化学 ❻従属栄養
❼嫌気性 ❽化学
❾光 ❿二酸化炭素
⓫光合成 ⓬水
⓭シアノバクテリア
⓮ストロマトライト
⓯酸素[O_2] ⓰鉄
⓱好気性 ⓲核
⓳細胞小器官
⓴細胞内共生[共生]
㉑ミトコンドリア
㉒葉緑体 ㉓DNA
㉔分裂 ㉕好気性細菌
㉖シアノバクテリア
㉗動物 ㉘植物
㉙細胞壁 ㉚多細胞
㉛全球凍結 ㉜エディアカラ
㉝カンブリア ㉞紫外線
㉟オゾン ㊱オゾン
㊲紫外線 ㊳岩石[地層]
㊴地質
㊵5.4億[5億4千万]
㊶先カンブリア ㊷古生
㊸中生 ㊹新生
㊺デボン ㊻ジュラ
㊼第四
㊽カンブリア紀の大爆発
㊾バージェス ㊿動物食[肉食]
(51)殻 (52)無顎
(53)軟骨 (54)硬骨

ミニテスト

(解き方) 1 約40～38億年前の地層から生物起源と考えられる炭素が発見されていることなどから，生命誕生は約40億年前と推定されている。

2 地球誕生後初期に光合成によって生じた酸素は海水中の鉄分の酸化に使われ，それが終わってから，酸素は海水に溶解するとともに，空気中へと放出されたと考えられる。

3 **細胞内共生説**(共生説)は，異なる細胞どうしが融合して両方の性質を合わせもつ新しい生物が生じるという考えで，これによって生物の進化が飛躍的に進み，複雑で高度な構造をもち，動くことができるようになったと考えられることから，これを考えた**マーグリス**が生物の系統分類で提唱した五界説にも反映されている(→本冊p.40)。

大形の嫌気性細菌がシアノバクテリアや好気性細菌を共生させるとき，自己の遺伝子を守るため核膜が形成されたと考える説もあるが，共生の時期と核膜形成の時期の順は明らかではない。

4 それまでは，外敵からからだを守る必要がなかったため，やわらかいからだをもつ生物ばかりであった。しかしこの頃に動物食性の動物が出現したことで，多様な種が現れた。

5 原索(げんさく)動物から出現した最初の脊椎(せきつい)動物は，あご・胸びれ・腹びれをもたない無顎類(甲冑(かっちゅう)魚類など)と考えられている。

答 1 約40億年前
2 遊離の酸素が存在する地球となった。
3 宿主の細胞に好気性細菌が共生してミトコンドリアになり，シアノバクテリアが共生して葉緑体になったと考える説。
4 海中の動物の種類
5 無顎類[甲冑魚類]

〈p.12～13〉

3 地質時代と生物の多様化

❶紫外線　❷節足
❸両生　❹種子
❺裸子　❻ハ虫
❼うろこ　❽体内
❾恐竜　❿鳥
⓫体毛　⓬哺乳
⓭哺乳
⓮生態的地位［ニッチ］
⓯シアノバクテリア
⓰真核　⓱三葉虫
⓲藻　⓳魚
⓴昆虫　㉑両生
（⓴と㉑は順不同）
㉒シダ　㉓哺乳
㉔恐竜　㉕鳥
㉖裸子　㉗人類
㉘被子　㉙草原

ミニテスト

(解き方) 1 2 動物については，**古生代は両生類**(デボン紀に出現)，**中生代はハ虫類**，**新生代は哺乳類の時代**である。
　植物については，古生代がシダ植物(シルル紀に陸上進出)，中生代が裸子植物，新生代が被子植物の時代である。

答 1 植物…裸子植物
脊椎動物…ハ虫類［恐竜類］
2 植物…被子植物
脊椎動物…哺乳類

〈p.14～15〉

4 遺伝子の変化と多様性

❶放射［紫外］　❷突然変異
❸置換　❹欠失
❺フレームシフト
❻鎌状赤血球貧血症
❼ヘモグロビン　❽バリン
❾フェニルアラニン
❿アルカプトン　⓫メラニン
⓬1　⓭一塩基多型
⓮ゲノム

ミニテスト

(解き方) 1 放射線，紫外線，化学物質などの影響，複製時の誤りなどによって，DNAの塩基配列が**置換**，**欠失**，**挿入**などの変化を起こすことを**突然変異**という。突然変異には，形質の変化につながるものもある。
2 **鎌状赤血球貧血症**の患者は，赤血球の酸素運搬能力が著しく低いため貧血を起こしやすく，生存には不利である。その一方で，マラリア原虫が鎌状の赤血球に感染しにくいため，マラリアにかかりにくいという利点もある。そのため，マラリアが蔓延している熱帯地域では，鎌状赤血球貧血症のヒトの生存率が高くなる。

答 1 突然変異
2 鎌状赤血球貧血症

〈p.16～19〉

5 減数分裂と染色体

❶DNA［デオキシリボ核酸］
❷ヌクレオソーム
❸クロマチン［クロマチン繊維］
❹染色体　❺2
❻染色体
❼クロマチン［クロマチン繊維］
❽ヒストン　❾1
❿相同染色体
⓫遺伝子座
⓬対立遺伝子［アレル］
⓭ホモ　⓮ヘテロ
⓯常染色体　⓰性染色体
⓱X　⓲Y
⓳XX　⓴XY
㉑男　㉒女
㉓多く［高く］　㉔4
㉕半分［半数］　㉖精巣
㉗胚珠　㉘倍化
㉙半分　㉚半分［半数］
㉛二価染色体　㉜乗換え
㉝赤道面　㉞後期
㉟終期　㊱中期
㊲後期　㊳終期
㊴半分［半数］　㊵小さな
㊶染色体

〈p.20～23〉

6 染色体と遺伝子

❶ 顕性[優性]　❷ 潜性[劣性]
(❶と❷は順不同)
❸ 対立　❹ 顕性[優性]
❺ *AA*　❻ *aa*
❼ *A*　❽ *a*
❾ *Aa*　❿ 丸
⓫ 1：1　⓬ 分離
⓭ 1：2：1　⓮ 3：1
⓯ 核　⓰ 染色体
⓱ DNA[デオキシリボ核酸]
⓲ 遺伝子　⓳ 潜性[劣性]
⓴ 検定交雑　㉑ 遺伝子型
㉒ 遺伝子　㉓ *aa*
㉔ *AA*　㉕ *Aa*
㉖ *AABB*　㉗ *aabb*
㉘ *AB*　㉙ *ab*
㉚ *AaBb*　㉛ 丸形・黄色
㉜ 1：1：1：1　㉝ 9：3：3：1
㉞ *AaBb*　㉟ 9：3：3：1
㊱ *AA*　㊲ *Bb*
㊳ *AABb*

ミニテスト

(解き方) [1] *Aa*の個体がつくる配偶子は*A*と*a*であるから，一方の親からはそのどちらかを受け継ぐ。よって，子の遺伝子型の比は，**AA：Aa：aa＝1：2：1**
その表現型は*AA*と*Aa*が〔*A*〕，*aa*が〔*a*〕なので，子の表現型の比は，**〔A〕：〔a〕＝3：1**

[2] **検定交雑**は，潜性のホモ接合体(*aa*)との交雑である。検定交雑の結果，*A*と*a*が1：1の割合でできたので，検定個体の遺伝子型は*Aa*であると判断できる。

[3] 配偶子は，*AB*：*Ab*：*aB*：*ab*＝1：1：1：1の比でできるので，$(AB+Ab+aB+ab)^2$を展開したときの，それぞれの項の係数を考えればよい。

[4] 〔*AB*〕となるのは，両方の遺伝子について，顕性のホモ接合体またはヘテロ接合体である場合である。その比は，
AABB：*AABb*：*AaBB*：*AaBb*
＝1：2：2：4
となる。

[5] それぞれの対立遺伝子に分けて考える。
〔*A*〕：〔*a*〕＝1：1となるのは，*Aa*×*aa*の場合である。
　また，〔*B*〕：〔*b*〕＝3：1となるのは，*Bb*×*Bb*の場合である。
　したがって，一方は*AaBb*であるので，他方は*aaBb*である。

答 [1] 3：1
[2] *Aa*
[3] 9：3：3：1
[4] *AABB*：*AABb*：*AaBB*：*AaBb*
＝1：2：2：4
[5] *aaBb*

〈p.24～27〉

7 遺伝子の組み合わせの変化

❶ 22　❷ 性染色体
❸ 900(20000÷23＝869.5…→900
20000÷22＝909.0…→900)
❹ 連鎖　❺ 乗換え
❻ 組換え　❼ *AC*
❽ *AaCc*　❾ 1：1
❿ 1：2：1　⓫ 3：0：0：1
⓬ *AE*　⓭ *AaEe*
⓮ 組換え　⓯ *aE*
⓰ n：1：1：n　⓱ $3n^2+4n+2$
⓲ $2n+1$　⓳ $2n+1$
⓴ n^2　㉑ 乗換え
㉒ 組換え　㉓ 組換え価
㉔ 組換えを起こした
㉕ 全配偶子(の)
㉖ 小さ　㉗ 比例
㉘ 染色体　㉙ モーガン
㉚ 連鎖　㉛ 三点交雑
㉜ 1　㉝ 1
㉞ ア　㉟ カ
㊱ エ　㊲ キ

ミニテスト

(解き方) [1][2] 問題の交雑を図示すると，次のようになる。

〔*Ab*〕　〔*aB*〕
P　*AAbb* × *aaBB*
　Ab　*aB*　(Pの配偶子)
〔*AB*〕
F_1　*AaBb*
　Ab：*aB*　(F_1の配偶子)
＝1：1
F_2　〔*AB*〕：〔*Ab*〕：〔*aB*〕：〔*ab*〕
＝2：1：1：0

[3] *AABB*と*aabb*を交雑して得たF_1の次代の表現型の比が，
〔*AB*〕：〔*Ab*〕：〔*aB*〕：〔*ab*〕
＝4：1：1：4
であるから，組換えによってできた配偶子の遺伝子型は*Ab*と*aB*である。
　組換え価は，

$$\frac{1+1}{4+1+1+4}\times 100=20〔\%〕$$

答 [1] *AaBb*
[2] 〔*AB*〕：〔*Ab*〕：〔*aB*〕：〔*ab*〕
＝2：1：1：0
[3] 20%

〈p.28～29〉

8 染色体レベルの突然変異

❶ 異数　❷ 異数
❸ 倍数　❹ 倍数
❺ 六　❻ 三
❼ 転座　❽ 重複
❾ ゲノム　❿ 遺伝子重複
⓫ ポリペプチド　⓬ 突然変異
⓭ トランスポゾン［転移因子］

ミニテスト

（解き方） 1 **異数体**の例としては，ヒトの21番の染色体が1本多いダウン症(ダウン症候群)などがある。また，**倍数体**の例としては，野生型($2n$)の染色体のセット数が3倍($3n$)になった種なしスイカ，祖先(ヒトツブコムギ)では$2n$だったものが6倍($6n$)になったパンコムギなどがある。

答 1 異数体［異数性］，倍数体［倍数性］
2 欠失，逆位，転座，重複のうちの2つ

〈p.30～33〉

9 進化のしくみ

❶ 多　❷ ない
❸ らない　❹ らない
❺ しない
❻ ハーディ・ワインベルグ
❼ p^2　❽ pq
❾ q^2　❿ $2pq$
⓫ p　⓬ q
⓭ 遺伝的浮動　⓮ 木村資生(もとお)
⓯ 中立　⓰ 中立進化
⓱ 自然選択
⓲ 競争［種内競争］
⓳ 適応　⓴ 擬態
㉑ 暗色　㉒ 工業暗化
㉓ 性選択　㉔ 共進化
㉕ 相同　㉖ 相似
㉗ 適応　㉘ 適応放散
㉙ モモンガ　㉚ 収れん
㉛ 突然変異　㉜ 遺伝子頻度
㉝ 自然選択　㉞ 木村資生
㉟ 中立　㊱ 遺伝的浮動
㊲ 隔離　㊳ 種
㊴ 種分化　㊵ 異所的
㊶ 地理的　㊷ 生殖的
㊸ 同所的

ミニテスト

（解き方） 2 ある生物の集団の遺伝子プールの遺伝子頻度が偶然に増減することを**遺伝的浮動**という。遺伝的浮動の結果，生存に有利でも不利でもない遺伝子が集団全体に広がることもあり，このことを**中立進化**という。

3 熱帯のあるランの花では，蜜が細い管(距(きょ))の奥にたまるようになっている。このランの蜜を飛びながらストロー状の口器で吸うスズメガにとっては，口器が長いほうが生存に有利である。一方のランは，距が短いと蜜を吸うスズメガに花粉が付着せず，子を残しにくくなるため，距が長いほうが有利である。そのため，このランの距もスズメガの口器も長くなるほうに進化する傾向がある。このように，複数の種が互いに影響を及ぼしながら共に進化することを**共進化**という。

4 進化は，**遺伝子頻度の変化**(生存競争に有利でも不利でもない形質や，形質に現れない遺伝子の変化も含む)に基づいて説明される。
- **突然変異**による遺伝子構成の変化
- **遺伝的浮動**や**自然選択**による遺伝子頻度の変化
- **隔離**などによる遺伝子頻度の変化の増幅

の3段階で**種分化**などの進化が進むと考えられている。

答 1 ハーディ・ワインベルグの法則
2 遺伝的浮動
3 共進化
4 自然選択，遺伝的浮動，隔離のうち2つ

1編2章

生物の系統と進化

〈p.36～40〉

1 生物の多様性と分類

❶ 種　❷ 多様
❸ 共通　❹ 細胞
❺ 生殖　❻ DNA
❼ ATP　❽ ハ虫
❾ 哺乳　❿ 適応
⓫ 進化　⓬ 脊椎
⓭ 昆虫　⓮ 藻
⓯ 双子葉　⓰ エンドウ
⓱ エンジュ　⓲ サクラ
⓳ エンドウ　⓴ 系統
㉑ 系統樹　㉒ 系統分類
㉓ DNA　㉔ 種
㉕ 交配　㉖ 生殖［繁殖］
㉗ 属　㉘ 科
㉙ 綱　㉚ ドメイン
㉛ ドメイン　㉜ アーキア
㉝ 細菌　㉞ 真核生物
㉟ 学名　㊱ リンネ
㊲ 属名　㊳ 種小名
㊴ 二名　㊵ 和名
㊶ 原核　㊷ 真核
㊸ 原核　㊹ 塩基
㊺ 分子進化　㊻ 分子
㊼ 分子系統樹　㊽ 単系統群
㊾ 原核生物　㊿ 菌
51 細菌［バクテリア］
52 アーキア［古細菌］

ミニテスト

（解き方） 1 学名をつけるルールは，基本的に**リンネ**が提唱したやり方に沿っている。(1)ラテン語を使うこと，(2)種の名前(種小名)の前に属名をつける，という2つが原則。この(2)より，**二名法**とよばれる。

2 DNAの塩基配列やタンパク質のアミノ酸配列のような情報を分子データという。分子データに基づいて作成した系統樹を**分子系統樹**という。

3 **3ドメイン説**では，原核生物を大腸菌やシアノバクテリアなどの**細菌(バクテリア)ドメイン**と，メタン生成菌や超好熱菌な

どの**アーキア(古細菌)ドメイン**に分けている。

答 [1] 二名法
[2] 分子系統樹
[3] 細菌ドメイン[バクテリアドメイン], アーキアドメイン[古細菌ドメイン], 真核生物ドメイン[ユーカリアドメイン]

〈p.41〉

2 細菌ドメインとアーキアドメイン

❶ 単 ❷ 原核
❸ ペプチドグリカン
❹ 従属栄養 ❺ 病原
❻ バクテリオクロロフィル
❼ 硫化水素[H_2S]
❽ クロロフィルa
❾ 酸素[O_2] ❿ 化学
⓫ 独立栄養 ⓬ 硝化
⓭ アーキア

〈p.42～47〉

3 真核生物ドメイン(ユーカリアドメイン)

❶ 原生 ❷ 従属
❸ アメーバ ❹ 繊毛虫
❺ 藻 ❻ 褐藻
❼ コケ ❽ シダ
❾ 種子 ❿ 従属
⓫ 菌糸 ⓬ 胞子
⓭ 減数 ⓮ 担子
⓯ 葉緑体 ⓰ コケ
⓱ シダ ⓲ 種子
⓳ 配偶体 ⓴ もたない
㉑ 胞子体 ㉒ 胞子
㉓ 配偶体 ㉔ 受精卵
㉕ 胞子体 ㉖ 胞子
㉗ 配偶体 ㉘ 胞子体
㉙ 維管束 ㉚ 胞子体
㉛ 配偶体 ㉜ 胞子体
㉝ 花 ㉞ 胚珠
㉟ 子房 ㊱ 花粉管
㊲ 花粉管 ㊳ 精細胞
㊴ n ㊵ 重複
㊶ $3n$ ㊷ 単子葉
㊸ 双子葉 ㊹ 精子
㊺ 精細胞 ㊻ 卵細胞
㊼ 胚乳[胚乳核] ㊽ 従属
㊾ 二胚葉 ㊿ 三胚葉
51 中胚葉 52 旧口
53 口 54 新口
55 肛門 56 海綿
57 刺胞 58 節足
59 脊椎 60 旧口
61 新口 62 中胚葉
63 五放射 64 脊索
65 脊椎 66 内
67 えら 68 両生類
69 肺 70 変温
71 鳥類 72 羽毛
73 恒温 74 胎生
75 毛[体毛] 76 羊膜

ミニテスト

(解き方) [1] 植物がもつ光合成色素はクロロフィルaとbである。原生生物のうち, クロロフィルaとbをもつのは**緑藻類**, **シャジクモ類**, ミドリムシ類である。なお, **紅藻類**の光合成色素はクロロフィルaとフィコシアニンなどであり, **褐藻類**と**ケイ藻類**ではクロロフィルaとcである。
[3] **三胚葉動物**は, 原口が口になる**旧口動物**と原口が肛門になる**新口動物**に分けられる。

答 [1] 緑藻類, シャジクモ類[車軸藻類], ミドリムシ類[ユーグレナ藻類]のうち2つ
[2] 菌糸
[3] 棘皮動物, 原索動物, 脊椎動物

〈p.48～49〉

4 人類の進化と系統

❶ 樹上
❷ 拇指対向[母指対向]
❸ 立体 ❹ 類人猿
❺ ゴリラ[ボノボ]
❻ テナガ ❼ 直立二足
❽ 前肢 ❾ 土ふまず
❿ 真下 ⓫ S
⓬ おとがい ⓭ 骨盤
⓮ 化石 ⓯ アフリカ
⓰ アウストラロピテクス
⓱ 猿人
⓲ ホモ・エレクトス
⓳ 火
⓴ ホモ・ネアンデルターレンシス[ネアンデルタール人]
㉑ 埋葬
㉒ ホモ・サピエンス
㉓ アフリカ ㉔ 人種[亜種]

ミニテスト

(解き方) [1] **直立二足歩行**によって次のようなことが可能になった。
- 両手が使えるようになり, 道具の使用や作成による刺激が大脳の発達を促した。
- 首が頭部の後方ではなく真下から頭を支えるようになり, 大脳の大形化が可能になった。
- 口やのど周辺の骨格や筋肉が変化して細かい動きが可能になり, 言語が使えるようになった。

[2] 250～200万年前に出現した**ホモ・エレクトス(原人)**が石器や火を使った証拠が見つかっている。
[3] **ホモ・サピエンス(新人)**は, 約20万年前にアフリカで出現し, 約10万年前にユーラシア大陸へ進出し, その後アメリカ大陸やオセアニアなど全世界に広がった。

答 [1] 直立二足歩行
[2] 原人
[3] アフリカ

2編1章
細胞と物質
〈p.54～59〉

1 細胞の構造とはたらき

❶細胞膜 ❷DNA
❸真核 ❹核膜
❺細胞小器官 ❻細胞壁
❼原核 ❽アーキア
❾核 ❿ヒストン
⓫細胞小器官 ⓬真核
⓭単細胞 ⓮原生
⓯核
⓰染色体[クロマチン，クロマチン繊維]
⓱核小体 ⓲核膜
⓳粗面小胞体 ⓴滑面小胞体
㉑細胞骨格 ㉒中心体
㉓リソソーム
㉔ミトコンドリア
㉕ゴルジ体 ㉖リボソーム
㉗細胞膜 ㉘細胞壁
㉙細胞膜 ㉚葉緑体
㉛液胞 ㉜原形質連絡
㉝核
㉞染色体[染色質]
㉟核小体 ㊱転写
㊲リボソーム ㊳翻訳
㊴タンパク質 ㊵粗面小胞体
㊶滑面小胞体 ㊷ゴルジ体
㊸分泌 ㊹リソソーム
㊺オートファジー[自食作用]
㊻ミトコンドリア
㊼ATP ㊽呼吸
㊾葉緑体 ㊿光合成
51 チラコイド 52 細胞骨格
53 細胞質[原形質]
54 中心体 55 細胞膜
56 細胞壁 57 セルロース
58 原形質連絡 59 細胞
60 液胞 61 アントシアン
62 生体膜 63 リン脂質
64 親水 65 疎水
66 タンパク質 67 流動モザイク
68 タンパク質 69 リン脂質
70 疎水性 71 拡散
72 輸送 73 情報
74 拡散 75 受動輸送
76 選択的透過性
77 輸送タンパク質
78 チャネル 79 受動輸送
80 アクアポリン 81 イオン
82 能動輸送 83 ポンプ
84 Na^+[ナトリウムイオン]
85 エンドサイトーシス
86 食 87 飲
88 エキソサイトーシス
89 リボソーム 90 ゴルジ体

ミニテスト

(解き方) 1 **原核細胞**には核膜に包まれた核がなく，葉緑体やミトコンドリアのような目立った細胞小器官がない(ただし，リボソームのような小さな細胞小器官はある)。一方，**真核細胞**には核膜で包まれた核があり，葉緑体やミトコンドリアのような目立った細胞小器官がある。
2 呼吸の場は**ミトコンドリア**。
3 表面にリボソームが付着しているのが**粗面小胞体**であり，**滑面小胞体**には付着していない。
4 生体膜は，親水性部分を外側に出して向かい合って配置されている**リン脂質**分子の間に，いろいろなはたらきをする**タンパク質**分子が浮かんだような構造をしている。
5 リン脂質でできた細胞膜は水を通しにくく，水を通すチャネルとしてはアクアポリンが存在する。

答 1 核膜に包まれた核が真核細胞にはあり，原核細胞にはない。
2 ミトコンドリア
3 リボソーム
4 流動モザイクモデル
5 アクアポリン

〈p.60～61〉

2 タンパク質

❶運動 ❷酵素
❸ホルモン ❹抗体
❺運搬 ❻アミノ酸
❼20 ❽アミノ
❾カルボキシ ❿水
⓫ペプチド ⓬ポリペプチド
⓭アミノ酸 ⓮一次
⓯水素 ⓰αヘリックス
⓱βシート ⓲二次
⓳三次 ⓴四次
㉑S－S ㉒変性
㉓失活

ミニテスト

(解き方) 1 タンパク質は，**アミノ基**と**カルボキシ基**，水素原子H，**側鎖**をもつアミノ酸が構成単位となっている。タンパク質を構成するアミノ酸は，側鎖の違いから**20種類**ある。
2 一方のアミノ酸のアミノ基と他方のアミノ酸のカルボキシ基から水1分子が取れてできる結合を**ペプチド結合**という。
3 4 5 ポリペプチドのアミノ酸配列を**一次構造**といい，αヘリックスやβシートなどの部分的な立体構造を**二次構造**という。さらに，ポリペプチド全体がつくる立体構造を**三次構造**といい，複数のポリペプチドがつくる構造を**四次構造**という。

答 1 アミノ酸
2 ペプチド結合
3 一次構造
4 二次構造
5 四次構造
6 変性

〈p.62～67〉

3 酵素の性質とはたらき

❶代謝 ❷酵素
❸活性化 ❹触媒
❺無機 ❻基質
❼生成物 ❽1
❾タンパク質 ❿補酵素
⓫活性 ⓬複合体
⓭基質特異性 ⓮最適温度
⓯最適pH ⓰酸
⓱最適温度 ⓲最適pH
⓳一定 ⓴×
㉑○ ㉒○
㉓○ ㉔もつ
㉕もたない ㉖さない
㉗失活 ㉘低下
㉙中 ㉚7
㉛線香
㉜炎をあげ[激しく燃え]
㉝水素 ㉞カタラーゼ
㉟アミラーゼ ㊱タンパク質
㊲脂肪 ㊳アーゼ
㊴脱炭酸 ㊵補酵素
㊶透析 ㊷補酵素
㊸NADH ㊹NAD^+
㊺起こる ㊻起こらない
㊼する ㊽強
㊾弱 ㊿阻害
51 活性 52 競争的
53 アロステリック
54 アロステリック
55 フィードバック
56 アロステリック
57 フィードバック

ミニテスト

(解き方) 1 2 無機触媒は金属などで，熱や酸・アルカリなどの影響を受けにくい。それに対して酵素はタンパク質を主成分とするため，熱や酸・アルカリなどで**変性**して**失活**することが多い。また，基質と結合する活性部位が複雑な立体構造をしているため，**基質特異性**も高い。
4 酵素に**補酵素**などの補助因子が結合することで活性をもつ酵素もある。

答 1 タンパク質
2 酵素は熱やpHに影響され，最適温度や最適pHがある。
3 失活
4 補酵素

〈p.68～69〉

4 細胞膜ではたらくタンパク質

❶細胞接着 ❷固定結合
❸密着結合 ❹カドヘリン
❺デスモソーム ❻インテグリン
❼ギャップ結合 ❽細胞骨格
❾アクチン ❿アメーバ
⓫筋 ⓬微小管
⓭紡錘糸[紡錘体]
⓮中間径
⓯アクチンフィラメント
⓰微小管
⓱中間径フィラメント
⓲微小管 ⓳紡錘体
⓴細胞質流動[原形質流動]

ミニテスト

(解き方) 1 細胞骨格をつくる繊維状構造には，細いものから太いものへ順に，**アクチンフィラメント**，**中間径フィラメント**，**微小管**の3つがある。

答 1 アクチンフィラメント，微小管，中間径フィラメント

2編2章 代謝

〈p.72～75〉

1 呼吸

❶代謝 ❷同化
❸光合成 ❹異化
❺呼吸 ❻アデニン
❼リン酸
❽高エネルギーリン酸
❾燃焼 ❿熱
⓫呼吸
⓬ミトコンドリア
⓭クリステ
⓮細胞質基質[サイトゾル]
⓯ピルビン酸 ⓰ATP
⓱マトリックス ⓲アセチル
⓳オキサロ ⓴クエン酸
㉑脱炭酸 ㉒脱水素
㉓2 ㉔NADH
㉕$FADH_2$ ㉖内膜
㉗電子伝達 ㉘H^+
㉙酸化的 ㉚水[H_2O]
㉛H_2O ㉜解糖系
㉝クエン酸回路 ㉞電子伝達系
㉟ピルビン酸 ㊱アセチルCoA
㊲オキサロ酢酸 ㊳クエン酸
㊴NADH ㊵$FADH_2$
㊶ATP合成酵素
㊷6 ㊸6
㊹無 ㊺水素
㊻還元型 ㊼青
㊽水素 ㊾脱アミノ
㊿アンモニア 51 ピルビン酸
52 クエン酸 53 尿素
54 グリセリン 55 β
56 アセチル 57 クエン酸
58 脂肪 59 タンパク質
60 β酸化 61 脱アミノ反応
62 1.0 63 0.8
64 0.7

ミニテスト

(解き方) 1 **解糖系**は**細胞質基質（サイトゾル）**で，**クエン酸回路**と**電子伝達系**は**ミトコンドリア**で行われる過程である。
2 解糖系では2ATP，クエン酸回路では2ATP生成し，電子伝達系では約28ATP生成する（最大

34ATPとする考え方もある。)ので，合計約32ATP(約38ATP)生成する。また，生物種や組織が異なると，ATP生成数は異なることが知られている。

3 ADPがリン酸と化合して(**リン酸化**されて)ATPができる反応であり，その際に必要なエネルギーはNADHなどが**酸化**される際に取り出されるので**酸化的リン酸化**とよぶ。

答 1 解糖系→クエン酸回路→電子伝達系
2 32分子[38分子]
3 酸化的リン酸化

〈p.76～77〉

2 発酵

❶ 酸素 ❷ 発酵
❸ NADH ❹ 乳酸
❺ 還元 ❻ 酸化
❼ 乳酸 ❽ 還元
❾ NAD^+ ❿ 2
⓫ 乳酸発酵 ⓬ 乳酸
⓭ ピルビン酸 ⓮ ATP
⓯ 乳酸 ⓰ 解糖
⓱ 筋肉 ⓲ グリコーゲン
⓳ 乳酸 ⓴ 解糖
㉑ 脱炭酸
㉒ アセトアルデヒド
㉓ エタノール
㉔ アルコール発酵
㉕ 2 ㉖ ピルビン酸
㉗ アセトアルデヒド
㉘ エタノール ㉙ 解糖
㉚ CO_2 ㉛ キューネ
㉜ 水酸化ナトリウム
㉝ ヨウ素[ヨウ素ヨウ化カリウム]
㉞ 二酸化炭素
㉟ C_2H_5OH ㊱ CO_2
㊲ 二酸化炭素 ㊳ 二酸化炭素
㊴ エタノール ㊵ ヨードホルム

ミニテスト

解き方 1 2 **アルコール発酵**は，酸素を使わずに**酵母**が行う反応で，**エタノール**とCO_2が生成する。

3 アルコール発酵や乳酸発酵，筋肉の解糖などは酸素を必要としない反応である。

4 アルコール発酵や乳酸発酵は，呼吸の**解糖系**を共通の反応としている。よって，進化の過程で解糖系にクエン酸回路や電子伝達系が付け加わって呼吸をする生物が誕生したと考えられる。

5 解糖系で生じる**ピルビン酸**が共通の中間産物である。

答 1 酵母
2 エタノール[C_2H_5OH]，二酸化炭素[CO_2]
3 必要としない。
4 解糖系
5 ピルビン酸

〈p.78～80〉

3 光合成

❶ 光 ❷ 光合成
❸ クロロフィル ❹ ATP
❺ 二酸化炭素[CO_2]
❻ 光エネルギー
❼ O_2[酸素] ❽ 酸素[O_2]
❾ 葉緑体
❿ 二酸化炭素[CO_2]
⓫ 水[H_2O]
⓬ クロマトグラフィー(法)[二次元ペーパークロマトグラフィー]
⓭ カルビン[カルビン・ベンソン]
⓮ 葉緑体 ⓯ チラコイド
⓰ ストロマ ⓱ グラナ
⓲ クロロフィルa
⓳ カロテン ⓴ 吸収
㉑ 青 ㉒ 作用
㉓ 鉛筆 ㉔ 鉛筆
㉕ キサントフィル
㉖ 溶けず ㉗ 溶ける
㉘ 青色 ㉙ 黒
㉚ カロテン
㉛ クロロフィルa

ミニテスト

解き方 1 光合成は，光のエネルギーを使って，**二酸化炭素**と**水**から有機物を合成する同化である。光は物質ではないので，材料には含めない。

3 光合成の副産物として**酸素**が発生する。植物自身は呼吸をしており酸素を消費するが，昼間光合成を行っているときには，酸素の消費量よりも排出量のほうが多い。

6 光合成色素は**青色光**と**赤色光**をよく吸収し，緑色光はあまり吸収しない。植物の葉緑体をもつ細胞が緑色に見えるのは，吸収されない緑色光が透過したり反射したりするためである。

答 1 二酸化炭素[CO_2]，水[H_2O]
2 葉緑体
3 酸素[O_2]
4 チラコイド
5 クロロフィルa，クロロフィルb，カロテン，キサントフィル
6 青色，赤色
7 吸収スペクトル
8 作用スペクトル

〈p.81～83〉

4 光合成のしくみ

❶ 光化学系Ⅰ
❷ クロロフィル[クロロフィルa]
❸ 電子 ❹ H_2O[水]
❺ O_2[酸素] ❻ NADPH
❼ 電子伝達 ❽ 電子伝達系
❾ H^+[水素イオン]
❿ 水素
⓫ ATP合成酵素
⓬ ATP ⓭ 光リン酸化
⓮ 還元 ⓯ PGA
⓰ GAP
⓱ カルビン回路[カルビン・ベンソン回路]
⓲ チラコイド膜 ⓳ ストロマ
⓴ H_2O[水] ㉑ O_2[酸素]
㉒ NADPH
㉓ ATP合成酵素
㉔ ATP
㉕ カルビン回路[カルビン・ベンソン回路]
㉖ CO_2[二酸化炭素]
㉗ C_4
㉘ カルビン[カルビン・ベンソン]

㉙ CAM　㉚ 夜間
㉛ 内膜　㉜ チラコイド膜
㉝ ATP合成
㉞ H^+[水素イオン]
㉟ 酸化的　㊱ 光

ミニテスト

(解き方) 1 **カロテノイド**などの光合成色素が集めた光エネルギーは，反応中心の**クロロフィル**に集められる。なお，光化学系Ⅰの反応中心はクロロフィルaとクロロフィルa′(クロロフィルaと少し構造の異なるクロロフィル)の2分子からなり，光化学系Ⅱの反応中心は2分子のクロロフィルaからなる。

3 光合成では，**水の分解**によって得られたH^+と電子が使われ，酸素は気孔から排出される。

4 CO_2は**RuBP**(C_5化合物)と結合してから2分子の**PGA**(C_3化合物)になる。PGAは**NADPH**によって還元されて**GAP**となり，そこから一部は有機物となり，残りはRuBPにもどる。この回路状の反応を，発見者の名をとって，**カルビン回路**(**カルビン・ベンソン回路**)という。

6 光合成でのチラコイド膜にある電子伝達系と，ミトコンドリアの内膜にある電子伝達系はその構造としくみが似ている。また，**H^+の濃度勾配**をつくって，これがもとにもどるときのH^+の流れを利用して**ATP**をつくるという**光リン酸化反応**と**酸化的リン酸化反応**は，酵素の構造やしくみもよく似ている。

答 1 クロロフィル[クロロフィルa]
2 光リン酸化
3 水[H_2O]
4 カルビン回路[カルビン・ベンソン回路]
5 $6CO_2 + 12H_2O$(+光エネルギー) $\longrightarrow C_6H_{12}O_6 + 6H_2O + 6O_2$
6 電子伝達系のしくみ，ATP生成のしくみ，ATP合成酵素の構造のうちいずれか2つ。

〈p.84～85〉

5 細菌の炭酸同化

❶ 光合成細菌　❷ 緑色硫黄
❸ バクテリオクロロフィル
❹ 硫化水素　❺ H_2S
❻ S
❼ クロロフィルa
❽ 水[H_2O]　❾ H_2O
❿ O_2
⓫ ネンジュモ[イシクラゲ，ユレモ，スイゼンジノリ]
⓬ 化学合成　⓭ 化学
⓮ 化学合成細菌　⓯ 亜硝酸菌
⓰ 硫黄細菌　⓱ 硝酸
⓲ 硝化　⓳ 熱水噴出孔
⓴ 硫化水素

ミニテスト

(解き方) 1 **光合成細菌**のうち，緑色硫黄細菌や紅色硫黄細菌は，クロロフィルaとは少し異なる**バクテリオクロロフィル**をもつ。

2 緑色硫黄細菌や紅色硫黄細菌では，電子の供給源として水(H_2O)ではなく，**硫化水素**(H_2S)を使っている。

3 **シアノバクテリア**は，植物などと同じ**クロロフィルa**をもつ。

5 シアノバクテリアは植物の葉緑体と同様に**光化学系Ⅰ**と**光化学系Ⅱ**をもっており，光化学系Ⅱへの電子の供給源として**水**を利用する。

6 化学合成では，アンモニウムイオンや亜硝酸イオン，硫化水素，硫黄などを酸化するときに発生する化学エネルギーを利用している。

答 1 バクテリオクロロフィル
2 硫化水素[H_2S]
3 クロロフィルa
4 ネンジュモ[イシクラゲ，ユレモ，スイゼンジノリ]
5 水[H_2O]
6 無機物の酸化

3編1章

遺伝情報とその発現

〈p.90～93〉

1 DNAとその複製

❶ ヌクレオチド
❷ デオキシリボース
❸ アデニン　❹ チミン
❺ グアニン　❻ シトシン
❼ ヌクレオチド鎖
❽ 5′　❾ 3′
❿ 5′　⓫ 3′
⓬ T　⓭ G
⓮ 二重らせん構造
⓯ ワトソン，クリック
⓰ 塩基　⓱ タンパク質
⓲ 白　⓳ 赤
⓴ 青～青緑　㉑ 2
㉒ DNA合成　㉓ DNA合成準備
㉔ M[分裂]　㉕ 鋳型(鎖)
㉖ 相補　㉗ T
㉘ G　㉙ ポリメラーゼ
㉚ 2　㉛ 2
㉜ 半保存的複製
㉝ メセルソン，スタール
㉞ 5′　㉟ 3′
㊱ リーディング　㊲ ラギング
㊳ 岡崎フラグメント
㊴ DNAリガーゼ
㊵ リーディング　㊶ ラギング
㊷ 岡崎フラグメント
㊸ DNAポリメラーゼ[DNA合成酵素]
㊹ ポリメラーゼ[合成酵素]
㊺ すべて　㊻ 1：1
㊼ 3：1　㊽ 7：1
㊾ $2^{n-1}-1$

ミニテスト

(解き方) 1 2 DNAの構成単位は**ヌクレオチド**で，**リン酸＋デオキシリボース＋塩基**からなる。

3 DNAは2本鎖がそれぞれ鋳型となり半保存的に複製される。

4 岡崎フラグメントどうしを結合するのはDNAポリメラーゼではなく，**DNAリガーゼ**である。

答 1 ヌクレオチド
2 リン酸，糖[デオキシリボース]，塩基

3 半保存的複製
4 DNAリガーゼ

〈p.94～97〉

2 遺伝情報と形質発現

❶ ヌクレオチド ❷ リボース
❸ ウラシル ❹ mRNA
❺ tRNA ❻ rRNA
❼ 鋳型 ❽ 相補
❾ プロモーター
❿ RNAポリメラーゼ
⓫ 5′→3′ ⓬ 転写
⓭ エキソン ⓮ イントロン
⓯ スプライシング
⓰ mRNA ⓱ mRNA
⓲ 選択的スプライシング
⓳ 転写 ⓴ イントロン
㉑ スプライシング
㉒ リボソーム ㉓ 3
㉔ コドン ㉕ リボソーム
㉖ アミノ酸 ㉗ アンチコドン
㉘ ペプチド ㉙ 翻訳
㉚ コドン ㉛ リボソーム
㉜ アンチコドン ㉝ tRNA
㉞ イントロン
㉟ スプライシング
㊱ リボソーム ㊲ 翻訳
㊳ mRNA ㊴ リボソーム
㊵ フェニルアラニン
㊶ バリン

〈p.98～99〉

3 形質発現の調節

❶ 転写 ❷ 調節
❸ 調節 ❹ オペロン
❺ 調節 ❻ オペレーター
❼ プロモーター
❽ β-ガラクトシダーゼ
❾ ラクトース ❿ オペレーター
⓫ 構造遺伝子 ⓬ RNA
⓭ プロモーター
⓮ 調節タンパク質[転写因子]
⓯ ヒストン ⓰ 調節遺伝子
⓱ パフ ⓲ 転写

ミニテスト

解き方 1 ジャコブとモノーは遺伝子発現の単位としてオペロン説を提唱した。**オペロン**は**プロモーター**や**オペレーター**によって発現が調節される，複数の**構造遺伝子**からなる領域である。オペレーターに調節遺伝子がつくった調節タンパク質であるリプレッサーが結合すると，構造遺伝子の転写が抑制される。
2 調節タンパク質には，構造遺伝子の転写を抑制する**リプレッサー**(抑制因子)と，逆に転写を促進する**アクチベーター**(活性化因子)がある。

答 1 オペレーター
2 リプレッサー

3編2章

発生と遺伝子発現

〈p.102～103〉

1 動物の配偶子形成と受精

❶ 精巣 ❷ 精原細胞
❸ 一次精母 ❹ 精細胞
❺ 精子 ❻ 卵巣
❼ 卵原細胞 ❽ 一次卵母
❾ 二次卵母 ❿ 卵
⓫ 二次卵母細胞 ⓬ 卵
⓭ 精原細胞 ⓮ 一次精母細胞
⓯ 精細胞 ⓰ 卵
⓱ 受精 ⓲ 受精
⓳ 先体 ⓴ 先体突起
㉑ 表層粒 ㉒ 受精膜
㉓ 精核

ミニテスト

解き方 2 動物の配偶子の形成は，性別の未分化な発生初期の段階の体内に存在する**始原生殖細胞**から始まり，雄の場合は**精原細胞**，雌の場合は**卵原細胞**となって体細胞分裂で増殖する。減数分裂が始まるのは雌雄とも「一次」「母細胞」からと覚えるとよい。

答 1 精子…精巣，卵…卵巣
2 精子…一次精母細胞，
卵…一次卵母細胞
3 第一極体，第二極体
4 先体突起
5 受精膜

〈p.104～107〉

2 卵割と初期発生

1 発生　**2** 卵割
3 割球　**4** 動物極
5 植物極　**6** 卵黄
7 卵割腔　**8** 胞
9 胞胚腔　**10** 原腸
11 植物極　**12** 中胚葉
13 プルテウス　**14** 2細胞
15 8細胞　**16** 16細胞
17 桑実　**18** 胞
19 胞胚腔　**20** 原腸
21 原腸　**22** 原腸
23 内　**24** 外
25 プルテウス　**26** 動物
27 表層　**28** 背
29 動物　**30** 桑実
31 大き　**32** 胞胚腔
33 原腸　**34** 原腸
35 神経　**36** 神経板
37 神経管　**38** 表皮
39 神経管　**40** 体節
41 腎節　**42** 側板
43 2細胞　**44** 8細胞
45 桑実　**46** 胞胚腔
47 胞　**48** 原腸
49 原口　**50** 胞胚腔
51 原口　**52** 原腸
53 原腸　**54** 卵黄栓
55 外　**56** 中
57 内　**58** 卵黄栓
59 神経　**60** 外
61 中　**62** 脊索
63 腸管　**64** 内
65 神経管

〈p.108～111〉

3 誘導と発生のしくみ

1 局所生体染色
2 原基分布図［予定運命図］
3 神経　**4** 表皮
5 分化　**6** 脊索
7 神経管　**8** 二次胚
9 脊索　**10** 腸管
11 体節　**12** 外胚葉
13 内胚葉　**14** 中胚葉
15 中胚葉　**16** 脊索
17 中胚葉誘導　**18** 表層
19 灰色三日月環
20 原口背唇部［原口背唇］
21 内胚葉　**22** 灰色三日月環
23 背側
24 原口背唇部［原口背唇］
25 神経誘導　**26** 脊索
27 形成体　**28** 表皮
29 神経　**30** 誘導の連鎖
31 神経管　**32** 眼胞
33 眼杯　**34** 角膜
35 原口背唇部［原口背唇］
36 神経管　**37** 眼杯
38 水晶体［レンズ］
39 角膜
40 プログラム細胞死
41 DNA　**42** アポトーシス
43 ネクローシス　**44** 肢芽
45 外胚葉性頂堤［AER］
46 極性化活性帯［ZPA］

ミニテスト

(解き方) [1] 他の部位の分化を**誘導**する部分を**形成体**または**オーガナイザー**とよぶ。
[2] 眼杯や水晶体(レンズ)も形成体の1つである。

答 [1] 形成体［オーガナイザー］
[2] a…水晶体［レンズ］
b…角膜

〈p.112～113〉

4 発生と遺伝子発現

1 核分裂
2 胞胚［細胞性胞胚］
3 蛹　**4** 成虫
5 ビコイド　**6** 母性効果
7 前　**8** 後
9 母性因子　**10** ナノス
11 分節　**12** 調節
13 ホメオティック
14 ホメオティック

ミニテスト

(解き方) [1] ショウジョウバエの未受精卵では，前方にビコイドmRNA，後方にナノスmRNAが**母性効果遺伝子**によってつくられた**母性因子**として局在している。前方ではビコイドmRNAが翻訳されてつくられた**ビコイドタンパク質**の濃度が高くなり，これが胚の前方を決定する。後方ではナノスmRNAが翻訳されてつくられた**ナノスタンパク質**の濃度が高くなり，これが胚の後方を決定する。
[2] ショウジョウバエの各体節に特徴的な構造をつくらせる遺伝子を**ホメオティック遺伝子**という。脊椎動物を含む多くの動物でも，類似する遺伝子群が発見されていて，これらを総称して**ホックス(*Hox*)遺伝子群**という。

答 [1] ビコイドタンパク質
[2] ホメオティック遺伝子［ホックス遺伝子群，*Hox*遺伝子群］

〈p.114～117〉

5 遺伝子を扱う技術

❶ 組換え ❷ 制限
❸ プラスミド
❹ DNAリガーゼ
❺ プラスミド ❻ 制限酵素
❼ トランスジェニック
❽ PCR ❾ 1本鎖
❿ 下
⓫ プライマー[DNAプライマー]
⓬ 帯電
⓭ 電気泳動法[電気泳動]
⓮ 陽[+] ⓯ 短
⓰ 長
⓱ 長さ[大きさ]
⓲ 1 ⓳ プライマー
⓴ ヌクレオチド
㉑ 電気泳動法[電気泳動]
㉒ 塩基配列 ㉓ シーケンサー
㉔ ヒトゲノムプロジェクト
[ヒトゲノム計画]
㉕ RNAシーケンシング解析
[RNAシーケンス]
㉖ cDNA[相補的DNA]
㉗ 転写 ㉘ ES細胞
㉙ iPS細胞

ミニテスト

(解き方) 1 特定の塩基配列の部分でDNAを切断するはさみのような役目をするのが**制限酵素**である。
2 **DNAリガーゼ**はDNA断片を結合させるのりのようなはたらきをする酵素である。
4 水溶液中のDNAは負電荷をもっており，これを利用して電気泳動法でDNAのサイズごとに分離できる。

答 1 制限酵素
2 DNAリガーゼ
3 PCR法[ポリメラーゼ連鎖反応法]
4 電気泳動法[電気泳動]
5 ES細胞[胚性幹細胞]
6 iPS細胞[人工多能性幹細胞]

〈p.118～121〉

6 遺伝子を扱う技術の応用

❶ トランスジェニック
❷ 遺伝子組換え食品
❸ アグロバクテリウム
❹ 遺伝子組換え ❺ カルス
❻ 再分化 ❼ スーパー
❽ トランスジェニック
❾ ベクター ❿ インスリン
⓫ プラスミド ⓬ ワクチン
⓭ タンパク質 ⓮ DNA
⓯ mRNA ⓰ ノックアウト
⓱ オーダーメイド
[テーラーメイド]
⓲ タンパク質 ⓳ 翻訳
⓴ 免疫記憶 ㉑ 病原
㉒ ゲノム編集 ㉓ 切断
㉔ 修復 ㉕ 機能
㉖ DNA型鑑定 ㉗ DNA
㉘ PCR[ポリメラーゼ連鎖反応]
㉙ 電気泳動(法) ㉚ 生態
㉛ アレルギー ㉜ 個人

ミニテスト

(解き方) 2 遺伝子組換えでつくった多収穫のコメなどもある。
3 緑色蛍光タンパク質の英語(green fluorescent protein)の略称。導入する遺伝子と*GFP*遺伝子を含んだDNA断片で遺伝子組換えを行えば，DNAが取り込まれた細胞は発光するので目的の遺伝子が導入されたか否かを判別することができる。
4 特定の遺伝子をはたらかなくすることを**ノックアウト**という。この処理によってできたマウスをノックアウトマウスという。

答 1 遺伝子組換え
2 ダイズ，コメ(ゴールデンライス)，トウモロコシ，トマトなど
3 GFP
4 ノックアウトマウス

4編1章 動物の反応と行動

〈p.126～129〉

1 ニューロンと興奮の伝わり方

❶ 細胞体 ❷ 軸索
❸ 神経繊維 ❹ 樹状突起
❺ 樹状突起 ❻ 細胞体
❼ 軸索 ❽ 神経
❾ 髄 ❿ 無髄神経
⓫ 有髄神経 ⓬ ランビエ
⓭ 神経鞘 ⓮ 髄鞘
⓯ 感覚 ⓰ 介在
⓱ 運動 ⓲ 能動
⓳ K^+[カリウムイオン]
⓴ Na^+[ナトリウムイオン]
㉑ 負[−] ㉒ 正[+]
㉓ 静止 ㉔ 静止
㉕ 活動 ㉖ 活動
㉗ 興奮 ㉘ K^+
㉙ カリウム[K^+] ㉚ 負[−]
㉛ Na^+ ㉜ 正[+]
㉝ 活動 ㉞ K^+
㉟ 活動 ㊱ 伝導
㊲ 両 ㊳ 髄鞘
㊴ 活動 ㊵ 跳躍
㊶ 閾(いき) ㊷ 全か無か
㊸ 発生頻度(ひんど) ㊹ 閾値
㊺ 神経終末 ㊻ 効果器
㊼ 神経伝達 ㊽ 伝達
㊾ アセチルコリン
㊿ シナプス小胞 51 シナプス間隙(かんげき)
52 電位依存性カルシウムチャネル
[電位依存性Ca^{2+}チャネル]
53 (神経)伝達物質依存性イオンチャネル
[リガンド依存性イオンチャネル]
54 伝達

ミニテスト

(解き方) 2 **有髄神経繊維**には絶縁性の高い髄鞘があるため，活動電位は**ランビエ絞輪**から隣のランビエ絞輪へととびとびに伝わり，これを**跳躍伝導**という。

答 1 シナプス
2 跳躍伝導
3 **興奮の伝導**は神経繊維中を**活動電流**が流れることで興奮が両方向へ伝わる。

興奮の伝達は，**シナプス**で，**神経伝達物質**によって興奮が一方向にのみ伝わる。

〈p.130～133〉

2 受容器

(1) 受容器[感覚器]
(2) 感覚
(3) 適
(4) 感覚
(5) 感覚中枢
(6) 感覚
(7) 網膜
(8) 前庭
(9) 半規管
(10) 嗅
(11) 味覚芽
(12) 効果器
(13) 虹彩
(14) 水晶体[レンズ]
(15) 網
(16) 視細胞
(17) 視
(18) 大
(19) 虹彩
(20) 網膜
(21) 盲斑
(22) 角膜
(23) 水晶体[レンズ]
(24) 黄斑
(25) 右
(26) 錐体
(27) 黄斑
(28) 桿体(かんたい)
(29) 盲斑
(30) 桿体細胞
(31) 錐体細胞
(32) 暗
(33) 明
(34) 収縮
(35) 厚
(36) ゆるむ[弛緩する]
(37) 薄
(38) 視交叉
(39) 左
(40) 右
(41) 鼓
(42) うずまき
(43) コルチ器
(44) 大
(45) 耳小骨
(46) 半規管
(47) 前庭
(48) うずまき管
(49) 基底膜
(50) コルチ器
(51) 感覚毛
(52) 前庭
(53) 半規管
(54) 平衡[平衡感]
(55) 半規管
(56) 味覚芽
(57) 味
(58) うま
(59) 嗅上皮
(60) 嗅
(61) 繊毛[嗅繊毛]
(62) 味細胞
(63) 味神経
(64) 嗅細胞
(65) 繊毛[嗅繊毛]

ミニテスト

(解き方) [2] **ア** 光を屈折させるのは**角膜**と**水晶体**である。水晶体は**レンズ**ともよばれる。
ウ・エ からだの回転を感知するのは**半規管**である。半規管は左右の耳に3つずつある。

答 [1] (a)眼[網膜]
(b)耳[うずまき管，コルチ器]
(c)耳[前庭]　(d)耳[半規管]
(e)鼻[嗅上皮]
[2] イ

〈p.134～136〉

3 中枢神経系と末梢神経系

(1) 中枢
(2) 脳
(3) 末梢
(4) 体性
(5) 感覚
(6) 自律
(7) 大脳
(8) 延髄
(9) 脳幹
(10) 大
(11) 小
(12) 間
(13) 延髄
(14) 白質
(15) 灰白質
(16) 新皮質
(17) 前頭
(18) 後頭
(19) 随意
(20) 海馬
(21) 大脳髄質
(22) 大脳皮質
(23) 小脳
(24) 脳幹
(25) 間脳
(26) 視床下部
(27) 自律
(28) 中脳
(29) 延髄
(30) 白質
(31) 灰白質
(32) 31
(33) 感覚神経
(34) 運動神経
(35) 運動神経
(36) 脊髄反射
(37) 大脳
(38) 延髄
(39) 灰白
(40) 白
(41) 脊髄
(42) 瞳孔
(43) 反射弓
(44) 中枢
(45) 脳神経
(46) 脊髄
(47) 末梢神経系
(48) 脳
(49) 脊髄

ミニテスト

(解き方) [1] **中脳**は瞳孔の大きさの調節，眼球運動，姿勢保持の中枢としてはたらく。**瞳孔反射**は中脳から命令が出ている反射の代表例である。
[2] **小脳**は**随意運動**(意識してからだを動かす運動)の調節やからだの平衡保持の中枢としてはたらく。
[3] **延髄**は呼吸運動や心臓の拍動，だ液の分泌などの消化器の機能の中枢としてはたらく。

答 [1] 中脳
[2] 小脳
[3] 延髄

〈p.137～139〉

4 効果器

(1) 横紋
(2) 平滑
(3) 筋繊維
(4) 筋原
(5) 明帯
(6) 暗帯
(7) Z
(8) サルコメア
(9) アクチンフィラメント
(10) ミオシンフィラメント
(11) 筋繊維[筋細胞]
(12) 筋原繊維
(13) 明帯
(14) 暗帯
(15) サルコメア[筋節]
(16) ミオシンフィラメント
(17) アクチンフィラメント
(18) ATP
(19) ミオシン
(20) アクチン
(21) 滑り
(22) 暗
(23) 明
(24) トロポミオシン
(25) アセチルコリン
(26) 筋小胞体
(27) トロポニン
(28) ミオシン
(29) 単
(30) 完全強縮
(31) 収縮期
(32) 弛緩期
(33) 呼吸
(34) クレアチンリン酸
(35) ATP
(36) 外分泌腺
(37) 内分泌腺
(38) 発光

ミニテスト

(解き方) [3][4] アクチンフィラメントとミオシンフィラメントはいずれもそれ自体の長さは変化しない。**暗帯**はミオシンフィラメントが存在する部分，**明帯**はアクチンフィラメントがミオシンフィラメントと重なっていない部分なので，筋収縮時には明帯だけ幅が狭くなる。

答 [1] 筋繊維
[2] サルコメア[筋節]
[3] 明帯
[4] アクチン，ミオシン
[5] Ca^{2+}[カルシウムイオン]
[6] ATP

〈p.140～143〉

5 動物の行動

❶ 生得的
❷ かぎ刺激［鍵刺激］
❸ かぎ刺激［鍵刺激］
❹ 固定的動作パターン［定型的運動パターン］
❺ 攻撃(する)　❻ 求愛(する)
❼ 定位　❽ 走性
❾ 正　❿ 負
⓫ 音　⓬ 地磁気
⓭ コミュニケーション［情報伝達］
⓮ フェロモン　⓯ 性
⓰ 道しるべ　⓱ 円形
⓲ 8の字　⓳ 学習
⓴ 慣れ［馴化(じゅんか)］　㉑ 学習
㉒ カルシウム［Ca^{2+}］
㉓ 減少　㉔ 慣れ［馴化］
㉕ 減少　㉖ 長期
㉗ 脱慣れ　㉘ 鋭敏化［感作(かんさ)］
㉙ 長期　㉚ 連合学習
㉛ 無条件　㉜ 条件
㉝ 無条件　㉞ 無条件
㉟ 条件　㊱ 無条件
㊲ 条件　㊳ 自発的
㊴ 経験　㊵ 洞察［見通し］
㊶ 長さ

ミニテスト

(解き方) 1 イトヨの雄は繁殖期に腹部が赤い婚姻色となる。これは同種の雄にとって**かぎ刺激(信号刺激)**となり，攻撃して追い払う行動をとる。なお，形がイトヨと違う模型でも，下部が赤色ならばかぎ刺激となる。

2 性フェロモンや道しるべフェロモンなどのように，体外に放出されて同種の個体に特有の行動を起こさせる化学物質を**フェロモン**という。

3 一度生じた慣れが解除されることを**脱慣れ**という。また，弱い水管への刺激でもえら引っ込め反射が起こるようになることを**鋭敏化**という。

答 1 腹部が赤いこと。
2 フェロモン
3 脱慣れ・鋭敏化を起こす。

4編2章

植物の環境応答

〈p.146～147〉

1 植物の生殖と発生

❶ 花粉　❷ 胚のう
❸ 花粉母細胞　❹ 1
❺ 花粉母細胞　❻ 花粉四分子
❼ 精細胞　❽ 胚のう母細胞
❾ 胚のう細胞　❿ 極核
⓫ 卵細胞　⓬ 卵細胞
⓭ 重複受精　⓮ 受粉
⓯ 花粉管　⓰ 精細胞
⓱ 卵細胞　⓲ 胚
⓳ 極核　⓴ 胚乳
㉑ 極核　㉒ 卵細胞
㉓ 精細胞　㉔ 幼芽
㉕ 胚　㉖ 胚乳核
㉗ 胚乳　㉘ 珠皮
㉙ 有胚乳　㉚ 無胚乳
㉛ 胚乳　㉜ 子葉
㉝ 珠皮　㉞ 胚乳
㉟ 子葉

〈p.148～149〉

2 発芽の調節

❶ アブシシン酸　❷ 休眠
❸ ジベレリン　❹ 発現
❺ デンプン　❻ 呼吸［代謝］
❼ 胚乳　❽ 光発芽
❾ 暗発芽　❿ する
⓫ しない　⓬ 赤色
⓭ 光受容体　⓮ フィトクロム
⓯ フォトトロピン
⓰ クリプトクロム
⓱ フィトクロム　⓲ 赤色
⓳ 遠赤色　⓴ 抑制
㉑ 促進　㉒ Pfr
㉓ Pr　㉔ 赤色
㉕ 遠赤色　㉖ 促進
㉗ 抑制

ミニテスト

(解き方) 1 植物の生育に適さない環境で発芽しないように，発芽を抑制して休眠を維持するのが**アブシシン酸**である。

2 生育に適した条件になると分泌され，発芽を促進するのが**ジベレリン**である。

答 1 アブシシン酸
2 ジベレリン

〈p.150～155〉

3 植物の成長と植物ホルモン

❶ 伸長［成長］
❷ フォトトロピン
❸ 右　❹ 左
❺ 正　❻ オーキシン
❼ 細胞壁　❽ 縦
❾ 極性　❿ 基
⓫ 下　⓬ 極性
⓭ 抑制　⓮ 頂芽優勢
⓯ 促進　⓰ 抑制
⓱ オーキシン　⓲ 抑制
⓳ 促進　⓴ 抑制
㉑ 促進　㉒ 抑制
㉓ 下　㉔ 負
㉕ 根冠　㉖ 正
㉗ 伸長　㉘ 子房
㉙ 促進　㉚ 抑制
㉛ 縦［頂端部－基部］
㉜ 促進　㉝ 成熟
㉞ 老化　㉟ 落葉
㊱ 抑制　㊲ 老化
㊳ 閉じる　㊴ オーキシン
㊵ ジベレリン　㊶ エチレン
㊷ アブシシン酸　㊸ する
㊹ しない　㊺ する
㊻ 先端［頂端］　㊼ する
㊽ しない　㊾ する
㊿ しない　51 遮断
52 通過　53 左
54 右　55 左
56 オーキシン
57 インドール酢酸
58 屈性　59 正
60 負　61 光屈性
62 重力　63 水分屈性
64 傾性　65 接触傾性
66 温度傾性　67 成長
68 膨圧

ミニテスト

(解き方) 1 頂芽での成長が盛んなときに，側芽の成長が抑制されることを**頂芽優勢**という。これは，頂芽で合成された**オーキシン**が下方に移動して，側芽の成長を抑制するからである。

[3] 種子の**休眠を維持**し，発芽を抑制するのは**アブシシン酸**である。これに対して，休眠を打破して**発芽を促進**するのは**ジベレリン**である。

[4][5] **ジベレリン**は，細胞壁を構成するセルロースの繊維が横方向に多く合成されるように作用する。そのため，オーキシンが作用したときに細胞が縦方向に**伸長成長**する。

一方，**エチレン**は細胞壁を構成するセルロースの繊維が縦方向に多く合成されるように作用する。そのため，オーキシンが作用したときに細胞が横方向に**肥大成長**する。

答 [1] オーキシン
[2] 根
[3] アブシシン酸
[4] ジベレリン
[5] エチレン
[6] (正の)光屈性

〈p.156～157〉

4 環境変化に対する応答

❶ 細胞死　❷ エチレン
❸ 乳液　❹ 捕食
❺ エチレン　❻ 消化
❼ 孔辺　❽ 厚
❾ K^+［カリウムイオン］
❿ 水　⓫ 開く
⓬ 閉じる
⓭ フォトトロピン
⓮ 流入　⓯ アブシシン酸
⓰ 流出
⓱ フォトトロピン
⓲ アブシシン酸　⓳ 上昇
⓴ 降下

ミニテスト

(解き方) [1] 青色光を受容する光受容体はフォトトロピンとクリプトクロム(→本冊p.149)である。このうち，気孔の開閉に関係するのは**フォトトロピン**である。フォトトロピンが青色光を受容すると，孔辺細胞へのK^+(カリウムイオン)の流入が促進され，水が孔辺細胞に流入するので膨圧が上昇し，気孔が湾曲することで**気孔が開口**する。

[2] 乾燥状態におかれた植物では**アブシシン酸**が合成される。すると，孔辺細胞から外へK^+が流出し，水が流出するので膨圧が低下し，**気孔が閉鎖**する。

答 [1] フォトトロピン
[2] アブシシン酸

〈p.158～161〉

5 花の形成とその調節

❶ 光周性　❷ 限界暗期
❸ 長日　❹ 短日
❺ 中性　❻ 限界暗期
❼ 暗　❽ 限界暗期
❾ しない　❿ する
⓫ 短日処理　⓬ 長日処理
⓭ する　⓮ しない
⓯ しない　⓰ する
⓱ する　⓲ しない
⓳ しない　⓴ する
㉑ フィトクロム
㉒ クリプトクロム
㉓ フロリゲン　㉔ 師
㉕ 花芽　㉖ される
㉗ されない　㉘ 葉
㉙ 短日　㉚ フロリゲン
㉛ 環状　㉜ 師管
㉝ 春化　㉞ 春化処理
㉟ 頂芽　㊱ 側芽
㊲ 茎頂分裂　㊳ 細胞分裂
㊴ 花芽
㊵ ホメオティック
㊶ 花弁　㊷ おしべ
㊸ タンパク質
㊹ ホメオティック
㊺ 花弁　㊻ めしべ
㊼ ホメオティック
㊽ ABCモデル　㊾ がく片
㊿ 花弁　51 おしべ
52 めしべ

ミニテスト

(解き方) [1] 短日植物は，夏至を過ぎて昼が短くなり暗期が長くなっていく季節に花芽が形成される。

[2] **フロリゲン(花成ホルモン)**は，花芽を形成する植物ホルモンの一種であると想定されていたが，その正体が高分子のタンパク質であることが解明されたため，現在では植物ホルモンには含めないこともある。

答 [1] **ウ**
[2] フロリゲン［花成ホルモン］
[3] ABCモデル

〈p.162～163〉

6 果実の成熟・器官の老化と脱落

❶ジベレリン　❷種なし
❸オーキシン　❹エチレン
❺細胞壁分解酵素
❻フィトクロム　❼アブシシン酸
❽クロロフィル　❾転流
❿エチレン　⓫離層
⓬低下　⓭早く
⓮エチレン

ミニテスト

(解き方) 1 受粉の刺激によりめしべで合成される**ジベレリン**のはたらきによって，子房が成長して果実になる。種なしブドウは，ジベレリンのはたらきにより，受粉していない花の子房を果実にすることで生産される。
2 **エチレン**は常温では気体であり，成熟した果実から放出される。そのため，成熟したリンゴを近くに置いておくと，未成熟なリンゴやバナナが成熟する。

答 1 ジベレリン
2 エチレン

5編1章
生態系と環境

〈p.168～171〉

1 個体群と環境

❶個体群　❷生物群集
❸環境要因　❹非生物的
❺温度　❻作用
❼環境形成作用　❽相互作用
❾生態系　❿作用
⓫環境形成作用　⓬生物群集
⓭ランダム　⓮一様
⓯集中　⓰個体数
⓱区画　⓲標識再捕
⓳再捕獲された標識個体数
⓴密度　㉑成長
㉒成長曲線　㉓S字(状の)
㉔一定になる　㉕食物
㉖排出物　㉗環境収容
㉘成長曲線　㉙密度効果
㉚相変異　㉛孤独
㉜群生　㉝長
㉞短　㉟生命表
㊱生存曲線　㊲晩死
㊳保護　㊴齢構成
㊵年齢ピラミッド
㊶幼若[若齢]　㊷安定
㊸老齢[つぼ]　㊹生殖

ミニテスト

(解き方) 1 非生物的環境が生物に影響を及ぼすことを**作用**といい，逆に，生物が非生物的環境に影響を与えることを**環境形成作用**という。同種や異種の生物が，互いに影響を与えあうことを**相互作用**という。
2 **個体群密度**は，単位面積や単位体積あたりの個体数である。
4 個体群密度の変化が，個体の発育・形態や，個体群の成長に影響を及ぼすことを**密度効果**といい，密度効果によってワタリバッタが孤独相⇄群生相と変化するような現象を**相変異**という。
5 **生命表**は，卵または子が1000個体生まれたとして，寿命に至るまでの各時期での生存個体数を示した表。これをグラフ化したものを**生存曲線**といい，このグラフの傾向から**早死型**，**平均型**，**晩死型**の3つに大別される。
6 **齢構成**は，個体群を構成する個体の，年齢層ごとの個体数(またはその割合)。これを横長の帯グラフにして若年層を下，老齢層を上に積み上げるとピラミッド形になることが多いので，**年齢ピラミッド**という。

答 1 相互作用
2 個体群密度

$$=\frac{\text{個体群を構成する個体数}}{\text{生活する面積または体積}}$$

3 区画法，標識再捕法
4 密度効果
5 生存曲線
6 年齢ピラミッド

〈p.172～174〉

2 個体群内の相互作用

❶ 食物　❷ 種内競争
❸ 群れ　❹ 縄張り
❺ 食物　❻ 食物
❼ 行動圏　❽ 順位
❾ 順位制　❿ ハレム
⓫ 一夫多妻(制)　⓬ 社会性
⓭ コロニー　⓮ 雌
⓯ 雌　⓰ 雄
⓱ 近親　⓲ ヘルパー
⓳ 共同繁殖　⓴ 遺伝子

ミニテスト

(解き方) 1「占有する」なので，他個体を排除して生活するということ。したがって，行動圏ではなく**縄張り(テリトリー)**が正解。縄張りをもつ個体が排除するのは同種の個体(繁殖縄張りの場合は同種で同性の個体)のみである。

2 **社会性昆虫**(ミツバチやアリ，シロアリなど)にはいずれも繁殖専門の個体がいる。多くの場合，1個体の「女王」が卵を産み続け，コロニーの個体のほとんどすべてが「女王」の子で構成される。

答 1 縄張り[テリトリー]
2 社会性昆虫

〈p.175～177〉

3 個体群間の相互作用

❶ 種間競争　❷ 競争的排除
❸ すみわけ　❹ 捕食者
❺ 被食者　❻ 食物連鎖
❼ 増加　❽ 減少
❾ 周期　❿ 生態的地位
⓫ 生態的同位種　⓬ 共生
⓭ 寄生　⓮ 片利
⓯ 宿主　⓰ 種内競争
⓱ 大き　⓲ 光
⓳ 種間競争　⓴ 生産構造
㉑ ソバ　㉒ ヤエナリ

ミニテスト

(解き方) 1 **生態的地位(ニッチ)**の似た種が，異なる生活空間にすむことで共存するのが**すみわけ**であり，異なる食物を食べることで共存するのが**食いわけ**である。このように，生活に必要な資源が大きく重ならないようになっていることを，**ニッチの分割**という。

2 食うことを捕食といい，食べる側の動物を**捕食者**という。これに対して，食われることを被食といい，食べられる側の動物や植物を**被食者**という。

3 ある生物の種が生物群集の中で占める位置(生活様式や栄養段階，他種の生物との関係などを総合したもの)を**生態的地位(ニッチ)**という。この生態的地位が同じ種が**生態的同位種**であり，同じ地域にいると種間競争の末，一方が他方を駆逐する**競争的排除**が起こることが多い。

4 共生関係にある両方が利益を受ける場合を**相利共生**，共生関係にある一方だけが利益を受け，もう一方が利益も不利益も受けない場合を**片利共生**という。

答 1 すみわけ
2 被食者
3 生態的同位種
4 相利共生

〈p.178～182〉

4 生態系の物質生産と物質循環

❶ 現存　❷ 総生産
❸ 純　❹ 総生産
❺ 呼吸　❻ 現存
❼ 純　❽ 被食
❾ 不消化排出　❿ 同化
⓫ 呼吸　⓬ 被食
⓭ 死亡[死滅]　⓮ 生産者
⓯ 一次消費者　⓰ 総生産量
⓱ 同化量
⓲ 二酸化炭素[CO_2]
⓳ 生産
⓴ 光合成[炭酸同化]
㉑ 有機物
㉒ 食物連鎖[食物網]
㉓ 呼吸　㉔ 分解
㉕ 二酸化炭素[CO_2]
㉖ 光合成[炭酸同化]
㉗ 呼吸　㉘ 生産者
㉙ 一次消費者　㉚ 分解者
㉛ 化石燃料　㉜ 生産
㉝ 化学　㉞ 熱
㉟ 熱　㊱ 同化
㊲ 同化　㊳ タンパク質
㊴ 窒素固定
㊵ アゾトバクター
㊶ 硝酸　㊷ 硝化
㊸ 硝酸　㊹ 植物
㊺ 窒素同化
㊻ 食物連鎖[食物網]
㊼ アンモニウム　㊽ 脱窒
㊾ 脱窒素　㊿ 生産者
51 植物食性動物[植食(性)動物]
52 根粒　53 窒素同化
54 硝化　55 窒素固定
56 シアノバクテリア[ネンジュモ]
57 窒素同化　58 硝酸還元
59 NH_4^+[アンモニウムイオン]
60 グルタミン酸　61 アミノ基
62 タンパク質　63 クロロフィル
64 グルタミン酸　65 グルタミン酸
66 アミノ基転移　67 亜硝酸
68 硝酸　69 窒素固定
70 窒素[N_2]
71 NH_4^+[アンモニウムイオン]
72 クロストリジウム
73 窒素固定細菌　74 共生
75 NH_4^+[アンモニウムイオン]

⑯ NH_4^+[アンモニウムイオン]
⑰ 根粒菌　⑱ アミノ酸

ミニテスト

(解き方) 1 2 **純生産量**は総生産量－呼吸量で示され，**成長量**は純生産量から被食量と枯死量を引いた値で示される。

3 **消費者の同化量**は，摂食量-不消化排出量で求められる。さらに，同化量から呼吸量を引いた値が**消費者の生産量**で，消費者の成長量は生産量から被食量と死亡量を引いた値で示される。

4 エネルギーは，生物の活動により**熱エネルギー**として生態系外に出ていくため，**循環しない**。

6 植物は，**硝化菌**によってつくられたNO_3^-を根から水とともに取り入れ，葉の葉緑体で還元してNH_4^+にして利用する。また，量的には少ないが，土中のNH_4^+を直接根から水とともに吸収して利用することもある。

7 **窒素固定細菌**は，**ニトロゲナーゼ**という酵素をもっているため，N_2からNH_4^+をつくることができ，この過程を**窒素固定**という。

8 **根粒菌**は，**マメ科植物**と**共生**したときだけ窒素固定を行うことができる。根粒菌は窒素固定によってできたNH_4^+をマメ科植物に提供し，マメ科植物は光合成によってできた有機物を根粒菌に提供して，共生している。

答 1 生産者の純生産量
＝総生産量－呼吸量

2 生産者の成長量
＝純生産量－(被食量＋枯死量)
[生産者の成長量＝総生産量
－(呼吸量＋被食量＋枯死量)]

3 消費者の成長量
＝生産量－(被食量＋死亡量)
[消費者の成長量＝同化量
－(呼吸量＋被食量＋死亡量)，
または，消費者の成長量
＝摂食量－(不消化排出量
＋呼吸量＋被食量＋死亡量)]

4 エネルギー

5 大気中の窒素ガス(N_2)

6 NO_3^-[NH_4^+]

7 N_2からNH_4^+をつくる過程

8 根粒菌

〈p.183～187〉

5 生態系と生物多様性

❶ 多様性　❷ 生態系
❸ 種　❹ 遺伝的
❺ 高　❻ 攪乱
❼ 絶滅　❽ 分断
❾ 孤立　❿ 近交弱勢
⓫ 近親　⓬ 絶滅
⓭ 遺伝的
⓮ 外来生物[外来種]
⓯ 在来生物[在来種]
⓰ 絶滅　⓱ 特定外来
⓲ 減少　⓳ 拡大
⓴ 多　㉑ 植物
㉒ 富栄養　㉓ 捕食
㉔ 褐虫藻
㉕ 植物プランクトン
㉖ 生態系　㉗ 保全
㉘ 生物多様性
[生物の多様性に関する]
㉙ 優占　㉚ 高く
㉛ A　㉜ 再導入
㉝ ハイイロオオカミ
㉞ トキ　㉟ サケ
㊱ 遊水地
㊲ ホットスポット
㊳ ワシントン　㊴ 絶滅危惧
㊵ 愛知　㊶ SDGs
㊷ 17　㊸ 2030

ミニテスト

(解き方) 1 生物多様性は，規模の大きいものから順に，**生態系多様性**，**種多様性**，**遺伝的多様性**の3つの観点に分けて考えられる。

2 生物多様性を減少させる要因としては**攪乱**(かくらん)，個体群の生息地の**分断化**と**孤立化**による遺伝的多様性の低下，**外来生物**の侵入，**地球温暖化**による生物種の生息範囲の減少と適応力の限界による生物種の減少などがある。

答 1 (a)種多様性
(b)生態系多様性
(c)遺伝的多様性

2 (a)攪乱
(b)(生息地の)分断化
(c)孤立化

3 絶滅危惧種[絶滅のおそれのある野生動物の種]

練習問題・定期テスト対策問題の解答

1編　生物の進化

練習問題

1章　生物の起源と進化

1 (1) 二酸化炭素，二酸化硫黄，窒素，水蒸気のうち3つ　(2) アミノ酸，糖，塩基

(3) 熱水噴出孔　(4) 自己増殖をする，代謝を行う，細胞膜をもつのうち1つ

2 (1) ①光合成細菌，②化学合成細菌，③シアノバクテリア，④酸素，⑤紫外線，⑥オゾン

(2) 従属栄養生物　(3) 独立栄養生物　(4) 呼吸

3 (1) ①地質，②先カンブリア，③紀

(2) ⅰ)b，c，ⅱ)a，d，f，ⅲ)e

4 (1) (h)→(a)→(c)→(e)→(b)→(d)→(g)→(f)

(2) (ア)染色体，(イ)紡錘糸，(ウ)紡錘体

(3) (a)第一分裂前期，(d)第二分裂中期，(e)第一分裂後期，(g)第二分裂後期　(4) $2n=4$

(5) ①相同染色体，②$A-B$，$A-b$，$a-B$，$a-b$

5 (1)

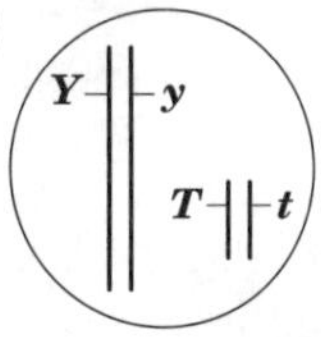

(2) $YYTT$，$YYtt$，$yyTT$，$yytt$

(3)

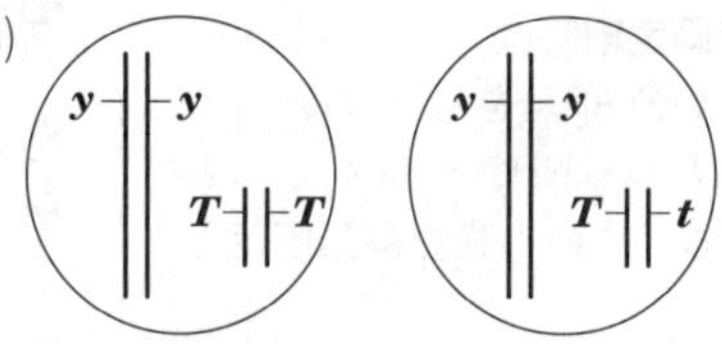

6 (1) 中立説　(2) ①ウ，②ア

（解き方）

1 (1)(2)　ミラーが無機物からアミノ酸などの有機物が生成することを実験で確かめた当時，原始大気の成分はメタン，アンモニア，水素，水蒸気であると考えられていた。しかし，現在では原始大気の成分は，現在の大気の主成分でもあるN_2のほか，CO_2，SO_2，H_2Oなどであったと考えられている。この成分をミラーの実験装置に入れた場合でもアミノ酸などが生成することがわかっている。

(4)　生物の重要な特徴は，**自己増殖**すること，**代謝系**をもつこと，**細胞膜**をもち一定のまとまりをつくることなどである。

2 (1)　原始生命は，無酸素環境での従属栄養生物または独立栄養生物から始まったと考える説がある。呼吸を行う生物は，光合成細菌やシアノバクテリアといった光合成を行う独立栄養生物が発展し，海水中や大気中の酸素が増加した後に出現したと考えられている。

(4)　酸素を利用する生物は，有機物をCO_2になるまで完全に酸化分解し，酸素を利用しない場合に比べて多くのエネルギーを得ることができる。

3 (1)　**古生代**は，カンブリア・オルドビス・シルル・デボン・石炭・ペルム(二畳)紀の6つの紀に，**中生代**は三畳(トリアス)・ジュラ・白亜紀の3つの紀に，**新生代**は古第三紀・新第三紀・第四紀に分けられる。

(2)　三葉虫とフズリナ・木生シダは古生代，アンモナイト・始祖鳥・ティラノサウルス(恐竜)は中生代，マンモスや化石人類は新生代の示準化石である。

4 (5)　これが(a)の時期(第一分裂前期)になると相同染色体が対合し，**二価染色体**とよばれるものになる。減数分裂で配偶子ができるとき，各配偶子は対となる染色体の片方ずつをもつ。

5 (1) F_1はすべて黄色・頂生で，その自家受精でできるF_2の表現型の比が，**9：3：3：1に分離**していることから遺伝子$Y(y)$と$T(t)$は**独立**していることがわかる。

(2) F_1がつくる配偶子の比は，$YT:Yt:yT:yt=1:1:1:1$である。したがって，この自家受粉でできるF_2の遺伝子型の比は，$YYTT:2YYTt:2YyTT:4YyTt:YYtt:2Yytt:yyTT:2yyTt:yytt$となる。この中で自家受粉で得られる子がすべて同じ形質になるのは，それぞれの対立遺伝子を**ホモ**にもつ$YYTT$，$YYtt$，$yyTT$，$yytt$の4つである。いずれかの対立形質を**ヘテロ**にもつ個体の場合，自家受粉で得られる子には，顕性形質の個体と潜性形質の個体が現れる。

(3) F_2のなかで緑色・頂生の個体は，$yyTT$と$2yyTt$である。このY(y)とT(t)は独立している。

6 (1) 木村資生(もとお)は，生物に生じる突然変異の多くは生存や繁殖に有利でも不利でもなく，偶然に**遺伝子頻度**が増減した結果，一部の遺伝子が集団内に広まる**中立進化**が起こる，という説を提唱した。これを**中立説**という。

(2) ① **自然選択**の考え方は，19世紀半ばにイギリスのダーウィンによって初めて提唱された。現代の進化説は，基本的な部分はダーウィンの考え方を引き継ぎ，当時は解明されていなかった遺伝子や突然変異の知見などを加味したものである。

② **種分化**とは，同種の生物の集団どうしが，異なる環境下に隔離され，新しい種が形成されることである。種分化には，地理的隔離が起きて生殖的隔離が成立する**異所的種分化**と，地理的隔離は起こらず，食べ物の選択性や染色体の変化などから生殖的隔離が成立する**同所的種分化**がある。

2章 生物の系統と進化

1 a…種，b…属，c…科，d…目，e…綱，f…門，g…界，h…学名

2 (1) ①原生生物，②菌，③原核，④ホイッタカー，⑤原核生物[モネラ]

(2) ウーズ

3 (1) ①紅藻類，②緑藻類[シャジクモ類，ミドリムシ類]，③コケ植物，④シダ植物，⑤裸子植物，⑥被子植物

(2) a…②，b…③，c…①，d…⑥，e…⑤，f…④

4 (1) A…刺胞動物，B…軟体動物，C…棘皮(きょくひ)動物，D…原索動物

(2) ア…旧口，イ…新口

(3) ①A，②B，③D，④C　(4) A

5 (1) ①霊長，②直立二足，③手

(2) オ　(3) ウ

解き方

1 ヒト，ネコなどの日本語の名称を**和名**，それに対して*Homo sapiens*といった世界共通の名前を**学名**という。リンネは，ラテン語を使って**種，属，科，目，綱，門，界**のグループの生物の特徴を示し，種名を属名＋種小名で示す**二名法**を提唱した。近年では，界の上にドメインという大きな分類単位ができている。

2 (1) ①，② 生物を動物と植物の2つに大別する二界説は**リンネ**までさかのぼることができる。**ヘッケル**が提唱した三界説では，この動物界と植物界に加えて，菌界ではなく原生生物界を設けている。

④，⑤ **ホイッタカー**と**マーグリス**はいずれも生物を原核生物界・原生生物界・動物界・植物界・菌界の5つの界に分けたが，それぞれ独自の基準による五界説を提唱した。両者の最も大きな違いは原生生物界の扱いであり，ホイッタカーの説では単細胞の真核生物だけを含むのに対し，マーグリスの説では藻類や粘菌類(変形菌類や細胞性粘菌類)なども原生生物界に含めている。

(2) ドメイン説は，ウーズが提唱した，生物を**細菌ドメイン(バクテリアドメイン)**，**アーキアドメイン(古細菌ドメイン)**，**真核生物ドメイン(ユーカリアドメイン)**に分ける考え方。真核生物ドメインには原生生物界，菌界，植物界，動物界が含まれる。

3 (1) ① 光合成を行う生物のうち，**クロロフィルa**のみをもつのはシアノバクテリアと紅藻類である。問題文より原核生物は除かれるので，シアノバクテリアはここでは含まれない。

② **クロロフィルaとb**をもつのは緑藻類，シャジクモ類(車軸藻類)，ミドリムシ類(ユーグレナ藻類)と植物である。系統的に植物に近いのはシャジクモ類であるが，ここでは緑藻類，シャジクモ類，ミドリムシ類のどれか，またはすべてが答えとしてあてはまる。

③，④ 植物で胞子を形成するのが，コケ植物とシダ植物である。**コケ植物**は本体がnの**配偶体**，**シダ植物**は本体が$2n$の**胞子体**である。

⑤，⑥ 種子植物は，胚珠が**子房**に包まれているかどうかで区別され，裸出しているのが裸子植物，子房で包まれているのが被子植物である。

(2) 各グループの代表例は，次の通りである。
- 紅藻類…アサクサノリ，マクサ
- 褐藻類…コンブ
- 緑藻類…アオサ，クロレラ
- コケ植物…ツノゴケ，ゼニゴケ，スギゴケ
- シダ植物…トクサ，スギナ，ヒカゲノカズラ，ヒカゲヘゴ，イワヒバ，ウラジロ，ワラビ
- 裸子植物…イチョウ，ソテツ，マツ，スギ
- 被子植物…サクラ，ユリ，イネ

4 (3) クラゲ，イソギンチャクは刺胞動物，タコ，アサリ，アメフラシは軟体動物，ホヤ，ナメクジウオは原索動物，ヒトデ，ウニ，ナマコは棘皮(きょくひ)動物である。

(4) 図の分類群のうち，海綿動物は無胚葉動物，刺胞動物は二胚葉動物，他はすべてが三胚葉動物である。

5 (1) 哺乳類のなかで，現生のツパイのような**食虫目**が樹上生活を始め，適応していくうちに**霊長類**に分化した。大形霊長類は再び地上生活をするようになり，ゴリラなどに見られるナックルウォーク(こぶしを地面につけて歩く)のような二足歩行から，化石人類の**直立二足歩行**に移行した。これによって前肢は手として道具を使ったりつくったりすることのできる器用さを獲得し，大脳も発達した。

(2) 樹上生活をするためには，距離を正確に測定できる立体視のできる目(**両眼視**)，枝をにぎれる指(**拇(ぼ)指対向性**)，腕を使って枝から枝へ渡り歩く(**腕歩行**)ことができる可動範囲の大きい腕が必要となる。嗅覚は視覚に比べて距離や方向などの情報量が少ないため，視覚の発達とともに退化した。

(3) 眼窩上隆起(がんかじょうりゅうき)は，まゆ付近の頭骨の盛り上がり。

定期テスト対策問題

1

問1	①	ミラー	②	RNA	③	嫌気性細菌	④ 真核生物
問2	好気性細菌	問3	シアノバクテリア				

2

問1	①	酸素	②	原人	問2	有害な紫外線をさえぎる。		
問3	乾燥に耐えるしくみ	重力に対応しからだを支えるしくみ						
問4	時期	デボン紀	グループ	両生類	問5	ウ	問6	ア

3

ア	ジュラ	イ	鳥	ウ	ハ虫	エ	前肢
オ	相同	カ	表皮	キ	相似		

4

問1	a	脊索動物	b	哺乳	c	学名	d	属名	e	目
問2	リンネ	問3	ラテン語							

5

問1	A	②	B	①	C	④	D	③	問2	系統樹

解き方

1 問1 ① **原始大気**のおもな成分は，二酸化炭素・二酸化硫黄・窒素・水蒸気だと考えられており，**ミラー**が想定したものとは異なる。しかし，生物の作用がなくても，無機物だけから有機物ができ得ることを示したという点で，ミラーの実験は意義深いものである。その後，**化学進化**についての研究も進んでおり，原始大気の成分と現在考えられている混合気体からでも，有機物が生成することが確認されている。

② 現在の生物は遺伝物質としてDNA，代謝のための触媒(生体触媒)としてタンパク質を使っているため，この世界を**DNAワールド**という。しかし，DNAワールドができあがる以前の生物の世界は**RNAワールド**であったと考えられている。RNAワールドとは，RNAが遺伝物質であり，かつ，RNAが触媒としても使われている世界である。

③ 最初に地球上に生物が現れたころは，大気中にも水中にも酸素はなかったため，始原生物は**嫌気性**であったと考えられている。また，現在見つかっている最古の生物の化石は，約35億年前のオーストラリアの地層から発見された**原核生物**の微化石である。

④ ミトコンドリアと葉緑体は，宿主となった細胞に原核生物が**細胞内共生**をして生じたと考えられている。

問2・3 **好気性細菌**が嫌気性の宿主細胞に取り込まれ，共生して**ミトコンドリア**となり，**シアノバクテリア**が共生して**葉緑体**になったと細胞内共生説では考えている。葉緑体やミトコンドリアは独自のDNAをもっており，細胞内で分裂して増殖する。また，これら細胞小器官のDNAの塩基配列はいわば古語のように古い形態の塩基配列であることも細胞内共生説を裏付ける証拠とされている。

2 問1 ① 好気性生物の出現やオゾン層形成による生物の陸上進出は，シアノバクテリアや藻類が光合成によって**酸素**を放出したことで可能になった。その酸素は，大気中に放出される前に，まず海水中の鉄の酸化に消費され，このとき沈殿した**酸化鉄**によって巨大な**鉄鉱層**(**縞状鉄鉱床**)が世界各地に形成された。

② 人類は，霊長類のなかから**猿人**，**原人**，**旧人**，**新人**(**ホモ・サピエンス**)と進化してきた。

問2 オゾン層は**紫外線を吸収**して，地表に降り注ぐ有害な紫外線を減少させる。

問3 光は水中では水に吸収されて弱まるため，陸上のほうがはるかに強い光を光合成に利用することができる。しかし陸上は海中と異なり，水が入手しにくく，さらに水の浮力がないため，乾燥に耐え，自らのからだを支えるしくみが必要であった。

問4 植物の陸上進出は**シルル紀**，昆虫類と脊椎動物(両生類)の陸上進出は**デボン紀**である。

問5 **アウストラロピテクス**は420～150万年前に存在した**猿人**で，直立二足歩行をした足跡の化石も見つかっている。

問6 ホモ・ネアンデルターレンシスは**ネアンデルタール人**ともよばれる**旧人**，ホモ・サピエンスは現生人類(**新人**)，ホモ・エレクトスは北京原人やジャワ原人などの**原人**である。

3 ① 始祖鳥は，体温調節のために体表に羽毛をもつようになった恐竜の仲間から出現したと考えられている。

4 問1・2 **リンネ**は18世紀のスウェーデンの博物学者で，属名＋種小名で学名をつける**二名法**を提唱した。ヒトは，動物界・脊索動物門・哺乳綱・霊長目・ヒト科・ヒト属に分類される。

問3 正式な和名(標準和名)は，学名とは違うので注意。学名は世界共通で，基本的にラテン語を用いる。

5 タンパク質のアミノ酸配列を決定しているDNAの塩基配列が遺伝形質のおおもととなる。しかも，一部のウイルスを除き，どの生物でも共通にもっており，この類似性を調べれば分子レベルで類縁関係を調べることができる。DNAに変異が生じる速さは，1つの塩基の置換あたり何(万)年というふうにほぼ一定であるので，置換した塩基の個数から何年前に分岐したものかを推定できる。これを**分子時計**という。

問1 核酸の塩基配列やタンパク質のアミノ酸配列の類似性が高いほど近縁であると判断する。AとBは類似性97%と最も高く，最も近縁と考えられるので，分岐点までの枝が最も短い①と②である。残るC，Dに対して，Aは69%と75%，Bは66%と72%でいずれもAのほうが類似性が高いので，②がAを示していることがわかる。CとDでは，A・Bとの類似性が高いDが③であり，類似性が低いCが④である。

問2 特に問題の図のように生体物質の共通性で求めた類縁関係の系統樹を**分子系統樹**という。

2編 生命現象と物質

練習問題

1章　細胞と物質

❶ (1)b：核，c：ミトコンドリア，f：葉緑体　(2)e：リボソーム　(3)d：リソソーム

❷ (1)リン脂質，タンパク質　(2)ポンプ

❸ (1)(ア)アミノ酸，(イ)ペプチド，(ウ)ヘモグロビン　(2)(エ)アミノ基，(オ)カルボキシ基
(3)20種類
(4)(a)一次構造，(b)αヘリックス，(c)βシート，(d)二次構造，(e)三次構造，(f)四次構造

❹ (1)基質特異性　(2)最適温度，30～40℃　(3)最適pH　(4)①pH2，②pH8，③pH7
(5)補酵素，例…NAD^+[FAD，$NADP^+$でも可]

❺ (1)①活性部位，②酵素－基質複合体，③アロステリック　(2)競争的阻害

❻ (1)細胞骨格　(2)a…アクチンフィラメント，b…微小管，c…中間径フィラメント
(3)①a，②b

解き方

❶ aは粗面小胞体，bは核，cはミトコンドリア，dはリソソーム，eはリボソーム，fは葉緑体，gは液胞である。

(1)(2) 細胞小器官の外側を取り巻く膜が二重になっているのは，核(核膜)，ミトコンドリア，葉緑体の3つである。その他の細胞小器官は一重膜で囲まれているか，リボソームや中心体などのように生体膜で囲まれていない。

(3) ゴルジ体から分離したリソソームは，内部に分解酵素を含み，細胞に不要な物質を含む小胞と融合することで，不要物を分解するはたらきをもつ。細胞が長期間栄養不足状態になると，不要なタンパク質や細胞小器官を取り囲み，オートファゴソームという構造を形成する。この構造にリソソームが融合して内容物を分解し，分解産物が栄養として利用される。このようなはたらきをオートファジー(自食作用)という。

❷ (1) 生体膜は，疎水性の部分が向かい合うように並んだリン脂質の二重構造と，その間にはさまったタンパク質からなる。これを示したモデルを，流動モザイクモデルという。

(2) 輸送タンパク質には，チャネルや担体がある。チャネルはK^+やNa^+，水分子など，特定のイオンや物質を濃度勾配にしたがって通過させる受動輸送を行う。担体には，グルコースのように比較的大きな分子を濃度勾配にしたがって受動輸送するグルコース輸送体(グルコーストランスポーター)などのほか，濃度勾配に逆らう能動輸送を行うポンプがある。なお，ポンプは担体に含まれないこともある。

❸ (1)(4) タンパク質は，多数のアミノ酸がペプチド結合で結合した高分子化合物である。アミノ酸配列を一次構造，αヘリックス(らせん構造)やβシート(ジグザグ構造)などの部分的な立体構造を二次構造，それによってつくられるポリペプチド全体の構造を三次構造，さらに，複数のポリペプチドによってつくられる構造を四次構造という。

(2)(3) アミノ酸は分子の中にアミノ基とカルボキシ基をもつ。タンパク質を構成するアミノ酸は側鎖の違いから20種類ある。

❹ (1) 1種類の酵素は1種類の基質としか反応しない。この酵素の性質を基質特異性という。

(2) 酵素は熱によって変性するため，高温でははたらきを失うものが多い。酵素が最もよくはたらく温度を最適温度といい，ヒトの体内ではたらく酵素ではふつう30～40℃である。

(3)(4) 酵素は酸やアルカリによっても変性するため，それぞれ最もよくはたらく最適pHをもつ。ペプシンはpH2(強酸性)，トリプシンはpH8(弱アルカリ性)，だ液アミラーゼはpH7(中性)付近である。

(5) 酵素の活性部位に結合して酵素活性に関係

する低分子有機物を**補酵素**といい，デヒドロゲナーゼの補酵素には，呼吸ではたらくNAD^+，FADがあり，光合成では$NADP^+$がある。

5 (1) 酵素には特有の立体構造をした**活性部位**があり，ここに基質が結合して**酵素—基質複合体**になると，基質が酵素のはたらきを受けて生成物に変化することで反応が進む。

アロステリック酵素では，活性部位とは別の**アロステリック部位**に阻害物質が結合して酵素の立体構造が変化し，酵素が触媒する化学反応が遅くなる。このような阻害は，阻害物質がアロステリック部位と結合するときに基質と競争しないので，**非競争的阻害**という。

(2) **競争的阻害**では，基質と立体構造が似た物質(阻害物質)が酵素の活性部位に結合し，基質が活性部位に結合するのを妨げる。阻害物質は酵素の活性部位に結合しても変化せず，再び遊離しては，別の酵素の活性部位との間で結合・遊離をくり返している。そのため，基質の濃度が高くなれば，阻害物質によって基質と酵素との結合が邪魔される確率は低下するので，阻害効果が小さくなる。

6 (1)(2) 細胞の形や細胞小器官を支えるタンパク質でできた繊維からなる構造を**細胞骨格**という。細胞骨格には，次の3つがある。

・**アクチンフィラメント**…細胞膜直下に多く存在し，太さ約7nmで細い。

・**中間径フィラメント**…細胞中に網目状に分布していて，細胞や核の形を保持している。太さ約10nmで，3つのうちで中間の太さ。

・**微小管**…細胞内での物質輸送や細胞小器官の移動におけるレールとしてはたらく。太さ約25nmで，3つのうちで最も太い。

(3) ① アメーバ運動や筋収縮に関係するのはアクチンフィラメントである。

② 紡錘糸は中心体から伸びて形成され，微小管からなる。

2章　代謝

1 (1) 解糖系，クエン酸回路，電子伝達系　(2) 基質レベルのリン酸化，酸化的リン酸化
(3) ATP合成酵素　(4) 電子伝達系を流れた電子を受け取るため。
(5) ①乳酸発酵，②アルコール発酵

2 (1) a…ピルビン酸，b…アセチルCoA，c…クエン酸，d…二酸化炭素，e…酸素，f…水
(2) A…ウ，B…ア，C…イ　(3) A　(4) 2分子　(5) 酸化的リン酸化　(6) 脱水素酵素
(7) $C_6H_{12}O_6 + 6H_2O + 6O_2 \longrightarrow 6CO_2 + 12H_2O$

3 (1) 青色から無色　(2) コハク酸脱水素酵素［コハク酸デヒドロゲナーゼ］
(3) コハク酸［コハク酸ナトリウム］　(4) 無色から青色

4 (1) 葉緑体　(2) チラコイド　(3) クロロフィル［クロロフィルa］　(4) 青色，赤色
(5) 光化学系Ⅱ　(6) チラコイド膜　(7) 光リン酸化
(8) カルビン回路［カルビン・ベンソン回路］

5 (1) ①シアノ，②無機物，③化学　(2) Aでは硫化水素，Bでは水が電子を供給する。
(3) NH_4^+…亜硝酸菌，NO_2^-…硝酸菌

解き方

1 (1) 呼吸は，**解糖系→クエン酸回路→電子伝達系**の3つの過程からなる。

(2) 解糖系とクエン酸回路では**基質レベルのリン酸化**，電子伝達系では**酸化的リン酸化**によって，ADP＋リン酸→ATP　の反応が起こる。

(3) H^+は**ATP合成酵素**を通って，濃度勾配にしたがって膜間からマトリックス側へと流れる。この流れを利用して，ATP合成酵素ではADPのリン酸化が行われる。

(4) **NADH**と**$FADH_2$**が運んできた電子とH^+が消費されずに蓄積すると呼吸は止まってしまうが，酸素はこれらを最終的に受け取って水にする**酸化剤**としてはたらく。

(5) **乳酸菌**は**乳酸発酵**を行い，ピルビン酸を乳酸に還元するときに**NADH**を酸化して**NAD^+**とし，解糖系の反応を継続している。

酵母は**アルコール発酵**を行い，ピルビン酸をアセトアルデヒドを経てエタノールに還元するときに**NADH**を酸化して**NAD^+**とし，解糖系の反応を継続している。

2 (1) グルコース(C_6)は解糖系(**A**)で**ピルビン酸**(C_3)になり，クエン酸回路へと進んでいく。

クエン酸回路(**B**)では，ピルビン酸は脱炭酸酵素によってアセチルCoA(C_2)となり，オキサロ酢酸(C_4)と結合して**クエン酸**(C_6)になる。クエン酸は段階的に脱水素酵素，脱炭酸酵素の作用を受け，再びオキサロ酢酸になる。

電子伝達系(**C**)では，解糖系とクエン酸回路で生じた電子とH^+を**酸素**と結合させて水にしつつ，マトリックスと膜間にH^+の濃度勾配をつくり出し，これを利用してATP合成酵素によりATPを合成している。

(2) 解糖系は**細胞質基質**，クエン酸回路は**ミトコンドリアのマトリックス**，電子伝達系は**ミトコンドリアの内膜**で行われる。

(3) 解糖系の過程は，アルコール発酵・乳酸発酵・筋肉などでの解糖と共通している。

(4)，(5) 解糖系やクエン酸回路では，基質レベルのリン酸化によってそれぞれグルコース1分子あたり2分子のATPが生成し，電子伝達系では，**酸化的リン酸化**によって約28分子のATPが生成する。

(6) 図中の○は脱水素酵素の補酵素である**NAD**(**ニ**コチンアミド **ア**デニン **ジ**ヌクレオチド)や**FAD**(**フ**ラビン **ア**デニン **ジ**ヌクレオチド)であり，H^+を運ぶ役割がある。

(7) ここでは化学反応式が問われているので，呼吸で合成されるATPは入れなくてよい。

3 (1)，(2) 副室に入れたメチレンブルーは，酸化型メチレンブルー(青色)である。この状態のメチレンブルーの水溶液をコハク酸ナトリウムの水溶液とともに主室内に流し込むと，主室内の液は無色になる。

胸筋をすりつぶした液には，呼吸に関するすべての酵素が存在している。このすりつぶした液をろ紙でろ過すると，水溶性の物質だけがろ液となり，ほぼ無色透明の液になる。そのろ液には，呼吸に関するすべての酵素が含まれている(呼吸以外の反応の酵素も含まれている)。

しかし，反応の基質として加えられた物質は，コハク酸ナトリウムだけなので，主室内ではたらく酵素は，コハク酸を基質とするコハク酸脱水素酵素だけといえる。

コハク酸脱水素酵素はコハク酸からフマル酸を生成する過程で，**$FADH_2$**を生成する。生じた$FADH_2$は，酸化型メチレンブルー(青色)を還元して，還元型メチレンブルー(無色)に変え，自らはFADにもどる。このようにして，主室内の無色透明の液は，青色へと変わる。

(3) ここではたらく酵素は，コハク酸脱水素酵素であり，反応の基質はコハク酸(ナトリウムは基質にはならない)で，生成物はフマル酸と水素である。水素は**FAD**と結合するが，FADは補酵素であり，基質ではない。また，水素は生成物ではあるが有機物ではない。

(4) 副室を主室から分離すると，外気(空気)が主室に入る。外気中の酸素は，還元型メチレンブルー(無色)を酸化して，酸化型メチレンブルー(青色)に変化させる。その結果，主室の水溶液は青色から無色透明にもどる。

4 (4) 光合成色素の吸収スペクトルを調べてみると，**赤色光**と**青色光**が強く吸収され，この波長で作用スペクトルも大きくなるので，赤色光と青色光を利用していると考えられる。

(5) **光化学系Ⅱ**では，反応中心のクロロフィルが光エネルギーを受け取ると電子が電子伝達系へ飛び出し，飛び出した電子を補充するのに水の分解によって生じた電子を利用している。

(7) 光エネルギーを利用してATPを生産する過程を**光(こう)リン酸化**という。

(8) 二酸化炭素は**ストロマ**で進行する**カルビン回路**(カルビン・ベンソン回路)で固定される。

5 (1) 炭酸同化を行う独立栄養の細菌には，光エネルギーで炭酸同化をする**光合成細菌**と，無機物を酸化するときに発生する化学エネルギーで炭酸同化をする**化学合成細菌**がいる。

(2) 光合成細菌には，グルコース($C_6H_{12}O_6$)を合成するときに，CO_2を還元する水素の供給源に**硫化水素**(H_2S)を利用する緑色硫黄細菌，紅色硫黄細菌と，**水**(H_2O)を利用するシアノバクテリアがいる。

(3) アンモニウムイオン($NH_4{}^+$)を酸化して亜硝酸イオン($NO_2{}^-$)にするときの化学エネルギーで炭酸同化を行うのは**亜硝酸菌**である。亜硝酸イオン($NO_2{}^-$)を硝酸イオン($NO_3{}^-$)にするときの化学エネルギーで炭酸同化を行うのは**硝酸菌**である。

定期テスト対策問題

1

問1	(立体構造が変化して)酵素タンパク質が変性し，失活するため。					
問2	ア	①	イ	②	ウ	③
問3	すべての酵素が基質と結合しているため。(19字)					

2

問1	薄層クロマトグラフィー	問2	葉緑体	問3	a	ウ	b	エ
問4	①	カロテン	②	クロロフィルa	③	クロロフィルb	④	キサントフィル

3

問1	A	ATP	B	ピルビン酸	C	クエン酸	D	エタノール
問2	Ⅰ	解糖系	細胞質基質[サイトゾル]	Ⅱ	クエン酸回路	ミトコンドリアのマトリックス		
	Ⅲ	電子伝達系	ミトコンドリアの内膜	問3	a 16	b 6	c 12	
問4	$C_6H_{12}O_6 + 6H_2O + 6O_2 \longrightarrow 6CO_2 + 12H_2O$							
問5	X	乳酸発酵	乳酸菌	Y	アルコール発酵	酵母		
問6	発酵							

4

問1	a	水	b	酸素	c	二酸化炭素	d	水
	e	$C_6H_{12}O_6$						
問2	A	エ	B	イ	C	ア	D	ウ
問3	①	A	②	B，C，D				
問4	①	A，B，C	②	D				

(解き方)

1 **問2** ペプシンは塩酸を含む酸性の胃液の中で作用するため，最適pHは約2である。だ液などに含まれるアミラーゼは中性(pH7近辺)，腸ではたらくトリプシンは弱アルカリ性環境下(pH8近辺)で最もよくはたらく。

問3 低い基質濃度の範囲では，基質濃度が高いほど酵素分子が基質と結合しやすくなるので反応速度は上昇する。しかし，すべての酵素が常にはたらいている状態(カタラーゼは1秒間に100万回基質を分解することができる)では，それ以上基質をふやしても反応速度は上昇しない。

2 **問1** ろ紙を使う場合をペーパークロマトグラフィー，TLCシートを使う場合を薄層クロマトグラフィーという(TLはthin layer = 薄い層，Cはchromatographyの頭文字)。

3 **問1** Bは**ピルビン酸**であり，呼吸と発酵に共通する中間産物である。

問2 呼吸は，**解糖系→クエン酸回路→電子伝達系**の順に進み，解糖系の過程は発酵と共通する。

クエン酸回路はミトコンドリアの**マトリックス**(基質)で進行する。光合成のカルビン回路も葉緑体のストロマで進行するので，**回路の反応は基質(液体)中で起こる**点が共通している。

電子伝達系は，呼吸でも光合成でも**電子が膜を伝わって起こる**点が共通し，呼吸では**ミトコンドリアの内膜**，光合成では**葉緑体のチラコイド膜**で起こる。

問5 アルコール発酵(**Y**)では，エタノールと二酸化炭素が生じる。

4 **問2** **A**はクロロフィルの活性化(光化学系)，**B**は水の分解と，取り出されたH^+を使っての還元物質(**NADPH**)の生成である。**C**はATPの生成(ADPの光リン酸化)で，光化学系Ⅱと光化学系Ⅰをつなぐ電子伝達系で生じたH^+の濃度勾配を使って行われる。**D**はカルビン回路であり，二酸化炭素の固定が行われる。

問3 光合成の反応のなかで，光エネルギーによる光化学反応は，クロロフィルなどの光合成色素を活性化する反応(**A**)だけである。これ以外は酵素による化学反応であり，温度によって反応速度は左右される。光合成全体でみれば，真っ暗な状態で**A**の反応が止まれば**B**～**D**に必要な物質の供給も止まるので**A**～**D**すべてが影響を受けることになるが，ここでは光や温度以外の条件が十分なものとして**A**～**D**それぞれ単独で考える。

問4 光合成の大部分の反応は葉緑体の**チラコイド**で起こる。**ストロマ**で起こるのは二酸化炭素を固定する**カルビン回路**だけである。

3編 遺伝情報の発現と発生

練習問題

1章 遺伝情報とその発現

1 (1) メセルソン，スタール　(2) 半保存的複製

(3) 1回目…0：1：0，2回目…0：1：1，3回目…0：1：3，4回目…0：1：7

2 (1) a…DNAリガーゼ，b…DNAポリメラーゼ，c…DNAヘリカーゼ，d…岡崎フラグメント

(2) A…ラギング鎖，B…リーディング鎖　(3) 下

3 (1) ⓐ相補，ⓑイントロン，ⓒmRNA，ⓓtRNA，ⓔペプチド，ⓕタンパク質　(2) 転写

(3) スプライシング　(4) エキソン　(5) 翻訳　(6) UAUUUCGAU　(7) AUAAAGCUA

4 (1) a…調節遺伝子，b…プロモーター，c…オペレーター，d…構造遺伝子

(2) RNAポリメラーゼ　(3) 負の調節　(4) ジャコブ，モノー

5 (1) a…プロモーター，b…基本転写因子，c…調節タンパク質［転写因子］　(2) リプレッサー

解き方

1 (1)，(2) **メセルソン**と**スタール**は，窒素 ^{15}N と窒素 ^{14}N の密度の違いを利用して，大腸菌を使った実験で，**DNAの半保存的複製**のしくみを明らかにした。

(3) 1回目はすべて中間の密度のDNA(以後，中間DNA)である。この中間DNAは軽い(密度の小さい)ヌクレオチド鎖と重い(密度の大きい)ヌクレオチド鎖1本ずつからなる二重らせん構造(^{14}N-^{15}N DNA)で，2回目では，この鎖が分かれてそれぞれが軽いヌクレオチド鎖と新しい二重らせん構造をつくるので，中間DNA(^{14}N-^{15}N DNA)と軽いDNA(^{14}N-^{14}N DNA)が1：1となる。この後は，1回の分裂ごとに中間DNAから中間DNAと軽いDNAが1本ずつでき，軽いDNAからは軽いDNAが2本できることになる。図をかいて考えるとわかりやすい(→本冊p.93)が，2の(分裂の回数)乗のDNAができて，そのうち中間DNAが2本で残りが軽いDNAである。

2 DNAの複製時には二重らせん構造をほどく必要がある。そのはたらきをするのが**DNAヘリカーゼ**という酵素である。ほどけた鎖が鋳型となって，相補的な塩基対をもつ新しい鎖が合成される。このとき，ほどけていく方向に連続的に合成されるBを**リーディング鎖**といい，もう一方のAを**ラギング鎖**という。

DNAポリメラーゼ(**DNA合成酵素**)は，ヌクレオチド鎖を5′→3′方向にしか伸長できないので，リーディング鎖は連続的に伸長することができるが，ラギング鎖は不連続的に合成が行われる。ラギング鎖では**岡崎フラグメント**とよばれる短いヌクレオチド鎖が5′→3′方向につくられてから，隣接する岡崎フラグメントどうしを**DNAリガーゼ**がつなぎ合わせている。

3 (2) DNAの遺伝情報がRNAに写し取られる過程を**転写**という。

(3)，(4) DNAの塩基配列の中には，遺伝子としてはたらく部分(**エキソン**)と，遺伝子としてはたらかない部分(**イントロン**)がある。転写されてできたRNA(mRNA前駆体)から，エキソンを残してイントロンを除去する過程を**スプライシング**といい，その結果**mRNA**ができる。

(5) mRNAの塩基配列がタンパク質のアミノ酸配列に読みかえられる過程を**翻訳**という。

(6)，(7) 塩基配列は3つで1組となってそれぞれのアミノ酸を指定している。この3つで1組のセットを**トリプレット**といい，mRNAでは**コドン**，tRNAでは**アンチコドン**という。

コドンはDNAの塩基配列に対して相補的な塩基が対応しており，アンチコドンはコドンに対して相補的な塩基が対応している。

4 (1) **プロモーター**，**オペレーター**によって転写が調節される，複数の構造遺伝子のまとまり

をオペロンとよび，そこから離れた位置に**調節遺伝子**がある。調節遺伝子からつくられた**リプレッサー**(抑制因子)などの**調節タンパク質**は周囲の物質の状況に応じて**オペレーター**に結合する，結合しないという方法で，転写(DNAの塩基配列に基づくRNAの合成)を制御している。それによって遺伝子の発現が制御されているのである。

(2) ラクトースがあると，**リプレッサー**が**オペレーター**に結合しなくなる。すると，RNAを合成する**RNAポリメラーゼ**が**プロモーター**に結合できるようになり，**構造遺伝子**の転写が行われるようになる。

(3) **リプレッサー**(抑制因子)がはたらいて転写が抑制されるような調節を**負の調節**といい，**アクチベーター**(活性化因子)がはたらいて転写が促進されるような調節を**正の調節**という。

(4) **オペロン説**は**ジャコブとモノー**が唱えた学説で，「遺伝子の発現の調節は，**オペロン**という複数の遺伝子の1セット単位で転写を調節することで行われている」という考え方である。オペロンは**プロモーター**，**オペレーター**によって発現が調節される構造遺伝子をまとめたセットである。

5 真核生物の転写調節は，原核生物の転写調節と似ている部分もあるが，やや複雑である。

(1) 真核生物の核内で行われる転写は，構造遺伝子の前の**プロモーター**に，**RNAポリメラーゼ**(**RNA合成酵素**)と**基本転写因子**が結びついた**転写複合体**が結合することで調節される。また，転写複合体には，**転写因子**とよばれる**調節タンパク質**も作用している。

(2) **調節タンパク質**のうち，対象となる転写を抑制するようにはたらくものを**リプレッサー**(抑制因子)といい，促進するようにはたらくものを**アクチベーター**(活性化因子)という。

2章　発生と遺伝子発現

1 (1) ①二次精母細胞，②精細胞，③一次卵母細胞，④第一極体，⑤第二極体　(2) bとf

2 (1) a…先体，b…頭部，c…中片部[中片]，d…尾部

(2) 鞭毛(べんもう)　(3) DNA[デオキシリボ核酸]　(4) 先体突起　(5) 卵黄膜[卵膜]

3 (1) F→B→A→E→C→D

(2) 1…胞胚腔，2…原腸，3…原口(げんこう)，4…神経板，5…脊索(せきさく)，6…腸管，7…神経管，8…体節，9…側板，10…体腔，11…卵黄栓

(3) 4，7，12　(4) 5，8，9，13

4 (1) 中胚葉誘導　(2) 原口背唇部[原口背唇]

5 (1) (a)眼胞，(b)眼杯，(c)水晶体[レンズ]，(d)角膜，(e)網膜　(2) 誘導　(3) 誘導の連鎖

6 (1) ビコイドタンパク質　(2) 分節遺伝子

(3) ホメオティック遺伝子[ホックス遺伝子群，*Hox*遺伝子群]

7 (1) 遺伝子組換え　(2) PCR法[ポリメラーゼ連鎖反応法]　(3) 長くなる。

(4) トランスジェニック生物　(5) ノックアウト　(6) ゲノム編集

解き方

1 (2) 減数分裂の第一分裂(b，f)は一次精(卵)母細胞→二次精(卵)母細胞，第二分裂(c，g)は二次精(卵)母細胞→精(卵)細胞のときに行われる。染色体数が半減するのは減数分裂の第一分裂のときである。

2 (2) 精子の運動器官は**鞭毛**である。

(3) 精子の頭部の核内の**染色体**は，遺伝子の本体である**DNA**(**デオキシリボ核酸**)と**ヒストン**というタンパク質などからなる。

(4) 卵のゼリー層に精子が達すると**先体反応**が起き，精子の先端に**先体突起**が形成される。

(5) **受精膜**は，**表層反応**が起きた部分で卵黄膜(卵膜)が卵の細胞膜から離れ，硬くなってできる。受精膜は他の精子の卵への進入を防ぐ。

3 (1) A，B，Eが原腸胚である。中胚葉の陥入に注意し，順番をまちがえないようにすること。

(2) 11は原口ではなく**卵黄栓**である。Dから発生がさらに進むと，9が指す位置には腎節が形成される。

4 (1) 胞胚期の植物極側の細胞質がアニマルキャップを中胚葉性組織に誘導する現象を**中胚葉誘導**という。

(2) 中胚葉のうち原口背唇部が，神経誘導の作用をもっている。

5 (1) 眼は誘導の連鎖によってつくられる。眼胞は**眼杯**に分化すると，**表皮から水晶体**(**レンズ**)を誘導し，さらに水晶体は**表皮から角膜**を誘導する。

6 (1) ショウジョウバエの卵は，母親のビコイド遺伝子を転写した**ビコイドmRNA**が卵の前端部に局在した状態でつくられる。この未受精卵が受精するとビコイドmRNAの翻訳が始まり，**ビコイドタンパク質**が合成される。このタンパク質の濃度は卵の前端部では高く，後端部では低くなり，胚の前方向が決定される。

(2)，(3) **分節遺伝子**がはたらいて14の体節が形成された後，**ホメオティック遺伝子**がはたらいて，その体節に特徴的な構造がつくられる。

なお，脊椎動物を含む多くの動物でも同様の遺伝子群が発見されており，これらはショウジョウバエのホメオティック遺伝子を含め，まとめて**ホックス**(***Hox***)**遺伝子群**とよばれている。

7 (1) **遺伝子組換え**で使われる制限酵素とDNAリガーゼのはたらきは必ず覚えておこう。**制限酵素**はDNAを特定の塩基配列の部分で切断するはさみのようなはたらきをもつ酵素であり，**DNAリガーゼ**はDNAをつなぎ合わせる接着剤のようにはたらく酵素である。

(2) DNAの二重らせんは90℃以上になると塩基対の水素結合が切れて1本鎖となる。この性質を利用して，同一の塩基配列をもつDNAを大量にコピーする方法が，**PCR法**(**ポリメラーゼ連鎖反応法**)である。

(3) **電気泳動法**(**電気泳動**)では，DNA断片が長いほど，ゲルの網目にDNA断片が引っかかるため，移動距離が短くなる。

(4) 人為的に外来の遺伝子を導入する技術を応用して，その生物が本来もっていない遺伝子をもつ細胞からなる個体を，**トランスジェニック生物**という。

ゴールデンライスは，ビタミンA欠乏症予防に効果があるβカロテンをつくるようにイネを遺伝子操作した**遺伝子組換え食品**である。

スーパーマウスは，ヒトの成長ホルモンをつくる遺伝子を導入することで，大形になったネズミである。

(5) 特定の遺伝子が発現しないようにする技術を**ノックアウト**といい，この技術を使ってつくったネズミを**ノックアウトマウス**という。未知のある遺伝子をノックアウトしてその影響を調べることで，その遺伝子の機能を解明する大きな手がかりが得られる。

(6) 目的の遺伝子を任意に改変する技術を**ゲノム編集**といい，Cas9(キャスナイン)を使うCRISPR-Cas9(クリスパーキャスナイン)という手法が主流である。Cas9は細菌から見つかった酵素で，指定したDNAの塩基配列を特異的に切断する特殊な酵素である。

定期テスト対策問題

1

問1	c→b→a→e→d							
問2	①	t[転移，運搬]	②	アミノ酸	③	m[伝令]	④	m[伝令]
	⑤	m[伝令]	⑥	ポリペプチド[ペプチド]	⑦	t[転移，運搬]	⑧	m[伝令]
	⑨	アミノ酸	⑩	ペプチド				
問3	ア	核膜孔	イ	m[伝令]RNA	ウ	核膜	エ	t[転移，運搬]RNA
	オ	アミノ酸						
問4	プロリン－フェニルアラニン－ロイシン－ロイシン－プロリン							

2

問1	図A	尾芽胚	図B	原腸胚	図C	胞胚		
問2	a	神経管	b	脊索	c	腸管	d	体節
	e	側板	f	体腔	g	表皮	h	原腸
	i	胞胚腔	j	卵黄栓	k	胞胚腔		
問3	b, d, e							

問4	i	c	ii	a	iii	c	iv	d	v	a	vi	d	vii	g

3

問1	原腸胚初期と神経胚初期の間	問2	原口背唇部[原口背唇]	問3	形成体[オーガナイザー]
問4	外胚葉を神経管に誘導する形成体としてのはたらき(23字)				

(解き方)

1 **問2・3** **エ**のtRNA(転移RNA)は運搬RNAともよばれ，mRNA(**イ**)上にあるリボソームのところへ，コドンに対応するアミノ酸(**オ**)を運ぶ役目を担っている。

問4 DNAの塩基配列を3つずつに分けると，GGT，AAA，GAA，AAT，GGGなので，これを転写したmRNAの塩基配列からコドン5つCCA，UUU，CUU，UUA，CCCが求められる(コドンはmRNAの3塩基が一組になった遺伝暗号)。これらのそれぞれについて，表から対応するアミノ酸を探せば，左から順に，
CCA→プロリン，
UUU→フェニルアラニン，
CUU→ロイシン，
UUA→ロイシン，
CCC→プロリン

2 **問3** **外胚葉は表皮と神経管**で，その下の脊索は中胚葉である。また，**内胚葉は腸管のみ**で，体節・側板・腎節などはすべて中胚葉である。

問4 肺や肝臓などの呼吸器・消化器系の器官は内胚葉由来，脊椎骨や骨格筋は中胚葉(体節)由来，皮膚などの表皮や脳，眼などの神経系は外胚葉由来である。なお，脳や眼は外胚葉から生じた神経管から分化する。

3 **問1** 実験1から，初期原腸胚の時点では予定神経域と予定表皮域が何に分化するかは決定していないことがわかる。実験2から，初期神経胚の時点では予定神経域と予定表皮域が何に分化するかが決定していることがわかる。

したがって，移植片の発生運命は，初期原腸胚と初期神経胚の間に決定されると考えられる。

問2 初期原腸胚の原口のすぐ上側の部分は，原口に対して将来の背中側にあり，唇のような形をしているので**原口背唇部**(**原口背唇**)という。

問3・4 実験3から，初期原腸胚の原口背唇部が発生の進行に必須であることがわかる。

実験4から，初期原腸胚の原口背唇部には，まわりの外胚葉を神経管に**誘導**するなどして二次胚を形成する，**形成体**(**オーガナイザー**)としてのはたらきがあることがわかる。

4編　生物の環境応答

練習問題

1章　動物の反応と行動

1 (1) (ア)細胞体，(イ)樹状突起，(ウ)軸索，(エ)神経繊維
(2) a…有髄神経繊維，b…無髄神経繊維　(3) ①a，②b

2 (1) bとc　(2) e　(3) j　(4) 記号…o，名称…桿体(かんたい)細胞　(5) n　(6) n

3 (1) a…大脳，b…間脳，c…中脳，d…小脳，e…延髄，f…脊髄　(2) ①a，②b，③f

4 (1) ①c，②b，③a，④e　(2) a…背根，b…白質，c…灰白質，d…シナプス，e…腹根
(3) イ，ウ，エ　(4) エ

5 (1) (a)潜伏期，(b)収縮期，(c)弛緩期　(2) 0.11秒
(3) Ⅰ…単収縮，Ⅱ…不完全強縮，Ⅲ…完全強縮

6 (1) b，c　(2) a…イ，b…エ，c…ア，d…ウ

解き方

1 **軸索**とそれを包む**神経鞘**(しんけいしょう)を合わせて**神経繊維**という。神経鞘の内部に**髄鞘**をもつ場合，その神経繊維を**有髄神経繊維**という。**有髄神経繊維**は脊椎動物の多くの神経をつくり，**無髄神経繊維**は脊椎動物の交感神経と嗅神経，無脊椎動物の神経をつくっている。

2 aは結膜，bは角膜，cは水晶体(レンズ)，dは瞳孔(ひとみ)，eは虹彩(こうさい)，fはチン小帯，gは毛様体，hはガラス体，iは強膜，jは網膜，kは脈絡膜，lは視神経細胞，mは連絡神経細胞(介在ニューロン)，nは錐(すい)体細胞，oは桿(かん)体細胞，pは色素上皮細胞である。

光が眼球内に入る入り口を瞳孔(ひとみ)という。網膜のすぐ外側にあり，網膜に栄養を送る血管が多く分布する膜を脈絡膜という。脈絡膜のさらに外側にある強膜は，いわゆる白目の部分で，眼球を保護するはたらきがある。

(1) **水晶体**(レンズ)は厚さを変えることによって屈折率を大きく変化させることができる。また，**角膜**も光をかなり屈折させる。なお，**乱視**は角膜や水晶体の屈折異常が原因である。

(2) **虹彩**が伸縮して瞳孔の大きさを変えることで，網膜に届く光の量を調節している。

(3) 図2は，桿体細胞や錐体細胞などの視細胞が見られるので網膜の拡大図である。

(4) 明暗のみを受容するのは**桿体細胞**である。

(5) 光の波長(色)を受容することができるのは錐体細胞である。錐体細胞には，**青錐体細胞・緑錐体細胞・赤錐体細胞**の3種類があり，それぞれ430nm，530nm，560nm付近の波長の光を最も敏感に受容する，異なった種類の視物質(**フォトプシン**)を含んでいる。

(6) 錐体細胞は網膜中央の黄斑の部分に集中し，桿体細胞は黄斑の周辺部分に分布する。

3 (1) **左側が前方**である。ヒトのa大脳は非常に発達し，b間脳やc中脳は大脳におおわれるようになっている。後方にあるdは小脳である。

4 細胞体が集合しているのは**灰白質**で，これは**大脳では皮質だが，脊髄では髄質**である。一方，軸索の集まった白質は，大脳では髄質，脊髄では皮質である。また，感覚神経が通る背根と運動神経が通る腹根は背根部分の細胞体(脊髄神経節)の有無が異なる。

5 (2) 収縮し始めてからもとの長さにもどるまでの時間は図1の(b)と(c)を合わせた長さで，その間の振動の数が11であることから，単収縮の時間は，$0.01s \times 11 = 0.11s$である。

6 (1) bの行動は，ミツバチの**8の字ダンス**など**フェロモン**を用いないものもあるが，ここではアリなどの**道しるべフェロモン**が該当(がいとう)する。

(2) a夜行性動物であるメンフクロウは，完全な暗闇の中でも，聴覚によって獲物が発する音からその位置を把握して捕らえることができる。ほかにも，コウモリやイルカは，音波を発してその反響を聞くことで，獲物や障害物の位置を把握しており，これは反響定位(エコーロケーション)とよばれている。

2章　植物の環境応答

1 (1) (ア)精細胞，(イ)花粉管核，(ウ)反足細胞，(エ)中央細胞，(オ)極核，(カ)卵細胞，(キ)助細胞

(2) (a)～(c)と(g)～(i)

(3) (ア)と(カ)…受精卵，(ア)と(エ)…胚乳細胞［胚乳］　(4) 重複受精

(5) (A)胚球，(B)胚柄，(C)胚乳，(D)子葉　(6) (D)，(E)，(F)，(G)

2 (1) a…光発芽種子，b…暗発芽種子，bの植物例…ア

(2) ①促進，②抑制

(3) フィトクロム

3 (1) 細胞壁のセルロース繊維を横方向に多くつくる。

(2) 子房の発達を促進するはたらき。

(3) 糊粉層でのアミラーゼ合成を促進する。

［糊粉層でアミラーゼの遺伝子の発現を誘導する。］

4 (1) アブシシン酸　(2) エチレン　(3) オーキシン

5 ⓐR，ⓑ×，ⓒR，ⓓR，ⓔ×，ⓕ×，ⓖL，ⓗL，ⓘ×，ⓙ×

6 (1) ②，⑤　(2) ①，③，④　(3) 光中断

7 ① おしべとめしべのみからなる花

② がく片とめしべのみからなる花

③ がく片と花弁のみからなる花

（解き方）

1 (2)　(b)は(a)の**胚のう母細胞**が減数分裂して(c)の**胚のう細胞**になる途中の状態，(d)～(f)は胚のう細胞が核分裂をして**胚のう**になる途中の状態である。また，(h)は(g)の**花粉母細胞**が減数分裂して(i)の**花粉四分子**になる途中の状態，(j)は**花粉**である。

(6)　(C)の胚乳が退化していることから，栄養分が子葉に蓄えられる**無胚乳種子**であり，④で特に大きく成長している(D)が子葉であるとわかる。

2 (1)　発芽に光を必要とする種子を**光発芽種子**といい，レタス・タバコなどがある。これに対して暗いところで発芽する種子を**暗発芽種子**といい，カボチャ・イネなどがある。

(2)，(3)　光発芽種子で光を受容するのは**フィトクロム**である。フィトクロムにはPr型とPfr型があり，**Pfr型**ができると**発芽が促進**される。Pr型が**赤色光**を受容するとPfr型となり，Pfr型が**遠赤色光**を受容するとPr型に戻るため，赤色光によって発芽は促進され，遠赤色光によって発芽は抑制される。

3 (1)　**ジベレリン**は，細胞壁のセルロース繊維を横方向に発達させる。すると，横方向に細胞壁を締めつけた状態になるため，細胞は**縦方向に成長**しやすくなる。

なお，**エチレン**がはたらくと，縦方向に繊維が発達して，**横方向に肥大**しやすくなる。

(2)　ジベレリンには**子房を発達**させるはたらきがある。これを利用して，まだ受精していない段階でブドウを**ジベレリン処理**して，子房壁を人為的に肥大させることで，種なしブドウがつくられる。

(3)　**胚**で合成されたジベレリンは**糊粉層**に移動し，糊粉層の細胞で**アミラーゼ**(酵素)の遺伝子の発現を誘導することで，アミラーゼの合成を促進する。アミラーゼは，**胚乳**に貯蔵されていた**デンプン**を**グルコース**に分解する。このグルコースをエネルギー源として胚は成長し，**発芽**する。

4 (1)　気孔を閉じさせるはたらきがあるのは，**アブシシン酸**である。

(2) **エチレン**は，果実などの成熟や老化にはたらく植物ホルモンである。また，エチレンは生育抑制の作用もあり，茎や枝の先端にたびたび触れるとエチレンが合成され，その部分の成長が抑制されることも知られている。

(3) **オーキシン**は植物の成長に重要な植物ホルモンであり，天然のオーキシンは**インドール酢酸(IAA)**である。インドール酢酸は不安定な物質であるため，農業での応用においては，オーキシン活性のあるナフタレン酢酸(NAA)や2, 4-ジクロロフェノキシ酢酸(2,4-D)などの人工の化合物が使われることが多い。

5 成長を促進する物質(**オーキシン**)は，幼葉鞘の**先端部**でつくられて，真下方向に移動する。また，光が当たると移動して，光の当たらない側で濃度が高くなる。このオーキシンは**水溶性**の物質で，寒天片を透過したり，寒天片に蓄えられたりするが，雲母片は透過できない。

iでは，オーキシンに**極性**があり，基部側から先端部側へは移動しないため，切断して上下逆につないだ部分ではオーキシンが移動せず，その下の部分の伸長成長が促進されることはない。したがって，jのように切断した部分をずらして置いても，同様に屈曲は起こらない。

6 (1) **短日植物**が花芽を形成して開花するのは，**限界暗期**以上の連続した暗期が続く場合である。この条件に合うのは②と⑤である。③は，1日あたりの暗期の長さは限界暗期以上であるが，連続した暗期の長さは限界暗期に足りない。⑤では**光中断**を行っているが，連続した暗期の長さが限界暗期をこえているので，花芽が形成される。

(2) **長日植物**が花芽を形成して開花するのは，短日植物とは逆の条件である。すなわち，連続した暗期が限界暗期に達しないときである。この条件にあてはまるのは①，③，④である。

7 *A*遺伝子ではがく片，*A*と*B*では花弁，*B*と*C*ではおしべ，*C*ではめしべができることから，*A*は花の外側のがく片に近い部分の構造を，*C*は花の中央部の構造をつくるためにはたらいていると考えられる。また，*A*と*C*は互いのはたらきを排除し合う関係にあり，一方が欠けると他方がはたらくようになっている。

① *A*を欠くと花の外側に近い構造(がく片や花弁)ができない。

② *B*を欠くと，*A*と*C*がはたらくのでがく片とめしべができる。

③ *C*を欠くと，おしべとめしべができず，がく片と花弁ができると予想される。

定期テスト対策問題

1

問1	ア	細胞体	イ	樹状突起	ウ	軸索	エ	髄鞘	オ	神経鞘
問2	静止電位	①	活動電位	④						

2

問1	a	筋繊維［筋細胞］	b	筋小胞体	c	筋原繊維		
問2	d	サルコメア［筋節］	e	明帯	f	暗帯	g	Z膜
問3	h	アクチン	i	ミオシン	問4	Ca^{2+}［カルシウムイオン］	問5	トロポニン

3

問1	フェロモン	問2	慣れ［馴化］	問3	洞察学習［見通し学習，知能行動］

4

(1)	ジベレリン	c	(2)	アブシシン酸	a	(3)	オーキシン	d
(4)	エチレン	b						

5

問1	人工的に暗期をつくり，連続暗期を限界暗期よりも長くする操作。													
問2	a	光中断	b	環状除皮										
問3	①	A ×	B ×	C ×	②	A ○	B ○	C ○	③	A ○	B ○	C ○		
	④	A ○	B ○	C ○	⑤	A ×	B ×	C ×	⑥	A ×	B ○	C ×		
	⑦	A ×	B ○	C ○										

解き方

❶ **問1** ニューロン(神経細胞)の細胞体から長く伸びた突起を**軸索**という。軸索の周囲は，**シュワン細胞**が薄い膜となっておおっていて，これを**神経鞘**という。さらに，部分的にシュワン細胞の細胞膜が何重にも軸索に巻きついた部分を**髄鞘**という。なお，髄鞘は絶縁性が高く，ランビエ絞輪からランビエ絞輪へと**跳躍伝導**が伝わるのに役立っている。

問2 静止状態では，電位変化に依存しない**カリウムチャネル**だけが開いているため，ナトリウムポンプにより細胞内に取り込まれたK^+**が細胞外に流出**する。その結果，ニューロンの細胞膜の**内側は－**，外側は＋に帯電する。これが**静止電位**である。

活動電位が発生するときには，**ナトリウムチャネル**が開いて，Na^+**が細胞外から細胞内に流れ込む**ので，細胞内の電位が逆転する。

❷ **問1** **骨格筋**は，多核で細長い細胞からなり，これを**筋細胞**という。筋細胞は繊維状なので，**筋繊維**ともよばれる。筋繊維には多数の**筋原繊維**の束がつまっており，筋原繊維内の収縮の単位は**サルコメア(筋節)**とよばれる。サルコメアは多数つながっているので，筋肉全体では数cm収縮することができる。

問2・3 太い**ミオシンフィラメント**の部分が**暗帯**，細い**アクチンフィラメント**だけの部分が**明帯**である。明帯の中央部には**Z膜**があり，Z膜から次のZ膜までがサルコメアである。

問4・5 筋収縮には**筋小胞体**から放出されるCa^{2+}(**カルシウムイオン**)が必要である。Ca^{2+}が**アクチンフィラメント**を取り巻く**トロポミオシン**上の**トロポニン**に結合すると，トロポミオシンのはたらきが阻害される。すると，アクチンとミオシンが結合できるようになり，ミオシンフィラメントがアクチンフィラメントをたぐり寄せて，筋収縮が起こる。

❸ **問1** 動物が体外に放出し，同種の個体にとっての**かぎ刺激**となる化学物質を**フェロモン**という。フェロモンには，異性を誘引する**性フェロモン**，集団の形成や維持にはたらく**集合フェロモン**，仲間にえさ場を教える**道しるべフェロモン**，仲間に危険を知らせる**警報フェロモン**などがある。

問2 アメフラシの水管に刺激を与えると，**えら引っ込め反射**を起こすが，くり返し刺激するとえらを引っ込めなくなる。このような現象を**慣れ**といい，簡単な学習行動の1つである。

問3 学習のうち，未経験なことに対して過去の経験をもとに予想して対処する行動を**洞察学習(見通し学習，知能行動)**という。大脳皮質の発達したサルやヒトに見られる。

❹ ある現象を促進したり抑制したりするおもな植物ホルモンをまとめると，次の表のようになる。なお，花芽形成にはたらくフロリゲン(花成ホルモン)は高分子のタンパク質であるため，植物ホルモンには含めないこともある。

はたらき	促進	抑制
発芽	ジベレリン	アブシシン酸(休眠)
伸長成長	オーキシン ジベレリン	エチレン (肥大成長促進) オーキシン(過剰)
花芽形成	フロリゲン	－
果実形成	ジベレリン オーキシン	－
果実成熟	エチレン	－
落葉・落果	エチレン	オーキシン
気孔閉鎖	アブシシン酸	－

(1)・(2) 種子が発芽するときには，**ジベレリン**がはたらいて**糊粉層**での**アミラーゼの合成が促進**される。すると，アミラーゼは**胚乳**に貯蔵された**デンプン**を**グルコース**に分解し，これによって呼吸が活発になるので発芽のエネルギーが供給される。

これに対して，種子の発芽を抑制して**休眠**を維持させるはたらきをもつ植物ホルモンは**アブシシン酸**である。

アブシシン酸は，ワタの未熟果実の落果を研究する過程で，ワタの落果を促進する植物ホルモンとして発見された。

(3) 芽の先端でつくられるのは**オーキシン**であり，光や重力などの刺激によって移動し，**光屈性**や**重力屈性**を引き起こす。

(4) 果実の成熟を促進する植物ホルモンは**エチレン**である。例えば，成熟したリンゴと未成熟なバナナを同一の容器で保存しておくと，成熟リンゴからエチレン(気体)が放出されて，バナナが成熟する。

❺ **問3** ③，④1か所でも短日処理をすると，フロリゲンは師管を通って全体に移動する。

⑤光中断を行ったのでAの短日処理は無効。

⑥アの位置で環状除皮をしているため，短日処理したBでつくられたフロリゲンはC，Aには移動できないので，Bのみが○。

⑦Cで合成されたフロリゲンはBには移動するが，Aには移動できないため，A以外で○となる。

5編　生態系と環境

練習問題

1章　生態系と環境

1 (1) a…個体群，b…生物群集，c…環境要因，d…非生物的，e…生態系

(2) ①相互作用，②作用，③環境形成作用

(3) 同種…種内競争，異種…種間競争

2 (1) 群れ　(2) 順位［順位制］　(3) 縄張り［テリトリー］　(4) 社会性昆虫　(5) 近交弱勢

3 (1) すみわけ　(2) 捕食［捕食―被食の関係］　(3) 競争的排除［種間競争］

(4) 片利共生［共生］　(5) 相利共生［共生］　(6) 寄生　(7) 生態的同位種

4 (1) C…被食量，D…枯死量または死亡量，R…呼吸量，F…不消化排出量

(2) $P-(C_1+D_1+R_1)$

(3) $C_1-(C_2+D_2+R_2+F_2)$

5 (1) A…植物［植物プランクトン］，B…植物食性動物［植食(性)動物］，
C…動物食性動物［肉食(性)動物］，D…菌類・細菌

(2) ①燃焼，②光合成［炭酸同化］，③呼吸　(3)①

（解き方）

1 (1)　生態系は，そこに生息する生物群集と非生物的環境から成り立っている。**個体群**は同種の生物の集まりであり，**生物群集**はいろいろな個体群の集まりである。

(2)　生物用語で**作用**といえば，非生物的環境から生物群集への方向に限定されたはたらきかけである。逆に，生物から非生物的環境へのはたらきかけが**環境形成作用**である。そして，**相互作用**はこのどちらとも異なり，生物群集内でのはたらきかけ，かかわり合いである。

(3)　同種の個体の間に見られる競争を**種内競争**，異種の個体群の間に見られる競争を**種間競争**という。

2 (1)　同種のなかまが**群れ**をつくることで，外敵に対する警戒・防衛能力の向上や摂食の効率化ができる。具体的には，近づいてくる敵を早く発見することができることや，魚や鳥が1匹で逃げるより群れで動いたほうが捕食者を撹乱して捕まりにくいことなどがあげられる。また，バイソンなどは幼い個体を群れの内側に囲んで外敵から守る。

(4)　**社会性昆虫**では集団内での分業が進んでおり，生殖だけを行う個体と食物集めを行う個体，外敵を排除する個体などに分かれ，**コロニー**(集団)全体で1個体のような機能をもつ。

3 (1)　カゲロウは，すむ場所の水流の強さによる形態の分化が見られる。

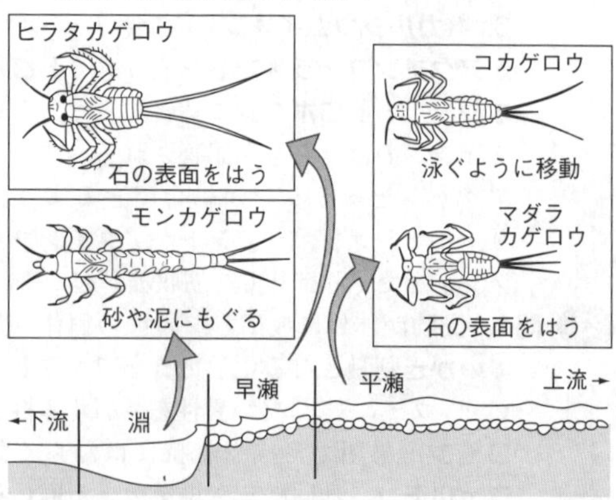

(6)　寄生には，宿主の体内に入りこんで生活する内部寄生もある。

4 (1)　太陽光を利用して光合成ができるのは生産者(アルファベットの右下に1がついている栄養段階)であり，そのすぐ上が一次消費者，さらにその上が二次消費者である。

Cは，上位の栄養段階の摂食量と等しいの

で，**被食量**である。Fは，消費者の摂食量と同化量の差であるから**不消化排出量**である。Rは総生産量と純生産量の差であるから，**呼吸量**である。Dは分解者へと向かっているので，**枯死量**または**死亡量**であることがわかる。

(2) **生産者の純生産量＝総生産量－呼吸量**
であることと，
生産者の成長量
＝純生産量－(被食量＋枯死量)
であることを合わせて考えれば，
生産者の成長量
＝(総生産量－呼吸量)－(被食量＋枯死量)
＝総生産量－(呼吸量＋被食量＋枯死量)
である。

(3) **消費者の同化量＝摂食量－不消化排出量，**
生産量＝同化量－呼吸量
であり，
消費者の成長量
＝生産量－(被食量＋死亡量)
であることを合わせて考えれば，
消費者の成長量
＝(同化量－呼吸量)－(被食量＋死亡量)
＝{(摂食量－不消化排出量)－呼吸量}
－(被食量＋死亡量)
＝摂食量－(不消化排出量
＋呼吸量＋被食量＋死亡量)
である。

5 (1) 大気中や水中の二酸化炭素CO_2を直接取り入れることができるAは生産者なので，植物や植物プランクトンである。したがって，Aを摂食するBは植物食性動物(植食(性)動物)，Bを捕食するCは動物食性動物(肉食(性)動物)である。また，A，B，Cの排出物や遺体を分解するDは分解者なので，菌類・細菌などである。

(2) ①は生物が関与せずに化石燃料から二酸化炭素CO_2が生じているので，山火事や人間の活動による燃焼を示している。②は生物がCO_2を取り入れる**光合成**をはじめとする**炭酸同化**，③は生物がCO_2を排出する**呼吸**を示している。

(3) 大気中のCO_2の増加のおもな原因は，石油や石炭などの**化石燃料**の大量消費である(エネルギーとして電気を使う場合でも，発電の際に化石燃料を燃焼させる場合が多い)。このほかに，木材の伐採や土地の開発転用などによる森林の減少も，大気中のCO_2固定量の減少につながるため，大気中のCO_2の増加に間接的に影響している。

定期テスト対策問題

1

問1	a	1000	b	1000	c	625

問2	①	混合飼育された種どうしで生活に必要な資源を取り合うため。			
	②	現象	カ	説明	b種のほうが食物をめぐる競争に勝ったため。
	③	現象	エ	説明	食物が異なるために生態的地位が完全には重ならなかったから。

2

問1	標識再捕法	問2	2000匹

3

問1	A_1	植物	A_2	シアノバクテリア	A_3	マメ科植物
	B	一次消費者	C	二次消費者		
問2	(ア)	根粒菌	(イ)	アゾトバクター	(ウ)	クロストリジウム
問3	①	亜硝酸菌	②	硝酸菌	総称	硝化菌
問4	(a)	窒素固定	(b)	脱窒［脱窒素作用］		

4

①	d	エ	②	b	イ	③	c	ア	④	a	オ	⑤	e	ウ

5

①	○	②	×	③	○	④	○

解き方

1 問1　a，b，cでグラフが平らになるときの個体群密度を読み取ると，aとbは約200，cは約125と読み取れる。個体群密度の相対値が100のときの個体数が500であるから，各個体数は，

$$a と b：200 \times \frac{500}{100} = 1000(個体)$$

$$c：125 \times \frac{500}{100} = 625(個体)$$

問2　②　完全に要求が一致する2種間の食物をめぐる**種間競争**では，食物を捕食する能力の差やその条件での繁殖力の違いで一方が競争に勝ち，負けたほうは死滅する(競争的排除)。

③　**食いわけ**や**すみわけ**によって**生態的地位**(**ニッチ**)が異なった2種類の生物は競争する関係にはないため，共存することができる。

2 問1　一度捕獲した個体に標識をつけて放し，再び捕獲して全個体数を推計する方法を**標識再捕法**という。ほぼ均等に分散していて，その空間内を自由に移動できる動物の個体数を推定する方法として適している。

問2　標識再捕法による個体数の推計は比例関係を応用している。

全体の個体数

$$= 最初の標識個体数 \times \frac{再捕獲された総個体数}{再捕獲された標識個体数}$$

$$= 200 \times \frac{100}{10} = 2000$$

3 (a)は空気中のN_2を直接取り入れるはたらき，つまり**窒素固定**を示していて，これを行うA_2，(ア)，(イ)，(ウ)の生物は，シアノバクテリア・アゾトバクター・クロストリジウム・根粒菌のいずれかがあてはまる。

問1　A_1，A_2，A_3は生産者，Bは一次消費者，Cは二次消費者である。A_2は空気中のN_2を直接取り入れることができる生産者なので，**シアノバクテリア**だけである。また，(ア)の根粒菌と共生することによって間接的に空気中の窒素を取り入れることができるA_3は**マメ科植物**である。

問2　窒素固定(a)を行う細菌のうち，**好気性細菌はアゾトバクター**，**嫌気性細菌はクロストリジウム**である。

問3　アンモニウムイオンNH_4^+から亜硝酸イオンNO_2^-をつくるのが**亜硝酸菌**，亜硝酸イオンNO_2^-から硝酸イオンNO_3^-をつくるのが**硝酸菌**である。亜硝酸菌と硝酸菌のはたらき(①，②)を合わせて**硝化**といい，これを行う細菌をまとめて硝化菌という。

問4　(a)は大気中の窒素を直接取り入れて利用するはたらきであり，**窒素固定**とよばれる。(b)は硝酸塩を窒素に変えて大気中に放出するはたらきであり，**脱窒**(**脱窒素作用**)とよばれる。

4 ①　**コロニー**は，**社会性昆虫**が形成する高度に組織化・分業化された生物集団である。シロアリでは，生殖に専念する**女王アリ・王アリ**が少数存在し，生殖は行わずに食物の運搬や幼虫の世話を行う**ワーカー**，天敵からの巣の防衛に専念する**兵隊**が存在する。このような分業は，**カースト制**ともよばれる。

②　個体群内に見られる序列を**順位**といい，これにより群れの秩序が保たれている場合を**順位制**という。個体群内では食物や配偶者をめぐる争いが起こりうるが，順位が確定していれば，順位が上位の個体が争わずに食物や配偶者を得る。こうして，個体間の不必要な争いを回避することができるのである。

③　占有する一定の生活空間を**縄張り**(**テリトリー**)といい，食物を得る空間を確保する採食縄張りと，繁殖場所を確保する繁殖縄張りがある。ふつう，縄張りどうしは重なり合わないが，**行動圏**は互いに重なることが多い。

④　個体群密度の変化が個体の発育・形態や個体群の成長に影響を及ぼすことを**密度効果**という。トノサマバッタの個体群密度が高くなると，密度効果によって孤独相から群生相に変化するような現象を**相変異**という。

⑤　ライオンの集団は，雌の血縁集団に外部から繁殖のための雄が加わったもので，プライドとよばれる社会性のある群れである。プライドで生まれ，成長した雄は外部に出ていき，別のプライドで繁殖に加わるようになる。

5 ①　適度な規模の攪乱が生物多様性や生態系の維持に作用するという考え方を**中規模攪乱説**という。一例として，里山での定期的な人為的な攪乱による種多様性の維持があげられる。

②　**外来生物**(**外来種**)は，在来生物(在来種)に直接，または間接的に影響を与え，ときには絶滅させてしまう可能性もあり，生物多様性の減少要因となることが多い。

③　地球温暖化は，移動できない植物にとっては，特に重大な被害を与える可能性がある。

④　**絶滅の渦**とは，個体群の個体数が減少しすぎて，加速度的に絶滅に向かっていく状態。